永磁电机高精度控制系统

从PID控制到智能控制

高钟毓 贺晓霞 著

清華大學出版社
北 京

内 容 简 介

本专著围绕高精度控制方法，系统地介绍了无刷直流电机与永磁同步电机的工作原理和数学模型、工程实践中的电压源脉冲调宽逆变器和测角元件的原理、PID 控制系统的电流环和位置环设计方法及智能控制方法，包括自调整模糊 PID 控制、自适应模糊滑模控制、自适应模糊反步控制，以及自适应模糊/神经网络动态面控制方法。

本专著适合机电控制领域的研究生及科研人员用于提高专业知识和扩展知识面。

图书在版编目（CIP）数据

永磁电机高精度控制系统 ：从 PID 控制到智能控制 / 高钟毓，贺晓霞著. -- 北京 ：清华大学出版社，2025. 1.

ISBN 978-7-302-67759-8

Ⅰ. TM351

中国国家版本馆 CIP 数据核字第 20254Z0A69 号

责任编辑：王　欣　赵从棉
封面设计：常雪影
责任校对：薄军霞
责任印制：宋　林

出版发行：清华大学出版社
　　网　　址：https://www.tup.com.cn，https://www.wqxuetang.com
　　地　　址：北京清华大学学研大厦 A 座　　**邮　　编**：100084
　　社 总 机：010-83470000　　**邮　　购**：010-62786544
　　投稿与读者服务：010-62776969，c-service@tup.tsinghua.edu.cn
　　质量反馈：010-62772015，zhiliang@tup.tsinghua.edu.cn
印 装 者：三河市人民印务有限公司
经　　销：全国新华书店
开　　本：185mm×260mm　　**印　张**：17　　**字　　数**：412 千字
版　　次：2025 年 1 月第 1 版　　**印　　次**：2025 年 1 月第1 次印刷
定　　价：88.00 元

产品编号：106465-01

序　　言

机电控制系统已有很长的发展历史。最初，应用最多的是有刷直流电机和两相交流伺服电机，控制精度能做到角分级已经是很好的了。之后，出现了无刷直流电机，电机的控制性能有了进一步提高，控制精度可达10″级。再之后，出现了永磁同步电机，特别是直驱式永磁同步力矩电机，其齿槽转矩有了明显改善。但是，这是一个多变量、强耦合、非线性系统，欲使其控制精度达到1″级，还是存在一定困难的。

多年以前，我曾与王永樑教授合写过一本《机电控制工程》教材（第1版），主要论述常规的机电数字控制系统。经过几十年的实践，发现存在的主要问题是实际系统中存在未知不确定性因素影响。其中，包括永磁电机具有的强耦合非线性、机械传动装置的摩擦力矩、减速器的传动齿隙、外部不确定性随机干扰，以及电机本身的参数随着温度、环境条件的变化等。

常规的PID控制技术对于确定的线性系统是可以调整到最优的，但是，面对不确定性非线性及未知干扰问题则显得无能为力。因此，近年来，许多学者为解决这类问题进行了大量探索与研究，提出了包括模糊控制与神经网络控制在内的智能控制技术。主要有自调整模糊PID控制、自适应模糊滑模变结构控制、自适应模糊反步控制和自适应模糊/神经网络动态面控制。

本书叙述了这些现代的控制技术，重点做了Simulink仿真研究，证明控制精度可达角秒级，并指出了这些新技术各自的优缺点。贺晓霞副研究员带领科研小组的师生进行了有关系统的试验研究，证明了理论的正确性，取得了预期的研究成果。

在编写本书的过程中，编者得到了单位领导和同事的支持，尤其王永樑教授给予了许多具体的帮助。在此一并表示衷心感谢。

由于编者水平有限，书中难免存在不少缺点与错误，希望读者批评、指正。

高钟毓　于下花园

2024年5月1日

目　　录

第1章
工作原理与数学模型

1.1 无刷直流电机与永磁同步电机

无刷直流电机(brush-less direct-current motor,BLDCM)与永磁同步电机(permanent magnet synchronous motor,PMSM)都是固定磁阻的永磁电机,与传统的电流励磁电机相比,永磁电机具有损耗小、效率高、体积小、结构简单、功率因数高、重量轻、成本低等优点,因而广泛应用于各种工业场合,并且具有很大的发展空间。

目前国内外基本上已经默认将电流波形为梯形波或者方波的无刷电机定义为无刷直流电机,将电流波形为正弦波的无刷电机定义为永磁同步电机。

BLDCM和PMSM的基本结构相似。电机本体由定子和转子组成,定子由电工钢片叠制而成,转子由永久磁钢构成磁极;转子磁极位置检测用的传感器与转子同轴连接。传感器输出信号通过定子换相器(逆变器和控制器)供给定子绕组交变电流,以产生恒定转矩,如图1-1所示。

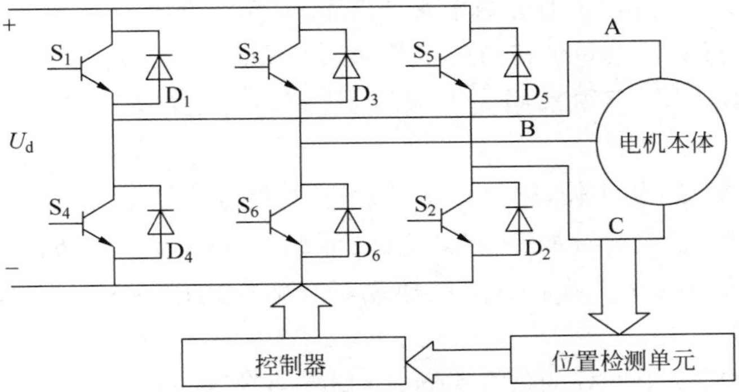

图1-1　BLDCM或PMSM的基本结构

为了减少齿槽转矩脉动、电机噪声与振动,BLDCM和PMSM的定子槽口设计通常采用定子斜槽、分数槽、转子斜极、辅助凹槽及齿槽宽配合等方法。

BLDCM和PMSM的主要区别是:转子磁钢几何形状、转子磁场在空间的分布和反电动势波形、定子电枢绕组和电流形式,以及位置传感器精度等不同。

如图1-2所示,BLDCM的转子磁钢形状呈弧形(瓦片形),磁极下定转子气隙均匀,气隙磁通密度呈梯形分布;电枢绕组一般为整距、集中式绕组,呈三相对称分布,也有两相、四相或五相的；为了产生恒定力矩，定子电流应为方波，实际上为梯形波；位置传感器采用霍尔元件或光电开关，并与电子开关电路组成换相器。

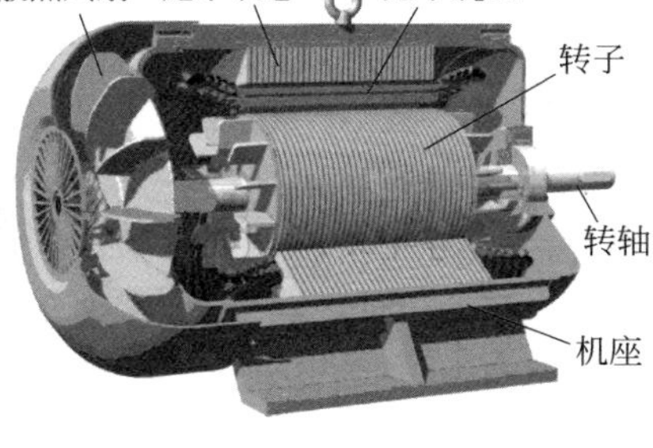

(a)

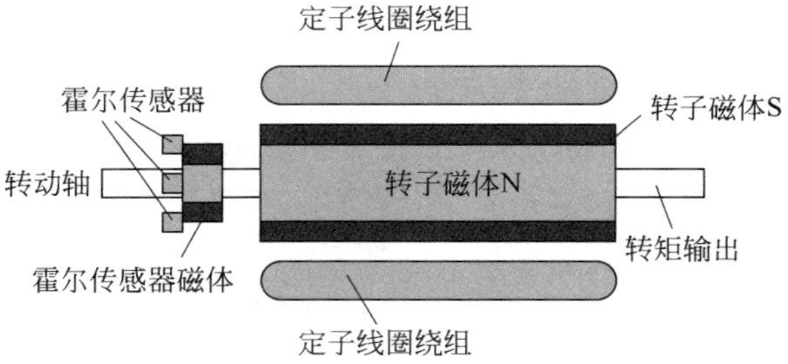

(b)

图 1-2　BLDCM 结构组成示意图

(a) BLDCM 结构示意图；(b) 转子位置检测系统示意图

PMSM 的转子磁钢极面呈抛物线形，气隙中的磁通密度与转子转角呈正弦函数关系；电枢一般为短距、分布绕组（也有分数槽集中绕组）；为生成恒定力矩，定子电流应为正弦波对称电流；位置传感器输出转子转角的正弦和余弦函数，具有较高的分辨率。因此，霍尔元件和光电开关已不适用，必须采用光电编码器、旋转变压器及感应同步器等精密测角传感器。

BLDCM 与 PMSM 相比较，虽然具有成本低、测控方法简单等优点，但 BLDCM 的力矩脉动较大，有电枢反应、电流换相、齿槽效应、电流调节误差，以及机械制造误差等主要影响因素，因此其铁芯损耗较大。在低速直接驱动场合的应用中，PMSM 的性能比其他的交流伺服电机优越得多。

根据永磁体在转子上所处的位置不同，PMSM 可分为三种形式，如图 1-3 所示：①表贴式，永磁体粘贴在转子表面；②面嵌式，永磁体嵌入转子表面；③内埋式，永磁体埋在转子内部。

表贴式永磁同步电机的转子磁极通常为面包形，并采用特殊的黏结剂固定在转子铁芯表面。为防止磁极在电机旋转时受离心力作用飞出，磁极外表面一般用非磁性圆筒或无纬玻璃丝带包住作为磁极保护层。这种转子结构的永磁同步电机具有结构简单、制造成本低、安装方便、转动惯量小等优点，在实际工程中应用比较广泛。

从外观上看，面嵌式永磁同步电机与表贴式结构相近，但在电机性能上两者有着很大的

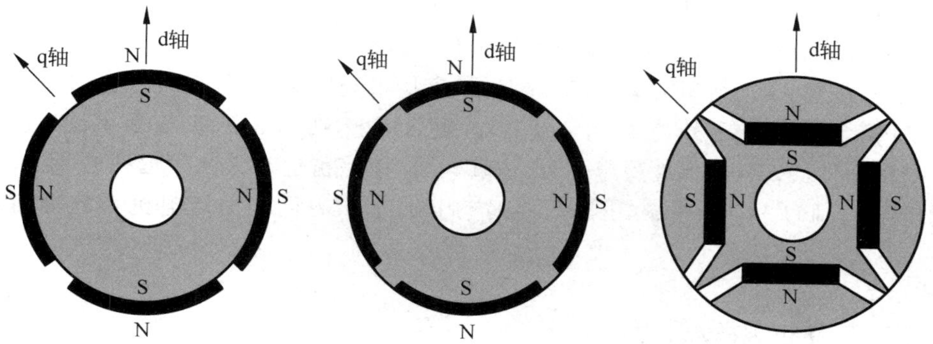

图 1-3　PMSM 三种结构示意图

不同。表贴式永磁同步电机在运行时仅有永磁力矩，直、交轴的主电感相等。面嵌式永磁同步电机运行时，除了永磁力矩之外，还产生磁阻力矩，使直、交轴的主电感不相等。

内埋式永磁同步电机转子结构中的永磁体磁极位于转子铁芯内部，不直接与气隙接触，永磁体外围有转子铁芯保护，机械强度和可靠性都有所提高，但电机加工工艺也更为复杂。相比于表贴式和面嵌式结构，内埋式结构永磁同步电机的直、交轴的电感相差更大，磁阻力矩作用更为显著。由于铁芯的磁屏蔽作用，内埋的永磁体涡流损耗小、温升低，因此，内埋式永磁同步电机在高速、高频场合下应用较多，如牵引电机、纺织电机等。

在高精度直接驱动的应用场合，通常采用直驱式永磁同步力矩电机。永磁同步力矩电机是永磁同步电机的一种特殊形式，二者的工作原理基本相同，但结构形式不同。直驱式永磁同步力矩电机的结构如图 1-4 所示。

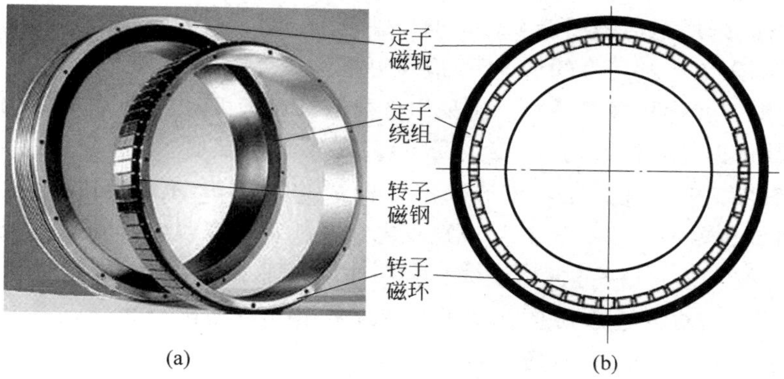

图 1-4　直驱式永磁同步力矩电机

(a) 实物照片；(b) 示意图

由图 1-4 可见，直驱式永磁同步力矩电机为表贴式、薄环形、分装结构。定子电枢一般为三相绕组，但小功率的为两相绕组。定子两相绕组相比于三相绕组增加了每极槽数的面积，可省略 Clark 变换(3/2 变换)和 Clark 逆变换(2/3 变换)，简化了控制计算；极对数分别为 24、48 及 60 等。这种多对极、圆盘形表贴式转子可有效降低齿槽力矩，电磁力矩系数恒定，电气时间常数小，响应速度快，低速平稳性好；而且，无刷式结构适宜于长期连续运行、可靠性高。

定子两相绕组电流幅值相等、相位相差90°电角度，在定转子气隙中形成旋转磁场，磁场强度与电流幅值成正比，旋转速度与绕组正弦电流角频率成正比、与极对数成反比。极对数多、额定转速低、驱动力矩大，可取消减速器，直接带动负载，定位精度高。永磁同步力矩电机转子内孔直径为定子外径的80%以上，占用空间小，功率密度高，安装灵活方便。在高精度直接驱动领域，例如，惯性稳定平台、仿真转台、跟踪雷达与天文望远镜的天线系统，以及数控机床、工业机器人、升降电梯等许多应用领域，永磁同步力矩电机具有特别重要的意义。

1.2 齿槽力矩和纹波力矩

理论上，PMSM的感应电动势和电流只有为正弦波，才能产生恒定的电磁力矩。但是在实际的电机中，各种原因如永磁转子的励磁磁场非正弦分布、定子绕组空间分布不是理想正弦波，以及脉冲调宽(PWM)功率放大器供给的定子电流含有高次谐波等，都会引起力矩脉动。PMSM的力矩脉动会引起机械振动和噪声，并影响定位精度。

PMSM的力矩脉动主要分为两类：一类为齿槽力矩，是由定子的齿槽和转子的永磁体相互作用而产生的随转子旋转位置周期变化的力矩；另一类为纹波力矩，是由功率电子器件提供的电源电压含有丰富的谐波成分，以及电机反电动势波形的非正弦性，而引起的纹波力矩。齿槽力矩和纹波力矩共同形成PMSM的力矩脉动。

高精度位置伺服系统中，低速甚至接近零转速对驱动电机运转的平稳性有着非常严格的要求。为此，必须尽可能地减小其力矩脉动。

削弱齿槽力矩的技术措施有：①改变槽口宽度。在不影响定子嵌线的前提下，尽可能减小槽开口宽度，采用磁性槽楔以及闭口槽。理论上，最好选择无槽定子结构。②增大气隙间距。在不影响永磁体利用率的情况下，应尽可能增大气隙尺寸，表贴式转子磁极结构相当于增大等效气隙。③优化极弧系数。④采用分数槽。对于极对数为p、相数为m、槽数为z的永磁电机，其每极每相槽数为$q=z/(2mp)$。当q为分数时，电机绕组则称为分数槽绕组。分数槽绕组结构的优点是：①槽数不为极数的整数倍，有利于抑制电机齿槽力矩；②绕组分布因数和短距系数不等于1，空载反电势曲线正弦度较好；③线圈镶嵌在两个相邻的定子槽中，嵌线工艺简单，可自动绕线；④线圈端部非常短，节省线圈材料、电阻和铜耗小。在同等情况下，对低速永磁同步力矩电机，采用分数槽削弱齿槽力矩的效果更为明显。其他的还有磁极偏移、虚拟槽、斜槽或斜极等技术措施，但对于小型直驱式力矩电机都是不适用的。

当PMSM运行在极低的转速时，纹波力矩会使转子的转速发生波动，严重影响低转速的稳定性，进而影响定位的精确度。为了减小纹波力矩，应该尽可能地减小感应电动势和定子电流的高次谐波。可采取下列技术措施：①控制电流波形为正弦波。②采用分数槽、整距集中绕组。不仅有利于减小齿槽力矩，而且有利于削弱感应电动势的高次谐波，从而抑制纹波力矩，但分数槽绕组会降低基波分量和平均力矩。③采用定子无槽气隙绕组。无定子齿槽既消除了齿槽力矩，又使得无槽气隙绕组反电动势谐波含量降低，从而能削弱PMSM的脉动力矩。但是，无槽气隙绕组会损失平均力矩和效率。随着高能量稀土永磁材料的开发，该方法已变得实际可行。④转子励磁磁场的波形按正弦分布。如果转子永磁体具有理想的正弦磁场，那么导体分布就不会影响感应电动势谐波。在表贴式 PMSM 中，常用的三种永磁体形状与充磁方式示意如图 1-5 所示。其中，SR 为等厚度瓦片型永磁体，径向充磁，磁钢圆周上各处磁化方向的长度均相同，永磁体产生的气隙磁通密度波形通常为梯形波；SP 将瓦片型两侧削直，平行充磁，使磁钢磁化方向与磁钢的中心线平行，在中心线处的磁化方向长度与径向充磁的长度相等，两侧的径向磁化分量逐渐变稀，与正弦分布接近；BL 为不等厚的面包块形状，平行充磁，其磁化方向长度分布不等，提供的气隙磁密波形更接近于正弦波。在这三种形状的永磁体中，BL 永磁体可能具有制造和价格优势，因为它具有平直的内表面。经 ANSYS 有限元仿真和性能分析可知，在 SR、SP 及 BL 三种形状中，SR 和 BL 的齿槽力矩分别为最高和最低；SP 永磁体具有最优的气隙磁密谐波性能，但 SP 和 BL 的反电动势谐波几乎一样。

综上所述，抑制永磁同步力矩电机齿槽力矩和纹波力矩的最理想的方案是，定子为无槽结构，转子永磁体形状和尺寸在均匀气隙中形成正弦分布磁场。同时，对定子线圈通严格正弦的参考信号，通过矢量控制的电流环，保证交轴电流 i_q 按正弦规律变化。这样，反电动势和绕组电流都为正弦波，满足 PMSM 无齿槽力矩和纹波力矩的工作条件。

2008 年，我们研制成功一台 24 对极无槽表贴式两相永磁同步力矩电机（见文献[3]），如图 1-6 所示。其外形尺寸为 ϕ137.1mm×37.8mm。定子为内径 ϕ131.3mm 的无槽铁芯结构，其内表面粘压多层双面柔性两相正交绕组。转子表贴永磁体为 BL 面包块型，优化后的最大厚度为 4.6mm，宽度为 6mm，转子外径为 ϕ127.6mm。气隙磁通密度呈正弦分布，最大值为 0.705T。样机性能实测结果：相绕组电阻 15.4Ω，额定转速的反电动势失真度 1.1%～1.2%，测试电流 2.4A，电磁力矩系数 1.45(N·m)/A。

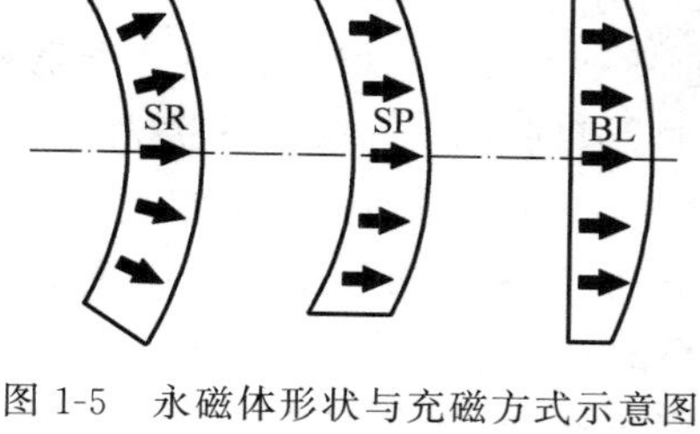

图 1-5　永磁体形状与充磁方式示意图

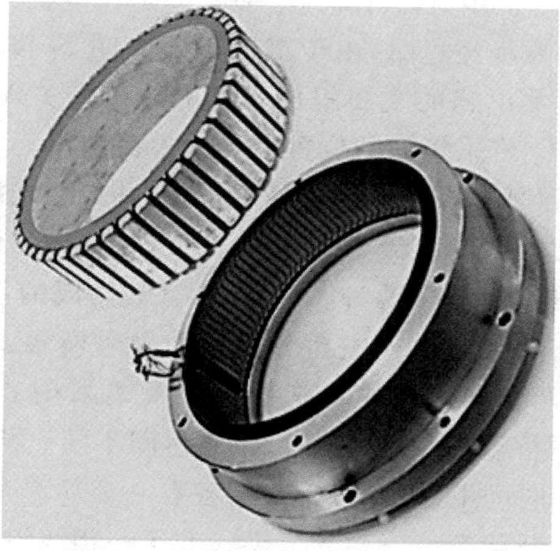

图 1-6　无槽柔性绕组两相永磁同步力矩电机结构

2018 年，文献[12]介绍的“低脉动无刷力矩电机”，定子亦为无槽结构，但电枢内部采用两相正交整距绕组，永磁体为倒 4mm 圆角长方块形。永磁体形状优化后，气隙磁通密度呈正弦分布。仿真结果：反电动势谐波分量为 2.3%，力矩波动为 0.33%。产品试验结果：输出力矩为 3.68～3.70N·m，力矩波动为 0.27%。

1.3　无刷直流电机连续旋转的原理

无刷直流电机的基本组成包括三部分：电机本体、转子位置传感器、控制器与功率开关电路(逆变器)，其工作原理如图 1-7 所示。逆变器为三相全桥驱动方式，具有电机绕组利用率高、换相力矩波动小等优势，适用于大多数的无刷直流电机驱动场合。

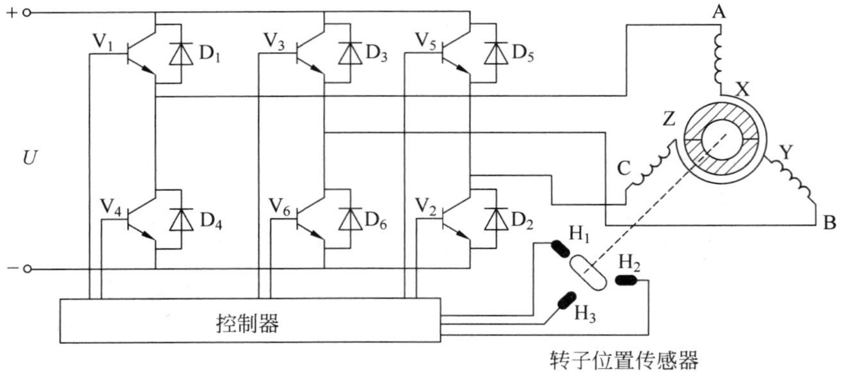

图 1-7　无刷直流电机的工作原理

电机本体包括定子和永久磁钢转子，磁极位置传感器是一种无机械接触的检测转子磁极位置的装置，如霍尔效应元件、光电变换效应元件等。目前主要采用安装在定子上的霍尔传感器。

图 1-7 中，H_1、H_2、H_3 表示固定在电机定子绕组间的三个霍尔位置传感器。当转子永磁体的磁极经过时，由传感器输出表明 N 极或 S 极经过的电平信号，以确定转子的位置。功率开关电路的主要组成包括晶体管开关 $V_1 \sim V_6$ 与二极管 $D_1 \sim D_6$，由霍尔位置传感器 $H_1 \sim H_3$ 将采集到的位置信号送入控制单元，由控制单元决定功率开关器件各相绕组导通的时间顺序，以完成电机绕组换相，并产生连续的电磁转矩驱动电机运行。

永磁无刷直流电机定子三相绕组接法，通常分为星形接法(又称 Y 接法)和三角形接法(又称△接法)两种。AX、BY、CZ 构成的星形接法最为常用。从驱动方式上看，功率开关电路的导通模式主要分为两相导通模式、三相导通模式，以及两相三相混合导通模式。其中，两相导通模式和三相导通模式采用 6 状态控制，但同一时间功率开关器件的上桥臂和下桥臂的导通顺序和导通时间不同。两相导通模式在每一时刻都有两相绕组导通，且在同一时间上、下桥臂都分别各有一个功率开关器件导通，剩余的第三相绕组功率开关始终处于关断状态。三相导通模式的每一相绕组上、下桥臂总有一个功率开关器件导通，而另一开关器件关断。两相三相混合导通模式共有 12 个控制状态，采用两相与三相轮流导通方式。

两相导通模式的每一相绕组在每一个换相控制周期的导通角为 120°电角度，而三相导通模式的绕组导通角为 180°电角度。三相导通模式的驱动电路中，三个功率管同时导通，电枢绕组利用率更高，抑制转矩波动效果更好。但是，其同一桥臂的上、下功率管需要避免同时导通，控制规则复杂。因此，两相导通模式应用更广。

设三相永磁无刷直流电机的绕组采用星形接法和两相导通模式，电机每相绕组的导通角为 120°电角度。电机在一个完整的工作周期旋转 360°电角度，转子位置共有 6 次换相操作，转子每转 60°电角度，有两相绕组进行换相：一个相绕组关断，另一个相绕组开始导通。每一个控制周期内电机换相过程的逻辑状态如表 1-1 所示。

表 1-1　三相无刷直流电机换相过程逻辑状态

转子位置角 θ	顺时针旋转			霍尔状态 $H_1H_2H_3$	转子位置角 θ	逆时针旋转			霍尔状态 $H_1H_2H_3$
	绕组 AX	绕组 BY	绕组 CZ			绕组 AX	绕组 BY	绕组 CZ	
30°～90°	+	−	0	101	30°～−30°	0	+	−	001
90°～150°	+	0	−	100	−30°～−90°	+	0	−	011
150°～210°	0	+	−	110	−90°～−150°	+	−	0	010
210°～270°	−	+	0	010	−150°～−210°	0	−	+	110
270°～330°	−	0	+	011	−210°～−270°	−	0	+	100
330°～390°	0	−	+	001	−270°～−330°	−	+	0	101

表 1-1 中，转子位置角 θ 为一个工作周期内电机转子直轴与定子绕组 AX 相绕组轴线的相对角度。电机定子绕组通电分正、负、零等三种状态。规定绕组正向电流由 A、B、C 流入，从 X、Y、Z 流出；负向电流由 X、Y、Z 流入，从 A、B、C 流出；0 表示无电流流过。三个霍尔位置传感器 H_1、H_2、H_3 为锁存型霍尔集成电路，均布在定子铁芯齿或槽口，或绕组端部绝缘支架靠近铁芯处，相互之间夹角是 120°电角度，用于检测电机转子永磁体的磁场或漏磁场。霍尔元件标志面朝向转子永磁体 N 极时，霍尔集成电路输出为逻辑 1；反之，霍尔元件标志面朝向转子永磁体 S 极时，霍尔集成电路输出为逻辑 0。逻辑 1 表示传感器输出为高电平，逻辑 0 表示传感器输出为低电平。

电枢绕组的导通状态由位置传感器输出电平决定。为了使电磁转矩最大化和转矩脉动极小化(即形成最大的定子磁场磁动势 F_a)，转子相对 AX 绕组的轴线只有转过 $\theta=30°$电角度，如图 1-8(a)所示，才能进行相应的绕组导通与关断的控制操作。

下面根据表 1-1 所示的逻辑状态并结合图 1-8，针对转子顺时针旋转的 6 种换相过程，详细解释位置传感器输出电平和功率开关器件通断的相互逻辑关系。

假设当转子处于图 1-8(a)所示位置时，转子位置传感器 H_1、H_2、H_3 输出位置信号逻辑 101，经控制器进行逻辑变换后输出对应的 PWM 信号，PWM 信号经过驱动电路进行功率放大后控制逆变器的 V_1、V_6 导通。回路中的电流流向为从电源正极出发，经 V_1 正向流入 AX 相绕组，再反向从 BY 相绕组经 V_6 流出，最后回到电源负极。当 AX、BY 两相绕组通电后，电枢绕组将在空间产生定子磁场磁动势 F_a。此时，定子磁场磁动势 F_a 与转子磁场 F_r 相互作用产生电磁转矩，驱动电机转子顺时针旋转。

当转子转过 60°电角度，处于图 1-8(b)所示的空间位置时，转子位置传感器输出位置信号逻辑 100，经控制器再次逻辑变换后，输出一组更新的 PWM 信号，PWM 信号经过驱动电路进行功率放大后，控制逆变器的 V_1、V_2 导通。此时，回路中电流运行方向发生了变化，从电源正极出发，经 V_1 正向流入 AX 相绕组，再反向从 CZ 相绕组经 V_2 流出，最后回到电源负极。当 AX、CZ 两相绕组通电后，电枢绕组在空间产生如图 1-8(b)所示方向的合成磁动

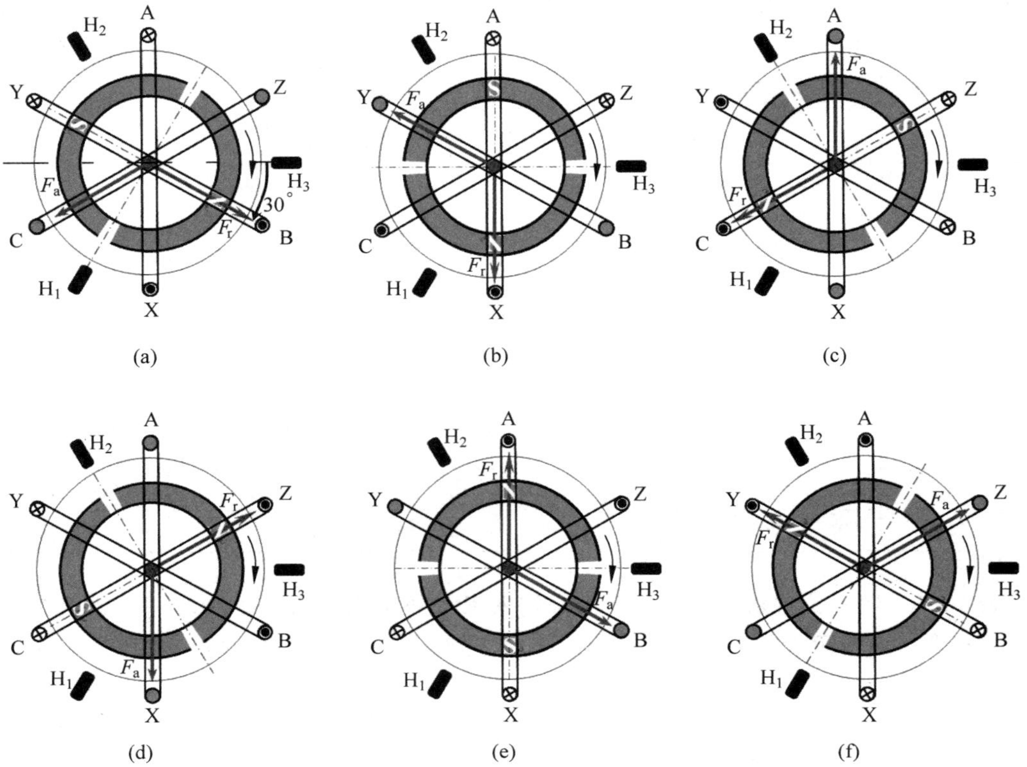

图 1-8　三相无刷直流电机的控制状态

势 F_a。此时，定、转子磁场将相互作用产生电磁转矩，继续驱动电机转子沿顺时针方向转动。

当转子又转过 60°电角度，处于图 1-8(c)所示的空间位置时，转子位置传感器输出位置信号逻辑 110，经控制器再次逻辑变换后，输出的 PWM 信号经过功率放大控制逆变器的 V_3、V_2 导通。此时，回路中电流从电源正极出发，经 V_3 正向流入 BY 相绕组，再反向从 CZ 相绕组经 V_2 流出，最后回到电源负极。当 BY、CZ 两相绕组通电后，电枢绕组在空间产生如图 1-8(c)所示方向的合成磁动势 F_a。此时，定、转子磁场将相互作用产生电磁转矩，继续驱动电机转子沿顺时针方向转动。

当转子再转过 60°电角度，处于图 1-8(d)所示的空间位置时，转子位置传感器输出位置信号逻辑 010，经控制器再次逻辑变换后，输出的 PWM 信号经过功率放大控制逆变器的 V_3、V_4 导通。此时，回路中电流从电源正极出发，经 V_3 正向流入 BY 相绕组，再反向从 AX 相绕组经 V_4 流出，最后回到电源负极。当 BY、AX 两相绕组通电后，电枢绕组在空间产生如图 1-8(d)所示方向的合成磁动势 F_a。此时，定、转子磁场将相互作用产生电磁转矩，继续驱动电机转子沿顺时针方向转动。

当转子处于图 1-8(e)所示的空间位置时，转子位置传感器输出位置信号逻辑 011，经控制器再次逻辑变换后，输出的 PWM 信号经过功率放大控制逆变器的 V_5、V_4 导通。此时，回路中电流从电源正极出发，经 V_5 正向流入 CZ 相绕组，再反向从 AX 相绕组经 V_4 流出，最后回到电源负极。当 CZ、AX 两相绕组通电后，电枢绕组在空间产生如图 1-8(e)所示方

向的合成磁动势 F_a。此时，定、转子磁场将相互作用产生电磁转矩，继续驱动电机转子沿顺时针方向转动。

当转子处于图 1-8(f)所示的空间位置时，转子位置传感器输出位置信号逻辑 001，经控制器再次逻辑变换后，输出的 PWM 信号经过功率放大控制逆变器的 V_5、V_6 导通。此时，回路中电流从电源正极出发，经 V_5 正向流入 CZ 相绕组，再反向从 BY 相绕组经 V_6 流出，最后回到电源负极。当 CZ、BY 两相绕组通电后，电枢绕组在空间产生如图 1-8(f)所示方向的合成磁动势 F_a。此时，定、转子磁场将相互作用产生电磁转矩，继续驱动电机转子沿顺时针方向转动。

总之，在图 1-8 中描述的三相全桥驱动电路中，电机的绕组为 Y 接法。当电机转子顺时针旋转时，转子每转过 60°电角度，换相电路中电子开关功率管 V_1～V_6 就发生一次切换，各功率管的导通顺序依次为 $V_1V_6 \to V_1V_2 \to V_3V_2 \to V_3V_4 \to V_5V_4 \to V_5V_6$。反之，当转子逆时针旋转时，各功率管的导通顺序依次为 $V_3V_2 \to V_1V_2 \to V_1V_6 \to V_5V_6 \to V_5V_4 \to V_3V_4$。

由表 1-1 易见，当正、反向旋转的位置传感器输出电平逻辑相同时，二者的电流正好反向。

在转子顺时针连续旋转期间，开关切换形成的合成磁动势并非连续变化，导致作用于转子的电磁转矩及其产生的旋转角速度是脉动的。电子换相与霍尔位置传感器输出电平信号之间的关系如图 1-9 所示。

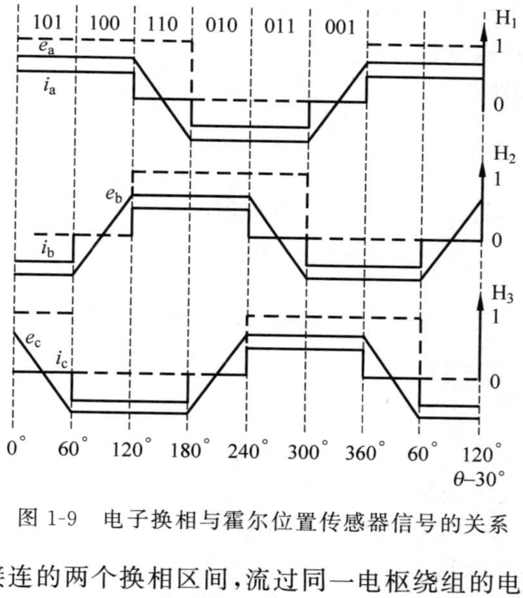

图 1-9　电子换相与霍尔位置传感器信号的关系

由图 1-9 可见，在接连的两个换相区间，流过同一电枢绕组的电流方向是一致的。该图展示了 6 个不同的换相阶段（由霍尔传感器 H_1、H_2 及 H_3 产生），以及相应的电流（i_a、i_b、i_c）及电压（e_a、e_b、e_c）的关系。

其中，霍尔传感器信号状态与开关管通断之间的关系，即换相控制表，如表 1-2 所示。表中，PWM 表示打开开关并通以脉冲调宽电压，OFF 表示关断开关。

至于转子逆时针连续旋转，可依据表 1-1 右半部分的逻辑状态，建立类似的霍尔传感器位置信号与电子换相及开关管通断的关系。这里不再赘述。

表 1-2 换相控制

换相控制字			触发中断沿状态	各开关管工作状态					
H_1	H_2	H_3		V_1	V_3	V_5	V_4	V_6	V_2
1	0	1	H_1 上升沿	PWM	OFF	OFF	OFF	PWM	OFF
1	0	0	H_3 下降沿	PWM	OFF	OFF	OFF	OFF	PWM
1	1	0	H_2 上升沿	OFF	PWM	OFF	OFF	OFF	PWM
0	1	0	H_1 下降沿	OFF	PWM	OFF	PWM	OFF	OFF
0	1	1	H_3 上升沿	OFF	OFF	PWM	PWM	OFF	OFF
0	0	1	H_2 下降沿	OFF	OFF	PWM	OFF	PWM	OFF

1.4 无刷直流电机的数学模型

本节以两相导通 Y 形三相六状态运行模式为例，推导 BLDCM 的数学模型及电磁转矩等特性。BLDCM 控制系统具有非线性、强耦合、多变量的特点，为了便于分析，特作如下假设：

(1) 三相定子绕组完全对称，定子电流呈对称分布；

(2) 转子永磁体产生的气隙磁场为方波，转子磁场在气隙空间亦呈对称分布；

(3) 忽略换相过程、齿槽效应及电枢反应等影响；

(4) 磁路不饱和，不计涡流损耗和磁滞损耗；

(5) 忽略开关器件导通和关断时间的影响，导通压降恒定，关断后的等效电阻无穷大。

1.4.1 电压方程

通常，直流电机的动态电压平衡方程可表示为

$$u = Ri + L\frac{\mathrm{d}i}{\mathrm{d}t} + e + U_n \tag{1-1}$$

那么，BLDCM 的三相定子绕组动态电压平衡方程可用下列状态方程式来表达：

$$\begin{bmatrix} u_A \\ u_B \\ u_C \end{bmatrix} = \begin{bmatrix} R_S & 0 & 0 \\ 0 & R_S & 0 \\ 0 & 0 & R_S \end{bmatrix} \begin{bmatrix} i_A \\ i_B \\ i_C \end{bmatrix} + \begin{bmatrix} L_{AA} & L_{AB} & L_{AC} \\ L_{BA} & L_{BB} & L_{BC} \\ L_{CA} & L_{CB} & L_{CC} \end{bmatrix} \frac{\mathrm{d}}{\mathrm{d}t} \begin{bmatrix} i_A \\ i_B \\ i_C \end{bmatrix} + \begin{bmatrix} e_A \\ e_B \\ e_C \end{bmatrix} + U_n \begin{bmatrix} 1 \\ 1 \\ 1 \end{bmatrix} \tag{1-2}$$

式中，u_A、u_B、u_C 为三相定子绕组相电压，V；i_A、i_B、i_C 为三相定子绕组相电流，A；e_A、e_B、e_C 为三相定子绕组反电动势，V；U_n 为中性点电压，V；R_S 为三相定子绕组的电阻，Ω；L_{AA}、L_{BB}、L_{CC} 为三相定子绕组的自感，H；L_{AB}、L_{AC}、L_{BA}、L_{BC}、L_{CA}、L_{CB} 为三相定子绕组间的互感，H。

考虑到已假定 BLDCM 的三相定子绕组完全对称，且忽略磁阻间的影响，因此可以认为定子各相绕组间的互感 $L_{AB}=L_{AC}=L_{BA}=L_{BC}=L_{CA}=L_{CB}=M$ 和所有自感 $L_{AA}=L_{BB}=L_{CC}=L_S$。因此，式(1-2)可表示为

$$\begin{bmatrix} u_A \\ u_B \\ u_C \end{bmatrix} = \begin{bmatrix} R_S & 0 & 0 \\ 0 & R_S & 0 \\ 0 & 0 & R_S \end{bmatrix} \begin{bmatrix} i_A \\ i_B \\ i_C \end{bmatrix} + \begin{bmatrix} L_S & M & M \\ M & L_S & M \\ M & M & L_S \end{bmatrix} \frac{\mathrm{d}}{\mathrm{d}t} \begin{bmatrix} i_A \\ i_B \\ i_C \end{bmatrix} + \begin{bmatrix} e_A \\ e_B \\ e_C \end{bmatrix} + U_n \begin{bmatrix} 1 \\ 1 \\ 1 \end{bmatrix} \tag{1-3}$$

由于在三相对称的 Y 形绕组电机中，$i_A+i_B+i_C=0$ 成立，则有 $Mi_A+Mi_B+Mi_C=0$。那么，将式(1-3)整理后，可得

$$\begin{bmatrix} u_A \\ u_B \\ u_C \end{bmatrix} = \begin{bmatrix} R_S & 0 & 0 \\ 0 & R_S & 0 \\ 0 & 0 & R_S \end{bmatrix} \begin{bmatrix} i_A \\ i_B \\ i_C \end{bmatrix} + \begin{bmatrix} L_S-M & 0 & 0 \\ 0 & L_S-M & 0 \\ 0 & 0 & L_S-M \end{bmatrix} \frac{\mathrm{d}}{\mathrm{d}t} \begin{bmatrix} i_A \\ i_B \\ i_C \end{bmatrix} + \begin{bmatrix} e_A \\ e_B \\ e_C \end{bmatrix} + U_n \begin{bmatrix} 1 \\ 1 \\ 1 \end{bmatrix}$$

把上式展开可得

$$\begin{cases} u_A = R_S i_A + (L_S - M)\dfrac{\mathrm{d}i_A}{\mathrm{d}t} + e_A + U_n \\ u_B = R_S i_B + (L_S - M)\dfrac{\mathrm{d}i_B}{\mathrm{d}t} + e_B + U_n \\ u_C = R_S i_C + (L_S - M)\dfrac{\mathrm{d}i_C}{\mathrm{d}t} + e_C + U_n \end{cases} \tag{1-4}$$

根据电压平衡方程式(1-4)，可以得到 BLDCM 的等效电路图，如图 1-10 所示。

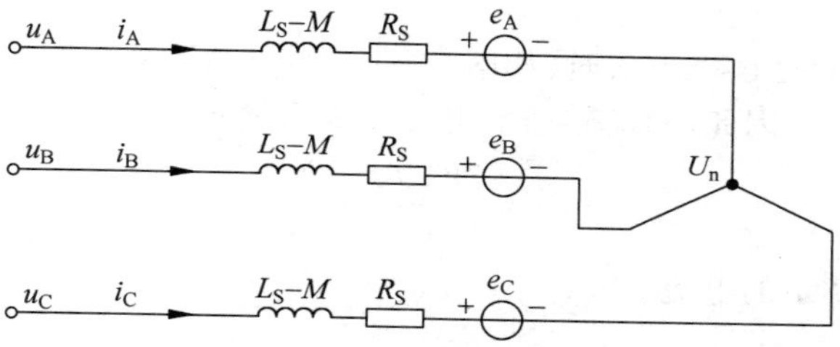

图 1-10　BLDCM 等效电路

1.4.2　反电动势表达式

BLDCM 定子绕组各相反电动势的幅值为

$$E_m = 2NB_\delta lv \tag{1-5}$$

式中，N 为每相电枢绕组串联导体的匝数；B_δ 为气隙中磁感应强度，T；l 为导线有效长度，m；v 为导体相对于磁场的线速度，m/s，其表达式为

$$v = \frac{\pi D}{60} n = 2p\tau \frac{n}{60} \tag{1-6}$$

式中，n 为电机转速，r/min；D 为电枢内径，m；τ 为极距；p 为极对数。根据式(1-5)和式(1-6)可得

$$E_m = 4NB_\delta lp\tau \frac{n}{60} \tag{1-7}$$

方波气隙中磁感应强度对应的每极磁通为

$$\Phi_\delta = B_\delta \alpha_i l\tau \tag{1-8}$$

式中，α_i 为计算极弧系数。将式(1-8)代入式(1-7)，可得每相绕组的感应电势为

$$E_m = \frac{p}{15\alpha_i} N\Phi_\delta n \tag{1-9}$$

由于电机为两相导通运行模式，则其线电势可表示为

$$E=2E_{\mathrm{m}}=\frac{2p}{15\alpha_{\mathrm{i}}}N\Phi_{\delta}n=\frac{2p}{15\alpha_{\mathrm{i}}}N\Phi_{\delta}\times\frac{30\omega}{\pi}=K_{\mathrm{e}}\omega \tag{1-10}$$

式中，$n=\frac{30\omega}{\pi}$，ω 为电机机械角速度，rad/s；$K_{\mathrm{e}}=\frac{4p}{\pi\alpha_{\mathrm{i}}}N\Phi_{\delta}$ 为反电动势系数，V/(rad/s)。

1.4.3　转矩方程

电机运行时从电源处吸收电功率，这些电功率中有一小部分转化为了铜耗和铁耗，其中大部分通过与气隙磁场相互作用，转换为施加于转子永磁体的转矩。这部分功率就是电磁功率，等于定子绕组中流过的电流与反电动势的乘积之和，其表达式为

$$P_{\mathrm{e}}=e_{\mathrm{A}}i_{\mathrm{A}}+e_{\mathrm{B}}i_{\mathrm{B}}+e_{\mathrm{C}}i_{\mathrm{C}} \tag{1-11}$$

假设忽略杂散损耗和机械损耗，电磁功率全部转换为转子的动能，则有

$$P_{\mathrm{e}}=T_{\mathrm{t}}\omega \tag{1-12}$$

式中，T_{t} 为电磁转矩，N·m。由式(1-11)和式(1-12)可得电磁转矩的表达式为

$$T_{\mathrm{t}}=\frac{e_{\mathrm{A}}i_{\mathrm{A}}+e_{\mathrm{B}}i_{\mathrm{B}}+e_{\mathrm{C}}i_{\mathrm{C}}}{\omega} \tag{1-13}$$

当电机处于两相导通运行方式时，如图1-9所示，以AB绕组导通为例，$i_{\mathrm{A}}=-i_{\mathrm{B}}=i_{\mathrm{a}}$，$e_{\mathrm{A}}=-e_{\mathrm{B}}=E_{\mathrm{m}}$，$i_{\mathrm{C}}=0$。因此，驱动转子的电磁转矩可表示为

$$T_{\mathrm{t}}=\frac{2E_{\mathrm{m}}i_{\mathrm{a}}}{\omega}=\frac{Ei_{\mathrm{a}}}{\omega} \tag{1-14}$$

式中，i_{a} 为流经串联绕组的电流。

将式(1-10)和 $\omega=\frac{2\pi n}{60}$ 代入式(1-14)，可得

$$T_{\mathrm{t}}=\frac{4p}{\pi\alpha_{\mathrm{i}}}N\Phi_{\delta}i_{\mathrm{a}}=K_{\mathrm{t}}i_{\mathrm{a}} \tag{1-15}$$

式中，i_{a} 为电枢电流；$K_{\mathrm{t}}=\frac{4p}{\pi\alpha_{\mathrm{i}}}N\Phi_{\delta}$ 为电磁转矩常数，N·m/A。永磁交流伺服电机中，反电动势系数和电磁转矩常数在理想情况下是相等的，即 $K_{\mathrm{t}}=K_{\mathrm{e}}$。

1.4.4　机械运动方程

BLDCM的机械运动方程可以表示为

$$J\frac{\mathrm{d}\omega}{\mathrm{d}t}+B\omega=T_{\mathrm{t}}-T_{\mathrm{L}} \tag{1-16}$$

式中，J 为转动惯量，kg·m^2；B 为阻尼系数，(N·m·s)/rad；T_{L} 为负载转矩，N·m；$\mathrm{d}\omega/\mathrm{d}t$ 为转子机械角加速度，rad/s^2。

1.4.5　传递函数模型

对于两相导电方式，任何时刻被导通的两相绕组为AB或BC或CA。以AB绕组导通为例，有

$$i_{\mathrm{A}}=-i_{\mathrm{B}}=i_{\mathrm{a}} \tag{1-17}$$

$$\frac{\mathrm{d}i_{\mathrm{A}}}{\mathrm{d}t}=-\frac{\mathrm{d}i_{\mathrm{B}}}{\mathrm{d}t}=\frac{\mathrm{d}i_{\mathrm{a}}}{\mathrm{d}t} \tag{1-18}$$

$$e_A = -e_B = E_m = E/2 \tag{1-19}$$

将式(1-4)的第一式减去第二式，利用式(1-17)～式(1-19)，以及式(1-10)，可得

$$u_{AB} = 2Ri_a + 2(L - M)\frac{\mathrm{d}i_a}{\mathrm{d}t} + 2E_m$$

即

$$U_d = r_a i_a + L_a \frac{\mathrm{d}i_a}{\mathrm{d}t} + K_e \omega \tag{1-20}$$

式中，$r_a = 2R$ 和 $L_a = 2(L - M)$ 分别为两串联绕组的电阻与电感；$U_d = u_{AB}$ 为线电压。

将式(1-20)进行拉氏变换，可解得

$$I_a(s) = \frac{U_d(s) - K_e \Omega(s)}{L_a s + r_a} \tag{1-21}$$

由式(1-16)可得

$$J\frac{\mathrm{d}\omega}{\mathrm{d}t} + B\omega = K_t i_a - T_L \tag{1-22}$$

将式(1-22)进行拉氏变换，可得

$$\Omega(s) = \frac{K_t I_a(s) - T_L(s)}{Js + B} \tag{1-23}$$

根据式(1-21)和式(1-23)可画出无刷直流电机的传递函数框图，如图 1-11 所示。

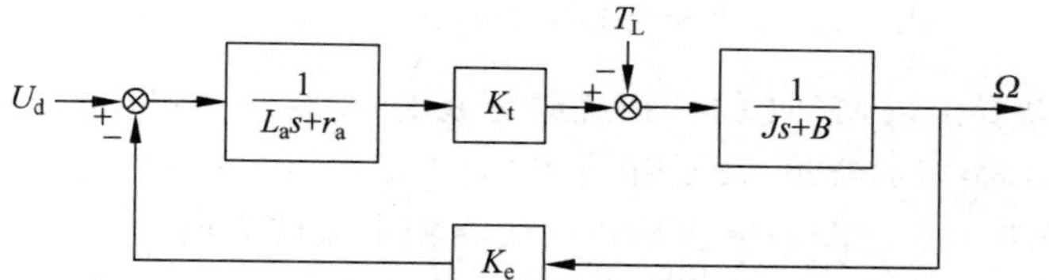

图 1-11　无刷直流电机的传递函数框图

根据图 1-11 可得无刷直流电机的输出转速为

$$\Omega(s) = \frac{1}{Js + B}\left[\frac{K_t}{L_a s + r_a}(U_d(s) - K_e \Omega(s)) - T_L(s)\right]$$

由此可解得

$$\Omega(s) = \frac{K_t}{L_a J s^2 + (L_a B + r_a J)s + (r_a B + K_t K_e)} U_d(s) - \frac{L_a s + r_a}{L_a J s^2 + (L_a B + r_a J)s + (r_a B + K_t K_e)} T_L(s) \tag{1-24}$$

1.5　永磁同步电机矢量控制系统建模

三相交流永磁同步电机是一个多变量、强耦合、非线性控制系统，为了便于对其进行研究分析，通常作如下假设：

(1) 定子绕组结构为三相 Y 形对称分布联结，气隙分布均匀，绕组轴线在空间互差 120°；

(2) 不计涡流和磁滞损耗；

(3) 忽略转子的阻尼绕组，不计各线圈的电阻和电感变化；

(4) 主磁场由永磁体产生，忽略电机铁芯饱和；

(5) 转子磁链呈正弦分布，气隙磁阻恒定。

在此基础上，给出三相交流永磁同步电机原理结构示意图，如图 1-12 所示。

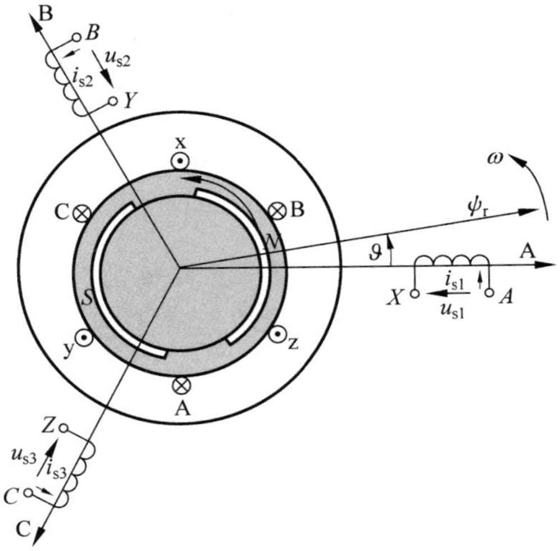

图 1-12　三相交流永磁同步电机原理结构示意图

由图 1-12 可以看出，PMSM 的三相绕组分别为 A 相绕组（图中 A，X 组成的绕组）、B 相绕组（图中 B，Y 组成的绕组）及 C 相绕组（图中 C，Z 组成的绕组），三相绕组在空间的分布相互之间夹角为 120°。图中标注了相电压和相电流的方向。将 A 相绕组设定为参考绕组。在图中还标出了转子机械旋转角速度 ω_r、转子永久磁铁的磁链 ψ_r 及其与 A 相绕组的机械夹角 ϑ。

1.5.1　静止坐标系的电压、磁链及电磁转矩方程

PMSM 在 ABC 三相静止坐标系 s 下的定子电压方程可表示如下：

$$\begin{cases} u_{s1} = R_s i_{s1} + \dfrac{\mathrm{d}\psi_{s1}}{\mathrm{d}t} \\ u_{s2} = R_s i_{s2} + \dfrac{\mathrm{d}\psi_{s2}}{\mathrm{d}t} \\ u_{s3} = R_s i_{s3} + \dfrac{\mathrm{d}\psi_{s3}}{\mathrm{d}t} \end{cases} \tag{1-25}$$

式中，u_{s1}、u_{s2}、u_{s3}，i_{s1}、i_{s2}、i_{s3} 及 ψ_{s1}、ψ_{s2}、ψ_{s3} 分别表示 A、B、C 三相定子绕组的电压、三相定子绕组的电流以及三相定子绕组的磁链；R_s 表示 A、B、C 三相定子绕组的电阻。

磁链方程为

$$\begin{cases} \psi_{s1} = L_{s1} i_{s1} + M_{s12} i_{s2} + M_{s13} i_{s3} + \psi_r \cos\vartheta \\ \psi_{s2} = M_{s21} i_{s1} + L_{s2} i_{s2} + M_{s23} i_{s3} + \psi_r \cos(\vartheta - 2\pi/3) \\ \psi_{s3} = M_{s31} i_{s1} + M_{s32} i_{s2} + L_{s3} i_{s3} + \psi_r \cos(\vartheta + 2\pi/3) \end{cases} \tag{1-26}$$

式中，L_{s1}、L_{s2}、L_{s3} 分别为 A、B、C 三相定子绕组的自感；M_{s12}、M_{s13} 分别为 A 相与 B、C 相的互感；M_{s21}、M_{s23} 分别为 B 相与 A、C 相的互感；M_{s31}、M_{s32} 分别为 C 相与 A、B 相的互感。

电磁转矩方程为

$$\boldsymbol{T}_{em} = p\boldsymbol{\psi}_r \times \boldsymbol{i}_s \tag{1-27}$$

式中，p 为电机的极对数；$\boldsymbol{\psi}_r$ 为转子磁铁的磁链；$\boldsymbol{i}_s = i_{s1} + \boldsymbol{a}i_{s2} + \boldsymbol{a}^2 i_{s3}$，$\boldsymbol{a} = e^{j2\pi/3}$。

在三相静止坐标系下，PMSM 的电压方程和磁链方程比较复杂，为了使 PMSM 控制系统的数学模型更简单，需要从静止三相定子绕组坐标系转换到旋转的两相转子坐标系。其结果是可以将定子电流分解为励磁电流和转矩电流，且都为直流量。这样就可以分别对励磁电流和转矩电流进行实时控制，以达到直流电机的控制性能。

1.5.2　坐标变换

对于一般具有三相绕组的永磁同步电机，首先，将定子绕组的三相电流（i_{s1}，i_{s2}，i_{s3}）经过 Clark 变换，转变为定子两相绕组中的电流（i_α，i_β）。i_α 和 i_β 的相位相差 90°电角度。然后，（i_α，i_β）再经过旋转变换（通常称之为 Park 变换），转变为转子坐标系 r 中两相电流（i_d，i_q）。它们的几何关系如图 1-13 所示。

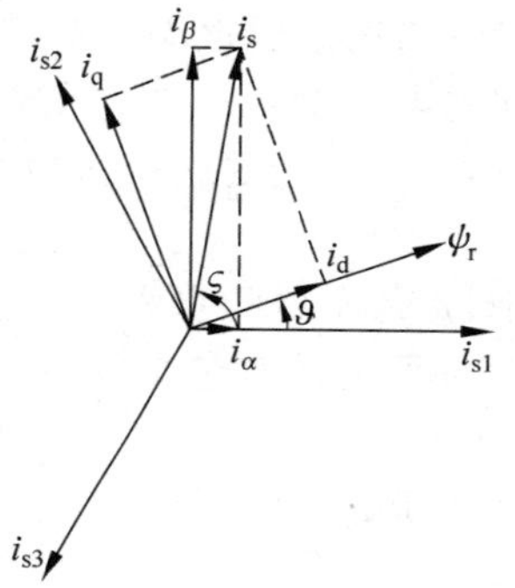

图 1-13　电流矢量几何关系

图 1-13 中，$\boldsymbol{i}_s = i_{s1} + \boldsymbol{a}i_{s2} + \boldsymbol{a}^2 i_{s3}$（其中，$\boldsymbol{a} = e^{j2\pi/3}$）为定子绕组合成电流矢量；$\zeta$ 为定子绕组电流矢量相对静止定子坐标 s 的转角；$\boldsymbol{\psi}_r$ 为转子磁链；ϑ 为转子磁链$\boldsymbol{\psi}_r$ 与定子电流 i_α 之间的电角度，即转子坐标系 r 相对定子坐标系 s 的夹角。考虑到定子三相电流 $\boldsymbol{i}_s = \boldsymbol{0}$，并有

$$\begin{cases} i_{s1} = i_s \cos\omega_1 t \\ i_{s2} = i_s \cos(\omega_1 t - 2\pi/3) = i_s\left(-\dfrac{1}{2}\cos\omega_1 t + \dfrac{\sqrt{3}}{2}\sin\omega_1 t\right) \\ i_{s3} = i_s \cos(\omega_1 t + 2\pi/3) = i_s\left(-\dfrac{1}{2}\cos\omega_1 t - \dfrac{\sqrt{3}}{2}\sin\omega_1 t\right) \end{cases} \tag{1-28a}$$

那么，由定子坐标系 s 的三相电流（i_{s1}，i_{s2}，i_{s3}）转换为两相电流的 Clark 变换可表示为

$$\begin{bmatrix} i_\alpha \\ i_\beta \end{bmatrix} = \frac{2}{3}\begin{bmatrix} 1 & -\dfrac{1}{2} & -\dfrac{1}{2} \\ 0 & \dfrac{\sqrt{3}}{2} & -\dfrac{\sqrt{3}}{2} \end{bmatrix}\begin{bmatrix} i_{s1} \\ i_{s2} \\ i_{s3} \end{bmatrix} \tag{1-28b}$$

注意，为了保持总磁势、总功率不变的原则，在式(1-28b)的 Clark 变换矩阵前面附加了比例系数 2/3。于是，将式(1-28a)代入式(1-28b)可得

$$\begin{bmatrix} i_\alpha \\ i_\beta \end{bmatrix} = \begin{bmatrix} i_s \cos\omega_1 t \\ i_s \sin\omega_1 t \end{bmatrix} \tag{1-28c}$$

反之，Clark 逆变换可表示为

$$\begin{bmatrix} i_{s1} \\ i_{s2} \\ i_{s3} \end{bmatrix} = \begin{bmatrix} 1 & 0 \\ -1/2 & \sqrt{3}/2 \\ -1/2 & -\sqrt{3}/2 \end{bmatrix} \begin{bmatrix} i_\alpha \\ i_\beta \end{bmatrix} = \begin{bmatrix} i_s\cos\omega_1 t \\ i_s\cos(\omega_1 t - 2\pi/3) \\ i_s\cos(\omega_1 t + 2\pi/3) \end{bmatrix} \tag{1-29}$$

定子坐标系 s 的两相电流(i_α, i_β)经 Park 变换,转变为转子坐标系 r 的电流(i_d, i_q),可表示为

$$\begin{bmatrix} i_d \\ i_q \end{bmatrix} = \begin{bmatrix} \cos\vartheta & \sin\vartheta \\ -\sin\vartheta & \cos\vartheta \end{bmatrix} \begin{bmatrix} i_\alpha \\ i_\beta \end{bmatrix} = \begin{bmatrix} i_s\cos(\omega_1 t - \vartheta) \\ i_s\sin(\omega_1 t - \vartheta) \end{bmatrix} \tag{1-30}$$

式中,$\begin{bmatrix} \cos\vartheta & \sin\vartheta \\ -\sin\vartheta & \cos\vartheta \end{bmatrix}$为 Park 变换矩阵,简记为 $e^{j\vartheta}$。反之,Park 逆变换表示为

$$\begin{bmatrix} i_\alpha \\ i_\beta \end{bmatrix} = \begin{bmatrix} \cos\vartheta & -\sin\vartheta \\ \sin\vartheta & \cos\vartheta \end{bmatrix} \begin{bmatrix} i_d \\ i_q \end{bmatrix} \tag{1-31}$$

对于小功率永磁同步力矩电机,通常采用两相定子绕组,Clark 变换或 Clark 逆变换都是可省略的。值得注意的是,为了计算 Park 变换,必须实时测量转子磁链 ψ_r 与定子电流 i_α 之间的电角度 ϑ。与永磁同步电机同轴连接的测角元件,如感应同步器、光电编码器及旋转变压器等,测量的是机械角度 α_M,它与电角度 ϑ 的对应关系可表示为

$$\vartheta = p(\alpha_M - \alpha_0) \tag{1-32}$$

式中,p 为永磁同步力矩电机的极对数;α_0 为 α_M 的初值。

为了实时确定 ϑ 角,必须已知力矩电机的极对数 p、机械转角的初值 α_0 及实时测量值 α_M。其中,$\alpha_M-\alpha_0$ 定义为转子磁链$\boldsymbol{\psi}_r$ 与定子绕组 A 之间的机械夹角。通常,$\psi_r(\alpha_M)$是 α_M 的余弦函数,可表示为

$$\psi_r(\alpha_M) = |\boldsymbol{\psi}_r| \cos p(\alpha_M - \alpha_0) \tag{1-33}$$

如果由外力矩带动电机转子旋转,那么,根据电磁感应定律,电枢绕组 A 中感生的电动势 $u_{e\alpha}(\alpha_M)$与$-d\psi_r(\alpha_M)/d\alpha_M$ 成正比,可表示为

$$u_{e\alpha}(\alpha_M) \propto |\boldsymbol{\psi}_r| \sin p(\alpha_M - \alpha_0) \tag{1-34}$$

当 $\alpha_M=\alpha_0$ 时,$u_{e\alpha}(\alpha_M)=0$,表示$\boldsymbol{\psi}_r$ 与绕组 A 同轴。记录 $u_{e\alpha}(\alpha_M)$过零时刻的角度传感器的指示值 α_0;然后,实时观测 α_M,便可按式(1-32)计算电角度 ϑ。$u_{e\alpha}(\alpha_M)$的曲线图形如图 1-14 所示。

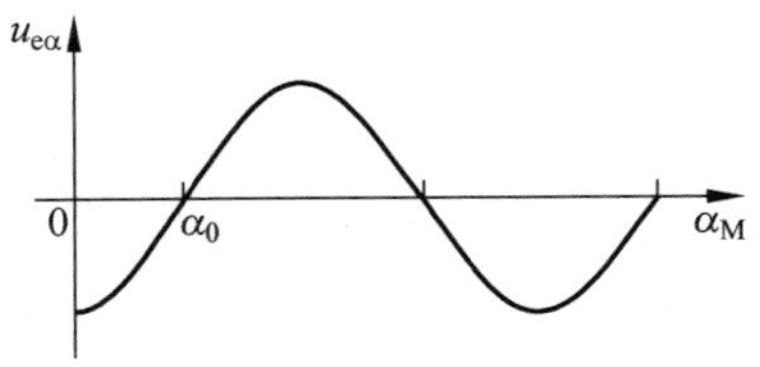

图 1-14　反电动势与轴角关系曲线

1.5.3　转子坐标系中的数学模型

转子坐标系 r 中的磁链可表示为

$$\begin{bmatrix} \psi_d \\ \psi_q \end{bmatrix} = \begin{bmatrix} L_d i_d \\ L_q i_q \end{bmatrix} + \begin{bmatrix} \psi_r \\ 0 \end{bmatrix} \tag{1-35}$$

式中，L_d 和 L_q 分别表示转子坐标系中的直轴电感和交轴电感；$\boldsymbol{\psi}_r$ 为转子永磁体磁链。

转子坐标系 r 中的磁链通过 Park 逆变换转换为定子坐标系 s 中的磁链，可得

$$\begin{bmatrix}\psi_\alpha\\\psi_\beta\end{bmatrix}=\begin{bmatrix}\cos\vartheta & -\sin\vartheta\\\sin\vartheta & \cos\vartheta\end{bmatrix}\begin{bmatrix}\psi_d\\\psi_q\end{bmatrix}=\begin{bmatrix}\cos\vartheta & -\sin\vartheta\\\sin\vartheta & \cos\vartheta\end{bmatrix}\left[\begin{pmatrix}L_d i_d\\L_q i_q\end{pmatrix}+\begin{pmatrix}\psi_r\\0\end{pmatrix}\right] \tag{1-36}$$

根据电磁感应定理，定子坐标系 s 中的感应电势可表示为

$$\begin{bmatrix}e_\alpha\\e_\beta\end{bmatrix}=-\frac{d}{dt}\begin{bmatrix}\psi_\alpha\\\psi_\beta\end{bmatrix}=-\begin{bmatrix}\cos\vartheta & -\sin\vartheta\\\sin\vartheta & \cos\vartheta\end{bmatrix}\left[\frac{d}{dt}\begin{pmatrix}L_d i_d\\L_q i_q\end{pmatrix}+\begin{bmatrix}0 & -p\omega\\p\omega & 0\end{bmatrix}\begin{pmatrix}L_d i_d+\psi_r\\L_q i_q\end{pmatrix}\right]$$

式中，已经利用转子相对定子的电角速率 $d\vartheta/dt=p\omega$。其中，p 为转子极对数，ω 为转子机械旋转角频率。注意，等式右边第一项为感应电势，第二项为切割电势。

根据外加电压等于绕组电阻压降与感应电动势之差的原理，定子坐标系 s 中的电压平衡方程可表示为

$$\begin{bmatrix}u_\alpha\\u_\beta\end{bmatrix}=R_s\begin{bmatrix}i_\alpha\\i_\beta\end{bmatrix}+\begin{bmatrix}\cos\vartheta & -\sin\vartheta\\\sin\vartheta & \cos\vartheta\end{bmatrix}\left[\frac{d}{dt}\begin{pmatrix}L_d i_d\\L_q i_q\end{pmatrix}+\begin{bmatrix}0 & -p\omega\\p\omega & 0\end{bmatrix}\begin{pmatrix}L_d i_d+\psi_r\\L_q i_q\end{pmatrix}\right] \tag{1-37}$$

式(1-37)经过 Park 变换后，可得转子坐标系 r 中的电压平衡方程为

$$\begin{bmatrix}u_d\\u_q\end{bmatrix}=R_s\begin{bmatrix}i_d\\i_q\end{bmatrix}+\frac{d}{dt}\begin{bmatrix}L_d i_d\\L_q i_q\end{bmatrix}+\begin{bmatrix}0 & -p\omega\\p\omega & 0\end{bmatrix}\begin{bmatrix}L_d i_d+\psi_r\\L_q i_q\end{bmatrix} \tag{1-38}$$

或者改写为标量形式：

直轴分量

$$u_d=R_s i_d+L_d\frac{di_d}{dt}-p\omega L_q i_q \tag{1-39a}$$

交轴分量

$$u_q=R_s i_q+L_q\frac{di_q}{dt}+p\omega L_d i_d+p\omega\psi_r \tag{1-39b}$$

式中，u_d、u_q 分别为定子绕组外加电压折合到转子坐标系的直轴分量和交轴分量。永磁同步力矩电机的电磁力矩可表示为

$$T_{em}=p(\psi_d i_q-\psi_q i_d)=p[\psi_r+(L_d-L_q)i_d]i_q \tag{1-40a}$$

式中，第二等式已经利用式(1-35)。在矢量控制条件下，$i_d=0$ 成立；或者，对于表贴式永磁同步电机，有 $L_d=L_q$，则电磁力矩可表示为

$$T_{em}=p\psi_r i_q=K_t i_q \tag{1-40b}$$

式中，$K_t=p\psi_r$ 称为电磁力矩系数。注意，$p\omega\psi_r$ 为转子坐标系的交轴切割电势，因此，$K_e=p\psi_r$ 也是反电动势系数。

注意，对于三相 PMSM，定子三相绕组总电流可表示为 $\boldsymbol{i}_s=i_{s1}+\boldsymbol{a}i_{s2}+\boldsymbol{a}^2 i_{s3}=\frac{3}{2}i_s e^{j\omega_1 t}=\frac{3}{2}\begin{pmatrix}i_\alpha\\i_\beta\end{pmatrix}$；按总磁势、总功率不变的原则，则对于三相 PMSM 有 $K_t=(3/2)p\psi_r=K_e$。

永磁同步电机转子轴上的力矩平衡方程可写为

$$J\frac{d\omega}{dt}+B\omega=T_{em}-T_f=K_t i_q-T_f \tag{1-41}$$

式中，J 为折合到转子轴上的总转动惯量；B 为转子轴上的黏性阻尼系数；T_f 为作用于轴上的负载与干扰力矩。

根据式(1-39)～式(1-41)，可绘制矢量控制条件下的永磁同步电机数学模型，如图 1-15 所示。

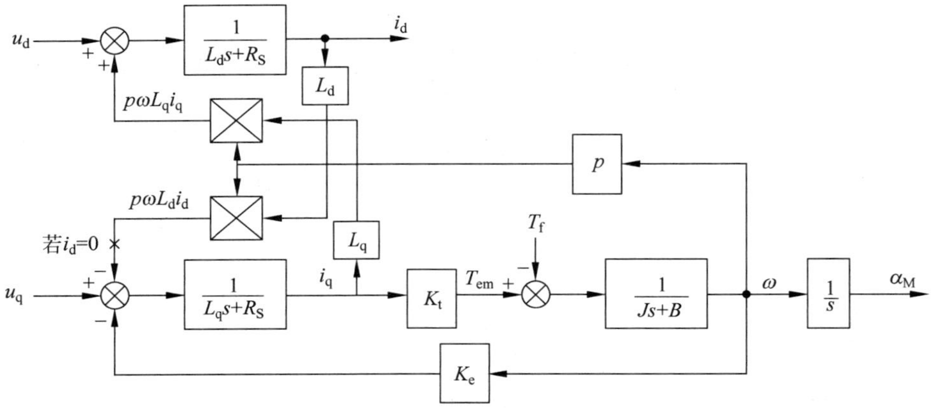

图 1-15　矢量控制条件下的永磁同步电机数学模型

图 1-15 表明，d 轴电流和 q 轴电流的分量存在交叉耦合，使二者之间的调节相互影响。从交叉耦合电势系数 $p\omega L_d$ 和 $p\omega L_q$ 可以看出，交叉耦合电压与转子角频率及等效电感有关。当转速快速上升、下降或受突变的加减负载影响时，耦合电势会随之变化，且转速越高，耦合电势越高。耦合电势的存在使得直、交轴电流控制精度下降，稳态时纹波加大，延缓动态过渡过程，进而影响转速和转矩的控制性能。

参考文献

[1] HE C Y, WU T. Analysis and design of surface permanent magnet synchronous motor and generator [J]. CES Transactions on Electrical Machines and Systems, 2019, 3(1): 94-100.

[2] 肖杭，金敏捷，谭娃，等. 低速永磁同步电动机的设计研究[J]. 微特电机，2001(6)：26-28.

[3] 黄奎. 永磁同步力矩电动机设计及其矢量控制的实验研究[D]. 北京：清华大学，2007.

[4] 李思潼，龙驹，杨莹. 小功率永磁无刷直流电机结构设计[J]. 科学技术创新，2018，30：138-140.

[5] 曹荣昌，黄娟. 方波、正弦波无刷直流电机及永磁同步电机结构性能分析[J]. 电机技术，2003(1)：3-6.

[6] 张勇，程小华. 无刷直流电机与永磁同步电机的比较研究[J]. 微电机，2014，47(4)：86-89.

[7] 谭建成. 适用于各类无刷直流电动机确定霍尔传感器位置的通用方法[J]. 微电机，2014，47(8)：1-6.

[8] 周灏，毛佳珍，李楠，等. 无刷直流电动机位置传感器安装位置[J]. 微电机，2010，43(6)：89-92.

[9] 张稳桥，曾晓松，魏雪环，等. 一种无刷直流电动机霍尔位置快速确定方法[J]. 现代机械，2021，6：25-28.

[10] 朱高林，肖遥剑，赵浩，等. 永磁无刷直流电动机位置传感器精度对脉动转矩抑制效果的影响研究[J]. 计量学报，2021，42(4)：432-437.

[11] 张露锋，司纪凯，封海潮，等. 分数槽永磁直流同步电机特性分析[J]. 微特电机，2016，44(8)：45-47.

[12] 冯小军，范雪蕾. 一种超低脉动无刷力矩电动机的设计[J]. 微电机，2018，51(5)：67-70.

[13] 钟添明，熊万里，吕浪. 永磁同步型机床电主轴齿槽转矩抑制方法研究[J]. 机械科学与技术，2014，33(5)：716-722.

[14] 卢晓慧，梁加红. 表面式永磁电机气隙磁场分析[J]. 电机与控制学报，2011，15(7)：14-20.
[15] 张耀安. 稀土永磁低速同步电动机制造技术[J]. 微特电机，2006(1)：5-7，33.
[16] 郝清亮，米少林，杨德望. 中小型表面式永磁电机的制造工艺[J]. 电机与控制应用，2010，37(12)：63-65.
[17] 邱克立. 永磁同步电动机磁钢的粘接工艺[J]. 微电机，1997，30(4)：40-42.
[18] 陈忠禄. 无刷直流电动机工作原理及其优化控制[J]. 新技术新工艺，2017，11：43-46.
[19] 杨建飞，胡育文，刘建，等. 两相导通 BLDCM DTC 电压空间矢量分析[J]. 电机与控制学报，2018，22(3)：95-104.
[20] 杨婷婷，张兰红，王韧纲. 无刷直流电机直接转矩控制系统的相电流检测及处理[J]. 电机与控制应用，2019，46(2)：87-94.
[21] 刘晓黎. 基于永磁同步电机数学模型的矢量控制理论、仿真、实验及应用研究[D]. 合肥：合肥工业大学，2017.
[22] 丁文，高琳，梁得亮，等. 基于 DSP 的永磁同步电机矢量控制系统设计与实现[J]. 微电机，2010，43(12)：72-77.

第2章
电压源脉冲调宽逆变器

随着大功率电子器件和半导体技术的发展，驱动永磁同步电机的功率放大器普遍采用脉冲调宽（PWM）逆变器。PWM逆变器工作在开关状态，功耗低、体积小，具有良好的低速性能和稳态精度。目前应用最广泛的PWM逆变器电路方案为电压源逆变器（VSI），逆变器的电源供电为固定的直流电压，通过调节逆变器装置的开关周期获得可控的交流电压，主要包括正弦脉宽调制（SPWM）和空间矢量脉宽调制（SVPWM）两种调制方法。在许多要求优越性能的新兴工业与国防领域，脉宽调制变速传动已获得广泛应用。

2.1 SPWM功率放大器与谐波滤波器

SPWM是最先进的模拟PWM，又称为载波脉宽调制。该方法是对三相的每一相采用一个独立的载波型调制器，其信号流如图2-1所示。将参考矢量 $\boldsymbol{u}_s^*$ 分离后获得三相电压的参考信号 u_{s1}^*、u_{s2}^* 及 u_{s3}^*，然后，分别与三角载波信号 u_{cr} 相比较，生成逻辑信号 u'_{s1}、u'_{s2} 及 u'_{s3}，再控制功率逆变器的半桥开关，输出三相对称非正弦电压。

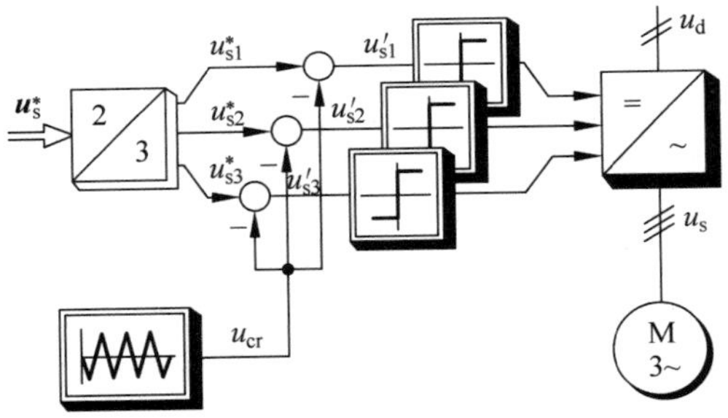

图2-1 SPWM信号流

三相参考信号 u_{s1}^*、u_{s2}^*、u_{s3}^* 在静态时为正弦波，如图2-2(a)所示。在每一个固定时间区间 $T_s=1/2f_s$（f_s 为载波频率），参考正弦波信号与三角载波信号相比较。当参考正弦波信号幅值大于三角载波信号时，逆变器输出正逻辑电平 u'_{s1}、u'_{s2}、u'_{s3}；反之，输出负逻辑电平，如图2-2(b)所示。详细调制过程如图2-2(c)所示。u'_{s1}、u'_{s2}、u'_{s3} 为等幅调宽电压脉冲序列。当参考信号幅值不大于三角载波幅值时，该脉冲序列的基波与输入参考正弦波信号呈线性关系。当输入调制波和三角载波的幅值都为 $U_d/2$ 时，输出信号基波分量 u_1 的最大值亦为 $U_d/2$。即线性工作范围的最大调制度 $m_{max}=u_1/U_d=0.5$。

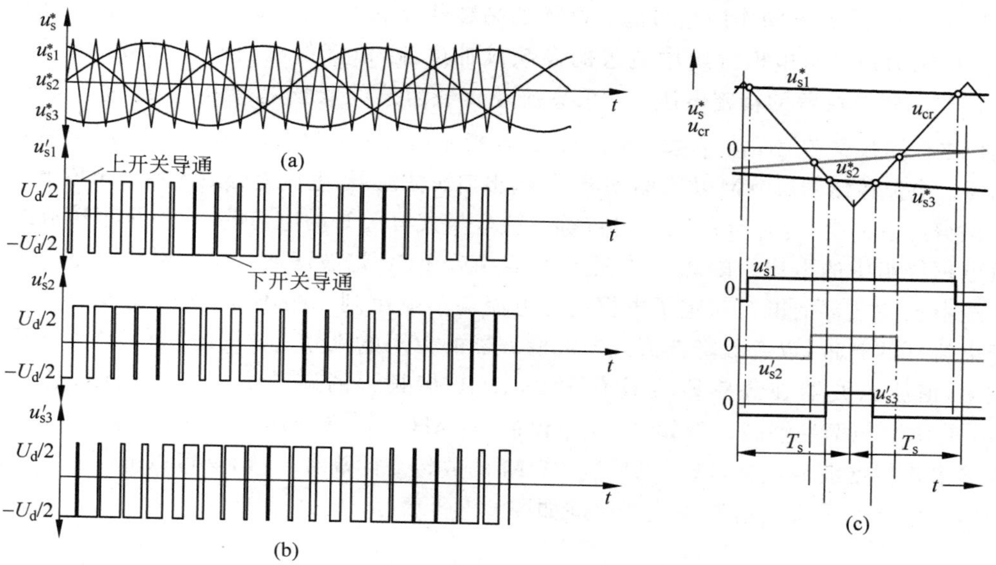

图 2-2　参考信号与三角载波信号及逻辑开关信号

两相永磁同步力矩电机的 SPWM 功率放大器由两路独立的 SPWM 逆变器及其附加的谐波滤波器组成。一路 SPWM 逆变器的输入参考信号为余弦波，另一路的输入参考信号为正弦波。电路原理图如图 2-3 的虚线框中所示。其中，"SPWM 功率驱动单元"可选用专为驱动电机设计的 PWM 集成功放芯片（如 SA12 系列）。

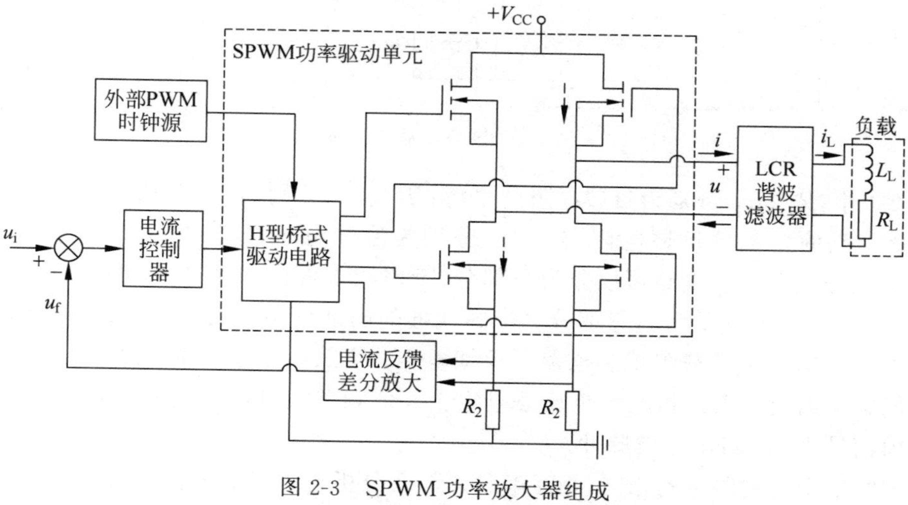

图 2-3　SPWM 功率放大器组成

该集成芯片中设有输入电压钳位、电压零位偏置调整、温度检测与报警及过流保护等电路。功放电路采用 72V 直流电源供电，可连续输出电流 3.5A，峰值电流达 15A。电流控制器的输出信号与基准三角波信号比较后，形成 PWM 功率驱动单元中功率管的开关逻辑信号，并产生相应占空比的 PWM 电压输出；然后，经过 LCR 谐波滤波器，产生正弦基波电流，此正弦基波电流流入永磁同步力矩电机的电枢绕组——电阻 R_L 与电感 L_L 串联负载，以及电流负反馈电阻 R_2。

LCR 谐波滤波器的作用是过滤 PWM 的高频共模脉冲电压，以提高电路系统的电磁兼容性；抑制力矩电机电枢绕组中流过的高频脉冲电流，以降低电机转子高频抖动和温升。串联在功率管双桥臂的精密电阻 R_2 采集流经负载阻抗的低频差模电流，经过差分放大形成输出电流负反馈信号 $u_f(u_f \propto i_\alpha$ 或 $i_\beta)$；u_f 与指令信号 $u_i(u_i \propto i_\alpha^*$ 或 $i_\beta^*)$ 比较后，输入电流控制器。电流控制器、PWM 功率驱动单元、输出谐波滤波器、电流差分放大器等组成电流环。

值得注意的是，电流环的反馈电流等于流经桥式开关管的电流差，而不是直接流经力矩电机电枢绕组中的电流。因此，反馈电流包含流经 LCR 谐波滤波器中的电流分量。为了减小流经谐波滤波器的电流对定子电枢绕组电流的影响小到忽略不计，谐波滤波器的频带应宽于电流环的频带，以有效降低流经谐波滤波器的力矩电流分量。同时，为了达到满意的滤波效果，谐波滤波器在高频段应具有 −40dB/10 倍频程的谐波衰减率。这样，必须要求 PWM 的调制频率足够高。例如，电流环频带为 1kHz 时，选择调制频率为 100kHz。PWM 功放输出连接谐波滤波器，既可以抑制 PWM 功放传入的高频干扰，又可以抑制 PWM 功放反向串入电源的干扰。谐波滤波器原理如图 2-4 所示。

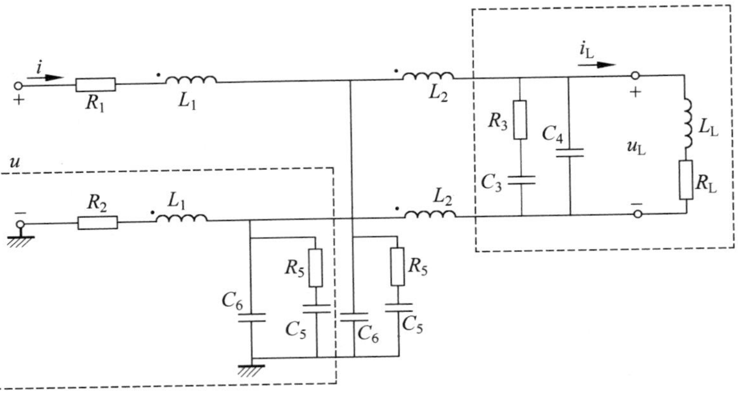

图 2-4　谐波滤波器原理

图 2-4 中，R_L、L_L 分别为负载电阻与电感；R_1、R_2 分别为上、下功率管的导通电阻和串接在接地端的电流负反馈电阻，L_1、L_2 分别为滤波电感，C_3、C_4、C_5、C_6 为滤波电容；R_3、R_5 为阻尼电阻。该电路可以分为三部分，带虚线方框内的两部分电路结构相同，但参数各异；不在虚线框内的为第三部分。带虚线框的两部分主要用于分离低频的差模电流，使之基本上全部流经负载阻抗和电流负反馈电阻；第三部分主要用于过滤高频共模电压，使之不能施加到负载阻抗和电流负反馈电阻上。低频差模电流频谱限定在 1kHz 以下，而高频共模信号为 100kHz 方波脉冲。

两虚线框中的电路结构相同，相互串联。下面分析包含负载阻抗的虚线方框内电路的总阻抗和电流传递函数。

$\frac{1}{sC_4} // \frac{1}{sC_3}(R_3C_3s+1) // R_L\left(\frac{L_L}{R_L}s+1\right)$ 的并联总阻抗为

$$Z_1(s)=\frac{R_3C_3s+1}{R_3C_3C_4L_Ls^3+[(C_3+C_4)L_L+R_3R_LC_3C_4]s^2+[R_L(C_3+C_4)+R_3C_3]s+1}R_L\left(\frac{L_L}{R_L}s+1\right) \tag{2-1}$$

由输入电流 $i(s)$ 到负载电流 $i_L(s)=i(s)Z_1(s)/(L_Ls+R_L)$ 的传递函数为

$$W_1(s)=\frac{i_L(s)}{i(s)}$$

$$=\frac{R_3C_3s+1}{R_3C_3C_4L_Ls^3+[(C_3+C_4)L_L+R_3R_LC_3C_4]s^2+[R_L(C_3+C_4)+R_3C_3]s+1} \tag{2-2}$$

显然，这是一个具有 1 个零点和 3 个极点的三阶系统。假设其含有一个实根和一对共轭复根，且特征多项式可分解为

$$R_3C_3C_4L_Ls^3+[(C_3+C_4)L_L+R_3R_LC_3C_4]s^2+[R_L(C_3+C_4)+R_3C_3]s+1=$$
$$(s/\omega_1+1)[(s/\omega_1)^2+2\zeta_1s/\omega_1+1]=$$
$$(s/\omega_1)^3+(1+2\zeta_1)(s/\omega_1)^2+(1+2\zeta_1)s/\omega_1+1$$

令等式两边同次幂项系数相等，可得

$$\begin{cases}R_3C_3C_4L_L=1/\omega_1^3\\(C_3+C_4)L_L+R_3R_LC_3C_4=(1+2\zeta_1)/\omega_1^2\\R_L(C_3+C_4)+R_3C_3=(1+2\zeta_1)/\omega_1\end{cases}$$

在给定 ζ、ω_1、L_L 及 R_L 的条件下，由上式可解得

$$\begin{cases}C_4=\dfrac{1}{R_L\omega_1\left[\dfrac{R_L}{L_L\omega_1}-(1+2\zeta_1)\left(1-\dfrac{L_L\omega_1}{R_L}\right)\right]}\\C_3=\dfrac{1}{L_L\omega_1^2}\left(1+2\zeta_1-\dfrac{R_L}{L_L\omega_1}\right)-C_4\\R_3=\dfrac{1}{\omega_1^3C_3C_4L_L}\end{cases} \tag{2-3}$$

举例：根据负载阻抗 $L_L=6\text{mH}$，$R_L=16\Omega$，$L_L/R_L=0.375\times10^{-3}\text{s}$，令 $\zeta_1=0.707$，$\omega_1=2\pi\times10^3\text{rad/s}$，设计滤波器参数如下：

$$C_4=\frac{1}{16\times2\pi\times10^3\left[\dfrac{1/2.3562}{0.375\times2\pi}-2.414\times(1-0.375\times2\pi)\right]}\text{F}=2.69\mu\text{F}$$

$$C_3=\left[\frac{1}{6\times10^{-3}\times(2\pi)^2\times10^6}\left(1+1.414-\frac{1}{0.375\times2\pi}\right)-2.69\times10^{-6}\right]\text{F}=5.44\mu\text{F}$$

$$R_3=\frac{1}{(2\pi)^3\times10^9\times2.69\times5.44\times10^{-12}\times6\times10^{-3}}\Omega=45.92\Omega$$

进一步，考虑到系统实数极点与零点组成一对偶极子，在高频段是可相互抵消的，则电流传递函数可采用主导极点表示为

$$W_1(s)\approx\frac{\omega_1^2}{s^2+2\zeta_1\omega_1s+\omega_1^2}$$

显然，这是一个二阶滤波器。对于 $\omega\ll\omega_1$ 的低频差模电流，$W_1(\text{j}\omega)|_{\omega\ll\omega_1}\approx1$，而对于 $\omega\gg\omega_1$ 的高频共模电压，总阻抗为

$$Z_1(s) \approx \frac{\omega_1^2}{s^2 + 2\zeta_1\omega_1 s + \omega_1^2} R_L \left(\frac{L_L}{R_L}s + 1\right) \overset{s \gg j\omega_1}{\approx} 0$$

以上结果也适用于带虚线框的电流负反馈电路，这里不再赘述。其电流传递函数和总阻抗可分别近似表示为

$$W_2(s) \approx \frac{\omega_2^2}{s^2 + 2\zeta_2\omega_2 s + \omega_2^2} \overset{s \ll j\omega_2}{\approx} 1$$

和

$$Z_2(s) \approx \frac{\omega_2^2}{s^2 + 2\zeta_2\omega_2 s + \omega_2^2} R_2 \left(\frac{L_1}{R_2}s + 1\right) \overset{s \gg j\omega_2}{\approx} 0$$

式中，可选择 $\omega_2 \geqslant \omega_1$，但远小于 PWM 的调制频率 100kHz。

下面讨论不在虚线框内的第三部分的电路特性。令输入共模电压为 $u(s)$，那么，采用等效发电机原理，由 L_2 首端向后看，等效内阻抗为 $\frac{1}{sC_6} // \frac{1}{sC_5}(R_5C_5s+1) // R_1\left(\frac{L_1}{R_1}s+1\right)$，仿照前面的推导过程，可得

$$Z_e(s) = \frac{\omega_2^2}{s^2 + 2\zeta_2\omega_2 s + \omega_2^2} R_1 \left(\frac{L_1}{R_1}s + 1\right) \tag{2-4}$$

等效电源电压可表示为

$$u_e(s) = \frac{\omega_2^2}{s^2 + 2\zeta_2\omega_2 s + \omega_2^2} u(s) \tag{2-5}$$

于是，考虑到两虚线框内的电路阻抗在高频条件下都近似为 0，因此，高频共模电压 $u(s)$ 流经电感 $2L_2$ 的电流为

$$i(s) = \frac{u_e(s)}{Z_e(s) + 2sL_2} = \frac{\dfrac{\omega_2^2}{s^2 + 2\zeta_2\omega_2 s + \omega_2^2} u(s)}{\dfrac{\omega_2^2}{s^2 + 2\zeta_2\omega_2 s + \omega_2^2} R_1 \left(\dfrac{L_1}{R_1}s + 1\right) + 2sL_2} \approx \left(\frac{\omega_2}{s}\right)^2 \frac{u(s)}{2sL_2} \tag{2-6}$$

设 $u = 72\text{V}$，$2L_2 = 2 \times 0.05\text{mH}$，$\omega_2/\omega = 1/100$，$\omega = 2\pi \times 10^5 \text{rad/s}$，则有

$$i(s) \approx \frac{1}{100^2} \frac{72}{2\pi \times 10^5 \times 10^{-4}} \text{A} = 0.115 \times 10^{-3} \text{A} \approx 0\text{A}$$

在负载上的高频共模电压的压降为

$$u_L(s) = Z_1(s) i(s) \approx \frac{1.15 \times 10^{-3} \omega_1^2}{s^2 + 2\zeta_1\omega_1 s + \omega_1^2} (L_L s + R_L) \approx 0\text{V}$$

因此，流经负载的高频共模电流和负载两端的压降都是小到可以忽略不计的。流经电流负反馈电阻的高频共模电流及端点电压也是可以忽略不计的。

总之，只要参数设计合适，元器件选择正确，如电感 L 的铁芯选用不易饱和及磁化特性优良的铁粉芯、高频滤波电容选用陶瓷电容、中低频阻尼电容选用聚丙烯电容等，那么，SPWM 功放输出端串接谐波滤波器，其插入损耗是很小的；低频差模电流几乎全部流经力矩电机的电枢绕组和电流负反馈电阻，高频共模电压几乎全被隔离而不会施加到电枢绕组和电流负反馈电阻。换言之，SPWM 功放附加谐波滤波器，可以等同于直流功放使用。

最后，必须指出，若取消 SPWM 的谐波滤波器，则必须降低其共模电压，近年来已有学者为此建议了一些方案(参见文献[28-33])。另外，在 DSP TMS320F28335 上可以使用软件生成 SPWM(参见文献[34])。

2.2　三相 SVPWM 逆变器

空间矢量脉宽调制(SVPWM)与其他 PWM 技术相比具有一些优点，如调制度较高，总谐波畸变较低，在基于 DSP 的数字控制系统中实现比较方便。近年来，SVPWM 在变频驱动中的应用趋势日益增强。SVPWM 与 SPWM 不同，不是将三相中的每一相分开调制，而是整体处理复杂的参考电压矢量 $\boldsymbol{u}_s^*$。

考虑电机定子三相电流 i_{s1}、i_{s2}、i_{s3}，忽略高次谐波，那么，环绕电机气隙分布的正弦电流密度由相电流 i_{s1}、i_{s2}、i_{s3} 建立，波形以相电流的角频率 ω_1 逆时针方向旋转。它们分布在复数平面上，如图 2-5 所示，通常称之为空间矢量。

定义三相坐标单位矢量为$(1,\boldsymbol{a},\boldsymbol{a}^2)$，$\boldsymbol{a}=\exp(\mathrm{j}2\pi/3)$，则电机定子总电流在空间的旋转矢量可表示为

$$\boldsymbol{i}_s = i_s e^{\mathrm{j}\omega_1 t} = \frac{2}{3}(i_{s1} + \boldsymbol{a} i_{s2} + \boldsymbol{a}^2 i_{s3}) \tag{2-7}$$

同样，定子绕组三相电压也可表示为

$$\boldsymbol{u}_s = u_s e^{\mathrm{j}\omega_1 t} = \frac{2}{3}(u_{s1} + \boldsymbol{a} u_{s2} + \boldsymbol{a}^2 u_{s3}) \tag{2-8}$$

式中，电压旋转矢量 $\boldsymbol{u}_s$ 也以角速度 ω_1 在空间旋转。

电机三相电压的空间矢量调制逆变器的等效电路如图 2-6 所示。

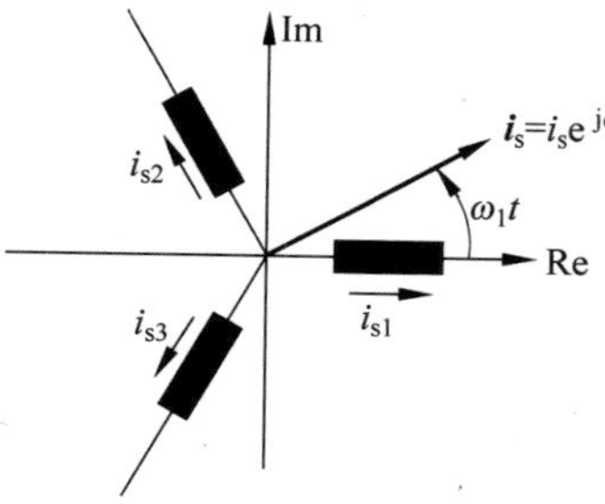

图 2-5　定子电流空间矢量

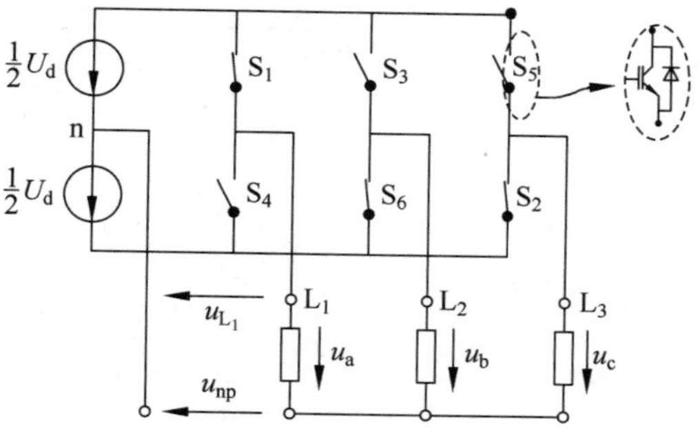

图 2-6　空间矢量调制逆变器等效电路

图 2-6 中，三对开关 S_1-S_4、S_3-S_6 及 S_5-S_2 组成三个半桥，每个开关由 IGBT 和反向并联快速恢复二极管组成，每个半桥每次只有一个开关导通。

三个半桥的上开关导通与断开共有 2^3，即 8 个可能组合，如图 2-7 所示。其中，6 个为非零矢量，2 个为零矢量。6 个非零矢量 $\boldsymbol{u}_1$～$\boldsymbol{u}_6$ 的端点在空间形成六角形，示出逆变器馈送给负载的电压，如图 2-8 所示。图中，括号内的“1”和“0”表示半桥臂的上开关极性：“1”为导通，“0”为断开。$\boldsymbol{u}_0$ 和 $\boldsymbol{u}_7$ 为零矢量。零矢量 $\boldsymbol{u}_0$ 表示逆变器所有半桥臂的下开关导通，零矢量 $\boldsymbol{u}_7$ 表示所有半桥臂的上开关导通。于是，电机的三相绕组被短路，电压矢量幅值为零。

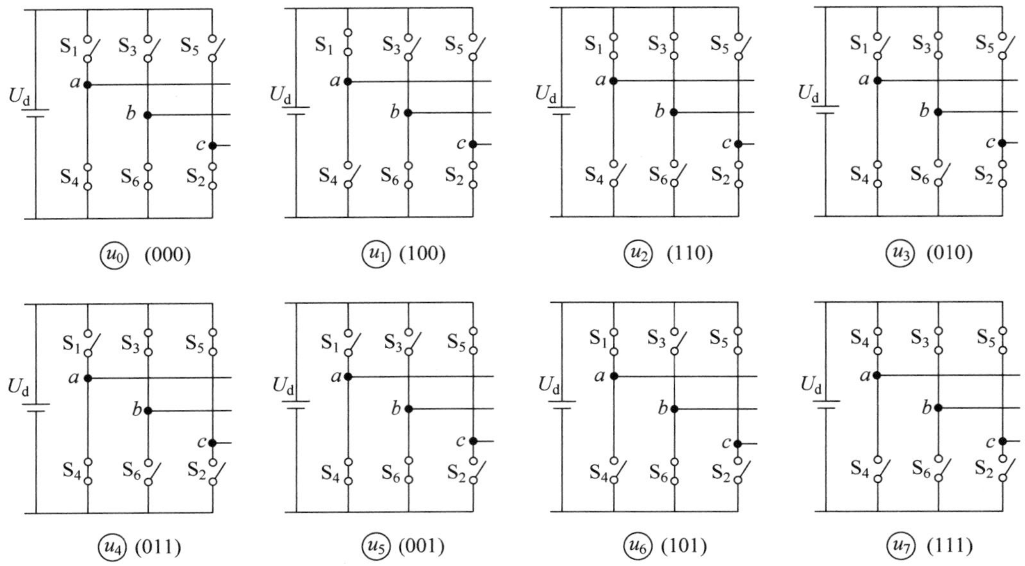

图 2-7　逆变器的 8 个开关状态

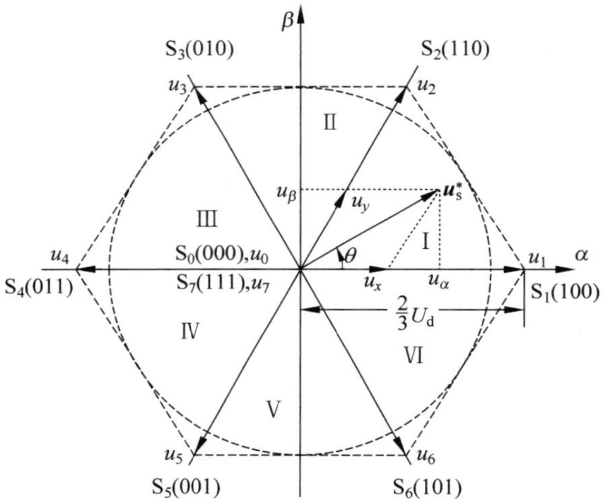

图 2-8　空间电压矢量

假设给定直流电源电压的电平为$\pm U_d/2$，中点记为 n，那么由有效开关矢量 $\boldsymbol{u}_1$，$\boldsymbol{u}_2$，…，$\boldsymbol{u}_6$ 的顺序，输入参考电压矢量 $\boldsymbol{u}_s^*$ 逆时针旋转一周，逆变器供给电机绕组的对称三相方波电压如图 2-9 所示。其中，图 2-9(a)所示为逆变器三输出端相对 n 点的电压 u_{L_1}、u_{L_2}、u_{L_3} 波形；图 2-9(b)所示为 Y 形负载中点电位 u_{np} 波形；图 2-9(c)所示为三相对称、非正弦相电压 u_a、u_b 及 u_c 波形。

对于两电平电压源逆变器，实现空间矢量调制的基本步骤如下所述。

1）判断输入参考电压 $\boldsymbol{u}_s^*$ 所在扇区

假设参考信号 $\boldsymbol{u}_s^*$ 处于第 n60°扇区，各个矢量之间的几何关系如图 2-10 所示。

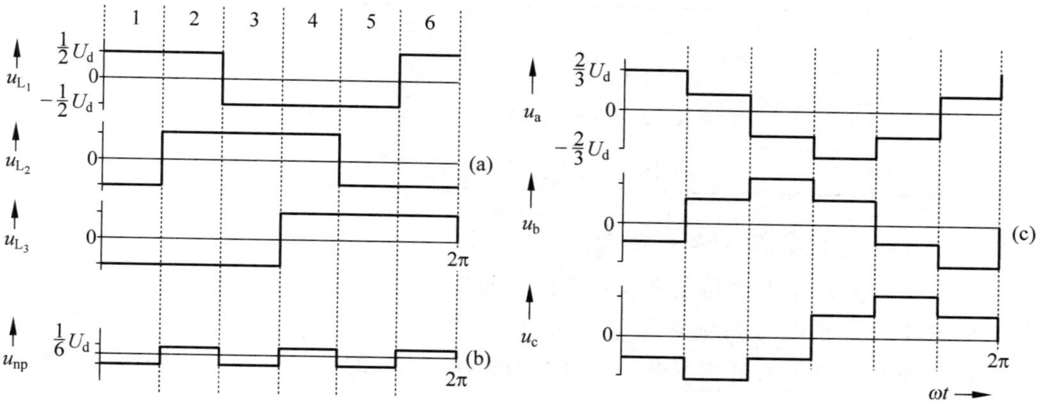

图 2-9　三相开关波形

(a) 负载端电压电位；(b) 中点电位；(c) 相电压波形

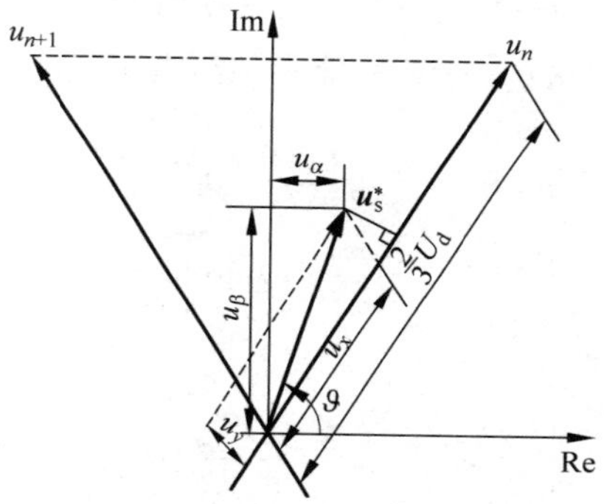

图 2-10　第 n60°扇区的矢量关系

首先，根据 Clark 变换，利用式(2-8)将 $\boldsymbol{u}_s^*(t)$分解到 α-β 坐标系，可得

$$\boldsymbol{u}_s^*(t)=\begin{pmatrix}u_\alpha\\u_\beta\end{pmatrix}=\frac{2}{3}\begin{pmatrix}u_{s1}^*-\dfrac{1}{2}u_{s2}^*-\dfrac{1}{2}u_{s3}^*\\\dfrac{\sqrt{3}}{2}u_{s2}^*-\dfrac{\sqrt{3}}{2}u_{s3}^*\end{pmatrix}\tag{2-9}$$

参考图 2-10，式(2-9)可改写为分量形式：

$$\begin{cases}u_\alpha=u_s^*\cos\vartheta=(2u_{s1}^*-u_{s2}^*-u_{s3}^*)/3\\u_\beta=u_s^*\sin\vartheta=(u_{s2}^*-u_{s3}^*)/\sqrt{3}\end{cases}\tag{2-10}$$

其次，计算输入参考电压在 α-β 坐标系中的幅值和辐角。由式(2-10)可得

$$\begin{cases}|\boldsymbol{u}_s^*(t)|=\sqrt{u_\alpha^2+u_\beta^2}\\\vartheta=\arctan2(u_\beta,u_\alpha)\end{cases}\tag{2-11}$$

式中，arctan2(・，・)为二元素反正切函数。

最后，根据 ϑ 的信息，确定矢量 $\boldsymbol{u}_s^*(t)$所处扇区。结果见表 2-1。

表 2-1 $\boldsymbol{u}_s^*(t)$所处扇区

电角度 ϑ	$\boldsymbol{u}_s^*(t)$所处扇区	电角度 ϑ	$\boldsymbol{u}_s^*(t)$所处扇区
$0°\leqslant\vartheta<60°$	扇区Ⅰ	$180°\leqslant\vartheta<240°$	扇区Ⅳ
$60°\leqslant\vartheta<120°$	扇区Ⅱ	$240°\leqslant\vartheta<300°$	扇区Ⅴ
$120°\leqslant\vartheta<180°$	扇区Ⅲ	$300°\leqslant\vartheta<360°$	扇区Ⅵ

2）基于伏秒等效原理，计算时间 T_n、T_{n+1} 及 T_0

为了减少开关动作次数和完全利用空间矢量有效导通时间，将任意扇区的 $\boldsymbol{u}_s^*$ 分解为最靠近的两相邻有效电压矢量和零电压矢量 $\boldsymbol{u}_0$ 与 $\boldsymbol{u}_7$。在第 $n60°$扇区，根据伏秒等效原理——两相邻有效电压矢量和零电压矢量在采样周期 T_s 的时间平均值之和应等于参考矢量 $\boldsymbol{u}_s^*$，即

$$\boldsymbol{u}_s^*(t)=\frac{T_n}{T_s}\boldsymbol{u}_n+\frac{T_{n+1}}{T_s}\boldsymbol{u}_{n+1}+\frac{T_0}{2T_s}(\boldsymbol{u}_7+\boldsymbol{u}_0) \tag{2-12}$$

式中，$T_s-T_n-T_{n+1}=T_0$，并选择 $\boldsymbol{u}_0$ 和 $\boldsymbol{u}_7$ 的占用时间区间皆为 $T_0/2$。

根据图 2-10，在第 $n60°$扇区内，参考矢量 $\boldsymbol{u}_s^*(t)$沿矢量 $\boldsymbol{u}_n$ 和 $\boldsymbol{u}_{n+1}$ 可分解为

$$\boldsymbol{u}_s^*(t)=\begin{bmatrix}u_x\\u_y\end{bmatrix}=\begin{bmatrix}\frac{2}{\sqrt{3}}u_s^*(t)\left[\sin\left(n\frac{\pi}{3}-\vartheta\right)\right]\\\frac{2}{\sqrt{3}}u_s^*(t)\sin\left[\vartheta-(n-1)\frac{\pi}{3}\right]\end{bmatrix} \tag{2-13}$$

进一步，根据伏秒等效原理，有

$$\begin{cases}u_x=\frac{T_n}{T_s}u_n=\frac{2}{3}\frac{T_n}{T_s}U_d\\u_y=\frac{T_{n+1}}{T_s}u_{n+1}=\frac{2}{3}\frac{T_{n+1}}{T_s}U_d\end{cases} \tag{2-14}$$

式中，根据图 2-10，第二等式已利用关系式 $u_n=u_{n+1}=2U_d/3$。

将式(2-14)代入式(2-13)，可解得 u_n 和 u_{n+1} 在第 $n60°$扇区的开关导通时间为

$$T_n=\frac{\sqrt{3}u_s^*(t)}{U_d}T_s\sin\left(n\frac{\pi}{3}-\vartheta\right)=\sqrt{3}\left[u_\alpha\sin\left(n\frac{\pi}{3}\right)-u_\beta\cos\left(n\frac{\pi}{3}\right)\right]T_s/U_d \tag{2-15a}$$

$$\begin{aligned}T_{n+1}&=\frac{\sqrt{3}u_s^*(t)}{U_d}T_s\sin\left[\vartheta-(n-1)\frac{\pi}{3}\right]\\&=\sqrt{3}\left\{-u_\alpha\sin\left[(n-1)\frac{\pi}{3}\right]+u_\beta\cos\left[(n-1)\frac{\pi}{3}\right]\right\}T_s/U_d\end{aligned} \tag{2-15b}$$

式中，第二等式已利用式(2-10)的第一等式。

同时，u_0 和 u_7 占用的时间为

$$T_0=T_s-T_n-T_{n+1} \tag{2-15c}$$

根据以上计算结果，将各扇区的开关导通时间列于表 2-2。

表 2-2　三相逆变器各扇区有效矢量和零矢量的开关导通时间

扇区	区　域	T_i	T_j	T_0
Ⅰ	$0\leqslant\vartheta<\pi/3$	$T_1=\left(\frac{3}{2}u_\alpha-\frac{\sqrt{3}}{2}u_\beta\right)T_s/U_d$	$T_2=\sqrt{3}u_\beta T_s/U_d$	$T_0=T_s-T_1-T_2$
Ⅱ	$\pi/3\leqslant\vartheta<2\pi/3$	$T_3=-\left(\frac{3}{2}u_\alpha-\frac{\sqrt{3}}{2}u_\beta\right)T_s/U_d$	$T_2=\left(\frac{3}{2}u_\alpha+\frac{\sqrt{3}}{2}u_\beta\right)T_s/U_d$	$T_0=T_s-T_2-T_3$
Ⅲ	$2\pi/3\leqslant\vartheta<\pi$	$T_3=\sqrt{3}u_\beta T_s/U_d$	$T_4=-\left(\frac{3}{2}u_\alpha+\frac{\sqrt{3}}{2}u_\beta\right)T_s/U_d$	$T_0=T_s-T_3-T_4$
Ⅳ	$\pi\leqslant\vartheta<4\pi/3$	$T_5=-\sqrt{3}u_\beta T_s/U_d$	$T_4=-\left(\frac{3}{2}u_\alpha-\frac{\sqrt{3}}{2}u_\beta\right)T_s/U_d$	$T_0=T_s-T_4-T_5$
Ⅴ	$4\pi/3\leqslant\vartheta<5\pi/3$	$T_5=-\left(\frac{3}{2}u_\alpha+\frac{\sqrt{3}}{2}u_\beta\right)T_s/U_d$	$T_6=\left(\frac{3}{2}u_\alpha-\frac{\sqrt{3}}{2}u_\beta\right)T_s/U_d$	$T_0=T_s-T_5-T_6$
Ⅵ	$5\pi/3\leqslant\vartheta<2\pi$	$T_1=\left(\frac{3}{2}u_\alpha+\frac{\sqrt{3}}{2}u_\beta\right)T_s/U_d$	$T_6=-\sqrt{3}u_\beta T_s/U_d$	$T_0=T_s-T_6-T_1$

3）根据扇区和定时信息，确定开关状态矢量序列

根据 SPWM 和 SVPWM 的调制原理，图 2-11 给出了它们之间在Ⅰ扇区的对比关系。该图的上半部分为 SPWM 输出的等幅调宽方波信号，下半部分为脉冲调宽电压的逻辑电平所对应的 SVPWM 三个半桥臂的上开关状态矢量的二进制代码及其导通时间。图中，已假设载波频率 f_s 比参考相电压变化频率高 20 倍以上，即参考电压在采样区间可近似为常值；且采用对称规则采样，“°”表示数据采样点。

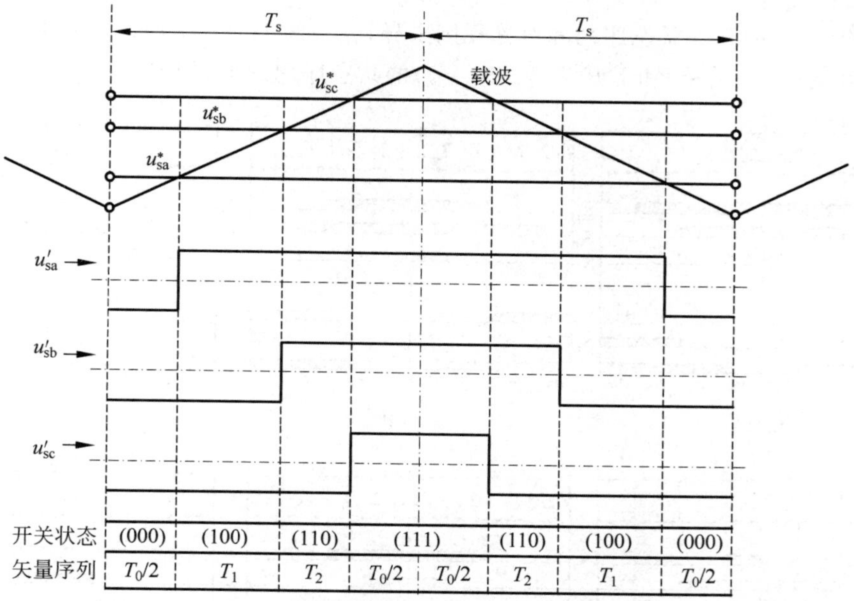

图 2-11　在第Ⅰ扇区 SPWM 与 SVPWM 比较

由图 2-11 易见，在 T_s 区间，SVPWM 与 SPWM 等价的开关序列可分为正、反两组序列：

在第 1 子周期 T_s 正序列：$u_0\langle T_0/2\rangle, u_1\langle T_1\rangle, u_2\langle T_2\rangle, u_7\langle T_0/2\rangle$

在第 2 子周期 T_s 逆序列：$u_7\langle T_0/2\rangle, u_2\langle T_2\rangle, u_1\langle T_1\rangle, u_0\langle T_0/2\rangle$

按照以上规则，在 T_n 时间区间产生 $\boldsymbol{u}_n$ 和在 T_{n+1} 时间区间产生 $\boldsymbol{u}_{n+1}$，以及选择起始零矢量 $\boldsymbol{u}_0$ 和结束零矢量 $\boldsymbol{u}_7$ 的开关导通时间为 $T_0/2$。

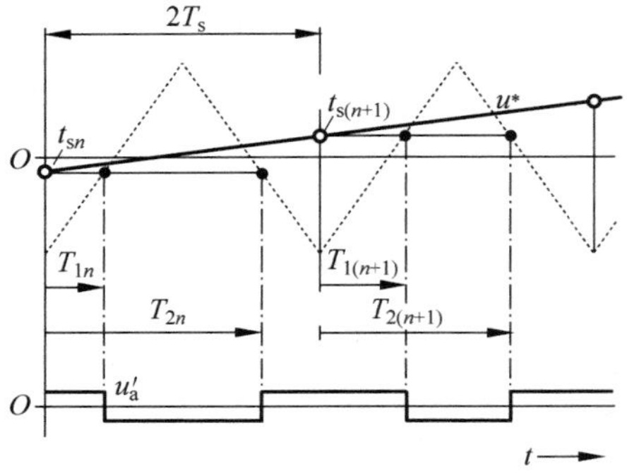

图 2-12　对称规则采样方法

一般地说，SPWM 采用硬件实现是简单的，利用模拟积分器与比较器形成三角载波和开关瞬间，模拟电子元件运行速度快，逆变器的开关频率很容易达到数十千赫(kHz)以上。

若选用微处理器的数字信号处理方法，则积分器用数字时钟计数替代，相关的信号处理功能在芯片硬件上执行。一种对称规则采样方法如图 2-12 所示。

图中，参考波形采样重复频率由较低的开关频率 f_s 确定，采样时间间隔 $1/f_s=2T_s$ 延伸到 2 倍次循环，t_{sn} 为采样瞬间，以虚线表示的三角载波实际上是不存在的。根据图 2-12 的几何关系，确定第 n 次开关瞬间的时间间隔 T_{1n} 和 T_{2n}，利用参考波形的采样值 $u^*(t_{sn})$ 实时计算如下：

$$\begin{cases} T_{1n}=\dfrac{1}{2}T_s(1+u'(t_{sn})) \\ T_{2n}=T_s+\dfrac{1}{2}T_s(1-u'(t_{sn})) \end{cases} \tag{2-16}$$

式中，u' 是 u^* 经三角载波的幅值归一化后的值。

按照图 2-11 的开关状态序列和对称规则采样，在空间平面 6 个扇区可绘制逆变器三个半桥臂上开关(S_1、S_3、S_5)和下开关(S_4、S_6、S_2)的状态序列图形，如图 2-13 所示。

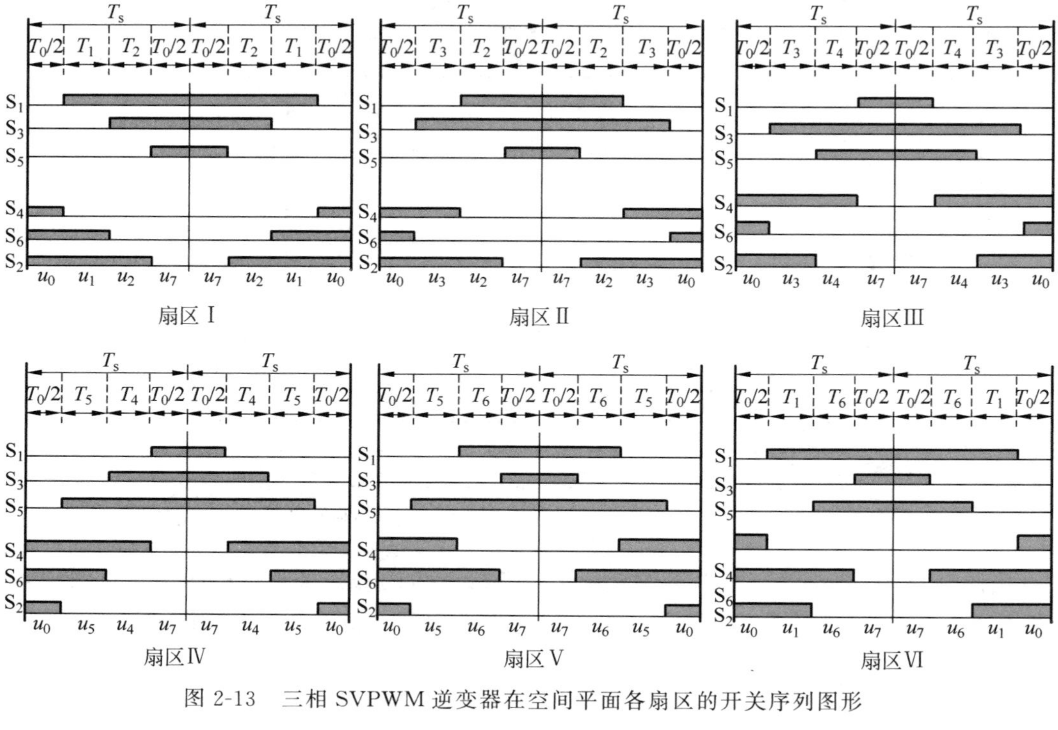

图 2-13　三相 SVPWM 逆变器在空间平面各扇区的开关序列图形

由图 2-13 易见，在对称规则采样方式下，由前一空间电压矢量过渡到下一空间电压矢量，只需改变一个开关状态。这样，开关损耗最低，电压和电流的谐波分量最小。同时，在连续开关模式下，$T_n + T_{n+1} \leqslant T_s$。根据伏秒等效原理可知，SVPWM 线性调制范围为 $|\boldsymbol{u}_s^*| \leqslant U_d/\sqrt{3}$。即 SVPWM 在线性工作范围的最大调制度 $m_{max} = u_1/U_d = 0.57735$，比 SPWM 的 0.5 大 15.47%。

2.3　三桥臂两相 SVPWM 逆变器

三桥臂两相 SVPWM 逆变器的原理如图 2-14 所示。

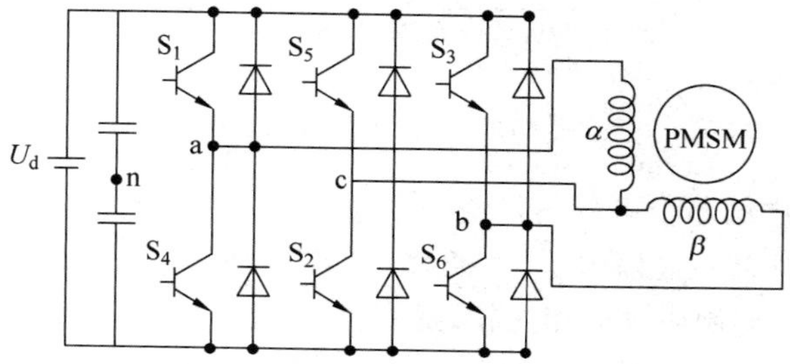

图 2-14　三桥臂两相 SVPWM 逆变器原理

该逆变器的三桥臂上开关 S_1、S_3 及 S_5 共有 8 个状态，与图 2-7 相同，产生的两相输出电压可表示为

$$\begin{cases} u_{ac} = (S_1 - S_5)U_d \\ u_{bc} = (S_3 - S_5)U_d \end{cases} \tag{2-17}$$

式中，S_1、S_3 及 S_5 分别为开关 S_1、S_3 及 S_5 的开关函数，定义为

$$S_i = \begin{cases} 1, & S_i \text{ 导通} \\ 0, & S_i \text{ 关闭} \end{cases}, \quad i = 1,3,5 \tag{2-18}$$

S_1、S_3 及 S_5 的 8 个开关状态定义的 8 个空间电压矢量为

$$\boldsymbol{u}_i = u_{ac} + \mathrm{j}u_{bc} = (S_1 - S_5)U_d + \mathrm{j}(S_3 - S_5)U_d, \quad i = 0,1,2,\cdots,7 \tag{2-19}$$

由式(2-19)计算的 8 个空间电压矢量及对应的电压矢量空间平面如表 2-3 和图 2-15 所示。

表 2-3　开关状态与空间电压矢量

开关状态	空间电压矢量
(0,0,0)	$\boldsymbol{u}_0 = (0-0)U_d + \mathrm{j}(0-0)U_d = 0$
(1,0,0)	$\boldsymbol{u}_1 = (1-0)U_d + \mathrm{j}(0-0)U_d = U_d \angle 0°$
(1,1,0)	$\boldsymbol{u}_2 = (1-0)U_d + \mathrm{j}(1-0)U_d = \sqrt{2}U_d \angle 45°$
(0,1,0)	$\boldsymbol{u}_3 = (0-0)U_d + \mathrm{j}(1-0)U_d = U_d \angle 90°$
(0,1,1)	$\boldsymbol{u}_4 = (0-1)U_d + \mathrm{j}(1-1)U_d = U_d \angle 180°$
(0,0,1)	$\boldsymbol{u}_5 = (0-1)U_d + \mathrm{j}(0-1)U_d = \sqrt{2}U_d \angle 225°$
(1,0,1)	$\boldsymbol{u}_6 = (1-1)U_d + \mathrm{j}(0-1)U_d = U_d \angle 270°$
(1,1,1)	$\boldsymbol{u}_7 = (1-1)U_d + \mathrm{j}(1-1)U_d = 0$

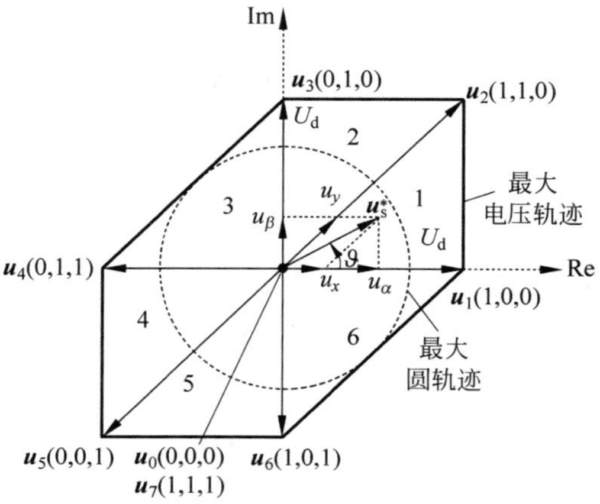

图 2-15　电压矢量空间平面

很明显，图 2-15 中的整个电压矢量空间平面是一个不规则的六角形，分为 6 个扇区。线性区在图中的最大内切圆轨迹以内，其半径为 $0.707U_d$，也就是说，最大线性调制度为 0.707。与常规的 SPWM 线性调制度 0.5 相比较，提高了 41.4%。

令输入参考电压为

$$\boldsymbol{u}_s^* = u_\alpha + \mathrm{j}u_\beta \tag{2-20}$$

式中，$u_\alpha = u_s^* \cos\omega_1 t$，$u_\beta = u_s^* \sin\omega_1 t$，为逆变器期望的输出电压。

根据 SVPWM 原理，在每一个开关周期，逆变器的输出应为式(2-20)表示的期望参考电压矢量 $\boldsymbol{u}_s^*$。该矢量为幅值和频率任意的两相正弦波。按照伏秒等效原理，相邻的两有效电压矢量和零电压矢量在采样周期 T_s 的时间平均值之和应等于参考矢量 $\boldsymbol{u}_s^*$ 的模。那么，在第 n 扇区，根据式(2-12)得

$$\boldsymbol{u}_s^*(t) = \frac{T_n}{T_s}\boldsymbol{u}_n + \frac{T_{n+1}}{T_s}\boldsymbol{u}_{n+1} + \frac{T_0}{2T_s}(\boldsymbol{u}_7 + \boldsymbol{u}_0) \tag{2-21}$$

式中，$T_0 = T_s - T_n - T_{n+1}$，并选择 $\boldsymbol{u}_0$ 和 $\boldsymbol{u}_7$ 的占用时间区间皆为 $T_0/2$。

首先，在第Ⅰ扇区内，参考矢量 $\boldsymbol{u}_s^*(t)$ 沿空间电压矢量 $\boldsymbol{u}_1$ 和 $\boldsymbol{u}_2$ 可分解为

$$\boldsymbol{u}_s^*(t) = \begin{bmatrix} u_x \\ u_y \end{bmatrix} = \begin{bmatrix} u_\alpha - u_\beta \\ \sqrt{2}u_\beta \end{bmatrix} \tag{2-22}$$

根据伏秒等效原理，利用 $u_1 = U_d$ 和 $u_2 = \sqrt{2}U_d$，得

$$\begin{cases} T_1 = u_x T_s/u_1 = (u_\alpha - u_\beta)T_s/U_d \\ T_2 = u_y T_s/u_2 = u_\beta T_s/U_d \\ T_0 = T_s - T_1 - T_2 \end{cases} \tag{2-23}$$

其次，在第Ⅱ扇区内，参考矢量 $\boldsymbol{u}_s^*(t)$ 沿矢量 $\boldsymbol{u}_2$ 和 $\boldsymbol{u}_3$ 可分解为

$$\boldsymbol{u}_s^*(t) = \begin{bmatrix} u_x \\ u_y \end{bmatrix} = \begin{bmatrix} \sqrt{2}u_\alpha \\ u_\beta - u_\alpha \end{bmatrix} \tag{2-24}$$

根据伏秒等效原理，利用 $u_2=\sqrt{2}U_d$ 和 $u_3=U_d$，得

$$\begin{cases}T_2=u_xT_s/u_2=u_\alpha T_s/U_d\\T_3=u_yT_s/u_3=-(u_\alpha-u_\beta)T_s/U_d\\T_0=T_s-T_2-T_3\end{cases}\tag{2-25}$$

最后，在第Ⅲ扇区内，参考矢量 $\boldsymbol{u}_s^*(t)$ 沿矢量 $\boldsymbol{u}_3$ 和 $\boldsymbol{u}_4$ 可分解为

$$\boldsymbol{u}_s^*(t)=\begin{pmatrix}u_x\\u_y\end{pmatrix}=\begin{pmatrix}u_s^*\cos(\vartheta-\pi/2)\\u_s^*\cos(\pi-\vartheta)\end{pmatrix}=\begin{pmatrix}u_\beta\\-u_\alpha\end{pmatrix}\tag{2-26}$$

根据伏秒等效原理，利用 $u_3=U_d$ 和 $u_4=U_d$，得

$$\begin{cases}T_3=u_xT_s/u_3=u_\beta T_s/U_d\\T_4=u_yT_s/u_4=-u_\alpha T_s/U_d\\T_0=T_s-T_3-T_4\end{cases}\tag{2-27}$$

剩余的第Ⅳ、Ⅴ、Ⅵ扇区，分别与第Ⅰ、Ⅱ、Ⅲ扇区成轴对称关系，因此，有

$$\begin{cases}T_4=-T_1=-(u_\alpha-u_\beta)T_s/U_d\\T_5=-T_2=-u_\beta T_s/U_d\\T_0=T_s-T_4-T_5\end{cases};\quad\begin{cases}T_5=-T_2=-u_\alpha T_s/U_d\\T_6=-T_3=(u_\alpha-u_\beta)T_s/U_d\\T_0=T_s-T_5-T_6\end{cases};$$

$$\begin{cases}T_6=-T_3=-u_\beta T_s/U_d\\T_1=-T_4=u_\alpha T_s/U_d\\T_0=T_s-T_6-T_1\end{cases}$$

根据以上计算结果，按照对称采样和每一采样周期每一桥臂仅改变一次开关状态的原则，得到汇总后的各空间电压矢量的开关导通时间，列于表 2-4。

表 2-4　三臂两相逆变器各扇区有效矢量和零矢量的开关导通时间

扇区	区　域	T_i	T_j	T_0
Ⅰ	$0\leqslant\vartheta<\pi/4$	$T_1=(u_\alpha-u_\beta)T_s/U_d$	$T_2=u_\beta T_s/U_d$	$T_0=T_s-T_1-T_2$
Ⅱ	$\pi/4\leqslant\vartheta<\pi/2$	$T_3=-(u_\alpha-u_\beta)T_s/U_d$	$T_2=u_\alpha T_s/U_d$	$T_0=T_s-T_2-T_3$
Ⅲ	$\pi/2\leqslant\vartheta<\pi$	$T_3=u_\beta T_s/U_d$	$T_4=-u_\alpha T_s/U_d$	$T_0=T_s-T_3-T_4$
Ⅳ	$\pi\leqslant\vartheta<5\pi/4$	$T_5=-u_\beta T_s/U_d$	$T_4=-(u_\alpha-u_\beta)T_s/U_d$	$T_0=T_s-T_4-T_5$
Ⅴ	$5\pi/4\leqslant\vartheta<3\pi/2$	$T_5=-u_\alpha T_s/U_d$	$T_6=(u_\alpha-u_\beta)T_s/U_d$	$T_0=T_s-T_5-T_6$
Ⅵ	$3\pi/2\leqslant\vartheta<2\pi$	$T_1=u_\alpha T_s/U_d$	$T_6=-u_\beta T_s/U_d$	$T_0=T_s-T_6-T_1$

每一扇区的输出参考电压矢量，可以用于在一个开关周期内计算其邻近的空间电压矢量和零矢量。假设开关周期划分为 7 部分，具有对称的开关图形；并且，希望每一桥臂在一个开关周期只改变一次，以降低开关损耗。那么，各个扇区的开关序列图形将与图 2-13 相同，这里不再赘述。但是，必须注意，开关的闭合时间由表 2-4 决定。这与表 2-2 是完全不同的，因此，逆变器的输出不再是三相对称波形，而是保证线电压 u_{ac} 和 u_{bc} 为两相对称正交波形。

2.4　双 H 桥空间矢量调制两相功率放大器

本节讨论双 H 桥空间矢量调制两相功率放大器。其功率开关与两相永磁同步力矩电机连接，由直流电压源供电，如图 2-16 所示。

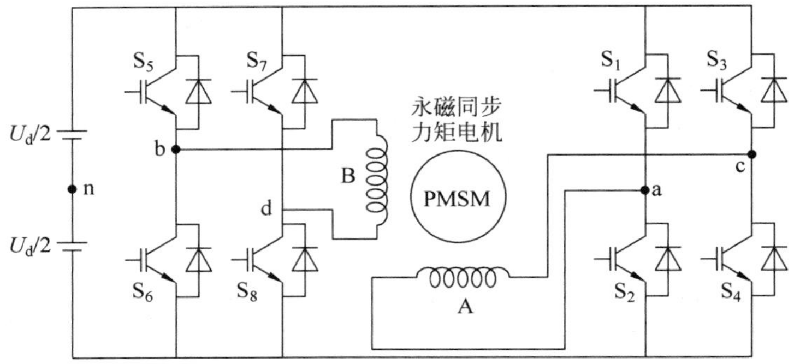

图 2-16　双 H 桥空间矢量调制两相功率放大器

功率部分为双 H 桥逆变器，每半桥臂由上、下开关组成。任何半桥臂的上开关导通，下开关必然断开；反之亦然。上、下开关导通状态分别赋值为 1 和 0。当上开关状态为 1 时，该半桥臂输出相对 DC 电压源中点的电位为 $+U_d/2$；反之，当上开关状态为 0 时，则为 $-U_d/2$。双 H 桥电压源逆变器合计有 2^4，即 16 个开关状态组合，如图 2-17 所示。该 16 个开关状态对应 16 个空间电压矢量，除 4 个为零矢量以外，8 个空间电压矢量的幅值为 $U_d/2$，4 个为 $U_d/\sqrt{2}$。这 12 个矢量在空间间隔 45°均匀分布，矢量的顶点构成精确的正方形，如图 2-18 所示。正方形的边长为直流电压 U_d。另外，4 个零矢量位于正方形的中心。整个空间平面划分为Ⅰ、Ⅱ、Ⅲ、Ⅳ 4 个小方块，每个小方块划分为 A 和 B 两个扇区。

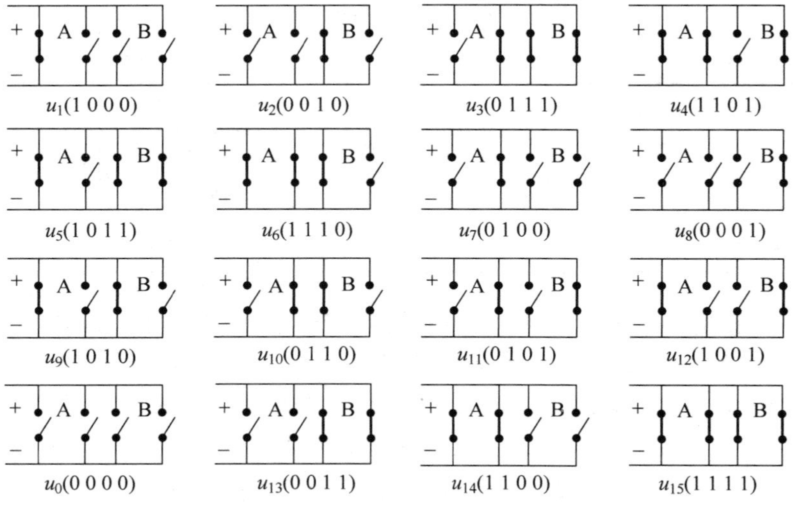

图 2-17　两相逆变器开关状态

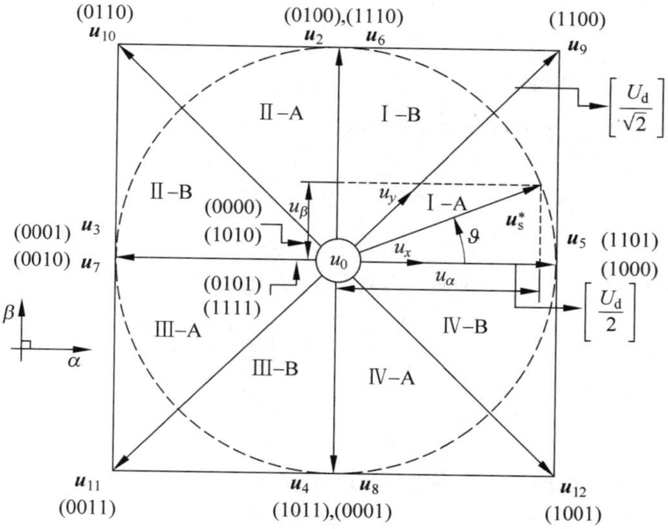

图 2-18　双 H 桥两相逆变器空间平面

图 2-18 表明虚线圆的半径为 $U_d/2$，这是半桥输出的最大电压。对于双 H 桥两相 SVPWM 逆变器，其最大输出线性电压为 U_d，最大调制度为 1。由空间参考矢量 $\boldsymbol{u}_s^*$ 分解生成的瞬时参考相电压如图 2-19 所示，其数学表达式为

$$\begin{cases} u_{sa}^* = u_s^* \cos\omega_1 t \\ u_{sb}^* = u_s^* \cos(\omega_1 t - \pi/2) \\ u_{sc}^* = u_s^* \cos(\omega_1 t - \pi) \\ u_{sd}^* = u_s^* \cos(\omega_1 t - 3\pi/2) \end{cases} \tag{2-28}$$

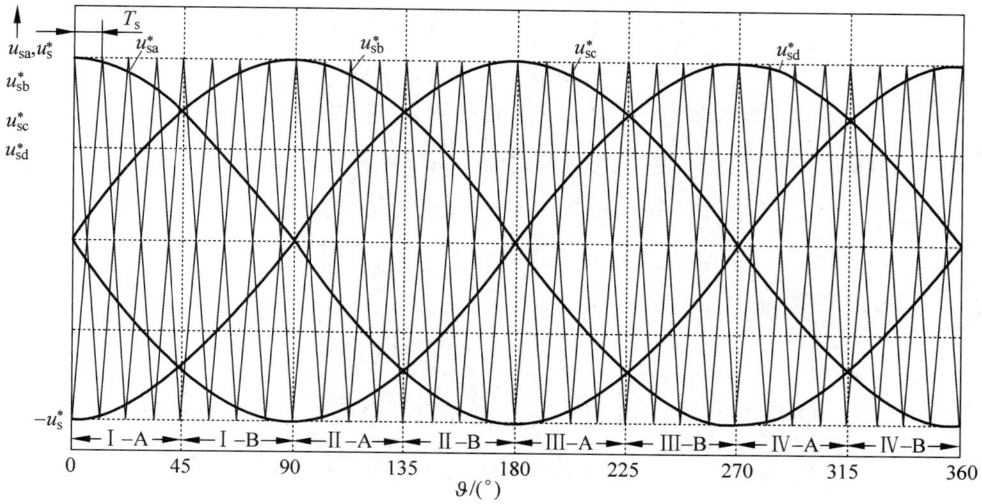

图 2-19　双 H 桥两相 SVPWM 瞬时参考相电压

根据 $\boldsymbol{u}_s^*$ 的位置和长度，重构两相 SVPWM 输出电压矢量的方法与三相 SVPWM 相同，分为下列三个步骤。

1）确定参考矢量 $\boldsymbol{u}_s^*$ 所处扇区

首先，将 $\boldsymbol{u}_s^*$ 分解到 α-β 坐标系表示，可得

$$\begin{cases} u_\alpha = u_s^* \cos\vartheta \\ u_\beta = u_s^* \sin\vartheta \end{cases} \tag{2-29a}$$

其次，计算空间参考矢量 $\boldsymbol{u}_s^*$ 的幅值和辐角，公式为

$$\begin{cases} |\boldsymbol{u}_s^*| = \sqrt{u_\alpha^2 + u_\beta^2} \\ \vartheta = \arctan2(u_\beta, u_\alpha) \end{cases} \tag{2-29b}$$

式中，arctan2(·,·)为二元素反正切函数。

最后，根据辐角 ϑ 的信息，对照图 2-18，确定空间参考矢量 $\boldsymbol{u}_s^*$ 位于空间平面的哪一个扇区，第 n-A 扇区还是第 n-B 扇区？n = Ⅰ，Ⅱ，Ⅲ，Ⅳ。

2）计算有效矢量的开关导通时间和零矢量占用时间

将参考矢量 $\boldsymbol{u}_s^*$ 沿最靠近的两个相邻有效电压矢量进行非正交分解。在第 n-A 扇区，有

$$\begin{cases} u_x = u_s^* [\cos(\vartheta - (n-1)\pi/2) - \sin(\vartheta - (n-1)\pi/2)] \\ u_y = \sqrt{2} u_s^* \sin(\vartheta - (n-1)\pi/2) \end{cases} \tag{2-30a}$$

而在第 n-B 扇区，则为

$$\begin{cases} u_x = u_s^* [\cos(\vartheta - (2n-1)\pi/4) - \sin(\vartheta - (2n-1)\pi/4)] \\ u_y = \sqrt{2} u_s^* \sin(\vartheta - (2n-1)\pi/4) \end{cases} \tag{2-30b}$$

根据伏秒等效原理，在空间平面的第Ⅰ-A 扇区，两个相邻矢量的大小可表示为

$$\begin{cases} u_x = u_1 T_1 / T_s = U_d T_1 / 2T_s \\ u_y = u_9 T_9 / T_s = U_d T_9 / \sqrt{2} T_s \end{cases}$$

式中，T_1 和 T_9 分别为有效矢量 $\boldsymbol{u}_1$ 和 $\boldsymbol{u}_9$ 在采样周期 T_s 的开关导通时间；第二等式利用了 $u_1 = U_d/2$ 和 $u_9 = U_d/\sqrt{2}$。将上式代入式(2-30a)，可解得

$$\begin{cases} T_1 = 2(T_s/U_d) u_s^* (\cos\vartheta - \sin\vartheta) = 2(u_\alpha - u_\beta) T_s / U_d \\ T_9 = 2(T_s/U_d) u_s^* \sin\vartheta = 2 u_\beta T_s / U_d \end{cases} \tag{2-31a}$$

零电压矢量占用时间为

$$T_0 = T_s - T_1 - T_9 \tag{2-31b}$$

而在第Ⅰ-B 扇区，有 $u_y = \dfrac{U_d}{2}\dfrac{T_2}{T_s}$ 和 $u_x = \dfrac{U_d}{\sqrt{2}}\dfrac{T_9}{T_s}$，代入式(2-30b)，可解得

$$\begin{cases} T_2 = 2(T_s/U_d) u_s^* (\sin\vartheta - \cos\vartheta) = -2(u_\alpha - u_\beta) T_s / U_d \\ T_9 = 2(T_s/U_d) u_s^* \cos\vartheta = 2 u_\alpha T_s / U_d \end{cases} \tag{2-32a}$$

零电压矢量占用时间为

$$T_0 = T_s - T_2 - T_9 \tag{2-32b}$$

类似地，对其他扇区进行计算，得到全空间平面有效矢量和零矢量的开关导通时间，列于表 2-5。

表 2-5　双 H 桥两相逆变器各扇区有效矢量和零矢量开关导通时间

扇区	区　域	T_x	T_y	T_0
Ⅰ-A	$0\leqslant\vartheta<\pi/4$	$T_1=2(u_\alpha-u_\beta)T_s/U_d$	$T_9=2u_\beta T_s/U_d$	$T_0=T_s-T_1-T_9$
Ⅰ-B	$\pi/4\leqslant\vartheta<\pi/2$	$T_2=-2(u_\alpha-u_\beta)T_s/U_d$	$T_9=2u_\alpha T_s/U_d$	$T_0=T_s-T_2-T_9$
Ⅱ-A	$\pi/2\leqslant\vartheta<3\pi/4$	$T_2=2(u_\alpha+u_\beta)T_s/U_d$	$T_{10}=-2u_\alpha T_s/U_d$	$T_0=T_s-T_2-T_{10}$
Ⅱ-B	$3\pi/4\leqslant\vartheta<\pi$	$T_3=-2(u_\alpha+u_\beta)T_s/U_d$	$T_{10}=2u_\beta T_s/U_d$	$T_0=T_s-T_3-T_{10}$
Ⅲ-A	$\pi\leqslant\vartheta<5\pi/4$	$T_3=-2(u_\alpha-\mu_\beta)T_s/U_d$	$T_{11}=-2u_\beta T_s/U_d$	$T_0=T_s-T_3-T_{11}$
Ⅲ-B	$5\pi/4\leqslant\vartheta<3\pi/2$	$T_4=2(u_\alpha-u_\beta)T_s/U_d$	$T_{11}=-2u_\alpha T_s/U_d$	$T_0=T_s-T_4-T_{11}$
Ⅳ-A	$3\pi/2\leqslant\vartheta<7\pi/4$	$T_4=-2(u_\alpha+u_\beta)T_s/U_d$	$T_{12}=2u_\alpha T_s/U_d$	$T_0=T_s-T_4-T_{12}$
Ⅳ-B	$7\pi/4\leqslant\vartheta<2\pi$	$T_1=2(u_\alpha+u_\beta)T_s/U_d$	$T_{12}=-2u_\beta T_s/U_d$	$T_0=T_s-T_1-T_{12}$

3）对比 SPWM 和 SVPWM，确定开关状态矢量序列

采用与三相 SVPWM 相同的假设条件，得到第Ⅰ-A 扇区的 SPWM 和 SVPWM 对比图如图 2-20 所示。图中对比了 SPWM 的输出调宽脉冲方波和对应的 SVPWM 开关状态矢量序列。

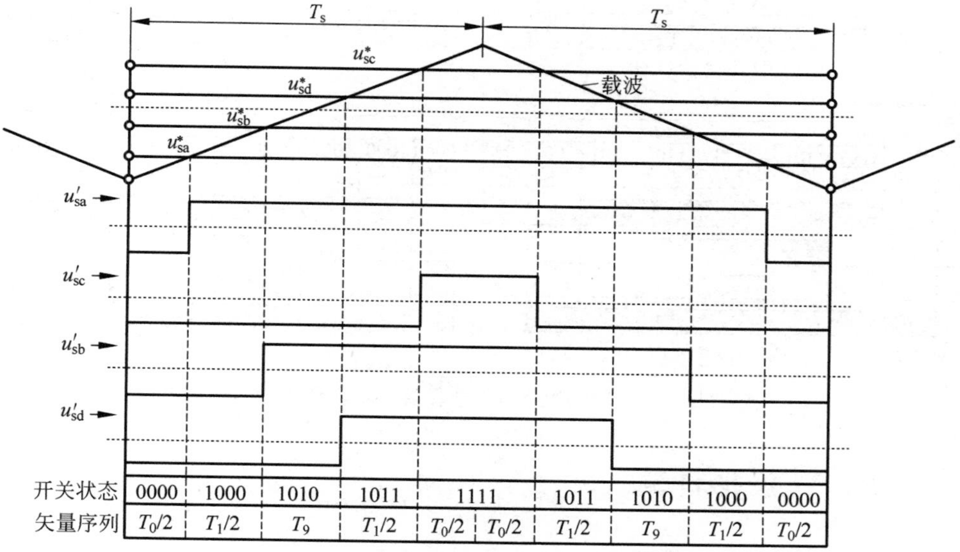

图 2-20　双 H 桥的 SPWM 与 SVPWM 对比

将图 2-20 的开关状态序列规则推广应用于空间平面的其他扇区，得到双 H 桥的 4 桥臂上开关 S_1、S_3、S_5、S_7 在两倍采样周期 $2T_s$ 的状态序列图形，如图 2-21 所示。

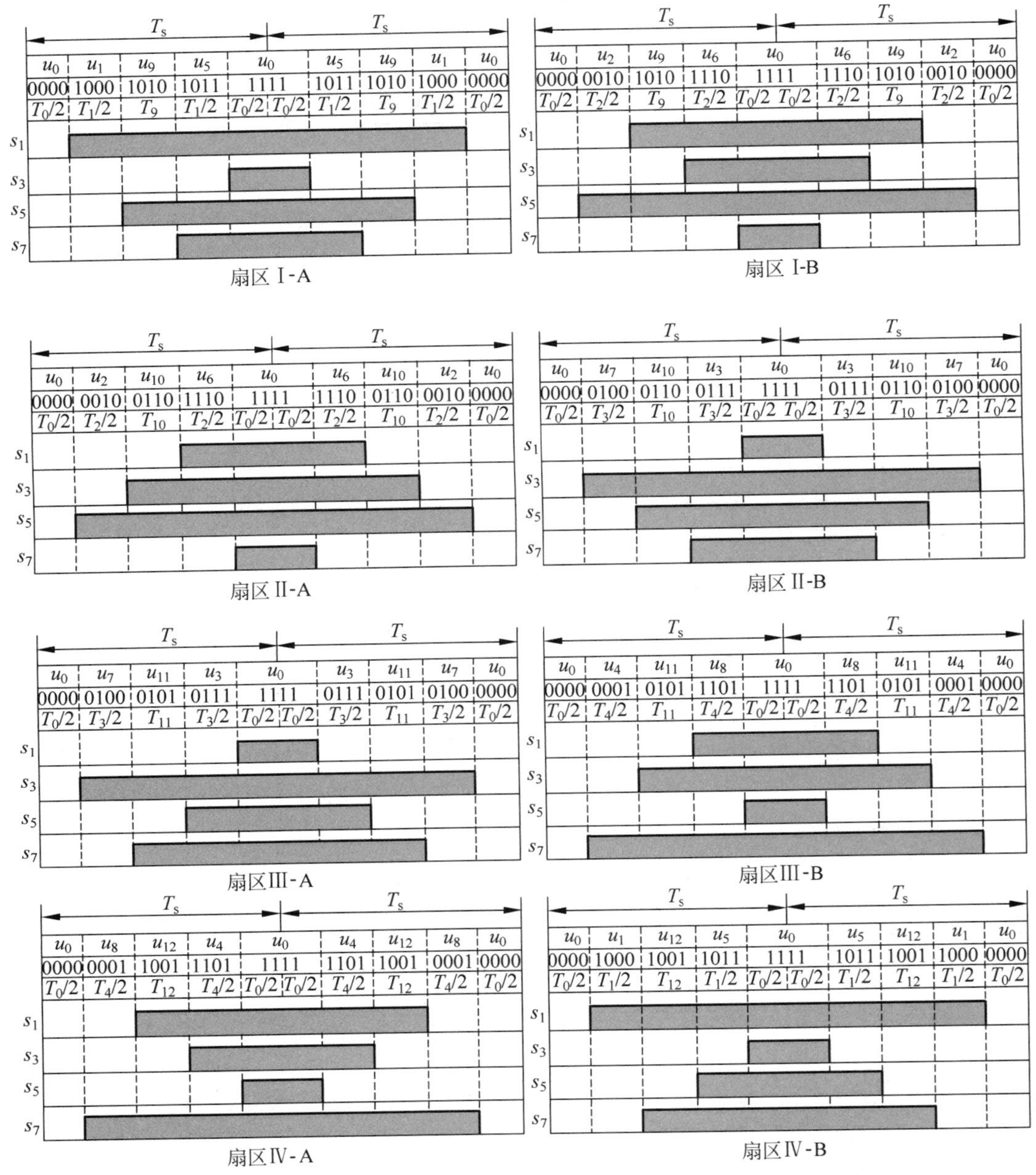

图 2-21　双 H 桥两相逆变器 4 桥臂上开关状态序列图形

2.5 SVPWM 波形计算

本节分三种情况详细讨论 SVPWM 的计算步骤。

2.5.1 三桥臂三相逆变器

采用对称规则采样、连续开关模式的 SVPWM 中断程序流程图如图 2-22 所示。

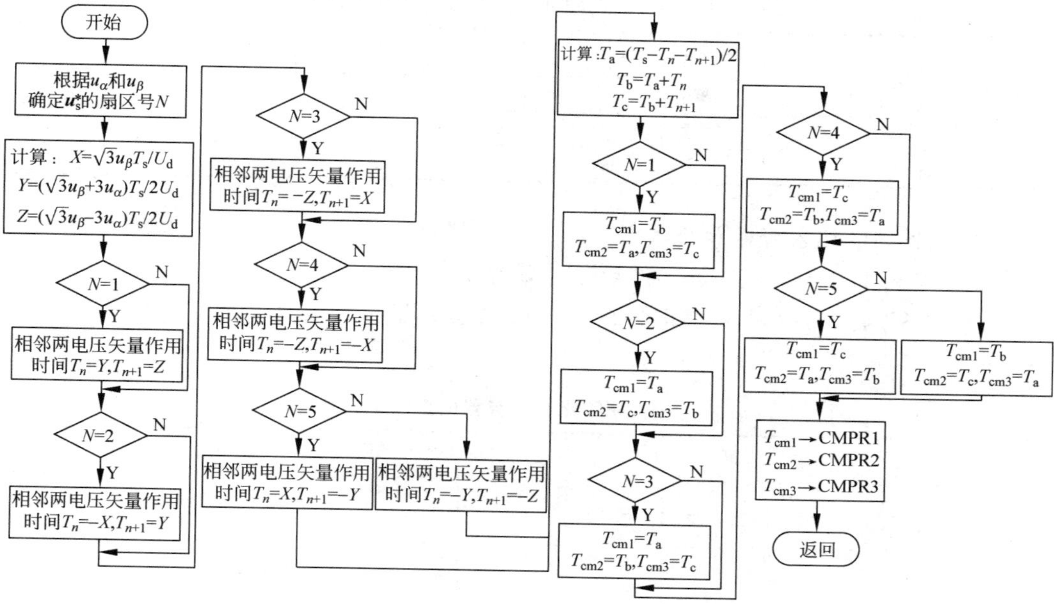

图 2-22　SVPWM 中断程序流程图

显然，该中断程序流程图包括下列 3 个主要环节：

1）确定参考矢量 $\boldsymbol{u}_s^*$ 所处的扇区

在 2.2 节中，讨论了采用参考矢量辐角确定扇区的方法。然而，这种判别方法需要计算非线性函数。下面介绍一种更简单的直接基于 u_α 和 u_β 的判别方法。设

$$\begin{cases} u_a = u_\beta \\ u_b = u_\alpha - u_\beta/\sqrt{3} \\ u_c = -u_\alpha - u_\beta/\sqrt{3} \end{cases} \tag{2-33}$$

令逻辑变量

$$a=\begin{cases}1, & u_a>0 \\ 0, & u_a\leqslant 0\end{cases},\quad b=\begin{cases}1, & u_b>0 \\ 0, & u_b\leqslant 0\end{cases},\quad c=\begin{cases}1, & u_c>0 \\ 0, & u_c\leqslant 0\end{cases}$$

$$N=a+2b+4c \tag{2-34}$$

式中，N 代表图 2-22 中空间参考矢量所处扇区。计算结果表明，N 值与扇区的对应关系见表 2-6。

表 2-6　N 值与扇区的对应关系

N	3	1	5	4	6	2
扇区	Ⅰ	Ⅱ	Ⅲ	Ⅳ	Ⅴ	Ⅵ

2）计算与 $\boldsymbol{u}_s^*$ 最靠近的两空间电压矢量的开关导通时间

令 $X=\sqrt{3}u_\beta T_s/U_d$，$Y=\left(\dfrac{3}{2}u_\alpha+\dfrac{\sqrt{3}}{2}u_\beta\right)T_s/U_d$，$Z=-\left(\dfrac{3}{2}u_\alpha-\dfrac{\sqrt{3}}{2}u_\beta\right)T_s/U_d$，对照表 2-2 和表 2-6，可重新建立各扇区的两相邻电压矢量的开关导通时间，如表 2-7 所示。

表 2-7　各扇区两相邻电压矢量开关导通时间

N	3	1	5	4	6	2
扇区	Ⅰ	Ⅱ	Ⅲ	Ⅳ	Ⅴ	Ⅵ
T_n	$-Z$	Z	X	$-X$	$-Y$	Y
T_{n+1}	X	Y	$-Y$	Z	$-Z$	$-X$

3）确定各扇区比较寄存器的赋值

令三个半桥上开关（S_1、S_3、S_5）的导通时刻为 $T_a=(T_s-T_n-T_{n+1})/2$，$T_b=T_a+T_n$ 及 $T_c=T_b+T_{n+1}$，则由表 2-7 和图 2-22 可得比较寄存器的赋值 T_{cm1}、T_{cm2} 及 T_{cm3}，如表 2-8 所示。

表 2-8　比较寄存器的赋值

N	扇　区	T_{cm1}	T_{cm2}	T_{cm3}
3	Ⅰ	T_a	T_b	T_c
1	Ⅱ	T_b	T_a	T_c
5	Ⅲ	T_c	T_a	T_b
4	Ⅳ	T_c	T_b	T_a
6	Ⅴ	T_b	T_c	T_a
2	Ⅵ	T_a	T_c	T_b

2.5.2　三桥臂两相逆变器

对这种逆变器，采用与三桥臂三相逆变器相同的计算步骤，具体如下。

1）确定参考矢量所处扇区

根据 u_α 和 u_β 的已知值，按表 2-9 中的条件确定参考电压矢量所处的扇区。

表 2-9　三桥臂两相逆变器参考电压所处扇区

扇　区	Ⅰ	Ⅱ	Ⅲ	Ⅳ	Ⅴ	Ⅵ
条件	$u_\alpha>0$， $u_\beta\geqslant0$， $u_\alpha>u_\beta$	$u_\alpha>0$， $u_\beta\geqslant0$， $u_\alpha<u_\beta$	$u_\alpha\leqslant0$， $u_\beta>0$	$u_\alpha<0$， $u_\beta\leqslant0$， $u_\alpha<u_\beta$	$u_\alpha<0$， $u_\beta\leqslant0$， $u_\alpha>u_\beta$	$u_\alpha\geqslant0$， $u_\beta<0$

2）计算最靠近的两相邻电压矢量开关导通时间

引入符号 $X=u_\alpha T_s/U_d$，$Y=u_\beta T_s/U_d$，$Z=(u_\alpha-u_\beta)T_s/U_d$，则根据表 2-4 和表 2-9，可重新列写两相邻电压矢量开关导通时间，见表 2-10。

表 2-10　各扇区两相邻电压矢量开关导通时间

扇　区	Ⅰ	Ⅱ	Ⅲ	Ⅳ	Ⅴ	Ⅵ
T_n	Z	$-Z$	Y	$-Y$	$-X$	X
T_{n+1}	Y	X	$-X$	$-Z$	Z	$-Y$

3）确定各扇区比较寄存器的赋值

令三个半桥上开关 S_1、S_2、S_3 的导通时刻为 $T_a=(T_s-T_n-T_{n+1})/2$，$T_b=T_a+T_n$ 及 $T_c=T_b+T_{n+1}$，则由表 2-10 和图 2-22 可得比较寄存器的赋值 T_{cm1}、T_{cm2} 及 T_{cm3}，如

表 2-11 所示。

表 2-11　各扇区比较寄存器的赋值

扇　区	Ⅰ	Ⅱ	Ⅲ	Ⅳ	Ⅴ	Ⅵ
T_{cm1}	T_a	T_b	T_c	T_c	T_b	T_a
T_{cm2}	T_b	T_a	T_a	T_b	T_c	T_c
T_{cm3}	T_c	T_c	T_b	T_a	T_a	T_b

2.5.3　双 H 桥两相逆变器

其计算过程与前两种情况相同。具体步骤如下所述。

1）确定参考矢量所处扇区

令 $u_\alpha = u_s^* \cos\vartheta, u_\beta = u_s^* \sin\vartheta$，根据式(2-29b)计算幅值 u_s^* 和辐角 ϑ。然后，根据 ϑ 值，按表 2-12 确定参考矢量 $\boldsymbol{u}_s^*$ 所处扇区。

表 2-12　双 H 桥两相逆变器参考电压所处扇区

扇区	Ⅰ-A	Ⅰ-B	Ⅱ-A	Ⅱ-B	Ⅲ-A	Ⅲ-B	Ⅳ-A	Ⅳ-B
区域	$0 \leqslant \vartheta < \frac{\pi}{4}$	$\frac{\pi}{4} \leqslant \vartheta < \frac{\pi}{2}$	$\frac{\pi}{2} \leqslant \vartheta < \frac{3\pi}{4}$	$\frac{3\pi}{4} \leqslant \vartheta < \pi$	$\pi \leqslant \vartheta < \frac{5\pi}{4}$	$\frac{5\pi}{4} \leqslant \vartheta < \frac{3\pi}{2}$	$\frac{3\pi}{2} \leqslant \vartheta < \frac{7\pi}{4}$	$\frac{7\pi}{4} \leqslant \vartheta < 2\pi$

2）计算最靠近的两相邻电压矢量开关导通时间

引入符号：

$$W = 2u_\alpha T_s / U_d, \quad X = 2u_\beta T_s / U_d, \quad Y = 2(u_\alpha - u_\beta) T_s / U_d, \quad Z = 2(u_\alpha + u_\beta) T_s / U_d$$

则根据表 2-5 和表 2-12 可重新列写两相邻电压矢量开关导通时间，如表 2-13 所示。

表 2-13　各扇区两相邻电压矢量开关导通时间

扇　区	Ⅰ-A	Ⅰ-B	Ⅱ-A	Ⅱ-B	Ⅲ-A	Ⅲ-B	Ⅳ-A	Ⅳ-B
T_x	Y	$-Y$	Z	$-Z$	$-Y$	Y	$-Z$	Z
T_y	X	W	$-W$	X	$-X$	$-W$	W	$-X$

3）确定各扇区比较寄存器的赋值

令 $T_a = (T_s - T_x - T_y)/2, T_b = T_a + T_x/2, T_c = T_b + T_y, T_d = T_c + T_x/2$，则根据表 2-13 和图 2-21，可得各扇区比较寄存器的赋值 T_{cm1}、T_{cm2}、T_{cm3} 及 T_{cm4}，如表 2-14 所示。

表 2-14　各扇区比较寄存器赋值

扇区	Ⅰ-A	Ⅰ-B	Ⅱ-A	Ⅱ-B	Ⅲ-A	Ⅲ-B	Ⅳ-A	Ⅳ-B
T_{cm1}	T_a	T_b	T_c	T_d	T_d	T_c	T_b	T_a
T_{cm2}	T_d	T_c	T_b	T_a	T_a	T_b	T_c	T_d
T_{cm3}	T_b	T_a	T_a	T_b	T_c	T_d	T_d	T_c
T_{cm4}	T_c	T_d	T_d	T_c	T_b	T_a	T_a	T_b

按照上述介绍的计算步骤，采用 MATLAB 程序(见本章附录)计算三桥臂三相、双 H 桥两相及三桥臂两相逆变器的 SVPWM 波形曲线，分别如图 2-23(a)～(d)所示。

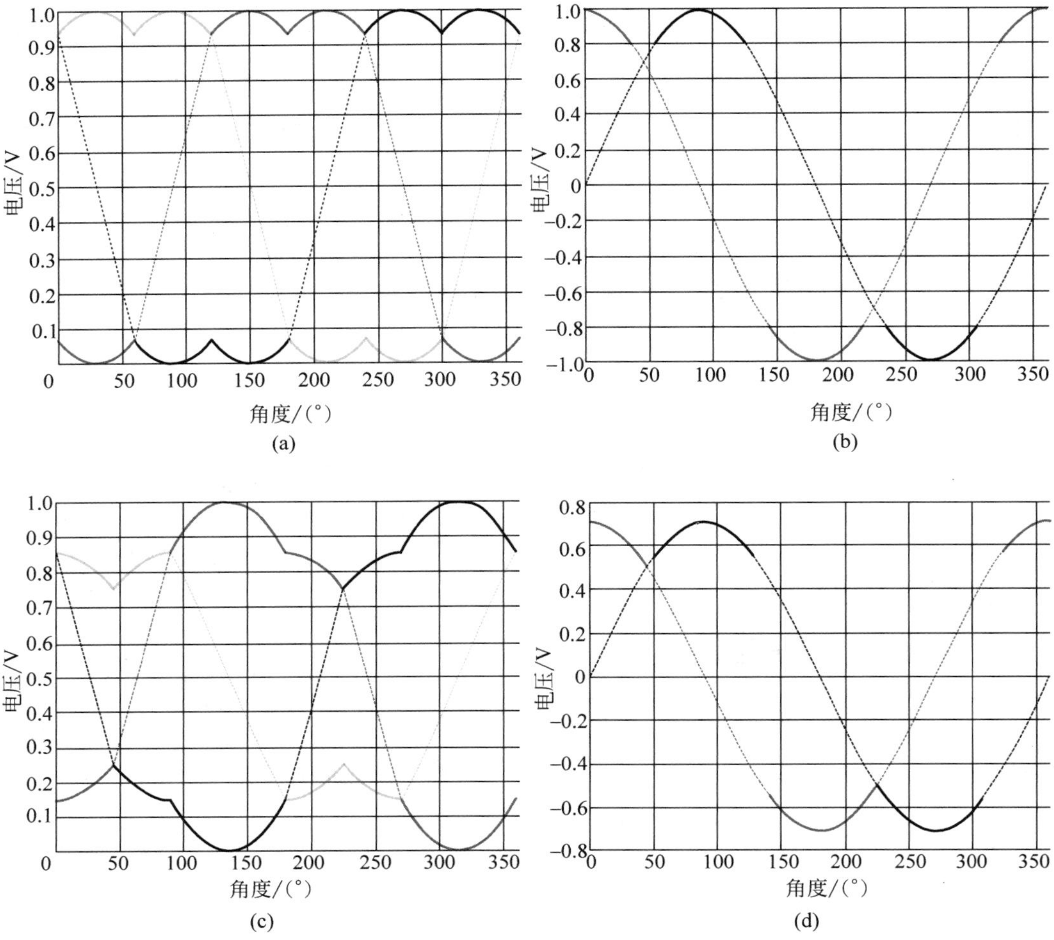

图 2-23 各形式 SVPWM 曲线

(a) 三桥臂三相 SVPWM 仿真曲线；(b) 双 H 桥两相 SVPWM 仿真曲线；(c) 三桥臂两相 SVPWM 输入电压曲线；(d) 三桥臂两相 SVPWM 输出电压曲线

图 2-23(a)和(c)分别与文献[8]和[10]的分析结果相同，图 2-23(b)和(d)与图 2-19 的参考相电压波形相同，这表明本节导出的 SVPWM 计算公式正确。其中，图 2-23(a)的三相电压曲线含有明显的三次谐波。这样的电压波形使基波分量增加了，Y 形接法的三相绕组中不会流过三次谐波及其整数倍的电流，因而增加了线性基波电压的调制度；图 2-23(b)所示双 H 桥两相逆变器与图 2-23(d)所示三桥臂两相逆变器的仿真曲线相比较，前者的最大调制度为 1，比后者 0.707 大 41.4%，但后者只需一片 IPM 就能产生两相正交的正余弦 SVPWM 波形，既简单又方便。

2.6　SVPWM 的计算机实现

基于数字信号处理器（digital signal processor，DSP）和智能功率模块（intelligent power module，IPM）实现 SVPWM 逆变器的原理框图如图 2-24 所示。

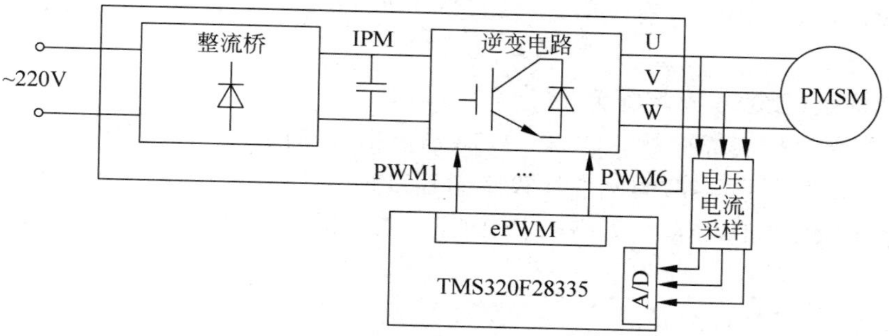

图 2-24　基于 DSP 和 IPM 的 SVPWM 的原理框图

目前，IPM 应用比较广泛的产品，有三菱电气（Mitsubishi Electric）的双列直插式组装（double in-line package，DIP）PM 英飞凌（Infineon）公司 CIPOS^{TM} 模块系列，以及飞兆（Fairchild）公司的智能功率模块（smart power module，SPM），如 PM25RLA120、FSB50760SF 及 IFCM15P60GD 等。

DSP 可选用 TI 公司的 TMS320 系列芯片，如 TMS320F240、TMS320F2812、TMS320F28335、TMS320F28377、TMS320F28379 等。电机控制芯片 TMS320F240 和 TMS320F2812 为定点型 DSP，存在编程相对复杂、运算速度相对较慢、片内 A/D 精度相对较低、内部存储空间相对较小等问题。TMS320F28335 是一款 32 位浮点型 DSP，运算主频高达 150MHz，支持 IEEE 标准单精度浮点数，带有 256KB×16 片上 Flash 存储器，34KB×16SARAM 储存空间。其浮点架构使除法、开方及三角函数运算速度比定点芯片快 50%，而且大大简化了编程，缩短了程序代码长度和执行时间；片内 16 路 12b 的 A/D 接口相比 TMS320F2812 有了很大改进，精度和可靠性得到很大提高，抗干扰能力大幅增强。

TMS320F28335 DSP 具有 6 个独立的增强型 PWM（ePWM）模块，每个 ePWM 模块的完整输出通道包括两路 PWM 信号：EPWMxA 和 EPWMxB。12 路高精度 PWM 输出，能灵活地配置死区时间、触发方式及占空比等信息。同时，TMS320F28335 还包括 6 路高分辨率脉宽调制（HRPWM）输出，具有更高的控制精度。

TMS320F28377 和 TMS320F28379 是双核 32 位的浮点 DSP 芯片，运算主频 200MHz，带有 1024KB×16 片上 Flash 存储器，204KB×16 SARAM 储存空间。片内分别有 12 路 12b 和 16 路 16b 的 ADC，12 路直接内存访问通道，运算速度和精度更高。

为了产生准确的 PWM 方波，必须对 ePWM 模块中的时间基准、计数器比较、动作限定、死区及事件触发 5 个子模块的相关寄存器进行配置，配置步骤如下所述。

1）时间基准（TB）子模块配置

通过时间基准控制寄存器（TBCTL）设置时间基准时钟、计数模式及同步模式。时间基准时钟（TBCLK）通常取 DSP 系统时钟 1 或 2 分频。时间基准计数器（TBCTR）为连续增减模式。通过相位寄存器(TBPHS,通常选择相位为0),设置TBCTR的起始计数位置。

2) 计数器比较(CC)子模块配置

将比较寄存器CMPA/CMPB中的当前值与时间基准计数器(TBCTR)中的值作比较,当二者相等时,产生一次"TBCTR=CMPA/CMPB"事件,并发送到动作限定子模块AQ中用以产生需要的动作。通过比较控制寄存器(CMPCTL),设置CMPA和CMPB的重新加载模式:CMPA及CMPB都有映射寄存器,当TBCTR=0时,映射寄存器的值装载到当前寄存器中。

3) 动作限定(AQ)子模块配置

通过动作限定控制寄存器AQCTLA/B(输出A/B通道),设置ePWMxA/B的比较方式:在增减计数模式下,当时间基准计数器(TBCTR)与比较寄存器(CMPA)的值在增计数过程相等时,使输出ePWMxA为高电平,而当二者在减计数过程相等时,使输出ePWMxA为低电平。

4) 死区(DB)子模块配置

通过上升/下降沿死区设定寄存器DBRED/DBFED配置,确定上升/下降沿延时时间。通过死区控制寄存器(DBCTL)配置,使能ePWMA和ePWMB的死区;选择ePWMA作为上升沿与下降延的输入源;ePWMA不反转极性,ePWMB反转极性。

5) 事件触发(ET)子模块配置

通过事件触发选择寄存器(ETSEL)配置,使能ADC启动信号SOCA,选择SOCA信号产生时刻。通过事件触发预分频寄存器(ETPS)配置,每触发一次事件都产生ADC启动信号。通过事件触发清零寄存器(ETCLR)配置,清除SOCA标志位。

一般地说,只要知道输入参考电压$\boldsymbol{u}_s^*$在α、β坐标轴的投影u_α和u_β,以及载波周期T_s和逆变器直流母线电压U_d,按照2.5节介绍的计算过程就可以确定$\boldsymbol{u}_s^*$所处的扇区,实时地计算三相逆变器开关导通时间T_a、T_b、T_c。基于TMS320F28335实现SVPWM的软件方法,就是由获得的逆变器开关导通时间,计算按本章附录所需波形的变量T_{cm1}、T_{cm2}、T_{cm3},并把这些计算值赋给比较寄存器CMPR1、CMPR2、CMPR3。

然后,TMS320F28335的ePWM模块根据比较寄存器的赋值,自动完成PWM1-6的输出。具体过程如下:计数器按设定的时间单位连续增计数,当计数到达设定的峰值时,计数器立即减计数。在计数器增/减计数过程中,若比较寄存器CMPR1、CMPR2、CMPR3的值与计数器的值相匹配,PWM脉冲输出端口自动输出高电平或低电平(由设置的ePWMxA/B的比较方式确定)。例如,在扇区Ⅰ,CMPR1、CMPR2、CMPR3分别赋值$T_{cm1}=T_0/2$,$T_{cm2}=T_0/2+T_1$及$T_{cm3}=T_0/2+T_1+T_2$,计数器在PWM输出为$\boldsymbol{u}_0$(000)时开始增计数。增至T_{cm1}时,PWM输出由$\boldsymbol{u}_0$(000)跳变到$\boldsymbol{u}_1$(100);下一时刻计算器增至T_{cm2}时,PWM输出又跳变到$\boldsymbol{u}_2$(110);再下一时刻,增至T_{cm3}时,PWM输出跳变到$\boldsymbol{u}_7$(111);然后,增计数到达峰值T_s后,立即做减计数。在减计数过程,分别减至T_{cm3}、T_{cm2}、T_{cm1}时,PWM输出由$\boldsymbol{u}_7$(111)依次经过$\boldsymbol{u}_2$(110)和$\boldsymbol{u}_1$(100)返回$\boldsymbol{u}_0$(000),并继续减计数到零,结束一次循环。然后,装载比较寄存器CMPR1、CMPR2及CMPR3新数值,重复上述循环过程,直至停机。基于TMS320F28335 DSP实现SVPWM的软件参见文献[16-18,26]。

2.7　智能功率模块

智能功率模块(intelligent power module,IPM)是一种将电力电子和集成电路技术结合的电力电子器件。它不仅将 IGBT 芯片、快速二极管、控制和驱动电路封装在一起,而且含有欠压保护、过流保护、短路与过热保护等故障检测功能,从而使电力电子逆变器具有高频化、小型化、高可靠性和易维护等优点,也使得整个电路设计简化,成本降低。该模块具有体积小、功耗低、开关速度快、抗干扰能力强、无须防静电措施等优点。作为功率变换的应用,开关频率可以达到 20kHz,广泛应用于通用变频器,尤其适用于驱动电机的各种逆变器。

2.7.1　IPM 的内部功能机制

一般智能功率模块采用两种不同的封装技术,使得内置栅极驱动电路和保护电路适用电流范围很宽,同时也使造价维持在合理水平。小功率器件(15～50A、600V 和 10～15A、1200V)采用一种多层环氧树脂黏合绝缘技术,而中大功率器件采用陶瓷绝缘技术。根据内部功率电路配置情况,IPM 分 4 种形式:单管封装(H)、双管封装(D)、六合一封装(C)和七合一封装(R),如图 2-25 所示。

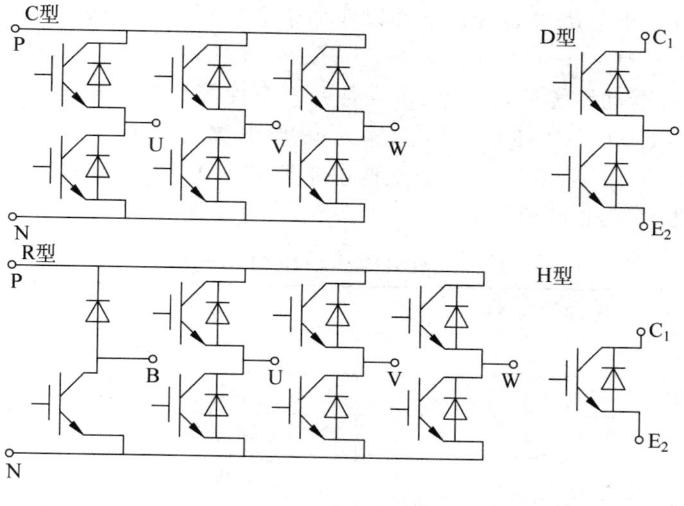

图 2-25　IPM 内部结构

IPM 内置栅极驱动和保护电路,使系统硬件电路简单、可靠,可以缩短系统开发时间,也可提高故障下的自保护能力。保护电路可以实现控制电压欠压保护、过热保护、过流保护和短路保护。如果 IPM 模块中有一种保护电路动作,IGBT 栅极驱动单元就会关断门极电流并输出一个故障信号(FO)。各种保护功能具体如下所述。

(1) 控制电压欠压保护(UV):IPM 使用单一的+15V 电源,若供电电压低于 12.5V,且时间超过 $t_{off}=10ms$,便进行欠压保护,封锁门极驱动电路,输出故障信号。

(2) 过热保护(OT):在靠近 IGBT 芯片的绝缘基板上设置一个温度传感器,当温度传感器测出基板温度超过温度限制值时,便发生过热保护,封锁门极驱动电路,输出故障信号。

(3) 过流保护(OC):若流过IGBT的电流值超过动作电流,且时间超过 t_{off},则发生过流保护,封锁门极驱动电路,输出故障信号。为避免发生过大的 di/dt,大多数IPM采用两级关断模式。其中,VG为内部门极驱动电压,ISC为短路电流值,IOC为过流电流值,IC为集电极电流,IFO为故障输出电流。

(4) 短路保护(SC):若负载发生短路或控制系统故障导致短路,流过IGBT的电流值超过短路动作电流,则立刻进行短路保护,封锁门极驱动电路,输出故障信号。与过流保护一样,为避免产生过大的 di/dt,大多数IPM采用两级关断模式。为缩短过流保护的电流检测和故障动作间的响应时间,IPM内部使用实时电流控制电路(RTC),使响应时间短于100ns,从而有效抑制电流和功率峰值,提高了保护效果。当IPM发生UV、OC、OT、SC中任一个故障时,其故障输出信号持续时间 t_{FO} 为1.8ms(SC持续时间会长一些),在此时间内IPM会封锁门极驱动,关断IPM;故障输出信号持续时间结束后,IPM内部自动复位,开放门极驱动通道。

由此可见,器件自身产生的故障信号是非保持性的,如果 t_{FO} 结束后故障源仍旧没有排除,IPM就会重复自动保护的过程,反复动作。过流、短路、过热保护动作都是非常恶劣的运行状况,应避免其反复动作,因此仅靠IPM内部保护电路是不能完全实现器件自我保护的。欲使系统真正安全、可靠运行,还需要外围的辅助保护电路。

考虑到器件本身含有驱动电路,外部只需提供满足驱动功率要求的PWM信号、驱动电路电源及防止干扰的电气隔离装置。下面以应用于电机驱动的IPM L1/S1-系列为例,如七合一封装的PM××RL1A060和PM××RL1A120,讨论其外部的驱动和控制接口电路。这对以IPM构成的驱动系统运行效率、可靠性和安全性都具有重要意义。

七合一封装的IPM PM25RLA120的输入-输出引脚列于表2-15。其中,U_P、V_P、W_P、U_N、V_N、W_N、U_{FO}、V_{FO}、W_{FO}、F_O、B_r 都是低电平有效。七合一封装的IPM与外部驱动和控制接口电路图如图2-26所示。

表2-15　PM25RLA120输入-输出

端子名称	说　明
U、V、W	三相输出主电极
P、N	直流输入主电极
B	制动输入主电极
V_{UP_1}、V_{UPC}	U相P侧控制电源的正端和地
V_{VP_1}、V_{VPC}	V相P侧控制电源的正端和地
V_{WP_1}、V_{WPC}	W相P侧控制电源的正端和地
V_{N_1}、V_{NC}	N侧控制电源的正端和地
U_P、V_P、W_P	三相P侧控制信号输入端
U_N、V_N、W_N	三相N侧控制信号输入端
U_{FO}、V_{FO}、W_{FO}	三相P侧故障信号输出端
F_O	N侧故障信号输出端
B_r	制动信号输出端

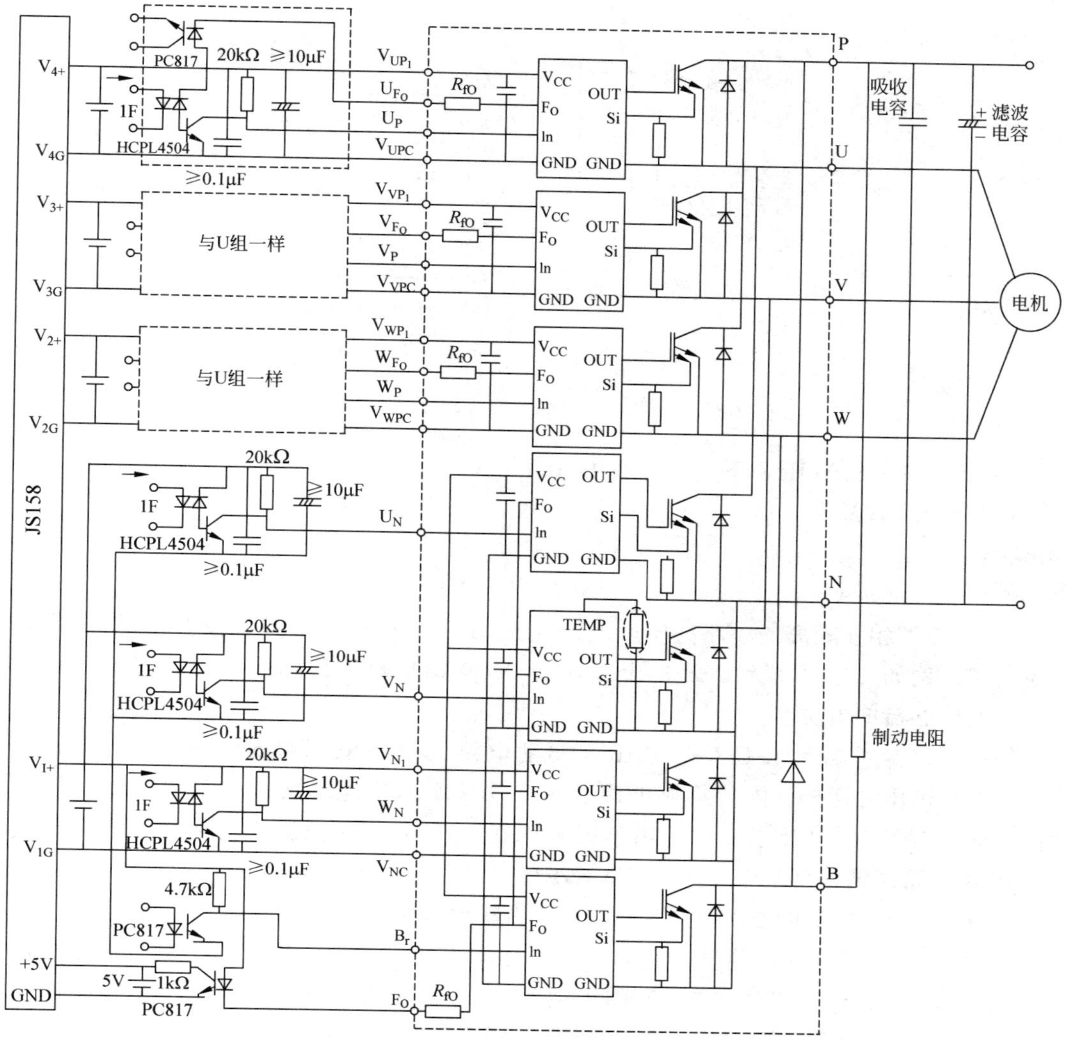

图 2-26　IPM 与外部驱动和控制接口电路

下面分外围驱动电路和保护电路进行详细讨论。

2.7.2　IPM 的外围驱动电路设计

首先，选用专用芯片 JS158 构建 IPM 驱动电源的方案，电路简单、紧凑，且抗干扰能力强，如图 2-27 所示。

图中，C_1 为 33μF/50V 电解电容，$C_2 \sim C_4$ 均为 10μF/50V 电解电容，$C_5 \sim C_8$ 为 100nF 聚丙烯电容。每一对电容（C_1 和 C_5、C_2 和 C_8、C_3 和 C_7、C_4 和 C_6）的作用是进行高频滤波，消除脉冲干扰，保证供电质量。

JS158 芯片的输入为 170～700V 直流电压，可由～220V 电源经 GBJ25M 整流桥整流和 400V/330μF 电解电容 C_0 滤波后供给；JS158 的输出功率为 60W，输出电压与电流的规格如下：

15V×3：150mA（IPM 上三桥臂每路用）；

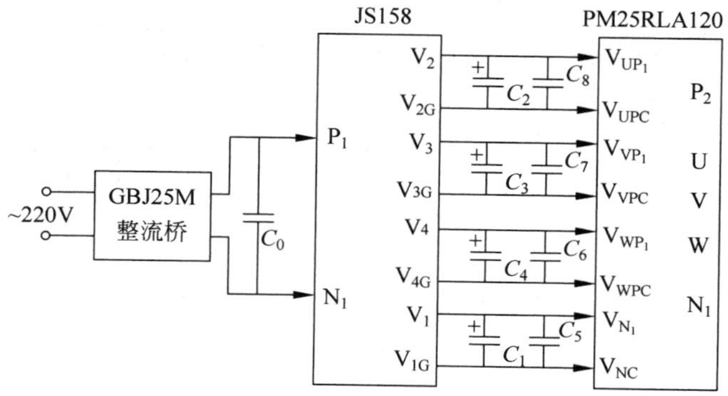

图 2-27　专用芯片 JS158 构建的驱动电源方案

15V×1：300mA(IPM 下三桥臂共用)；

5V：300mA(最大 1A)；

24V：2A；

±15V：200mA。

其中，除了相互隔离的 4 路高质量 15V 电压用于 IPM 驱动电路电源以外，其余的可供其他应用。例如，5V 可作为 DSP 的电源，±15V 和 24V 可作为伺服系统的霍尔电流传感器与角度传感器的电源。

除了采用专用芯片 JS158 构建 IPM 驱动电路的隔离电源方案以外，还可以采用集 MOS-FET 和开关管于一体的集成电源芯片 TOP247Y，构建多路输出单端反激式开关电源。例如，文献[24]设计了一款应用于伺服控制系统、具有 7 路输出的单端反激式开关电源。其中，4 路高精度低纹波 15V 为 PM50RLA120 逆变功率模块供电，2 路高精度 15V 为 LA25-NP 电流传感器供电，1 路线性稳压 5V 为驱动电路供电。

其次，为了获得伺服回路高带宽的电流环，由 DSP 控制器发出的 SVPWM 信号具有频率高、电压低的特点，须经过高速、高瞬间共模抑制比的光耦合器连接到 IPM 的输入端。输入信号共计 6 路，电路结构相同。高速光耦用于电气隔离 IPM 与 DSP 控制器，既可以增加系统的抗干扰能力，又不会将主电路的电压引入控制部分。因此，选用一款专为 IPM 驱动设计的高速光电隔离接口芯片 HCPL-4504，如图 2-28 所示。对于故障信号 FO 和制动信号 B_r 而言，其工作频率一般低于 5kHz，为了经济起见，可采用 TLP521 或 PC817 等普通光耦。

HCPL-4504 光耦合器是一种单通道高速光耦，其内部由一个波长为 850nm 的 AlGaAs LED 和一个集成检测器组成。检测器包括光敏二极管、高增益线性运放，以及一个肖特基钳位的集电极开路的三极管。HCPL-4504 具有温度、电流和电压补偿功能，高输入/输出隔离，高、低电平传输延迟时间短，典型值为 45ns，接近 TTL 电路传输延迟时间水平，具有 10Mb/s 的高速性能，传输速度完全能满足隔离要求。它的共模瞬间抑抗扰度达到 15kV/μs，内部集成高灵敏度光传感器，具有极短的寄生延时，可以准确、快速地反映信号变化和确保 IPM 安全工作。一对 HCPL-4504 光耦用于控制同一桥臂上、下开关通断的驱动电路，如图 2-28 所示。

图中，在 DSP 侧输入光耦的电流为 16mA；IPM 侧的 7 脚与 8 脚相连，5 脚与 8 脚之间连接高频特性良好的去耦用瓷介质或钽电容(0.1μF)，且应尽量放置在引脚 5 和 8 的附近(不要超过 1cm)；去噪电容 C_L 通常取值 10～100pF，上拉电阻 R_L 通常取值 10～20kΩ。

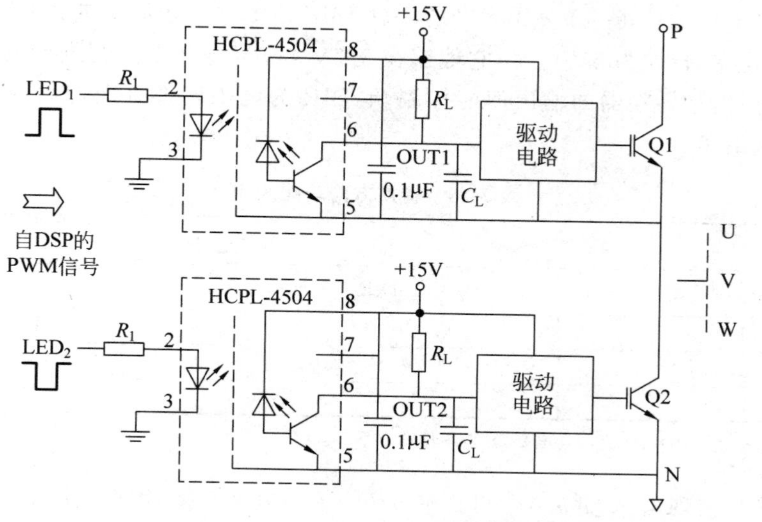

图 2-28　HCPL-4504 光耦连接电路

当输入 PWM 信号为高电平时，发光二极管导通，发出的光照射在加反向电压的光敏二极管上，引起三极管导通输出低电平，从而驱动 IGBT 开关导通；反之，输入 PWM 信号为低电平，光敏二极管无光照，引起三极管不导通输出高电平，使 IGBT 开关关闭。

最后，考虑到 HCPL-4504 需要的驱动电流为 16mA，而 DSP 为 3.3V TTL 电平标准，其输出的电流只有 nA 数量级，因此，由 DSP 输出的 PWM 信号不能直接驱动 IPM，而是需要增设电平转换驱动电路。利用 SN74ALVC164245 芯片进行电平转换，其原理如图 2-29 所示。

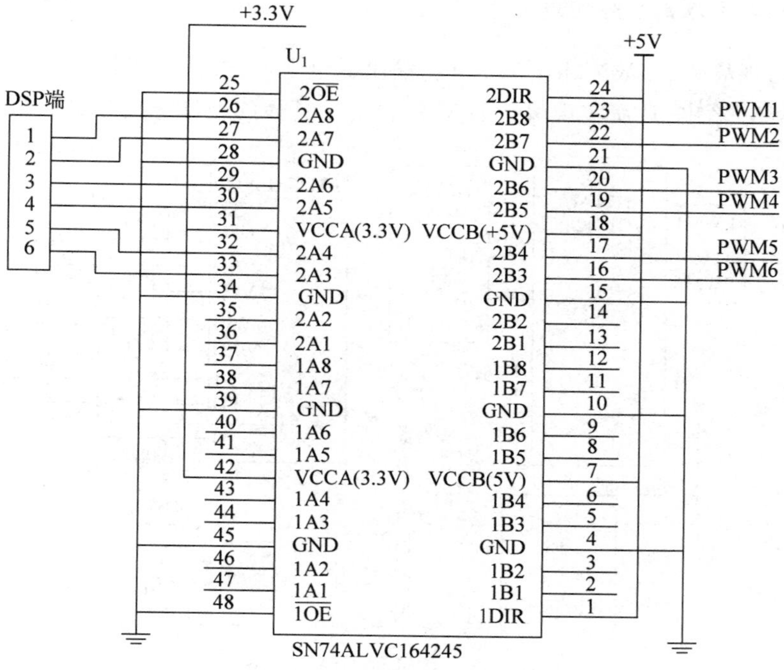

图 2-29　电平转换原理

SN74ALVC164245 是 TI 公司生产的一款 16b(2×8b)双电源双向电平转换收发器，其 A 端为 3.3V 电平，B 端为 5V 电平，它能够在 3.3V 与 5V 电压节点间进行灵活的双向电平转换。$\overline{OE}$ 为该电平转换器的输出使能控制端，DIR 为电平转换方向控制端。二者的具体功能操作见表 2-16。

表 2-16　转换方向功能操作

输　入		操　作
$\overline{OE}$	DIR	
L	L	B→A
L	H	A→B
H	X	隔离

注：表中 L 表示低电平，H 表示高电平，X 表示任意电平。

本系统只需实现由 A 端 3.3V 到 B 端 5V 的单向电平转换，因此，使用时，$\overline{OE}$ 管脚接低电平(地)，DIR 管脚接高电平(电源电压)，如图中接线所示。倘若禁止该芯片转换，则需要将 $\overline{OE}$ 管脚转接高电平，使其数据线保持高阻状态。还需注意的是，凡是芯片上不用的输入管脚应固定接高电平或地，以保证芯片正常工作。本系统将不用的输入管脚全部接地。

2.7.3　IPM 的保护电路设计

因为 IPM 自身提供的 FO 信号不能保持，为避免 IPM 保护动作反复发生，还需要外围辅助电路的保护。外围辅助电路将内部提供的 FO 信号转换为封锁 IPM 的控制信号，以关断 IPM 输入信号，实现保护。外部保护有硬件方式和软件方式两种方式。

1. IPM 保护电路的硬件实现

当 IPM 出现故障时，故障输出端 FO 将输出低电平，通过低速光耦隔离，送给保护硬件电路，关断 PWM 输出，从而实现保护 IPM 的目的。具体的硬件连接方式如图 2-30 所示。

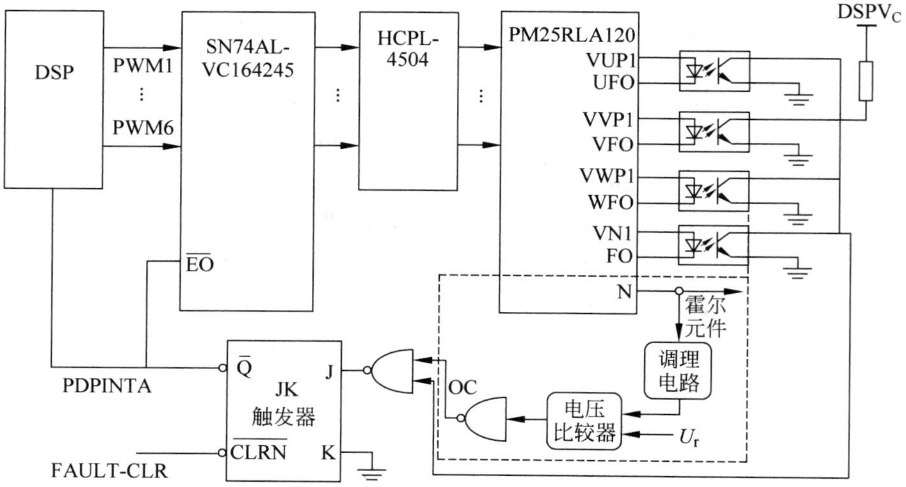

图 2-30　IPM 硬件保护电路

首先，由 DSP 发出的 PWM 信号经过电平转换收发器 SN74ALVC164245 后，送至高速光耦 HCPL4504。然后，接入 IPM 内部的驱动电路，控制 IGBT 开关工作。其次，IPM 的 4 路故障信号 FO(包括三个桥臂的上开关管的 3 个故障输出和 3 个下开关管 1 个合成故障输出)经低速光耦隔离后，通过与非门送至 JK 触发器，将故障信号锁存。锁存器的负端输出信号接入电平转换收发器 SN74ALVC164245 的使能端 $\overline{EO}$。

当 IPM 出现故障时，JK 触发器的 J 端为低电平，其负输出端为高电平，致使收发器的输出置为高阻态，封锁 IPM 的控制信号，关断 IPM，实现保护。待故障解除后，控制器发送故障清除信号 FAULT_CLR 至 JK 触发器，重新使能 SN74ALVC164245，使 IPM 恢复正常工作。

上述保护电路是基于 PM25RLA120 设计的，其发生短路保护的动作电流值为 50A。在实际应用中，IPM 工作时可能达不到 50A 就需要封锁 IPM 的控制输入信号，于是增加了过流保护功能，如图 2-30 中的虚线框内所示。在 IPM 的母线负端串接一霍尔传感器，用于检测母线电流。当母线电流超过实际应用的动作值时，电压比较器输出高电平，再经过串接的反相器，输出端 OC 为低电平；OC 端的低电平与 IPM 的 4 个故障信号 FO 进行与非运算后，一起送给 JK 触发器的输入端，从而同时实现过电流保护。

2. IPM 保护电路的软件实现

当 IPM 出现故障时，IPM 的故障输出信号 FO 为低电平，IPM 的 4 个故障输出信号通过光耦送给与非门，再传输到控制器进行处理，处理器确认后，利用中断或软件关断 IPM 的 PWM 控制信号，从而实现 IPM 的保护。

以上两种实现故障保护方案均利用 IPM 故障输出信号封锁 IPM 的控制信号通道。软件保护无须增加硬件，简便易行，但可能受到软件设计和计算机故障的影响；硬件保护则反应迅速，工作可靠。而应用将软件与硬件相结合的方法，能够更好地弥补 IPM 自身保护的不足，从而进一步提高系统工作的可靠性。

2.7.4　制动用 IGBT 及续流二极管

在制动单元中使用的 IGBT 及续流二极管是内置的，外接耗能电阻 R 后，即可构成制动回路，消耗电机减速时的回馈能量，抑制直流侧 P-N 电压的升高。由图 2-26 左下角易见，制动控制信号输入端 B_r 外接了 4.7kΩ 上拉电阻到驱动电源，因此，为了实现绝缘目的还外接了低速隔离光耦。因为 B_r 端的结构与控制信号输入端相同，也是敏感噪声的，应采用与 PWM 控制信号类似的措施。

采用制动电路的目的是，当紧急刹车或者速度突然减小时，永磁同步电机会工作在发电状态，负载通过电机将能量经由逆变电路回馈到直流母线，引起直流母线电压急剧升高。如果没有限制措施，则滤波电容两端的电压会过高而被击穿，造成严重后果。因此在功率电路模块中设计了泄压保护电路——在直流母线上并联一个大功率泄压电阻(制动电阻)，当永磁同步电机运行在发电状态时，随着直流母线电压的上升，到达一定的保护阈值后，控制器发出保护信号，通过光耦使制动开关管导通，并联在直流母线上的泄压电阻开始消耗电能，使电压快速降低，以起到保护滤波电容的作用。通常，泄压电阻含有电感成分，在制动电阻上反并联一个二极管组成泄放回路，使制动开关管在关断时不被电感的续流电流损坏。

考虑到制动回路是释放电机降速时产生再生电流用的，制动回路的额定电流约为IGBT芯片用于U、V、W的50%，因此，制动回路不可长时间工作于大电流状态。

若具有内置制动单元的IPM不使用制动，那么，B_r输入端应接20kΩ的上拉电阻连到V_{CC}端；否则，dv/dt可能引起误动作。对于六合一封装（无制动单元）的IPM，应将B端接到N或P电位上，避免在悬空状态下使用。

参考文献

[1] HOLTZ J. Pulsewidth modulation for electronic power conversion[J]. Proceedings of the IEEE，1994，82(8)：1194-1214.

[2] HANNAN S，ASLAM S，GHAYUR M，Design and real-time implementation of spwm based inverter [C]. International conference on engineering and emerging technologies. Lahore，Pakistan：IEEE，2018.

[3] 姜艳姝，徐殿国，陈希有，等. 一种新颖的用于消除PWM逆变器输出共模电压的有源滤波器[J]. 中国电机工程学报，2002，22(10)：125-129.

[4] 李飞，张兴，朱虹，等. 一种LCLLC滤波器及其参数设计[J]. 中国电机工程学报，2015，35(8)：2009-2017.

[5] SHANTHI R，KALYANI S，THANGASANKARAN R. Performance analysis of speed control of pmsm drive with sinusoidal pwm and space vector pwm fed voltage source inverters[C]. IEEE 2017 International Conference on Innovations in Green Energy and Healthcare Technologies. Coimbatore，India：IEEE，2017.

[6] ELBEJI O，BOUSSADA Z，BEN HAMED M. Inverter control：comparative study between SVM and PWM[C]. IEEE 2017 International Conference on Green Energy Conversion Systems (GECS). Hammamet，Tunisia：IEEE，2017.

[7] KUMAR A，CHATTERJEE D. A survey on space vector pulse width modulation technique for a two-level inverter[C]. 2017 National Power Electronics Conference(NPEC). India：College of Engineering Pune，2017.

[8] 熊健，张凯，康勇，等. 空间矢量脉宽调制的调制波分析[J]. 电气自动化，2002，3：7-11，17.

[9] 孔维涛，张庆范，张承慧. 基于DSP的空间矢量脉宽调制(SVPWM)的实现[J]. 山东大学学报(工学版)，2008，38(3)：81-85.

[10] KASCAK S，DOBRUCKY B，PRAZENICA M，et al. Two-phase VSI inverter using space vector modulation for field oriented DSM drive[C]. International symposium on power electronics，electrical drives，automation and motion. Sorrento，Italy：IEEE，2012，304-308.

[11] MAEDEH M，EBRAHIM B，MOHAMMAD B B S. Space vector PWM method for two-phase three-leg inverters[C]. 7th Power Electronics，Drive Systems & Technologies Conference(PEDSTC 2016). Iran，Tehran：Iran University of Science and Technology，Feb. 2016：553-558.

[12] CORRÊA M B de R，JACOBINA C B，LIMA A M N，et al. A three-leg voltage source inverter for two-phase AC motor drive systems [J]. IEEE Transactions on Power Electronics，2002，17(4)：517-523.

[13] BHARAT K，SRINIVAS S. Space vector based PWM of dual full-bridge VSI fed two-phase induction motor drive[C]. Proceedings of IEEE symposium in industry electronics. Istanbul，Turkey：IEEE，2014：667-672.

[14] 崔鹏，王楠，刘少克，等. 基于TMS320F240型DSP空间矢量PWM调制(SVPWM)的编程实现[J]. 电子元器件应用，2005，11：57-59.

[15] 王宏民，赵振民，李娜. SVPWM算法在TMS320F2812上的实现[J]. 煤矿机械，2008，29(10)：42-44.

[16] 任先文,王坤,张俊丰,等.基于 TMS320F28335 的 SVPWM 实现方法[J].电力电子技术,2010,44(7):76-78.

[17] 杨立永,田安民,陈智刚.基于 TMS320F28335 的 SVPWM 实现方法[J].变频器世界,2010(2):53-56.

[18] 张文义,魏远志,李晓龙,等,DSP 在空间矢量脉宽调制技术中的应用[C]. Proceedings of the 37th Chinese Control Conference. Wuhan,China,July 25-27,2018:4992-4996.

[19] Mitsubishi IPM L1/S1-Series Application Note[R]. Mitsubishi Electronics,2008.

[20] 冯宇翔.主流智能功率模块分析[J].家电科技,2014(3):88-90.

[21] 邱兴阳. IPM 智能功率模块的外围电路设计[J].齐齐哈尔大学学报,2014,30(4):5-8.

[22] 严海龙. PM25RLA120 外围接口线路设计[J].电气开关,2016(5):30-33.

[23] 李爱英,程颖.基于三菱 IPM 模块的外围接口电路的设计[J].创意与实践,2008(1):57-60.

[24] 洪俊杰,罗志伟,严柏平,等.一种多路开关电源在 PMSM 伺服系统中的设计与应用[J].电测与仪表,2017,54(19):107-112.

[25] 高速高共模比的 IPM 接口专用光耦 HCPL-4504,安捷伦(Agilent Technologies)IPM 专用光耦数据手册[R].上海嘉尚电子科技有限公司.

[26] 符晓,朱洪顺. TMS320F28335DSP 原理、开发及应用[M].北京:清华大学出版社,2017.

[27] 徐张旗,陶家园,王克逸,等.基于卡尔曼滤波的新型变"M/T"编码器测速方法[J].新技术新工艺,2018(9):28-31.

[28] ESA M,MURALIDHAR J E. Common mode voltage reduction in diode clamped MLI using phase disposition SPWM technique[C]. 4th International Conference on Electrical Energy Systems (ICEES). Chennai,India:IEEE,2018.

[29] SRINATH V,AGARWAL M,CHATURVEDI D K. Simulation and design of modified SPWM and single-phase five-lever inverter[C]. 15th(IEEE) International Conference on Industrial and Information Systems(ICIIS). Rupnagar,India:IEEE,2019.

[30] LEI J L,SA J M. Design and implementation of a single-phase bipolar SPWM inverter power supply based on STM32[C]. 3rd International Conference on Advanced Electronic Materials,Computers and Software Engineering(AEMCSE) 2020. Shenzhen,China:IEEE,2020.

[31] CHEE S J,KO S,KIM H S,et al. Common-mode voltage reduction of three-level four-leg PWM converter[J]. IEEE transactions on industry applications,2015,51(5):4006-4016.

[32] LI H,WANG J X,YANG I C. Common-mode voltage reduction of modular multilevel converter based on six-segment carrier level shifted sinusoidal pulse width modulation:IEEEE 9th International Power Electronics and Motion Control Conference(IPEMCE Asia) 2020[C]. Nanjing,China:IEEE,2020.

[33] JADHAV A V,KAPOOR P V. RENGE M M. Reduction of common mode voltage in motor drive application using multilevel inverter[C]. International Conference on Energy,Communication,Data Analytics and Soft Computing(ICECDS) 2017. Chennai,India:IEEE,2017.

[34] SIMBA. TMS320F28335 生成 SPWM[DB/OL].(2017-11-29)[2024-5-22]. https://blog.csdn.net/Wx_Simba/article/details/78670048.

附录

1. 三桥臂三相 SVPWM 波形计算程序

```
%三桥臂三相 SVPWM 波形计算
clc,
```

```
clear,
close all
figure;
xlabel('角度/°');
ylabel('电压/V ');
u_d = 1;                                    % 输入电压

for theta = 0:1:360                         % 每一度计算一次
u_alpha = cos(theta/180 * pi) * u_d/sqrt(3);
u_beta = sin(theta/180 * pi) * u_d/sqrt(3);

u_a = u_beta;
u_b = u_alpha - sqrt(3) * u_beta/3;
u_c = - u_alpha - sqrt(3) * u_beta/3;

     if u_a > 0
            a = 1;
     else
            a = 0;
end

     if u_b > 0
            b = 1;
     else
            b = 0;
end

     if u_c > 0
            c = 1;
     else
            c = 0;
end

     N = a + 2 * b + 4 * c;
     if N == 1
shanqu = 2;
     elseif N == 2
shanqu = 6;
     elseif N == 3
shanqu = 1;
     elseif N == 4
shanqu = 4;
     elseif N == 5
shanqu = 3;
     elseif N == 6
shanqu = 5;
end

T = 1;
     x = sqrt(3) * u_beta * T/u_d;
     y = (1.5 * u_alpha + sqrt(3)/2 * u_beta) * T/u_d;
     z = - (1.5 * u_alpha - sqrt(3)/2 * u_beta) * T/u_d;

     t1 = 0;
```

```
    t2 = 0;
    if N == 1
        t1 = z;
        t2 = y;
    elseif N == 2
        t1 = y;
        t2 = -x;
    elseif N == 3
        t1 = -z;
        t2 = x;
    elseif N == 4
        t1 = -x;
        t2 = z;
    elseif N == 5
        t1 = x;
        t2 = -y;
    elseif N == 6
        t1 = -y;
        t2 = -z;
    end

    ta = (T-t1-t2)/2;
    tb = ta + t1;
tc = tb + t2;

    if N == 1
        tcm1 = tb;
        tcm2 = ta;
        tcm3 = tc;
    elseif N == 2
        tcm1 = ta;
        tcm2 = tc;
        tcm3 = tb;
    elseif N == 3
        tcm1 = ta;
        tcm2 = tb;
        tcm3 = tc;
    elseif N == 4
        tcm1 = tc;
        tcm2 = tb;
        tcm3 = ta;
    elseif N == 5
        tcm1 = tc;
        tcm2 = ta;
        tcm3 = tb;
    elseif N == 6
        tcm1 = tb;
        tcm2 = tc;
        tcm3 = ta;
    end

    hold on;
    scatter(theta,tcm1,1,'r');
    scatter(theta,tcm2,1,'b');
```

```
    scatter(theta,tcm3,1,'g');
    title('三桥臂三相 SVPWM 波形');
    grid
xlim([0,360])
end
```

2. 三桥臂两相 SVPWM 波形计算程序

```
%三桥臂两相 SVPWM 波形计算
clc,
clear,
close all
figure;
xlabel('角度/°');
ylabel('电压/V ');
u_d = 2;                        %输入电压
for theta = 0:1:360             %每一度计算一次
u_alpha = cos(theta/180 * pi) * u_d/sqrt(2);
u_beta = sin(theta/180 * pi) * u_d/sqrt(2);

if u_alpha > 0 &&u_beta > = 0 &&u_alpha > u_beta
    N = 1;
elseif u_alpha > 0 &&u_beta > = 0 &&u_alpha < u_beta
    N = 2;
elseif u_alpha < 0 &&u_beta > = 0
    N = 3;
elseif u_alpha < 0 &&u_beta < = 0 &&u_alpha < u_beta
    N = 4;
elseif u_alpha < 0 &&u_beta < = 0 &&u_alpha > u_beta
    N = 5;
elseif u_alpha > = 0 &&u_beta < 0
    N = 6;
end

T = 1;
     x = u_alpha * T/u_d;
     y = u_beta * T/u_d;
     z = (u_alpha - u_beta) * T/u_d;

     t1 = 0;
     t2 = 0;

     if N == 1
          t1 = z;
          t2 = y;
     elseif N == 2
          t1 = - z;
          t2 = x;
     elseif N == 3
          t1 = y;
          t2 = - x;
     elseif N == 4
          t1 = - y;
          t2 = - z;
```

```
        elseif N == 5
            t1 = - x;
            t2 = z;
        elseif N == 6
            t1 = x;
            t2 = - y;
        end

    ta = (T - t1 - t2)/2;
    tb = ta + t1;
    tc = tb + t2;
    if N == 1
        tcm1 = ta;
        tcm2 = tb;
        tcm3 = tc;
    elseif N == 2
        tcm1 = tb;
        tcm2 = ta;
        tcm3 = tc;
    elseif N == 3
        tcm1 = tc;
        tcm2 = ta;
        tcm3 = tb;
    elseif N == 4
        tcm1 = tc;
        tcm2 = tb;
        tcm3 = ta;
    elseif N == 5
        tcm1 = tb;
        tcm2 = tc;
        tcm3 = ta;
    elseif N == 6
        tcm1 = ta;
        tcm2 = tc;
        tcm3 = tb;
    end
    a = tcm3 - tcm1;
    b = tcm3 - tcm2;

    hold on;
        %第一次运行,绘制三相曲线图
        %scatter(theta,tcm1,1,'r');
        %scatter(theta,tcm2,1,'b');
        %scatter(theta,tcm3,1,'g');
        %title('三臂两相 SVPWM 三相输入波形');

        %第二次运行,绘制两相正余弦曲线图
        scatter(theta,a,1,'r');
        scatter(theta,b,1,'b');
        title('三桥臂两相 SVPWM 两相输出波形');

        grid
    xlim([0,360])
    end
```

3. 双 H 桥两相 SVPWM 波形计算程序

```
% 双 H 桥两相 SVPWM 波形计算
clc,
clear,
close all
figure;
xlabel('角度/°');
ylabel('电压/V');
% axis([0 400 -10 20]);
t_s = 1;
u_d = 1/2;
u_s = u_d/2;

for theta = 0:1:360
u_alpha = u_s * cos(theta/180 * pi);
u_beta = u_s * sin(theta/180 * pi);

   w = 2 * u_alpha * t_s/u_d;
   x = 2 * u_beta * t_s/u_d;
   y = 2 * (u_alpha - u_beta) * t_s/u_d;
   z = 2 * (u_alpha + u_beta) * t_s/u_d;

   if 0 <= theta && theta < 45
        t_1 = y;
        t_2 = x;
   elseif 45 <= theta && theta < 90
        t_1 = -y;
        t_2 = w;
   elseif 90 <= theta && theta < 135
        t_1 = z;
        t_2 = -w;
   elseif 135 <= theta && theta < 180
        t_1 = -z;
        t_2 = x;
   elseif 180 <= theta && theta < 225
        t_1 = -y;
        t_2 = -x;
   elseif 225 <= theta && theta < 270
        t_1 = y;
        t_2 = -w;
   elseif 270 <= theta && theta < 315
        t_1 = -z;
        t_2 = w;
   elseif 315 <= theta && theta < 360
        t_1 = z;
        t_2 = -x;
   end

t_a = (t_s - t_1 - t_2)/2;
t_b = t_a + t_1/2;
t_c = t_b + t_2;
t_d = t_c + t_1/2;

if 0 <= theta && theta < 45
```

```
            t_cm1 = t_a;
            t_cm2 = t_d;
            t_cm3 = t_b;
            t_cm4 = t_c;
        elseif 45 <= theta && theta < 90
            t_cm1 = t_b;
            t_cm2 = t_c;
            t_cm3 = t_a;
            t_cm4 = t_d;
        elseif 90 <= theta && theta < 135
            t_cm1 = t_c;
            t_cm2 = t_b;
            t_cm3 = t_a;
            t_cm4 = t_d;
        elseif 135 <= theta && theta < 180
            t_cm1 = t_d;
            t_cm2 = t_a;
            t_cm3 = t_b;
            t_cm4 = t_c;
        elseif 180 <= theta && theta < 225
            t_cm1 = t_d;
            t_cm2 = t_a;
            t_cm3 = t_c;
            t_cm4 = t_b;
        elseif 225 <= theta && theta < 270
            t_cm1 = t_c;
            t_cm2 = t_b;
            t_cm3 = t_d;
            t_cm4 = t_a;
        elseif 270 <= theta && theta < 315
            t_cm1 = t_b;
            t_cm2 = t_c;
            t_cm3 = t_d;
            t_cm4 = t_a;
        elseif 315 <= theta && theta < 360
            t_cm1 = t_a;
            t_cm2 = t_d;
            t_cm3 = t_c;
            t_cm4 = t_b;
    end

hold on;
    % 第一次运行,绘制四相曲线图
    scatter(theta,t_cm1,1,'r');
    scatter(theta,t_cm2,1,'b');
    scatter(theta,t_cm3,1,'g');
    scatter(theta,t_cm4,1,'k');
    title('双 H 桥两相 SVPWM 四相输入波形');

    % 第二次运行,绘制两相正余弦曲线图
    % scatter(theta,t_cm2 - t_cm1,1,'r');
    % scatter(theta,t_cm4 - t_cm3,1,'b');
    % title('双 H 桥两相 SVPWM 两相输出波形');

    grid
    xlim([0,360])
    end
```

第 3 章 电流环设计

电流环是电机运动控制的最内环，它决定了电流的跟踪性能，直接影响电机的输出力矩，对伺服系统的控制性能起着非常重要的作用。电流环设计的最主要目的，就是实现电流输出精密跟踪输入参考电流的变化。下面分无刷直流电机和永磁同步电机两种情况进行讨论。

3.1 无刷直流电机电流环硬件配置

无刷直流电机电流环的硬件主要包括以 DSP 为核心的控制器模块、电机功率驱动模块、霍尔位置传感器信号检测电路，以及母线电流与电压测量电路。无刷直流电机电流环结构如图 3-1 所示。220V 交流电源经过整流、滤波及稳压后，得到的 24V 直流稳压电源作为全系统的主电源，提供给全桥逆变电路 MOSFET，并经分压后作为驱动芯片和 DSP 的电源。安装在电机内的霍尔位置传感器信号经过捕捉 CAP 单元而发出的控制字用于改变 PWM 的占空比，控制全桥逆变器开关器件的通断，从而实现对电机力矩和转向的控制。采用串联电阻方法检测流过电机定子绕组的电流，通过 AD 采样电路将电流信号反馈给 DSP，以形成电流反馈控制回路。

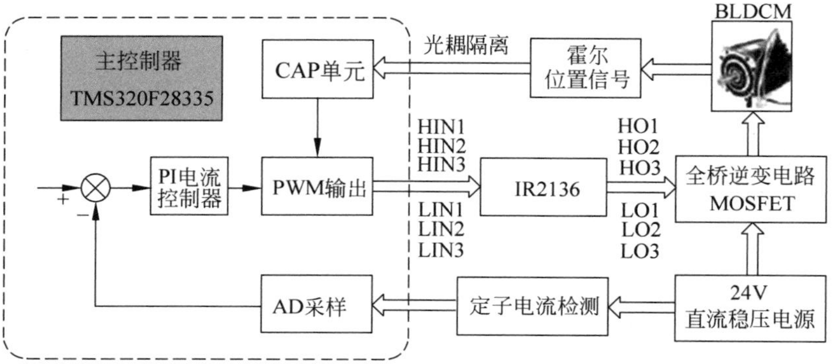

图 3-1　无刷直流电机电流环结构

3.1.1　主控制器模块

主控制器采用的 TMS320F28335 是浮点型数字信号处理器，负责数据的采集与处理，以及控制指令的接收与发送。TMS320F28335 在电机控制应用方面有相当丰富的资料可供参考。例如，相互独立的增强型 PWM（ePWM）、eCAP 和 eQEP，独立的 DMA（direct memory access），增加了一个多地址码（multiple address code，MAC）单元，扩展了通用输入/输出接口（general purpose input/output，GPIO）以及芯片上存储容量（one time programmable，OTP）固化了 ADC 校正程序，提高了转换精度。这些独立模块运用灵活、处理速度快、运算精度高。2.6 节已经对利用其中的 ePWM 模块产生 SVPWM 做了介绍。

TMS320F28335 数字信号处理器的内部资源和特点如下：

(1) 芯片内含有 256K×16b 片载闪存（Flash），34K×16b 随机存储器（random access memory，RAM）、1K×16b 一次性可编程只读存储器（read only memory，ROM）。

(2) 采用静态互补金属氧化物半导体（complementary metal oxide semiconductor，CMOS）技术，主频高达 150MHz，采用的 32b 单精度浮点处理单元，单个指令周期为 6.67ns。

(3) 总线采用 Harvard 结构，可以快速响应与处理中断，增强了控制系统对电机的实时调速控制的性能。

(4) 12 位模/数转换器（ADC），多达 16 个转换通道，2 个采样保持器，80ns 的转换时间。

(5) 增强型的控制外设，多达 18 个 PWM 输出，6 个事件捕捉输入 CAP 口，两个正交编码接口，8 个 32 位定时器。

(6) 拥有多达 88 个 GPIO 接口，具有独自编程与多路复用的功能。

(7) 串行端口外设资源比较多，具有 2 个控制器局域网（controller area network，CAN）模块，2 个多通道缓存串口（multi-channel buffered serial port，McBSP）模块，1 个串行外设接口（serial peripheral interface，SPI）模块，3 个串行通信接口（serial communication interface，SCI）模块，1 个内部集成电路总线。

TMS320F28335 芯片的功能图如图 3-2 所示。

下面介绍 TMS320F28335 芯片中的几个模块：ePWM、eCAP、eQEP、ADC 及 SCI。

1. 增强型 PWM 模块（ePWM）

TMS320F28335 DSP 具有 6 个独立的 ePWM 外设模块。每个完整的 ePWM 输出 EPWMxA 和 EPWMxB 两路 PWM 信号。ePWM 模块的主要特征如下：

(1) 时间基准（TB）子模块。为输出 PWM 产生时钟基准 TBCLK，配置 PWM 的时钟基准计数器 TBCTR 的频率和周期，设置计数器的计数模式，配置硬件或软件同步时钟基准计数器，确定 ePWM 同步信号输出源。

(2) 比较功能（CC）子模块。指定 EPWMxA 和 EPWMxB 输出脉冲的占空比，以及 ePWM 输出高低电平切换时间。

(3) 动作限定（AQ）子模块。设定时间基准计数器和比较功能子模块寄存器匹配（事件）发生时的动作，即 ePWM 高低电平的切换。

(4) 死区产生（DB）子模块。配置输出 PWM 上升沿或下降沿延时时间，也可以将 A、B 两通道配置成互补模式。死区时间可以编程确定。

(5) 斩波控制（PC）子模块。产生斩波频率，设定脉冲序列中的脉冲宽度。

(6) 故障捕捉（TZ）子模块。设定当外部故障信号出现时，ePWM 的动作，比如全置高，或拉低，或置为高阻态，从而起到保护作用。

(7) 事件触发（ET）子模块。使能 ePWM 中断，使能 ePWM 触发 ADC 采样，确定事件

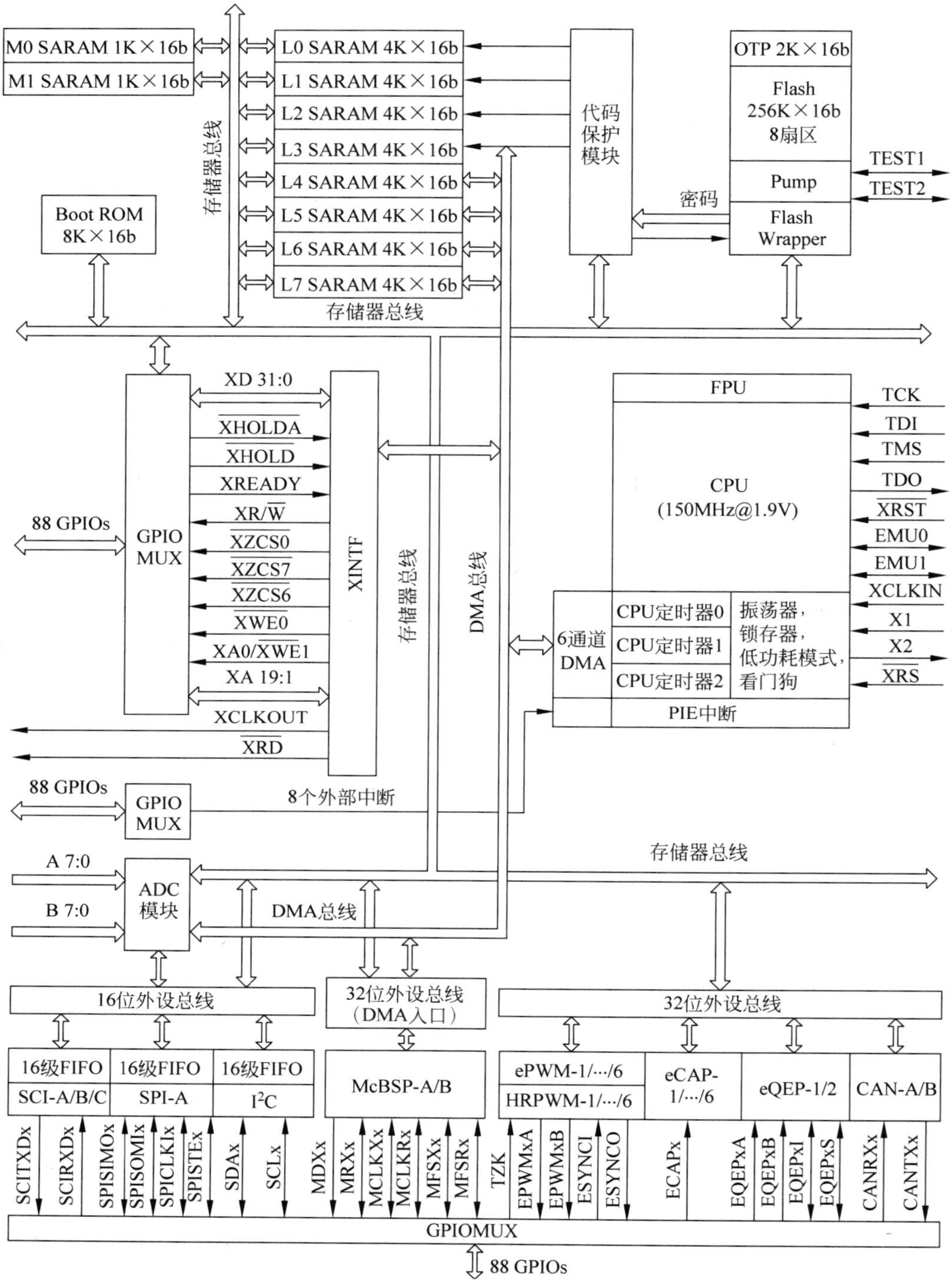

图 3-2 TMS320F28335 芯片功能图

产生触发的速度和清除相关事件标志位。

在实际使用 ePWM 时，正常地发出 PWM 波往往只需配置 TB、CC、AQ、DB、ET 五个模块。在无刷直流电机控制中，PWM 信号直接影响电机能否正常运转，其工作模式的设置是关键。ePWM模块初始化，将3组ePWM所在GPIO端口定义为PWM功能端口。采用升降计数模式，零初始相位计数，设置高速时钟分频系数、时基时钟分频系数、计数周期，使能映射比较寄存器，并在计数器值等于周期值时装载比较值。ePWM脉冲输出A组信号用于驱动上桥臂，B组与A组脉冲互补以驱动下桥臂。设置A组PWM输出电平，当在计数器处于递增计数阶段且等于比较寄存器的值时输出为低电平，在计数器计数处于递减计数阶段且等于比较寄存器值时输出为高电平。由于B组PWM电平输出设置与A组互补，因此其电平设置相反。死区子模块设置PWM信号上升和下降沿延时，以满足功率器件通断的电气性能。

2. 增强型脉冲捕获模块(eCAP)

TMS320F28335共有6个eCAP模块，每个eCAP模块代表一个独立的捕获通道，具有以下资源和功能：

(1) 专用的捕获输入引脚。

(2) 32位时钟计数器。

(3) 4个32位时间标识寄存器(eCAP1～eCAP4)。

(4) 4阶序列发生器可与外部ECAPx引脚上升沿/下降沿事件同步。

(5) 可为4个捕获事件设定独立的边沿极性。

(6) 输入信号预分频功能。

(7) 1～4次捕获事件后，单次比较寄存器可停止捕获功能。

(8) 连续捕获功能。

(9) 4次捕获事件都可触发中断。

3. 增强的QEP模块(eQEP)

TMS320F28335 DSP拥有2个32位的eQEP模块，可利用eQEP的直线或旋转增量编码器的接口检测、计算，从而得到高性能运动和位置控制系统的位置、方向以及速度信息。每个eQEP主要包含下列单元：正交解码单元(QDU)、位置计数器及控制单元(PCCU)、边沿捕获单元(QCAP)、定时器基准单元(UTIME)、看门狗电路(QWDOG)等。

eQEP模块的输入信号主要有下列4路：

1) EQEPxA/XCLK

2) EQEPxB/XDIR

以上两路信号的说明如下：

(1) 正交时钟模式。在正交时钟模式下，eQEP提供两路互差90°的脉冲信号EQEPxA和EQEPxB，利用二者之间的相位关系可判断旋转方向，脉冲频率可用来计算转速。

(2) 方向计数模式。在方向计数模式下，方向与脉冲信号分别由XDIR和XCLK单独提供。

3) EQEPxI

编码器提供索引脉冲信号EQEPxI，以表明绝对起始地址。这路信号在每个旋转周期内用来复位芯片内部eQEP模块的计数器。

4) EQEPxS

这路信号用来锁存eQEP模块内部计数器的值。通常这路信号由传感器或相位开关提供，用来提醒被控制电机已转到指定位置。

4. ADC 转换模块

TMS320F28335 内的 ADC 转换模块的核心是一个 12 位的模数转换器，可由两个独立的 8 通道转换单元级联成一个 16 通道的转换单元。ADC 模块主要有以下特点：

(1) 具有双采样保持器的 12 位转换内核。

(2) 可采用同步采样模式或顺序采样模式。

(3) 模拟电压输入范围 0～3V。

(4) 快速采样功能，转换时钟频率为 12.5MHz，采样速度 6.25MS/s(million of samples per second)。

(5) 16 通道，多路复用输入。

(6) 自动定序功能，在一个采样序列内，支持 16 次"自动转换"，每次转换都可以选择 16 个通道中的任何一个。

(7) 可配置成两个独立的 8 通道序列发生器，也可配置成一个 16 通道的序列发生器。

(8) 具有 16 个存放转换结果的寄存器，可分别独立寻址，模拟电压的转换值如下：

① 输入电压≤0V 时，转换结果为 0；

② 0V＜输入电压＜3V 时，转换结果＝4095×(输入电压－ADCLO(模拟电路地线的电压，由 TMS320F28335 的 43 号引脚提供))/3；

③ 输入电压≥3V 时，转换结果＝4095。

(9) 有多个触发源，可启动转换序列：

① S/W(soft-ware)：软件立即启动模式。

② ePWM-1～ePWM-6：采用 ePWM 模块启动转换过程。

③ GPIO XINT2：采用外部触发信号启动转换过程。

(10) 灵活的中断控制，允许中断请求出现在每个转换序列的结尾(EOS)。

(11) 序列发生器可工作在"启动/停止"模式，允许多个"时序触发器"进行同步转换。

(12) 在双序列发生器模式下，ePWM 模块可独立运行。

(13) 具有独立预扩展控制的采样时间窗口。

5. 串行通信模块(SCI)

TMS320F28335 共提供 3 个串行通信接口(SCI)通用异步收发器(universal asynchronous receiver/transmitter，UART)串行通信模块。SCI 模块的主要特征如下：

(1) 两个通信引脚。SCITXDx SCI 为发送引脚，SCIRXDx SCI 为接收引脚。

(2) 可通过 16 位的波特率控制寄存器设置多种波特率。

(3) 数据格式：一位起始位、长度可编程数据位、可选奇偶校验位、一位或两位停止位。

(4) 4 种误差检测：间断检测、奇偶性检测、超时检测及帧格式检测。

(5) 两种唤醒多处理器方式：空闲线唤醒模式和地址位唤醒模式。

(6) 全双工或半双工通信。

(7) 接收器与发送器双缓冲功能，有独立的 16 级深度的 FIFO 及独立的控制位。

(8) 不归零(NRZ)格式。

(9) 13 个 SCI 控制寄存器起始地址为 7050h。

3.1.2　电机功率驱动模块

电机功率驱动模块电路包含 IR2136 驱动电路和三相全桥逆变电路两部分。IR2136 是功率 MOSFET 专用栅极集成驱动电路，如图 3-3 所示。

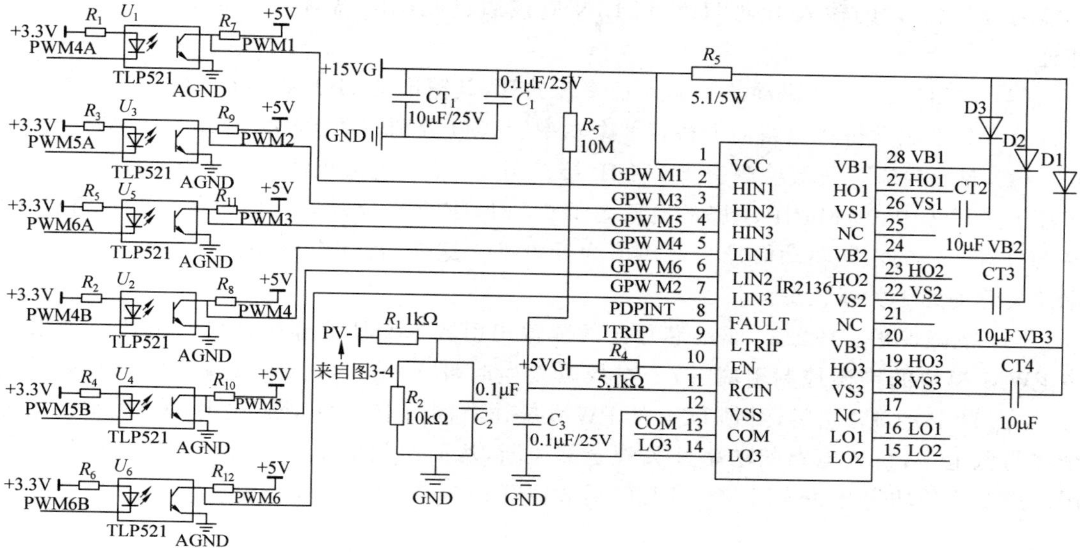

图 3-3　IR2136 驱动电路

IR2136 可同时控制 6 个功率管的导通和关断，且内置过电流比较器。图 3-3 中，快速恢复二极管 D1～D3 与自举电容 CT_2～CT_4 构成自举电路，起到升压的作用，可以驱动母线电压高达 600V 的功率开关器件。DSP 生成的 6 路 PWM 脉冲信号经光耦隔离电路作为 IR2136 的 6 路输入；其中，3 路 HIN1～HIN3 驱动上桥臂，3 路 LIN1～LIN3 驱动下桥臂。经过 IR2136 处理后，输出的 HO1～HO3 和 LO1～LO3 分别作为 MOSFET 上、下桥臂开关器件的通断控制信号。FAULT 为故障输出引脚，当电路中出现过流、过压、欠压、短路等故障时，该引脚会立即输出一个保护信号，控制器通过该信号触发保护中断程序，实现系统保护功能。

IR2136 的工作模式见表 3-1。

表 3-1　IR2136 的工作模式

VCC	VB、VS	ITRIP	ENABLE	FAULT	LO1～LO3	HO1～HO3
<UVCC	X	X	X	X	0	0
15V	<UVBS	0V	5V	High imp	LIN1～LIN3	0
15V	15V	0V	5V	High imp	LIN1～LIN3	LIN1～LIN3
15V	15V	>Vitrp	5V	0	0	0
15V	15V	0V	0V	High imp	0	0

驱动电路的设计思路如下：

(1) 电源引脚。IR2136 驱动芯片有 4 种电源引脚：VCC、VSS、VB 和 VS，如图 3-3 所示。如果需要对六路 PWM 波驱动输出，需要将 VCC 接 15V 直流电压，VSS 接逻辑地。通常将 VB 通过快恢复二极管和直流电源引脚 VCC 相连，VB 和 VS 之间接自举电容，用来在 VB 端形成悬浮电压。

(2) 输入。在无刷直流电机控制系统中，IR2136 驱动芯片的作用是增强 PWM 波的驱动能力，因此芯片的输入引脚 HIN 和 LIN 应该通过光耦隔离与 DSP 的六路 PWM 输出相连。

(3) 输出。IR2136 驱动芯片驱动功率开关管，其输出端 HO 和 LO 接功率开关管的栅极。HO 分别驱动桥式电路的上桥臂 3 个功率管，LO 分别驱动下桥臂的 3 个功率管。

(4) 过流控制。过流检测引脚 ITRIP 接在图 3-4 所示电流检测小电阻 RS 的输出端，在芯片工作过程中，当 ITRIP 引脚的电压高于 5V 时，IR2136 驱动芯片的内部保护电路启动，将 HO 和 LO 的六路驱动信号全部输出为低电平。这样，桥式电路中的 6 个 MOSFET 功率开关管均处于关断状态。

(5) 故障保护。IR2136 驱动芯片的故障输出引脚 FAULT 连接 TMS320F28335 芯片中 PWM 模块的错误控制引脚 TZ。在故障发生时，FAULT 引脚就会输出低电平制动信号，拉低 DSP 的 TZ 引脚，封锁 DSP 的 PWM 输出。同时 IR2136 驱动芯片的六路输出信号全部为低电平，桥式电路的功率开关管全部关断，从而起到对整个系统控制电路的保护作用。逆变器的功率开关选用 MOSFET(场效应管)。

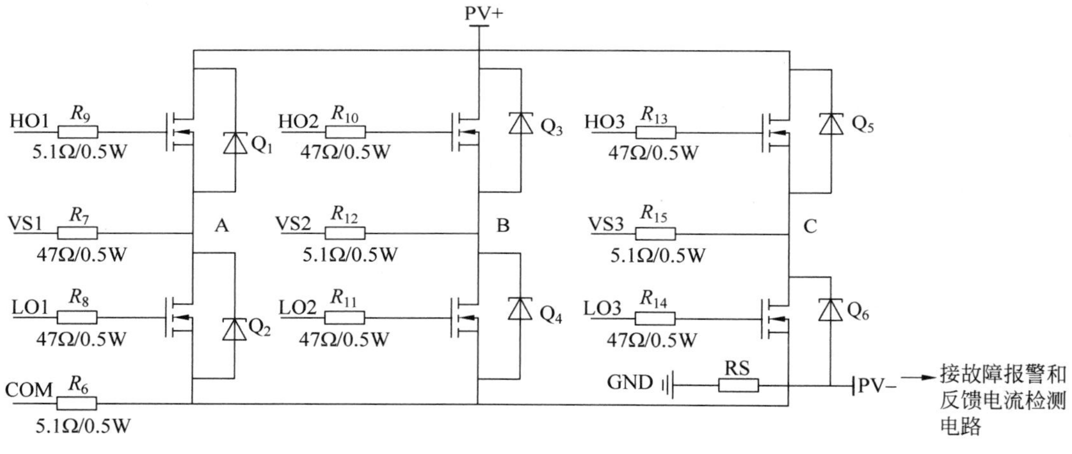

图 3-4　三相全桥逆变器电路

在电机运转过程中，3 个霍尔位置传感器都会发出 180°电角度的方波信号 HALL1～HALL3，且互差 120°电角度。在一个完整的电角度周期内，产生转子位置信号 101、100、110、010、011、001 等 6 种编码状态。三路霍尔位置传感器信号为高速脉冲信号，经过光电隔离后送入 DSP 的 CAP 捕捉单元，并发出相应的控制指令到 DSP 的 ePWM1～ePWM6，以改变所产生的 6 路 PWM 的占空比；然后，经过光电隔离处理后输出到 IR2136，最终驱动并改变逆变电路中 MOSFET 的导通顺序，实现对电机的换相控制。

3.1.3　霍尔位置传感器信号检测电路

在二相导通模式下，当电机正转时，其换相顺序为 $V_1V_6 \rightarrow V_1V_2 \rightarrow V_3V_2 \rightarrow V_3V_4 \rightarrow V_5V_4 \rightarrow V_5V_6$。图 1-9 表示了霍尔位置信号与转子位置及功率管导通顺序的关系。考虑到霍尔位置传感器的输出信号是伴有干扰的，因此，霍尔位置传感器信号需要经过阻容滤波和斯密特触发器 74HCT14 整形，然后经过光电隔离再送入 DSP 的 CAP 引脚，如图 3-5 所示。

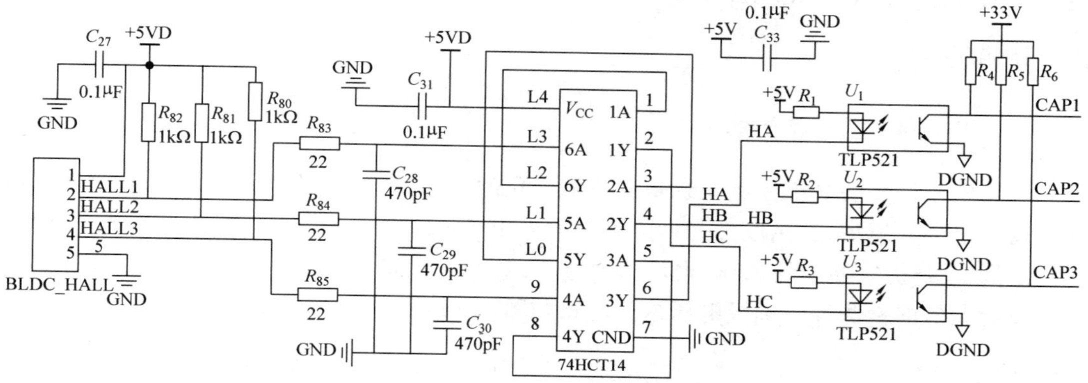

图 3-5　霍尔位置信号滤波、整形及光电隔离电路

图 3-5 中，3 路霍尔位置传感器信号经阻容滤波后，送入 74HCT14 整形，然后经过光电隔离电路，输出到 DSP 的捕捉引脚 CAP1、CAP2 及 CAP3，以确保判断转子位置的正确性。

3.1.4　母线电流检测电路

母线电流检测的主要作用是用于电机控制系统电流环的反馈与过流保护检测。母线电流检测通常有以下几种方法：电阻取样法、电流互感法、霍尔电流传感器法。对于小功率的电机，通常采用串联小电阻(见图 3-4 中的 RS)检测定子绕组电流。该方法的电流检测电路包括运算放大电路和电压跟踪与隔离电路两个组成部分，如图 3-6 所示。

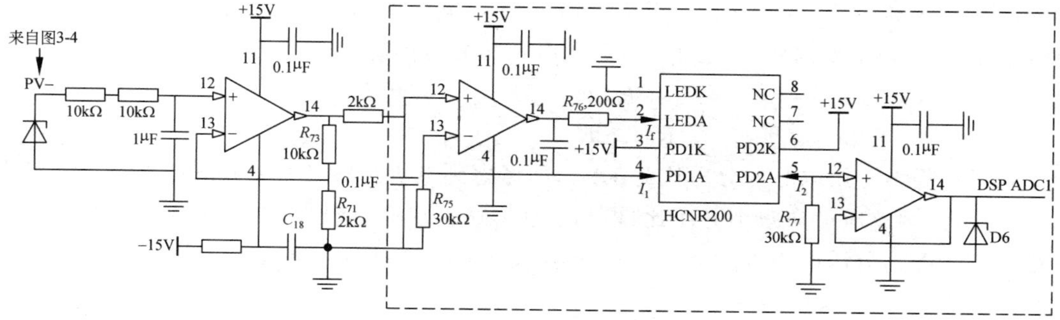

图 3-6　定子电流检测电路

图 3-6 中，运算放大器主要由 LM328 组成，虚线框内部分为电压跟踪和隔离电路，HCNR200 为线性光耦隔离放大器。来自图 3-4 的串联小电阻 RS 两端的 PV－电压值，经过有源滤波和放大，以及电压跟踪和隔离电路，然后送入 DSP 的模数转换器 ADC1 进行定

子电流采集。考虑到 DSP 的 ADC 模块转换电压范围为 0～3V，加给 ADC 的电压需要用稳压二极管 D6 限幅，限定模拟信号在 0～3V 的范围内，以保证检测的正确性。

由图 3-6 可以看出，定子电流检测电路的放大倍数为 $A_v=1+R_{73}/R_{71}=1+10/2=6$；而虚线框内的 HCNR200 的线性系数 K_1、K_2 均为 0.5%，且二者的比值 $K_3=1$；该部分电路的输出与输入电压满足关系式 $U_{out}=K_3\times U_{in}\times R_{77}/R_{75}$。由于该部分电路只起隔离作用，无需放大，所以 R_{77}/R_{75} 应为 1；又因为 HCNR200 的最大工作电流 $I_{fmax}=25mA$，取流过 R_{75} 的电流 $I_f\approx U_m/R_{75}K_1\approx 20mA$，从而可推算出 $R_{75}=R_{77}\approx 30k\Omega$，$R_{76}\approx V_{CC}/I_{fmax}=\frac{5}{25}\times 1000\Omega=200\Omega$。

3.1.5 母线电压测量电路

母线电压是反映电机控制系统是否正常工作的指标。检测母线电压同样采用电阻采样法。通过电阻分压后，利用线性光耦隔离放大器 HCNR200 对采样值进行跟踪与光耦隔离，然后送入 DSP 控制器中的 ADC 模块。通过 ADC 采样获得母线电压的大小，可以用来进行过压或者欠压的检测等。母线电压检测电路如图 3-7 所示。

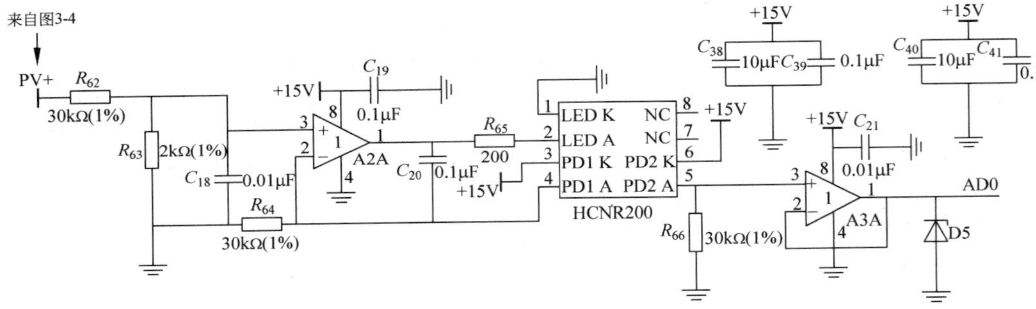

图 3-7 母线电压检测电路

图 3-7 中，R_{62} 和 R_{63} 是分压电阻，二者共同构成分压电路，C_{18} 为滤波电容，HCNR200 为线性光耦隔离放大器。TMS320F28355 的 ADC 输入引脚允许的信号幅值为 0～3.0V，母线电压的额定值为 24V，因此可计算分压电路的分压比为

$$\frac{R_{63}}{R_{62}+R_{63}}=\frac{U_{omax}}{U_{dc}}=\frac{3}{24}$$

由此式可计算出分压电路的分压比为 1∶8，但考虑到电机运转特别是换相过程中会产生瞬间电压冲击，因此应适当减小分压比，取值为 1∶16。这样，该检测电路能够检测的电压峰值增加到 48V。分压电阻 R_{62} 和 R_{63} 的电阻值分别选取 30kΩ 和 2kΩ。

3.2 无刷直流电机电流环设计

在无刷直流电机的传递函数框图 1-11 的基础上，采用 PI 电流控制器，可画出带电流环的无刷直流电机传递函数框图，如图 3-8 所示。

图 3-8 中，虚线框内为电流环。电流环采用 PI 控制器，其反馈环节采用一阶滤波器，主

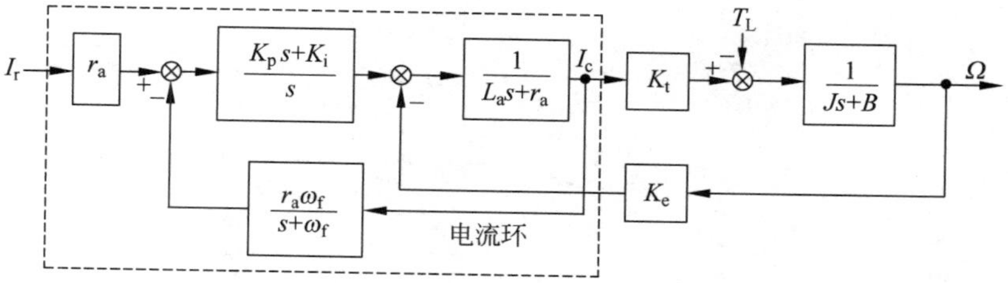

图 3-8　带电流环的无刷直流电机传递函数框图

要用于过滤电枢回路中存在的 PWM 共模高频电流分量。根据图 3-8 的传递函数框图，电流环的输出电流可表示为

$$I_c(s)=\frac{(s+\omega_f)(K_p s+K_i)r_a I_r(s)-s(s+\omega_f)K_e\Omega(s)}{L_a[s^3+(r_a/L_a+\omega_f)s^2+(r_a/L_a)\omega_f(1+K_p)s+(r_a/L_a)\omega_f K_i]}\quad(3\text{-}1)$$

式(3-1)表明，电流环是一个三阶系统，具有三个极点和两个零点。通过 MATLAB 程序(见本章附录)和 Simulink 仿真，调整 ω_f、K_p 及 K_i 这三个参数，配置三个极点，使得一对复数极点成为系统的主导极点，并考虑系统应具有足够的通频带(≥1kHz)，以满足动态跟踪精度和抑制反电动势的要求。调整结果，选择 $\omega_f=1/(1\times10^{-4})\mathrm{rad/s}$，$K_p=62.5$ 及 $K_i=625$。$G_c(s)=I_c(s)/I_r(s)$ 和 $G_e(s)=I_c(s)/K_e\Omega(s)$ 的频率特性分别见图 3-9(a)、(b)。

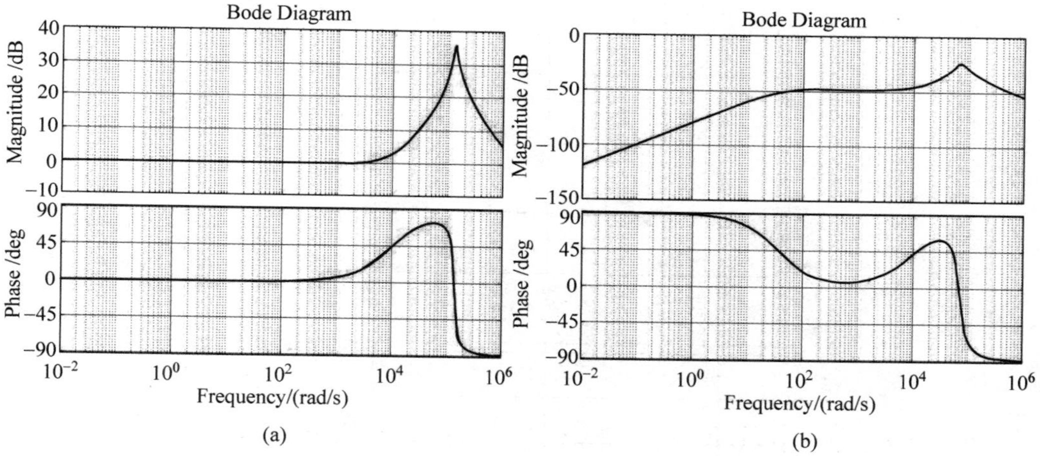

图 3-9　无刷直流电机电流环的频率特性曲线

由图 3-9 易见，频率小于 1kHz 的输入信号可不失真地通过电流环，因其幅频特性是 0dB 水平直线，相频特性近似为 0°，且频率小于 1kHz 的反电动势具有 50dB 以上的衰减率。这样，无刷直流电机的电流环可视为单位增益环节。

带与不带 PI 控制电流环的无刷直流电机 Simulink 仿真结构框图如图 3-10 所示。

图 3-10 的上半部和下半部分别为无电流环和带电流环的电机开路传递函数。参考输入为单位阶跃信号；基座带有随机干扰的正弦摇摆角速度，摇摆角频率为 1rad/s，幅值为 1rad；虚线框内为电流环。输出轴上具有 LuGre 摩擦力矩(参见第 6 章式(6-15)～式(6-17)和图 6-3)及固定外加负载力矩。

Simulink 仿真结果：电流环输出与直接输入信号的比较曲线，如图 3-11(a)所示；上下两种电机工作方式的输出信号比较曲线，如图 3-11(b)所示。

图 3-10

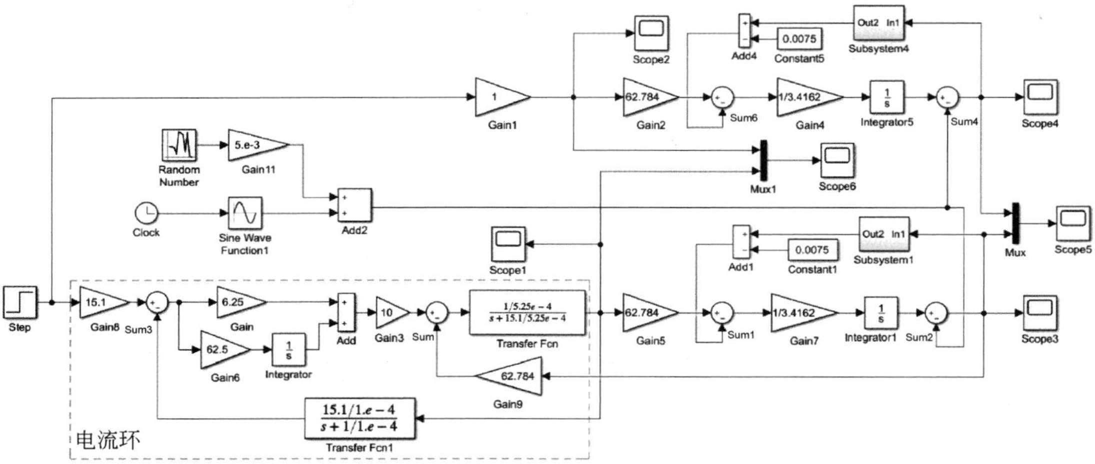

图 3-10 无刷直流电机电流环 Simulink 仿真结构框图

(a)

(b)

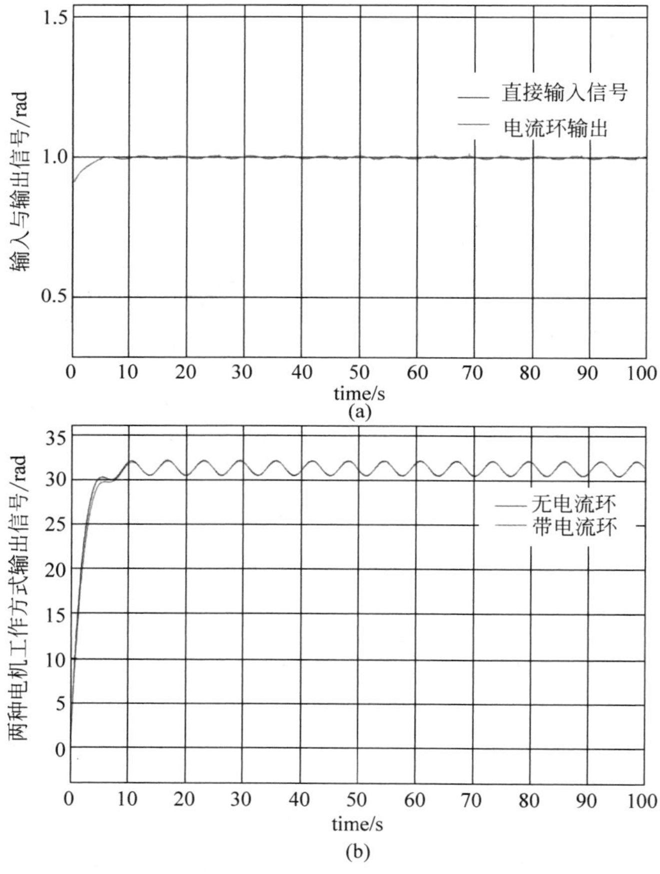

图 3-11 无刷直流电机电流环 Simulink 仿真结果曲线

(a) 电流环输出与直接输入信号比较；(b) 电机两种工作方式的输出比较

由图 3-11 易见，只要电流环的参数设计合适，即具有足够宽的通频带（≥1kHz），那么，电流环就可以以足够的精度近似为单位增益环节。这样，电流环既能不失真地跟踪输入参考信号，又可对电机的反电动势响应小到忽略不计。

3.3　永磁同步电机电流环设计

下面介绍永磁同步电机电流环的两种硬件配置。一种是采用正弦脉冲调宽（SPWM）功率放大器，驱动两相永磁同步力矩电机的电流环，如图 3-12 所示。

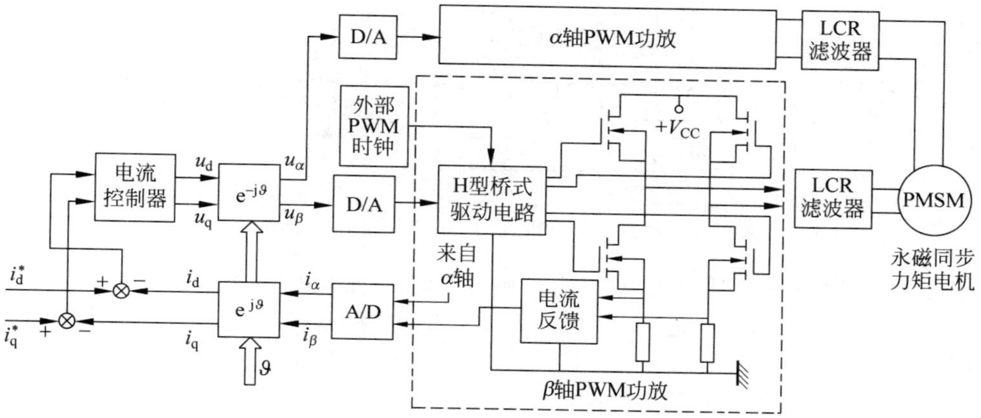

图 3-12　采用正弦脉冲调宽功放的两相永磁同步力矩电机电流环

另一种是以 TMS320F28335 数字信号处理器为控制器，采用空间矢量脉冲调宽的智能功率模块（intelligent power module，IPM）的三相永磁同步电机的电流环，如图 3-13 所示。

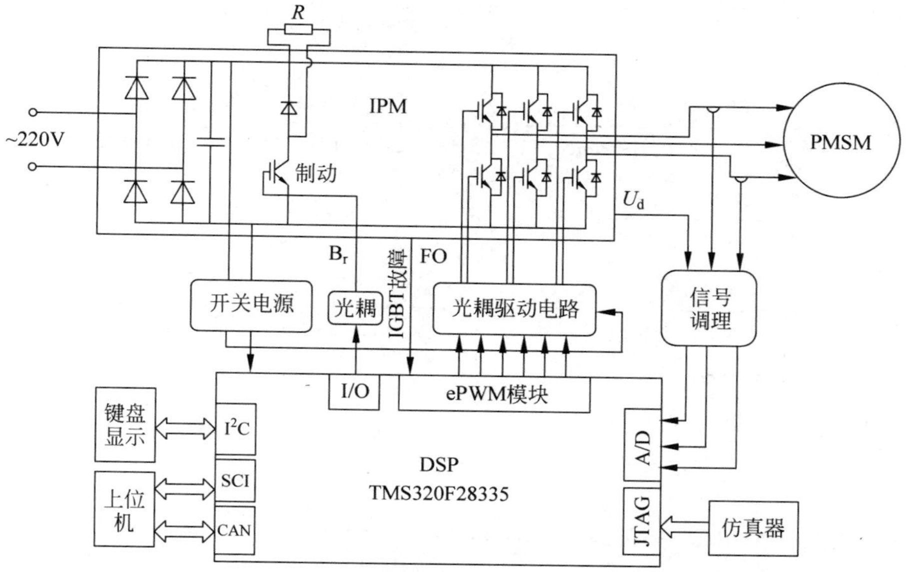

图 3-13　采用空间矢量脉冲调宽功放的永磁同步电机的电流环

两种电路的反馈电流检测器和脉冲调宽功放各不相同。图 3-12 中的反馈电流采用串联电阻法，而图 3-13 的电枢电流由电流传感器(例如霍尔元件)测量，经过信号调理电路处理后，通过 A/D 送入 DSP 作为电流反馈信号。

在图 1-15 所示矢量控制条件下的永磁同步电机数学模型的基础上，添加 PI 电流控制器后，所组成的永磁同步电机的电流环如图 3-14 所示。

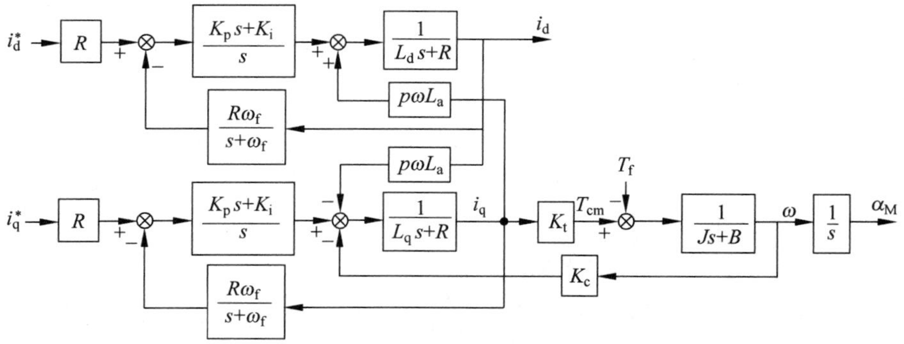

图 3-14 永磁同步电机(PMSM)电流环传递函数框图

图 3-14 中，为了与无刷直流电机对比，假设 PMSM 的电磁力矩系数 K_t 和反电势系数 K_e 的取值，以及轴上的惯性矩、摩擦力矩、外加负载力矩等，都与上一小节的无刷直流电机的相同。在永磁同步力矩电机为 60 对极、绕组电感为 6mH 及转速为 1rad/s 的条件下，电流环的交链系数 $p\omega L_a$ 为 0.36。这代表了某些实际应用的极限状况。

参考图 3-14，对于表贴式永磁同步力矩电机，电流环的传递函数方程可列写如下：

$$\begin{cases} i_d(s)=\dfrac{1}{L_a s+R}\left[\dfrac{K_p s+K_i}{s}\left(R i_d^*(s)-\dfrac{R\omega_f}{s+\omega_f}i_d(s)\right)+p\omega L_a i_q(s)\right] \\ i_q(s)=\dfrac{1}{L_a s+R}\left[\dfrac{K_p s+K_i}{s}\left(R i_q^*(s)-\dfrac{R\omega_f}{s+\omega_f}i_q(s)\right)-p\omega L_a i_d(s)-K_e\omega\right] \end{cases} \tag{3-2}$$

或者，改写为

$$\begin{cases} i_d(s)=\dfrac{R(s+\omega_f)(K_p s+K_i)\Delta(s)}{\Delta^2(s)+s^2(s+\omega_f)^2(p\omega L_a)^2}i_d^*(s)+\dfrac{Rs(s+\omega_f)^2(K_p s+K_i)p\omega L_a}{\Delta^2(s)+s^2(s+\omega_f)^2(p\omega L_a)^2}i_q^*(s)- \\ \qquad\dfrac{s^2(s+\omega_f)^2 p\omega L_a}{\Delta^2(s)+s^2(s+\omega_f)^2(p\omega L_a)^2}K_e\omega \\ i_q(s)=-\dfrac{Rs(s+\omega_f)^2(K_p s+K_i)p\omega L_a}{\Delta^2(s)+s^2(s+\omega_f)^2(p\omega L_a)^2}i_d^*(s)+\dfrac{R(s+\omega_f)(K_p s+K_i)\Delta(s)}{\Delta^2(s)+s^2(s+\omega_f)^2(p\omega L_a)^2}i_q^*(s)- \\ \qquad\dfrac{s(s+\omega_f)\Delta(s)}{\Delta^2(s)+s^2(s+\omega_f)^2(p\omega L_a)^2}K_e\omega \end{cases} \tag{3-3}$$

式中，

$$\Delta(s)=L_a s^3+(L_a\omega_f+R)s^2+R\omega_f(1+K_p)s+R\omega_f K_i$$

$$\Delta^2(s)+s^2(s+\omega_f)^2(p\omega L_a)^2=$$

$$L_a^2 s^6+2L_a(L_a\omega_f+R)s^5+[2L_a R\omega_f(1+K_p)+(L_a\omega_f+R)^2+(p\omega L_a)^2]s^4+$$

$2\omega_f[L_aRK_i+R(L_a\omega_f+R)(1+K_p)+(p\omega L_a)^2]s^3+$

$[2R(L_a\omega_f+R)\omega_fK_i+R^2\omega_f^2(1+K_p)^2+\omega_f^2(p\omega L_a)^2]s^2+2R^2\omega_f^2(1+K_p)K_is+(R\omega_fK_i)^2$

考虑到在矢量控制条件下，$i_d^*\equiv 0$，因此，还剩下4个传递函数，见式(3-4a)～式(3-4d)：

$$H_q(s)=\frac{i_q(s)}{i_q^*(s)}=\frac{R(s+\omega_f)(K_ps+K_i)\Delta(s)}{\Delta^2(s)+s^2(s+\omega_f)^2(p\omega L_a)^2} \tag{3-4a}$$

式中，

$$(s+\omega_f)(K_ps+K_i)\Delta(s)=L_aK_ps^5+[L_a(\omega_fK_p+K_i)+(L_a\omega_f+R)K_p]s^4+$$
$$[L_a\omega_fK_i+(L_a\omega_f+R)(\omega_fK_p+K_i)+R\omega_f(1+K_p)K_p]s^3+$$
$$[(RK_p+L_a\omega_f+R)K_i+R(1+K_p)(\omega_fK_p+K_i)]\omega_fs^2+$$
$$(2\omega_fK_p+K_i+\omega_f)R\omega_fK_is+R\omega_f^2K_i^2$$

$$H_d(s)=\frac{i_d(s)}{i_q^*(s)}=\frac{Rs(s+\omega_f)^2(K_ps+K_i)p\omega L_a}{\Delta^2(s)+s^2(s+\omega_f)^2(p\omega L_a)^2}$$
$$=\frac{Rp\omega L_a[K_ps^4+(2\omega_fK_p+K_i)s^3+(\omega_f^2K_p+2\omega_fK_i)s^2+\omega_f^2K_is]}{\Delta^2(s)+s^2(s+\omega_f)^2(p\omega L_a)^2} \tag{3-4b}$$

$$H_{qe}(s)=\frac{i_q(s)}{K_e\Omega(s)}=\frac{s(s+\omega_f)\Delta(s)}{\Delta^2(s)+s^2(s+\omega_f)^2(p\omega L_a)^2} \tag{3-4c}$$

式中，

$$s(s+\omega_f)\Delta(s)=L_as^5+(2L_a\omega_f+R)s^4+\omega_f[(L_a\omega_f+R)+R(1+K_p)]s^3+$$
$$R\omega_f[K_i+\omega_f(1+K_p)]s^2+R\omega_f^2K_is$$

$$H_{de}(s)=\frac{i_d(s)}{K_e\Omega(s)}=\frac{s^2(s+\omega_f)^2p\omega L_a}{\Delta^2(s)+s^2(s+\omega_f)^2(p\omega L_a)^2}=\frac{p\omega L_a(s^4+2\omega_fs^3+\omega_f^2s^2)}{\Delta^2(s)+s^2(s+\omega_f)^2(p\omega L_a)^2} \tag{3-4d}$$

传递函数 $H_q(s)$ 和 $H_d(s)$ 分别反映由交轴参考电流 i_q^* 引起的交、直轴电流 i_q 与 i_d 的输出分量；传递函数 $H_{qe}(s)$ 和 $H_{de}(s)$ 分别反映由反电动势 $K_e\omega$ 引起的交、直轴电流 i_q 和 i_d 的输出分量。$H_q(s)$ 应不失真地跟踪参考输入，但 $H_d(s)$ 决定交叉耦合影响，应具有足够的衰减系数。$H_{qe}(s)$ 和 $H_{de}(s)$ 的输出应不受反电动势的影响。

利用 MATLAB 程序(见本章附录)计算传递函数和 Simulink 仿真，调整后的 PI 控制器参数为 $\omega_f=1/(4.48\times10^{-4})$rad/s，$K_p=180$，$K_i=420$，4个传递函数幅值频率特性曲线如图 3-15(a)、(b)所示。

由图 3-15 易见，电流环的通频带≥1kHz，$i_q(s)/i_q^*(s)$ 在通频带内的幅频特性为 0dB、相频特性为 0°，因而能不失真地跟踪参考信号 i_q^*。其余三个传递函数的频率特性在通频带内都具有约 70dB 及以上的衰减率，无论对参考信号的交叉耦合，还是对反电动势的响应，都是可忽略不计的。这样，电流环可精确地近似为单位增益环节。

Simulink 仿真结构框图如图 3-16 所示。图中，右上角为无电流环的永磁同步电机开路传递函数图，下半部为带有未解耦的电流环控制的永磁同步电机开环结构图。虚线框内为直、交轴交链的电流环。

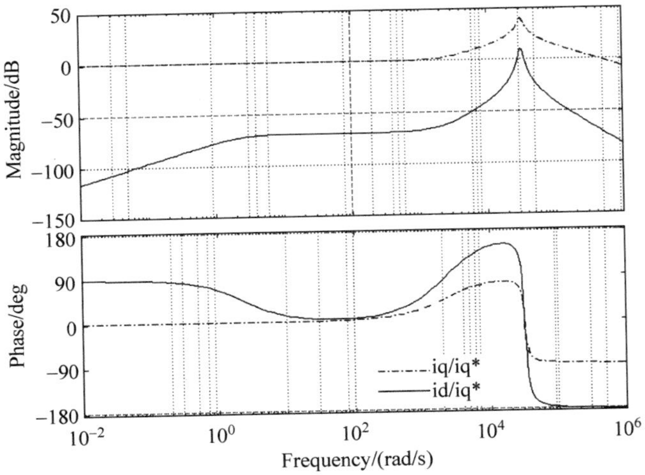

(a)

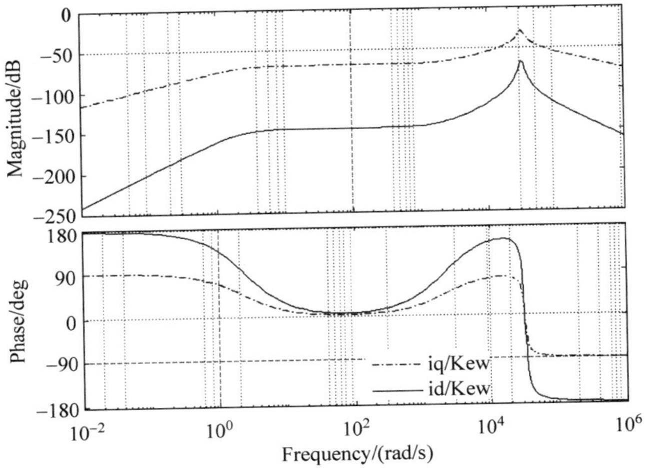

(b)

图 3-15 永磁同步电机电流环的幅值频率特性曲线

仿真时,输入信号包含单位阶跃、随机数及正弦波的角速度干扰,与无刷直流电机仿真时的条件相同。仿真结果:电流环输入与输出电流比较曲线,如图 3-17(a)所示;有无电流环两种电机工作方式的输出转速比较曲线,如图 3-17(b)所示。

由图 3-17 易见,在电流环参数设计合适的情况下,电流环具有足够宽的通频带(≥1kHz),无论是电流环的输出电流,还是电机输出转速,带电流环与直接输入参考信号的情况都相差无几(过渡过程除外)。这表明在某种实际的极限工作条件下,只要电流环参数设计合适,即使电流环不进行解耦控制,也是能够保精度运行的,既能不失真地跟踪输入参考信号,又能对电机的反电势响应忽略不计。因此,电流环将以足够的精度近似为单位增益环节。

进一步,为了观察直、交轴的交链情况,将系统单位阶跃输入改为周期 60s 的单位幅值正弦波输入,并取消速度干扰信号。通过 Simulink 仿真,得到的电流环直轴输出电流如图 3-18(a)所示,交轴输出电流如图 3-18(b)所示。

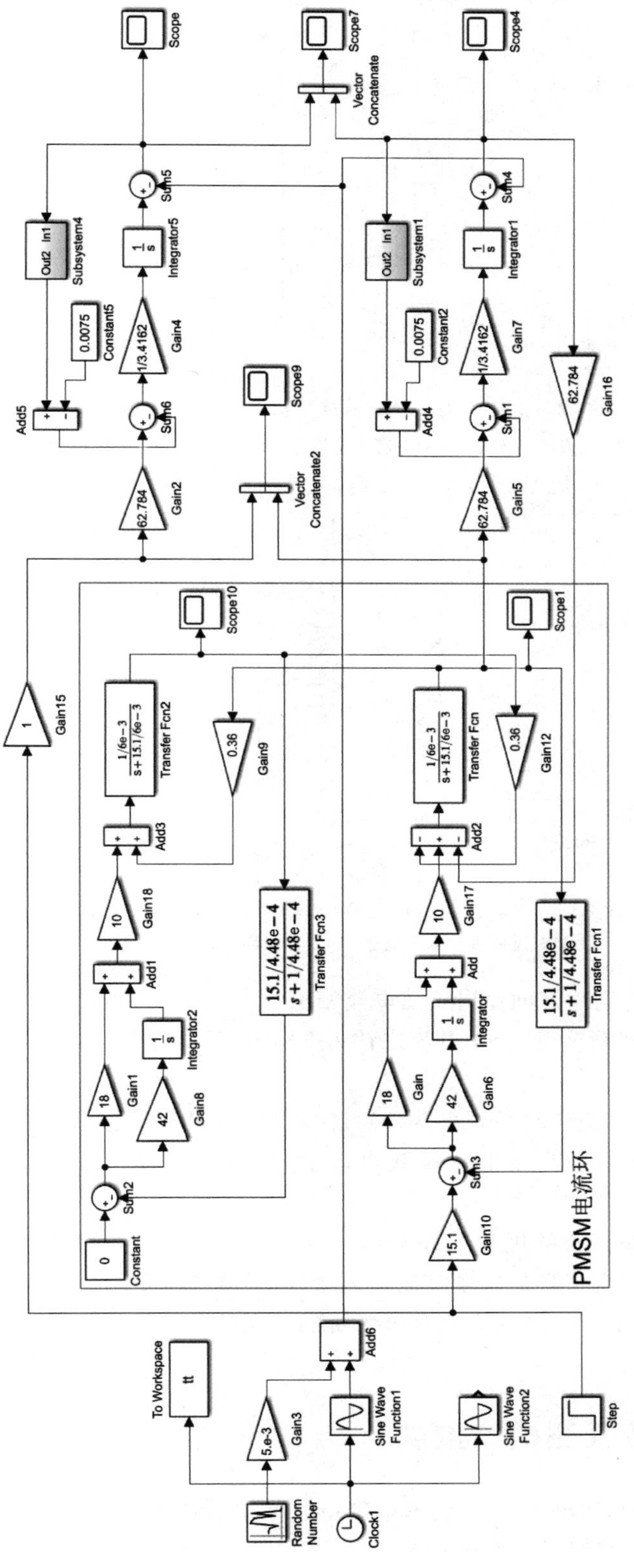

图 3-16 永磁同步电机电流环 Simulink 仿真框图

图 3-16

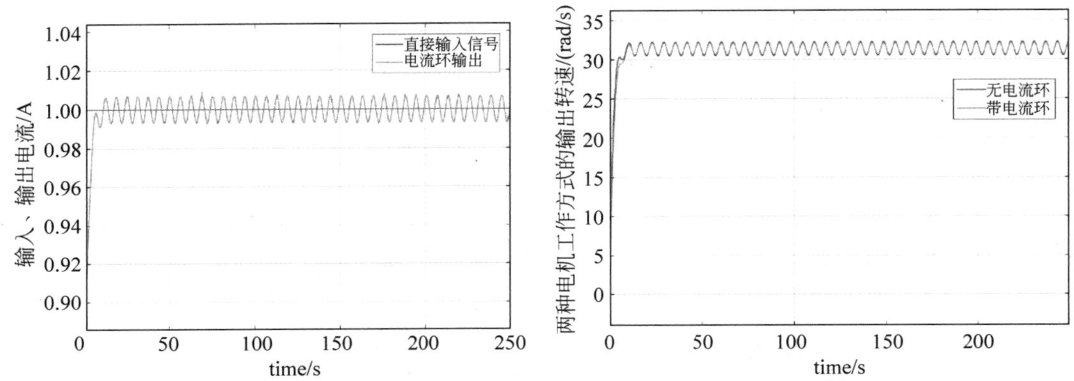

(a) (b)

图 3-17 永磁同步电机电流环 Simulink 仿真结果曲线

(a) 电流环输入、输出电流比较；(b) 有无电流环的电机两种工作状态输出转速比较

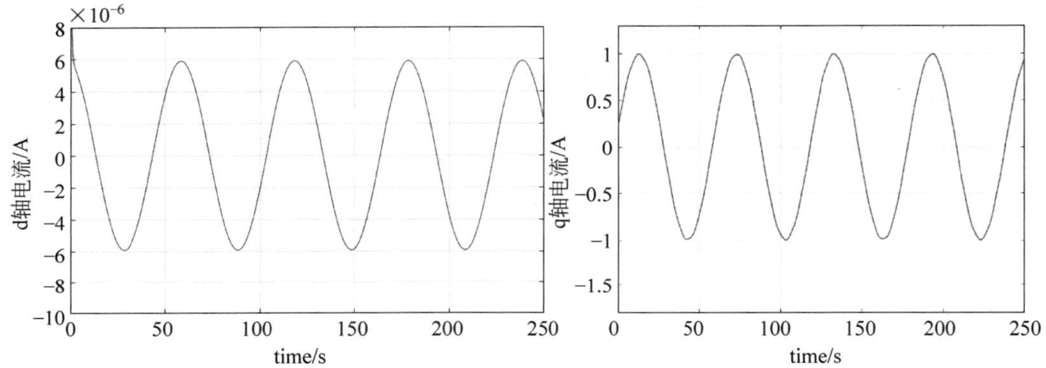

(a) (b)

图 3-18 永磁同步电机电流环 Simulink 仿真结果曲线

(a) 电流环直轴输出电流；(b) 电流环交轴输出电流

由图 3-18 易见，电流环直轴输出正弦电流幅值约为 6×10^{-6}A，而交轴输出正弦电流幅值为 1A，实现了精确跟踪。直、交轴电流之比为 $6\times10^{-6}:1$，交叉耦合系数为 6×10^{-6}，非常微小。

注意，这里设计的电流环在角频率为 3×10^4rad/s 处具有谐振峰，因此，供给电流环的 PWM 信号的调制频率必须高于谐振峰数倍以上，但低于一般正弦脉冲调宽（SPWM）的 100kHz 的调制频率。

以上设计结果是在有限的极限工作转速下获得的。如果运行速度进一步呈数量级提高，那么，将不得不考虑电流环的解耦控制。或者说，需要寻求更精确的控制策略。

基于 TMS320F28335 DSP 的无刷直流电机的控制软件参见文献[28]，永磁同步电机矢量控制软件参见文献[29]。

3.4 自适应鲁棒预测电流控制

在实际运行过程中，PMSM 的参数不可避免地存在不确定性，其主要原因有：

(1) 定子磁链分布畸变引起力矩脉动。

(2) 磁路饱和及电枢反应,连带电枢电感变化。

(3) 永久磁铁磁通密度和定子绕组电阻的温度效应。

因此,建立在固定的电机模型基础上的常规 PI 控制和普通预测电流控制是不能保证 PMSM 伺服系统具有高性能的。

为了克服不确定性扰动、增强 PMSM 矢量控制性能,已有许多文献提出各种不同的解决方法。但主流技术是采用带各种扰动观测器的预测电流控制方案。例如,负载扰动观测器(load disturbance observer),龙伯格观测器(Luenberger observer)和扩展状态观测器(extended state observer),以及其他抗扰动的 PMSM 控制方案。以上带扰动观测器的控制方法虽然能得到鲁棒的电流控制方案,但算法较复杂,影响电流环采样频率提高和通频带拓宽。而且,扰动观测器是基于逆电流动力学实现扰动估计的,因而会引起估计噪声,需附加低通滤波器。低通滤波后的扰动估计和真实扰动之间存在相位滞后,限制了鲁棒带宽、降低了补偿性能。

下面介绍另一种自适应鲁棒预测电流控制方案,如图 3-19 所示。

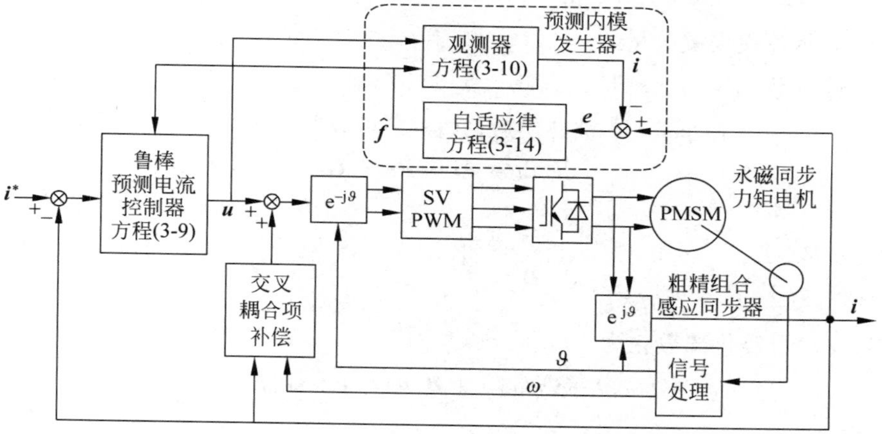

图 3-19　自适应鲁棒预测电流控制方案

图 3-19 所示控制方案由互相独立的解耦预测电流控制器和预测内模发生器两部分组成,具有通频带宽、可以实时估计时变不确定性扰动及前馈补偿等优点,能有效地极小化 PMSM 伺服系统的力矩脉动。

为了估计不确定性扰动,必须先建立带不确定性扰动的 PMSM 动力学模型。然后按照图 3-19 所示的原理结构,分别讨论预测电流控制器和预测内模发生器的工作原理。再导出自适应估计律增益阵的调整指导原则,并给出 PI 控制和自适应鲁棒控制的 Simulink 仿真结果。

3.4.1　具有不确定性扰动的表贴式 PMSM 数学模型

表贴式永磁同步电机在转子坐标系中的定子电压平衡方程类似式(1-38),可表示为

$$\begin{cases} u_{\mathrm{d}} = L\dfrac{\mathrm{d}i_{\mathrm{d}}}{\mathrm{d}t} + R_{\mathrm{s}}i_{\mathrm{d}} - L_{\mathrm{a}}p\omega i_{\mathrm{q}} + u_{\mathrm{ed}} \\ u_{\mathrm{q}} = L\dfrac{\mathrm{d}i_{\mathrm{q}}}{\mathrm{d}t} + R_{\mathrm{s}}i_{\mathrm{q}} + L_{\mathrm{a}}p\omega i_{\mathrm{d}} + u_{\mathrm{eq}} \end{cases} \tag{3-5}$$

式中，u_d、u_q 和 i_d、i_q 分别为在转子坐标系中表示的定子电枢绕组电压和电流；L_a、R_s 分别为定子绕组的电感和电阻；p 为电机的极对数；ω 为转子转速；u_{ed}、u_{eq} 为反电动势电压。

考虑到电机参数的变化，令 $L_a=L_0+\Delta L$，$R_s=R_0+\Delta R$。其中，下标“0”表示标称值，$\Delta(\cdot)$表示不确定性增量。于是，式(3-5)可改写为

$$\begin{cases} L_0 \dfrac{\mathrm{d}i_d}{\mathrm{d}t}=-R_0 i_d+u_d+L_0 p\omega i_q-f_d \\ L_0 \dfrac{\mathrm{d}i_q}{\mathrm{d}t}=-R_0 i_q+u_q-L_0 p\omega i_d-f_q \end{cases} \tag{3-6}$$

式中，不确定性扰动分量 f_d 和 f_q 分别为

$$f_d=\Delta L\frac{\mathrm{d}i_d}{\mathrm{d}t}+\Delta R i_d-\Delta L p\omega i_q+u_{ed}+\varepsilon_d$$

和

$$f_q=\Delta L\frac{\mathrm{d}i_q}{\mathrm{d}t}+\Delta R i_q+\Delta L p\omega i_d+u_{eq}+\varepsilon_q$$

式中，ε_d、ε_q 表示建模误差分量。

引入向量符号：$\boldsymbol{i}=[i_d,i_q]^{\mathrm{T}}$，$\boldsymbol{u}=[u_d,u_q]^{\mathrm{T}}$，$\boldsymbol{f}=[f_d,f_q]^{\mathrm{T}}$，那么，直轴、交轴之间的交叉耦合项$[L_0 p\omega i_q,-L_0 p\omega i_d]^{\mathrm{T}}$ 被补偿后，式(3-6)可改写为下列向量-矩阵形式：

$$\mathrm{d}\boldsymbol{i}/\mathrm{d}t=\boldsymbol{F}\boldsymbol{i}+\boldsymbol{B}\boldsymbol{u}+\boldsymbol{G}\boldsymbol{f} \tag{3-7}$$

式中，

$$\boldsymbol{F}=\begin{bmatrix} -R_0/L_0 & 0 \\ 0 & -R_0/L_0 \end{bmatrix},\quad \boldsymbol{B}=\begin{bmatrix} 1/L_0 & 0 \\ 0 & 1/L_0 \end{bmatrix},\quad \boldsymbol{G}=\begin{bmatrix} -1/L_0 & 0 \\ 0 & -1/L_0 \end{bmatrix}$$

进一步，式(3-7)可等价离散化为

$$\boldsymbol{i}(t_{k+1})=\boldsymbol{\Phi}\boldsymbol{i}(t_k)+\boldsymbol{B}_d\boldsymbol{u}(t_k)+\boldsymbol{G}_d\boldsymbol{f}(t_k) \tag{3-8}$$

式中，

$$\boldsymbol{\Phi}=\mathrm{e}^{\boldsymbol{F}\Delta t}\approx\boldsymbol{I}+\boldsymbol{F}\Delta t=\begin{bmatrix} 1-R_0\Delta t/L_0 & 0 \\ 0 & 1-R_0\Delta t/L_0 \end{bmatrix}$$

$$\boldsymbol{B}_d=\int_{t_{K-1}}^{t_K}\boldsymbol{\Phi}(t-\tau)\boldsymbol{B}\mathrm{d}\tau\approx\boldsymbol{B}\Delta t=\begin{bmatrix} \Delta t/L_0 & 0 \\ 0 & \Delta t/L_0 \end{bmatrix}$$

$$\boldsymbol{G}_d=\int_{t_{K-1}}^{t_K}\boldsymbol{\Phi}(t-\tau)\boldsymbol{G}\mathrm{d}\tau\approx\boldsymbol{G}\Delta t=\begin{bmatrix} -\Delta t/L_0 & 0 \\ 0 & -\Delta t/L_0 \end{bmatrix}$$

注意，若采样周期 $\Delta t=t_k-t_{k-1}$ 足够小，例如小于电路时间常数的 1/10，则上述三式中的近似等式成立。

3.4.2　预测电流控制

假设不确定性扰动矢量 $\boldsymbol{f}$ 是已知的，d 轴和 q 轴的设定电流分别为 i_d^* 和 i_q^*，预测电流控制的目标是，在下一个控制周期后能实现实际电流值等于指令值，即

$$\boldsymbol{i}(t_{k+1})=[i_d(t_{k+1}),i_q(t_{k+1})]^{\mathrm{T}}=[i_d^*,i_q^*]^{\mathrm{T}}$$

将其代入式(3-8)，可得鲁棒预测电流控制器的输出电压矢量为

$$\boldsymbol{u}^{*}(t_k)=\boldsymbol{B}_{\mathrm{d}}^{-1}[\boldsymbol{i}^{*}-\boldsymbol{\Phi i}(t_k)-\boldsymbol{G}_{\mathrm{d}}\boldsymbol{f}(t_k)] \tag{3-9}$$

注意，式(3-9)已假设采集电流 $\boldsymbol{i}(t_k)$ 和计算控制电压 $\boldsymbol{u}^{*}(t_k)$ 均在同一采样周期内完成。这就要求控制电压的计算时间和PWM调制周期都比电流环的采样周期短得多；否则，需要进行时间延迟补偿。为了实现无差拍控制，通常需要选用高速DSP和/或FPGA执行控制律(3-9)的算法，并将控制电压传输给SVPWM逆变器以驱动PMSM。

由式(3-9)易见，如果不确定性扰动 $\boldsymbol{f}$ 已知，则生成鲁棒控制电压 $\boldsymbol{u}^{*}(t_k)$ 是容易实现的。然而，在实际应用中，PMSM的参数 R_{s} 和 L_{a} 是具有相当不确定性的，而且，实际反电动势(EMF)通常是不可利用的。因此，为了消除各种频率的不确定性扰动，必须在电流反馈回路内估计这些不确定性扰动分量 $\boldsymbol{f}$，并予以实时补偿。

3.4.3 预测内模发生器

为了估计未知的不确定性扰动 $\boldsymbol{f}$，根据式(3-8)构建具有下列输入/输出关系式的自适应扰动观测器：

$$\hat{\boldsymbol{i}}(t_{k+1})=\boldsymbol{\Phi}\hat{\boldsymbol{i}}(t_k)+\boldsymbol{B}_{\mathrm{d}}\boldsymbol{u}(t_k)+\boldsymbol{G}_{\mathrm{d}}\hat{\boldsymbol{f}}(t_k) \tag{3-10}$$

式中，符号“^”表示估计量。

倘若 $\hat{\boldsymbol{f}}$ 在极限范围内有界，则观测器(3-10)具有电机的自然动态特性，如有界输入、有界输出稳定性。虽然观测器(3-10)为开环结构，但是在同样的输入电压和扰动条件下，状态估计将趋近真实状态。因此，利用误差估计自适应性补偿的扰动电压，该观测器是收敛的。估计误差定义为 $\boldsymbol{e}(t_k)\overset{\mathrm{def}}{=}[i_{\mathrm{d}}(t_k)-\hat{i}_{\mathrm{d}}(t_k),i_{\mathrm{q}}(t_k)-\hat{i}_{\mathrm{q}}(t_k)]^{\mathrm{T}}$，则将式(3-8)与式(3-10)相减，可得估计误差表达式：

$$\boldsymbol{e}(t_{k+1})=\boldsymbol{\Phi e}(t_k)+\boldsymbol{G}_{\mathrm{d}}\tilde{\boldsymbol{f}}(t_k) \tag{3-11}$$

式中，$\tilde{\boldsymbol{f}}=\boldsymbol{f}-\hat{\boldsymbol{f}}$。定义误差平方和为代价函数：

$$\boldsymbol{J}=[\boldsymbol{e}^{\mathrm{T}}(t_k)\boldsymbol{e}(t_k)] \tag{3-12}$$

代价函数的梯度可表示为

$$\nabla_{\hat{f}}\boldsymbol{J}=\frac{\partial \boldsymbol{J}}{\partial \boldsymbol{e}}\frac{\partial \boldsymbol{e}}{\partial \hat{\boldsymbol{f}}}=-2\boldsymbol{e}^{\mathrm{T}}(t_k)\boldsymbol{G}_{\mathrm{d}}=-2\boldsymbol{G}_{\mathrm{d}}\boldsymbol{e}(t_k) \tag{3-13}$$

式中，最后一个等式已经利用 $\boldsymbol{G}_{\mathrm{d}}$ 为对角矩阵。

自适应滤波器是采用最速下降算法，沿代价函数的负梯度方向搜索性能曲面的极小点，以获得不确定性扰动估计 $\hat{\boldsymbol{f}}(t_k)$ 的最优解。其简单的递推关系式如下：

$$\hat{\boldsymbol{f}}(t_{k+1})=\hat{\boldsymbol{f}}(t_k)+\frac{\boldsymbol{\gamma}}{2}(-\nabla_{\hat{f}}\boldsymbol{J})=\hat{\boldsymbol{f}}(t_k)+\boldsymbol{\gamma G}_{\mathrm{d}}\boldsymbol{e}(t_k) \tag{3-14}$$

式中，$\boldsymbol{\gamma}=\mathrm{diag}(\gamma_{\mathrm{d}},\gamma_{\mathrm{q}})$ 为自适应增益阵。

显然，式(3-14)是由最速下降算法得到的递推关系式，通常称之为自适应估计律。自适应估计律计算简单，容易实时执行，能适应电流环采样频率提高和通频带拓宽的需求。

注意，为了保证观测器有界稳定，$\hat{\boldsymbol{f}}$ 必须限制在上下界($\boldsymbol{f}_{\min}$，$\boldsymbol{f}_{\max}$)定义的范围以内。自适应估计律(3-14)可以保证观测器的跟踪误差极小，且采用前馈控制补偿估计 $\hat{\boldsymbol{f}}$。结果是等价地在控制回路中消除了不确定性扰动。

3.4.4 稳定性分析与自适应增益调整

自适应估计律(3-14)算法要求合适地选择自适应增益阵 $\boldsymbol{\gamma}$,以保持算法的稳定性和快速收敛性。为了分析自适应律算法的稳定性,并给出选择 $\boldsymbol{\gamma}$ 的指导原则,定义 Lyapunov 函数如下:

$$V(t_k)=\frac{1}{2}\boldsymbol{e}^{\mathrm{T}}(t_k)\boldsymbol{e}(t_k) \tag{3-15}$$

式中,$\boldsymbol{e}(t_k)$为自适应计算过程误差。Lyapunov 收敛准则为下列不等式成立:

$$V(t_k)\Delta V(t_k)<0 \tag{3-16}$$

式中,$\Delta V(t_k)$为 Lyapunov 函数 $V(t_k)$的增量。当 $\Delta V(t_k)<0$ 和 $V(t_k)>0$ 同时满足时,则 Lyapunov 稳定性条件成立。其中,$\Delta V(t_k)$可表示为

$$\begin{aligned}\Delta V(t_k)&=\frac{1}{2}[\boldsymbol{e}^{\mathrm{T}}(t_{k+1})\boldsymbol{e}(t_{k+1})-\boldsymbol{e}^{\mathrm{T}}(t_k)\boldsymbol{e}(t_k)]\\&=\frac{1}{2}[2\Delta\boldsymbol{e}^{\mathrm{T}}(t_k)\boldsymbol{e}(t_k)+\Delta\boldsymbol{e}^{\mathrm{T}}(t_k)\Delta\boldsymbol{e}(t_k)]\end{aligned} \tag{3-17}$$

利用误差表达式(3-11)和自适应估计律(3-14),$\Delta\boldsymbol{e}(t_k)$可表示为

$$\begin{aligned}\Delta\boldsymbol{e}(t_k)&=\boldsymbol{e}(t_{k+1})-\boldsymbol{e}(t_k)\\&=\boldsymbol{\Phi e}(t_k)+\boldsymbol{G}_{\mathrm{d}}\tilde{\boldsymbol{f}}(t_k)-\boldsymbol{e}(t_k)\approx-\gamma\boldsymbol{G}_{\mathrm{d}}\boldsymbol{G}_{\mathrm{d}}^{\mathrm{T}}\boldsymbol{e}(t_k)\end{aligned} \tag{3-18}$$

式中,最后一个等式已利用近似等式$\boldsymbol{\Phi e}(t_k)\approx\boldsymbol{e}(t_k)$和 $\tilde{\boldsymbol{f}}(t_k)=-\gamma\boldsymbol{G}_{\mathrm{d}}^{\mathrm{T}}\boldsymbol{e}(t_k)$。

将式(3-18)代入式(3-17),可得

$$\Delta V(t_k)=-\frac{1}{2}\boldsymbol{\gamma G}_{\mathrm{d}}\boldsymbol{G}_{\mathrm{d}}^{\mathrm{T}}(2\boldsymbol{I}-\boldsymbol{\gamma G}_{\mathrm{d}}\boldsymbol{G}_{\mathrm{d}}^{\mathrm{T}})\boldsymbol{e}^{\mathrm{T}}(t_k)\boldsymbol{e}(t_k) \tag{3-19}$$

为了使式(3-19)满足不等式 $\Delta V(t_k)<0$,应按下列不等式选择自适应增益 γ_{d} 和 γ_{q}:

$$0<\gamma_{\mathrm{d}}=\gamma_{\mathrm{q}}<2(L_0/\Delta t)^2 \tag{3-20}$$

式中,已利用 $\boldsymbol{G}_{\mathrm{d}}=\begin{bmatrix}-\Delta t/L_0 & 0\\0 & -\Delta t/L_0\end{bmatrix}$。

3.4.5 Simulink 仿真结果

选用与文献[25-27]相同的永磁同步力矩电机的额定与标称参数:转矩 10N·m,转速 120r/min,相电流 2.5A,定子绕组的电阻 $R_0=15\Omega$、电感 $L_0=21.3\mathrm{mH}$。仿真采用以下两种方法:

(1) 常规 PI 控制。PI 控制器的 $K_{\mathrm{p}}=24.495$,$K_{\mathrm{i}}=17250$,$i_{\mathrm{d}}^*=0$ 和 $i_{\mathrm{q}}^*=0.3\mathrm{A}$(平均输出力矩 1.2N·m)。

(2) 鲁棒预测电流控制。设定指令力矩 $T_{\mathrm{e}}=1.2\mathrm{N\cdot m}$,$i_{\mathrm{d}}^*=0$,$i_{\mathrm{q}}^*$ 按力矩公式 $i_{\mathrm{q}}^*=T_{\mathrm{e}}/K_{\mathrm{t}}$ 计算。其中,K_{t} 按照电机额定转矩和额定电流计算为 10/2.5(N·m)/A=4(N·m)/A,$K_{\mathrm{e}}=K_{\mathrm{t}}$。齿槽转矩按照额定转矩的 2%设定,其角频率假设为 2r/min。自适应滤波器的采样时间为 0.001s,增益$\boldsymbol{\gamma}$ 通过调整选取。为了保证预测电流控制在一个采样周内完成,选用采样周期为 2ms。

两种仿真系统的结构框图分别如图 3-20 和图 3-21 所示。

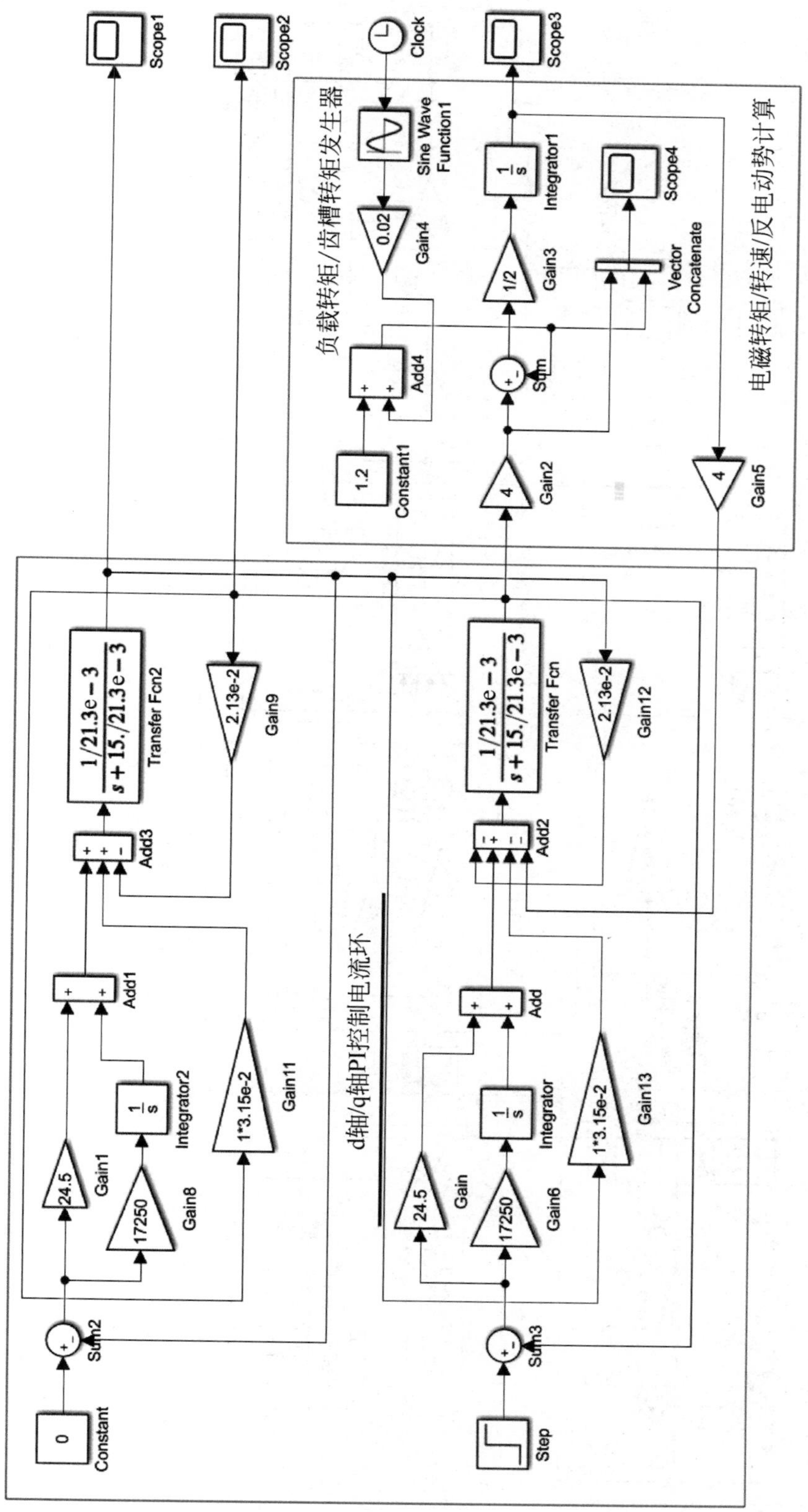

图 3-20　常规 PI 控制电流环的仿真系统结构框图

图 3-20

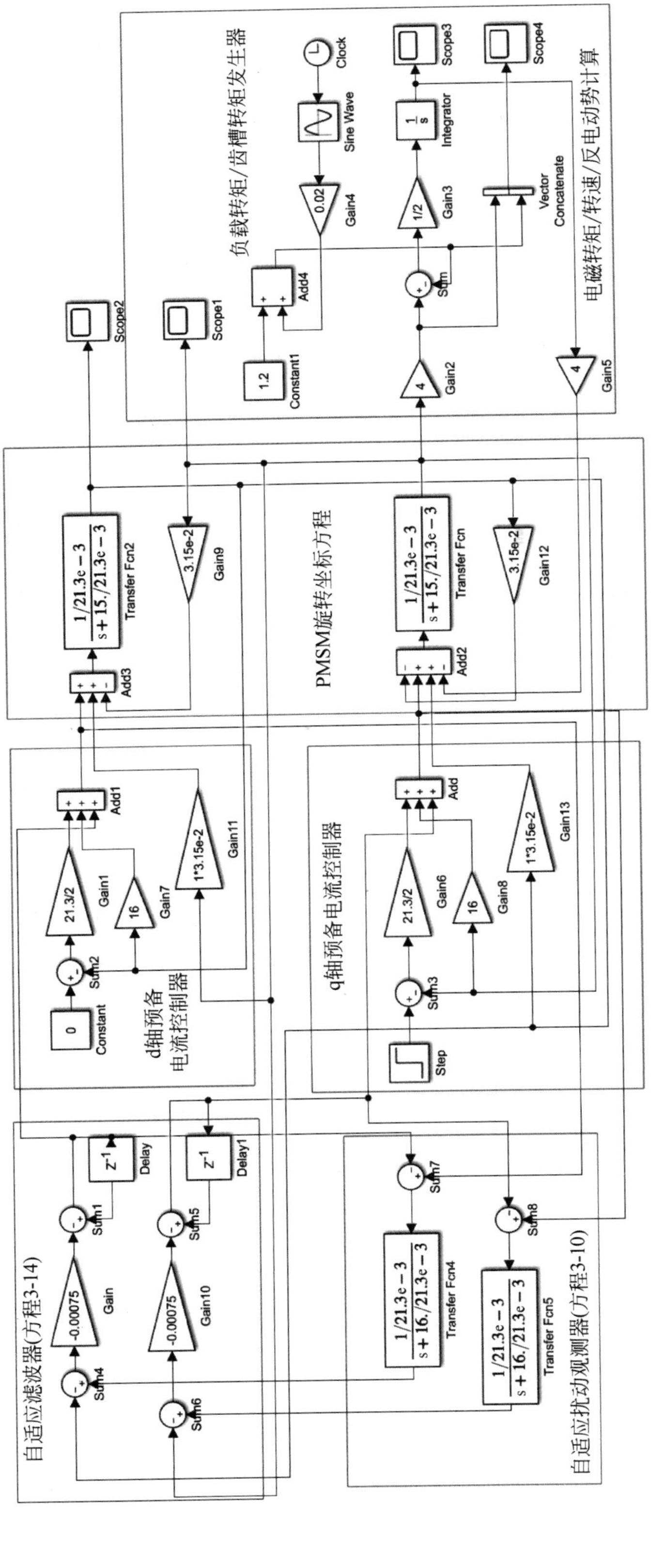

图 3-21 鲁棒预测电流控制仿真系统框图

图 3-21

两种系统仿真结果的输出转子坐标系 d/q 两相电流、电磁转矩与负载转矩，以及输出转速的曲线分别如图 3-22 和图 3-23 所示。

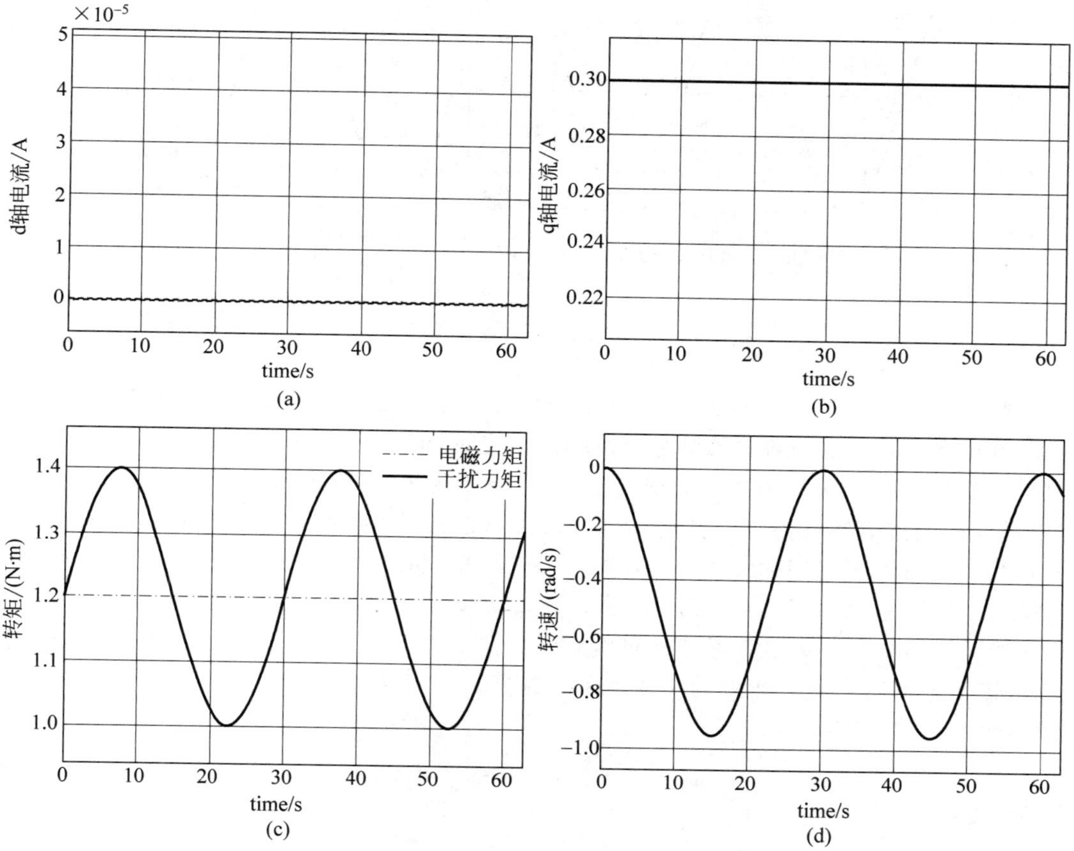

图 3-22　常规 PI 控制电流环 Simulink 仿真曲线

(a) d 轴电流；(b) q 轴电流；(c) 转矩曲线；(d) 转速曲线

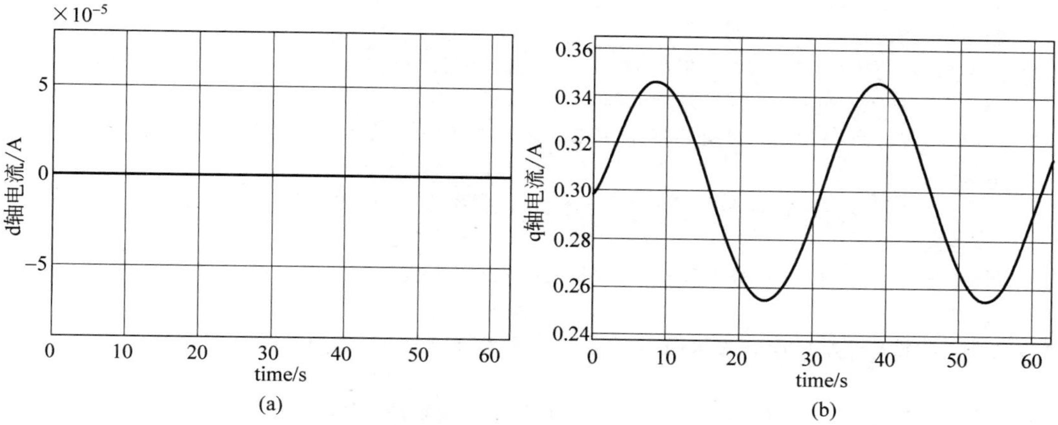

图 3-23　鲁棒预测电流控制电流环 Simulink 仿真曲线

(a) d 轴电流；(b) q 轴电流；(c) 转矩曲线；(d) 转速曲线

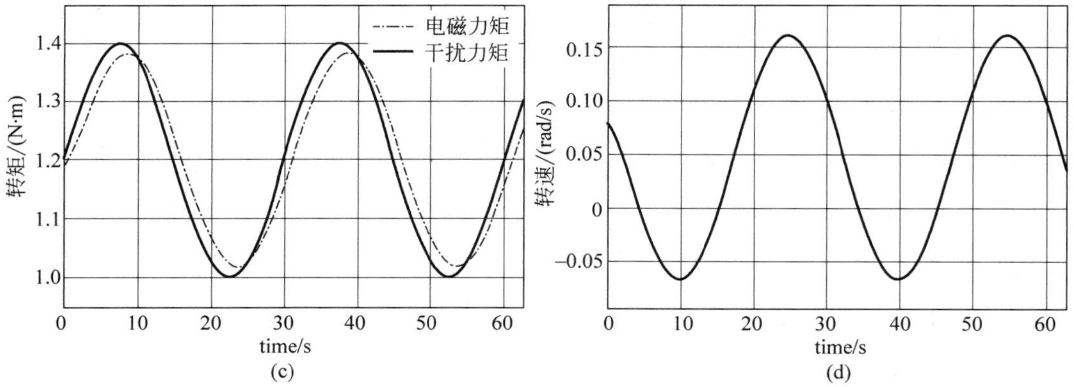

图 3-23 (续)

对比图 3-22 和图 3-23 可见,在常值负载转矩与电机齿槽转矩组成的干扰力矩作用下,常规 PI 电流环控制器与鲁棒预测电流控制器相比较,前者的控制性能比后者差很多,具体反映在以下方面:①d 轴电流存在微量波动,而后者为零。②q 轴电流只有常值分量,而后者除了相同的常值外,还有交变分量峰-峰值达 0.092A。③电磁转矩也只有 1.2N·m 的常值分量,而后者除了相同的常值分量以外,还有交变分量峰-峰值达 0.368N·m。④形成的转速的平均值为−0.457rad/s,交变的余弦分量峰-峰值为 0.955rad/s;而后者的转速平均值为 0.0477rad/s,交变的负正弦分量峰-峰值为 0.228rad/s。均值误差后者约为前者的 1/10,交变分量后者约为前者的 1/4。这一仿真结果与文献[25-27]发布的"对比试验结果"相同。

参考文献

[1] 唐小珠,刘涛. 基于 DSP 的全数字化无刷直流电机控制系统设计[J]. 工业控制计算机,2018,31(3):159-162.

[2] 张修太,翟亚芳,赵建周. 基于 STM32 的无刷直流电机控制器硬件电路设计及实验研究[J]. 电子器件,2018,41(1):141-144.

[3] 童宏伟,张莉萍,申景双,等. 基于 STM32 的无刷直流电机控制系统[J]. 传感器与微系统,2019,38(7):79-81.

[4] 曾建安,曾岳南,暨绵浩. MOSFET 和 IGBT 驱动器 IR2136 及其在电机控制中的应用[J]. 电机技术,2005,1:13-15.

[5] 丑武胜,李长征. 基于 DSP 的永磁同步电机控制系统硬件设计[J]. 测控技术,2006,25:243-245,250.

[6] 胡宇,张兴华. 基于 DSP 的永磁同步电机控制系统硬件设计[J]. 电机与控制应用,2017,44(12):19-24,80.

[7] 李琛,潘松峰. 基于 DSP 的永磁同步电机控制系统硬件设计[J]. 制造业自动化,2019,41(9):118-120.

[8] 多晓艳,李动. 一种 DSP 控制的永磁同步电机控制系统硬件设计[J]. 电子技术,2022,2:13-15,29.

[9] 徐坤,周子昂,吴定允. 基于 DSP 直流无刷电机控制系统的设计与实现[J]. 信阳师范学院学报(自然科学版),2016,29(2):249-252.

[10] 王恩德,黄声华. 表贴式永磁同步电机伺服系统电流环设计[J]. 中国电机工程学报,2012,32

(33)：82-88.

[11] 陈荣，邓智泉，严仰光．永磁同步伺服系统电流环的设计[J]，南京航空航天大学学报，2004，36(2)：220-225.

[12] 王宏佳，杨明，牛里，等．永磁交流伺服系统电流环带宽扩展研究[J]．中国电机工程学报，2010，30(12)：56-62.

[13] 万山明，吴芳，黄声华．永磁同步电机的数字化电流控制环分析[J]．华中科技大学学报(自然科学版)，2007，35(5)：48-51.

[14] 肖泽民，朱景伟，夏野，等．基于自抗扰控制器的PMSM伺服系统研究[J]．微电机，2018，51(3)：57-61.

[15] 丁雪，王爽，汪琦，等．采用定子电流与扰动观测的永磁同步电机改进预测电流控制[J]．电机与控制应用，2018，45(10)：5-12.

[16] 陆凌翔，李月超．基于模型预测控制的永磁同步电机改进自抗扰控制研究[J]．微特电机，2018，46(10)：70-74.

[17] 许伟奇，张斌，李坤奇．永磁同步电机伺服系统高精度自抗扰FCS-MPC[J]．微特电机，2018，46(1)：63-67，75.

[18] 薛峰，储建华，魏海峰．基于龙伯格扰动观测器的永磁同步电机PWM电流预测控制[J]．电机与控制应用，2017，44(11)：1-5，11.

[19] SALVATORE L，STASI S. Application of EKF to parameter and state estimation of PMSM drive[J]. Proceedings of Institute of Electrical Engineering，1992，139(3)：155-164.

[20] 陈茂胜．基于自抗扰控制永磁同步电机伺服系统研究[J]．微电机，2013，46(12)：51-54.

[21] 李海霞，高钟毓，张嵘，等．ESO增强四轴平台伺服系统抗扰能力的研究[J]．机械工程学报，2010，46(12)：182-187.

[22] TAKAHASHI A，TAKAKURA S，YOKOYAMA T. 2-degree-of-freedom deadbeat control with disturbance compensation for PMSM drive system using FPGA：The 2018 International Power Electronics Conference[C]. Niigata，Japan：IEEE，2018.

[23] ROVERE L，FORMENTINI A，ZANCHETTA P. FPGA Implementation of a novel oversampling deadbeat controller for PMSM drives[J]. IEEE transactions on industrial electronics，2019，66(5)：3731-3741.

[24] KIM K H，BAIK I C，MOON G W，et al. A current control for a permanent magnet synchronous motor with a simple disturbance estimation scheme[J]. IEEE Transactions on Control System Technology，1999，7(5)：630-633.

[25] MOHAMED YASSER ABDEL-RADY IBRAHIM，SAADANY EHAB F. El. A current control scheme with an adaptive internal model for robust current regulation and torque ripple minimization in PMSM vector drive[C]. 2007 IEEE International Electric Machines & Drives Conference. Antalya，Turkey：IEEE，2007(1)：300-305.

[26] MOHAMED YASSER ABDEL-RADY IBRAHIM. Design and Implementation of a robust current-control scheme for a PMSM vector drive with a simple adaptive disturbance observer[J]. IEEE Transactions on Industrial Electronics，2007，54(4)：1981-1988.

[27] MOHAMED YASSER ABDEL-RADY IBRAHIM，SAADANY EHAB F El. Robust high bandwidth discrete-time predictive current control with predictive internal model—a unified approach for voltage-source PWM converters[J]. IEEE Transactions on Power Electronics，2008，23(1)：126-136.

[28] 苗敬利．DSP原理及应用实例(TMS320F28335)[M]．北京：清华大学出版社，2021.

[29] 符晓，朱洪顺．TMS320F28335 DSP原理、开发及应用[M]．北京：清华大学出版社，2017.

附录

1. 绘制 G_c 对数频率特性的程序

```
%绘制 Gc 的 Bode 图
clc,
clear,
close all
La = 5.25e - 4;
ra = 15.1;
omega = 1/1.e - 4;
Kp = 6.25 * 10;
Ki = 6.25 * 100;
H = tf([ra * Kp, ra * (omega * Kp + Ki), ra * omega * Ki],[La, ra,ra * omega * (1 + Kp),ra * omega *
Ki]);
bode(H,'r')
xlim([0.01,1000000])
grid
```

2. 绘制 G_e 对数频率特性的程序

```
%绘制 Ge 的 Bode 图
clc,
clear,
close all
La = 5.25e - 4;
ra = 15.1;
omega = 1/1.e - 4;
Kp = 6.25 + 10;
Ki = 6.25 * 100;

H = tf([1, omega, 0],[La, ra, ra * omega * (1 + Kp), ra * omega * Ki]);
bode(H,'b')
xlim([0.01,1000000])
grid
```

3. 绘制 H_q 与 H_d 对数频率特性的程序

```
%绘制 Hq 与 Hd 的 Bode 图
clc,
clear,
close all
La = 6e - 3;
ra = 15.1;
omega = 1/4.48e - 4;
Kp = 180;
Ki = 420;
pwL = 0.36;

h1 = La^2;
h2 = 2 * La * (La * omega + ra);
h3 = 2 * La * ra * omega * (1 + Kp) + (La * omega + ra)^2 + (pwL)^2;
h4 = 2 * omega * [La * ra * Ki + ra * (La * omega + ra) * (1 + Kp) + (pwL)^2];
```

```
h5 = 2 * ra * (La * omega + ra) * omega * Ki + (ra * omega * (1 + Kp))^2 + (omega * pwL)^2;
h6 = 2 * ra^2 * omega^2 * (1 + Kp) * Ki;
h7 = (ra * omega * Ki)^2;

h31 = La * Kp;
h32 = La * (omega * Kp + Ki) + Kp * (La * omega + ra);
h33 = La * omega * Ki + (La * omega + ra) * (omega * Kp + Ki) + ra * omega * (1 + Kp) * Kp;
h34 = omega * Ki * (ra * Kp + La * omega + ra) + omega * ra * (1 + Kp) * (omega * Kp + Ki);
h35 = ra * omega * Ki * (2 * omega * Kp + Ki + omega);
h36 = ra * (omega * Ki)^2;

H = tf([ra * h31, ra * h32, ra * h33, ra * h34, ra * h35, ra * h36],[h1, h2, h3, h4, h5, h6, h7]);
bode(H,'r-.')
hold on

H = tf([ra * Kp, 2 * ra * omega * Kp + ra * Ki, ra * omega^2 * Kp + 2 * ra * omega * Ki, ra * omega^2 *
Ki, 0],…
  [h1, h2, h3, h4, h5, h6, h7]);
bode(H,'b')
xlim([0.01,1000000])
grid
legend('iq/iq * ','id/iq * ','Location','Best')
```

4. 绘制 H_{qe} 与 H_{de} 对数频率特性的程序

```
% 绘制 Hqe 与 Hde 的 Bode 图
clc,
clear,
close all
La = 6e-3;
ra = 15.1;
omega = 1/4.48e-4;
Kp = 180;
Ki = 420;
pwL = 0.36;

h1 = La^2;
h2 = 2 * La * (La * omega + ra);
h3 = 2 * La * ra * omega * (1 + Kp) + (La * omega + ra)^2 + (pwL)^2;
h4 = 2 * omega * [La * ra * Ki + ra * (La * omega + ra) * (1 + Kp) + (pwL)^2];
h5 = 2 * ra * (La * omega + ra) * omega * Ki + (ra * omega * (1 + Kp))^2 + (omega * pwL)^2;
h6 = 2 * ra^2 * omega^2 * (1 + Kp) * Ki;
h7 = (ra * omega * Ki)^2;

H = tf([La, 2 * omega * La + ra, omega * [(La * omega + ra) + ra * (1 + Kp)], omega * ra * [omega * (1
+ Kp) + Ki],...
  ra * omega^2 * Ki, 0],[h1, h2, h3, h4, h5, h6, h7]);
bode(H,'r-.')
hold on

H = tf([pwL, 2 * omega * pwL, omega^2 * pwL, 0, 0],[h1, h2, h3, h4, h5, h6, h7]);
bode(H,'b')
xlim([0.01,1000000])
grid
legend('iq/Kew','id/Kew','Location','Best')
```

第4章
位置环PID控制器设计

无刷直流电机和永磁同步电机的运动控制，在静止基座上通常采用三环控制方案：内环为电流环，中环为速度环，外环为位置环。但在运动基座上，为了避免基座牵连运动角速度带来的动态干扰力矩，人们通常采用双环路控制系统，即内环为电流环，外环为位置环。关于内环PI控制器的设计，已经在第3章中系统地讨论过了。鉴于任何伺服系统的外环控制都需要应用测角位置传感器和速度信号，因此，本章在讨论位置环路问题之前，先着力介绍常用的光电轴角编码器和感应同步器的测角系统及其连带的转速检测方法。

4.1　光电轴角编码器系统

在机电运动控制系统中，多数应用光电轴角编码器作为轴角测量传感器。光电轴角编码器又称光电角位置传感器，是一种集光、机、电为一体的精密数字测角装置。它以高精度计量圆光栅为检测元件，通过光电转换，将角位置信息转换成数字代码，具有精度高、测量范围广、体积小、重量轻、可靠性高及维护简便等优点，已被广泛应用于雷达、机器人、光电经纬仪及数控机床等诸多领域。本节主要介绍数字量光电编码器中的绝对式光电编码器和增量式光电编码器。

4.1.1　绝对式光电编码器

绝对式光电编码器是直接输出数字量的传感器。它由多条同心码道沿径向分布在圆盘上，每条同心码道都由不透光和透光扇面区依次相间构成，由里至外各码道的扇区数目依次对应二进制编码的位数 2^n。码盘的一侧是光源，另一侧是光电接收元件。当编码器位于不同的角位置时，各光电接收元件将接收不同强度的光，输出高低不同的电平信号，如图4-1所示。图中表示了两种不同形式的编码码盘，图4-1(a)所示为普通二进制编码码盘，图4-1(b)所示为格雷码(Gray code，一种具有反射特性和循环特性的单步自补码)码盘。

普通二进制码是有权码，这种编码的主要缺点是，当某一较高位编码改变时，所有比它低的各位编码均同时改变，造成输出的粗大误差。所以在绝对式编码器中一般都采用格雷码。格雷码是无权码，其码盘具有轴对称性。从某个位置转到相邻两个位置时，编码器 n 位中只有一位发生变化，因此只要适当控制各条码道的制作误差和安装误差，读数器就可以避免产生粗大误差。但测量精度越高，格雷码位数越多，构成码盘的码道数也越多。码道数越多，码盘的刻划难度也越大。图4-2所示为一个9位格雷码的码盘，其码道数也是9条。

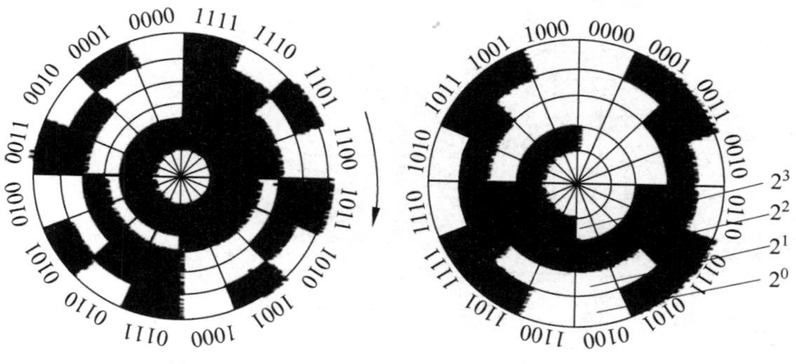

(a)　　　　　　(b)

图 4-1　绝对式光电编码器

(a) 4 位普通二进制编码码盘；(b) 4 位格雷码码盘

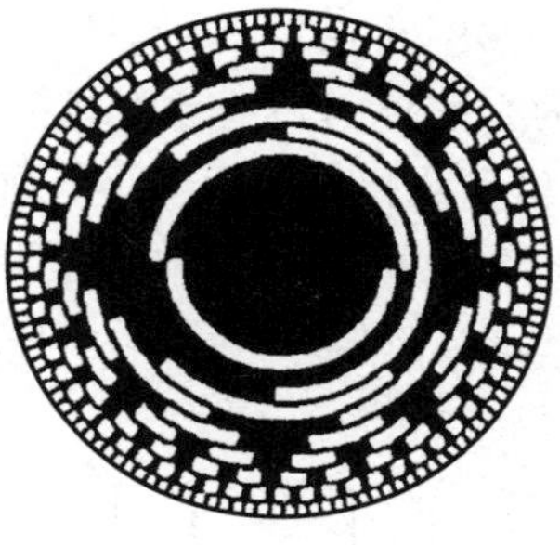

图 4-2　9 位格雷码码盘

该类编码器的光电接收元件是径向直线分布的，由于受到光电接收元件的尺寸影响，因此分辨率越高，相应码盘尺寸也越大。所以格雷码编码的绝对式编码器码盘的尺寸和分辨率两者是矛盾的，不能满足精度高、轻便、小型化等要求。

4.1.2　增量式光电编码器

增量式光电编码器不同于绝对式光电编码器，其码盘刻线间隔均匀，对应每个分辨率区间，输出一个增量脉冲方波，具有结构简单、易于实现小型化等优点。增量式光电编码器原理如图 4-3 所示。

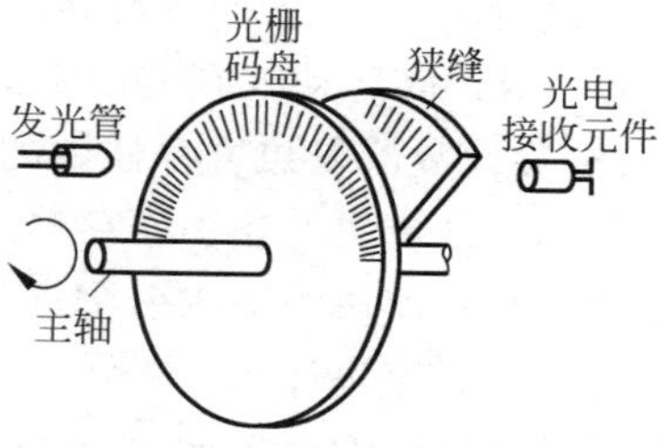

图 4-3　增量式光电编码器原理

其由发光管、光栅码盘、狭缝和光电接收元件构成。其中，光栅码盘和狭缝组成一对光栅副，主轴带动光栅码盘与狭缝形成相对运动。发光管发出的光透过相对运动的光栅副，形成莫尔条纹信号。光电接收元件将莫尔条纹光信号转换为电信号，进而实现角度测量。

增量式光电编码器输出三对差分信号 OA＋、OA－，OB＋、OB－及 OZ＋、OZ－，它们分别被送入光电隔离和整形接口电路，如图 4-4 所示。

注意，图 4-4 中只给出了增量式光电编码器输出的 OA＋、OA－一对信号的光电隔离

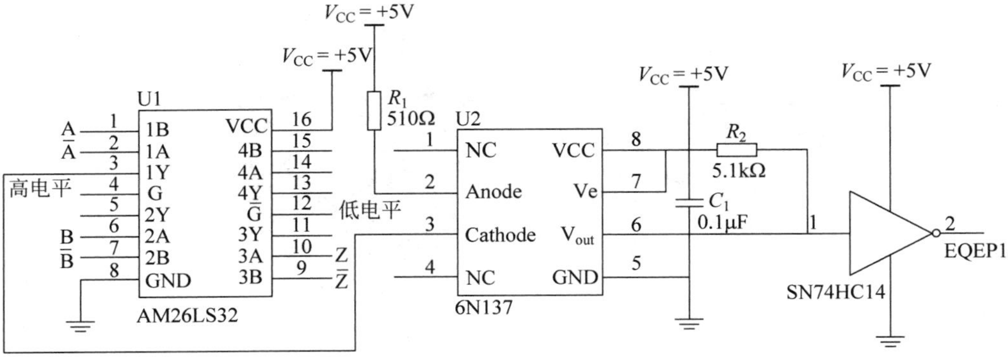

图 4-4 增量式光电编码器接口电路

和整形电路。图中的 AM26LS32 芯片用于差分信号接收，高速光耦芯片 6N137 用于数字信号和模拟信号的隔离，高速 CMOS 反相器 SN74HC14 用于对输入脉冲信号的整形。OB+、OB-和 OZ+、OZ-信号的光电隔离和整形电路与图 4-4 相同。转换后的输出信号为 A、B、Z 三路信号。其中，A、B 信号的相位差为 90°，Z 信号标志编码器绝对零位。

经过光电隔离和整形后，A、B、Z 三路信号送至 TMS320F28335 外设 eQEP 模块的引脚 EQEP1A、EQEP1B、EQEP1I 进行正交解码。正交编码脉冲、定时器计数脉冲和计数方向信号时序逻辑如图 4-5 所示。

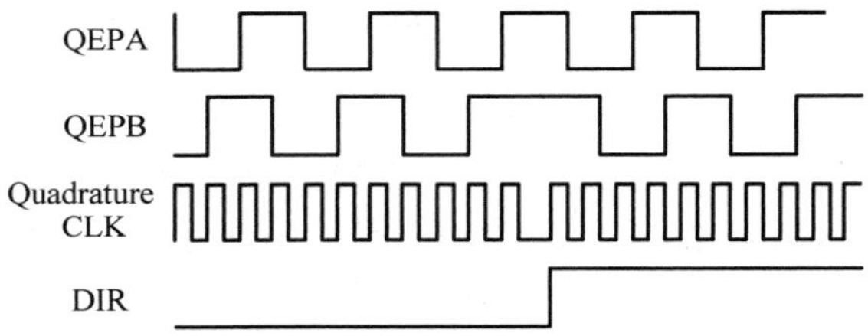

图 4-5 正交编码脉冲、计数脉冲及计数方向信号时序逻辑

根据脉冲信号 QEPA 和 QEPB 的相位关系可以判定编码器旋转方向。解码之后得到 4 倍频的位置脉冲信号和方向信号，送入位置计数器 QPOSCNT 中进行脉冲计数。顺时针旋转时进行增计数，逆时针旋转时进行减计数。根据脉冲索引信号 QEPI 可判定编码器绝对位置：当正向运动收到 QEPI 位信号时，位置计数器复位为 0；当反向运动收到 QEPI 信号时，位置计数器复位寄存器内的值为 QPOSMAX。

在 eQEP 模块的相关寄存器进行配置后，只要将经过隔离和整形后的光电编码器信号连接到 eQEP 模块的输入引脚，就可以检测出电机转向、角位置，以及计算出转速。这样，极大地简化了系统设计。

通过程序读取位置计数器 QPOSCNT 的值，就可以得到电机实际位置信息。对角度进行归一化处理的条件下，电机旋转一周机械转角为 1，则机械角度和电气角度的计算公式可分别表示为

$$\text{Mech\_Theta} = \text{QPOSCNT}/4N \tag{4-1}$$

$$\text{Elec\_Theta} = \text{PolePairs} \times \text{QPOSCNT}/4N \tag{4-2}$$

式中，QPOSCNT 表示位置计数器寄存器的值；N 为增量式光电编码器的线数；PolePairs

表示电机的极对数。

4.1.3　电机转速测量

电机转速检测是闭环控制中的最关键部分。为了精确地控制位置和/或速度，除了精确地测量实时位置以外，还需要精确地测量实时转速。在 eQEP 模块内部集成了一个正交捕获单元 QCAP，专用于测量电机转速。正交捕获单元 QCAP 的功能框图如图 4-6 所示。

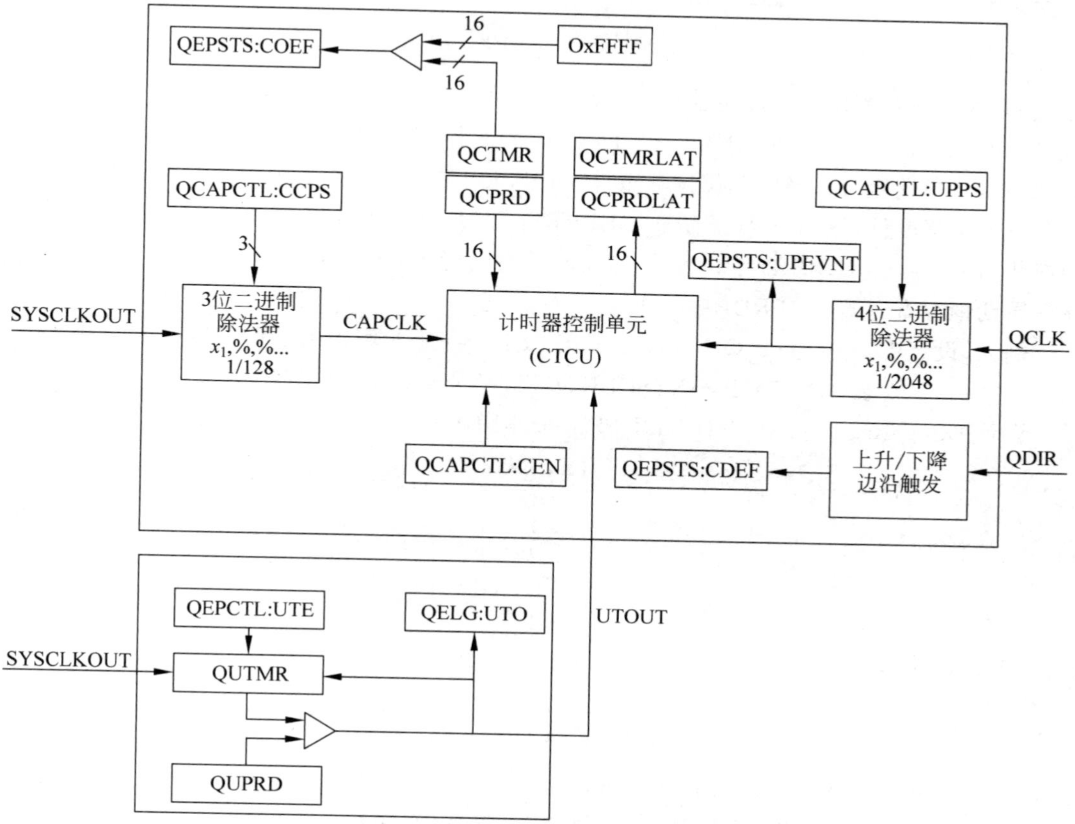

图 4-6　正交捕获单元 QCAP 功能框图

增量式光电编码器信号经过正交解码后，获得的正交编码脉冲信号 QCLK 和转向信号 QDIR 送给正交捕获单元 QCAP，处理后获得转速数据。基于增量式光电编码器，eQEP 模块提供了两种测速方式，即低速测量和高速测量。具体计算程序包括变量定义、初始化及测速三个程序文件，完成转速与角度的测量。

1. 低速测量 T 法

低速测量采用定角测时，称为 T 法。也就是通过设定正交编码脉冲数，计量在此脉冲数内消耗的时间，从而计算出速度。测量低速的计算公式如下：

$$v(k)=\frac{X}{t(k)-t(k-1)}=\frac{X}{\Delta T} \tag{4-3}$$

式中，变量 X 对应于由 QCAPCTL：UPPS 位确定的单位位移。单位位移 X 定义为若干个正交编码脉冲数，如图 4-7 所示。

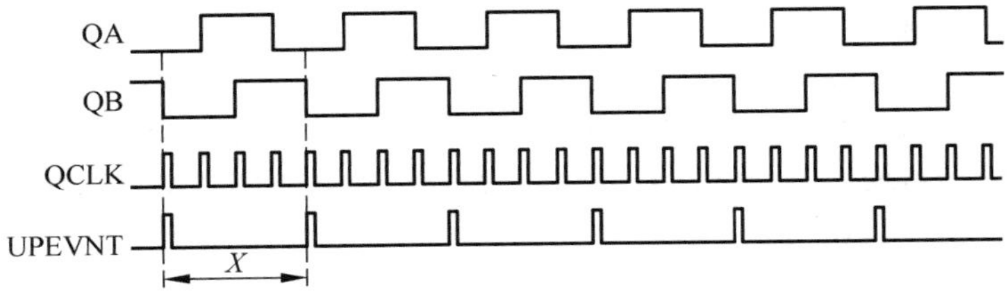

图 4-7　单位位移的定义

ΔT 对应捕获周期锁存寄存器 QCPRDLAT 的值。通过设置捕获控制寄存器 QCAPCTL：CCPS 位，系统时钟 SYSCLKOUT 分频后为捕获时钟 QCTMR。通过设定寄存器 QCAPCTL：UPPS 位，确定单位位移事件 UPEVENT。每经过 X 个正交编码脉冲数，出现一个单位位移事件，这时状态寄存器 QEPSTS：UPEVENT 置位，QCTMR 的值自动加载到捕获周期寄存器 QCPRD 中；然后，捕获时钟自动清零，CPU 自动把 QCPRD 的值锁存到捕获周期锁存寄存器 QCPRDLAT 中。

例如，设置 EQep1Regs. QCAPCTL. bit. CCPS=$k+2$，则边沿捕获时钟为

$$\text{QCTMR}=\text{SYSCLKOUT}/2^{k+2}=150\times 10^6/2^k$$

设置 EQep1Regs. QCAPCTL. bit. UPPS=k，则单位位移事件为 UPEVNT=QCLK/2^k。

$$\Delta T=(t_2-t_1)\times\frac{\text{QCAPCTL: CCPS}}{150\times 10^6}=(t_2-t_1)\times\frac{2^{k+2}}{150\times 10^6}$$

归一化位移为

$$X=\frac{\text{QCAPCTL: UPPS}}{4N}=\frac{2^k}{4N}$$

于是，T 法的测速公式可改写为

$$n_{\mathrm{T}}=\frac{\text{QCAPCTL: UPPS}}{4N}\times\frac{60\times 150\times 10^6}{\text{QCAPCTL: CPPS}\times(t_2-t_1)}=\frac{562.5\times 10^6}{N(t_2-t_1)}\ \text{r/min}\tag{4-4}$$

式中，UPPS 和 CPPS 为其代表的分频系数，分别为 2^k 和 2^{k+2}；N 为增量式光电编码器的线数；t_2-t_1 为捕获周期锁存寄存器 QCPRDLAT 的值，单位为 s。

2. 高速测量 M 法

高速测量采用定时测角，称为 M 法。也就是在设定的单位时间内，计量采集到的正交编码脉冲数，从而计算出速度。计算公式如下：

$$v(k)=\frac{X(k)-X(k-1)}{T}=\frac{\Delta X}{T}\tag{4-5}$$

eQEP 模块中还有一个 32 位单位时间定时器 QUTMR，由 SYSCLKOUT 提供时钟（见图 4-6 下半部分），用于产生速度计算的周期性中断。当单位时间定时器 QUTMR 与单位时间周期寄存器 QUPRD 相匹配时，单位超时中断 QFLG:UTO 置位，同时位置计数器 QPOSCNT 的值被锁存到捕获周期锁存寄存器 QCPRDLAT 中。

例如，设置 EQep1Regs. QUPRD=1.5×10^6 和 SYSCLKOUT=150MHz 时，则单元定时器 QUTMR 的 $T=1.5\times 10^6/(150\times 10^6)\text{s}=10\text{ms}$，使得 M 法测速的标准值为

$$n_{M}=\frac{X(k)-X(k-1)}{4N}\times\frac{60}{1\times 10^{-2}}=\frac{1500\Delta X}{N}\ \mathrm{r/min} \tag{4-6}$$

式中，$\Delta X=\mathrm{QPOSLAT}(k)-\mathrm{QPOSLAT}(k-1)$为采集到的正交编码脉冲数。

3. M/T 法测速

1）常规 M/T 法

将 M 法和 T 法结合在一起使用的 M/T 测速方法的原理如图 4-8 所示，它是在一定的时间范围内，同时对正交编码脉冲个数 M_1 和捕获时钟的个数 M_2 进行计数。

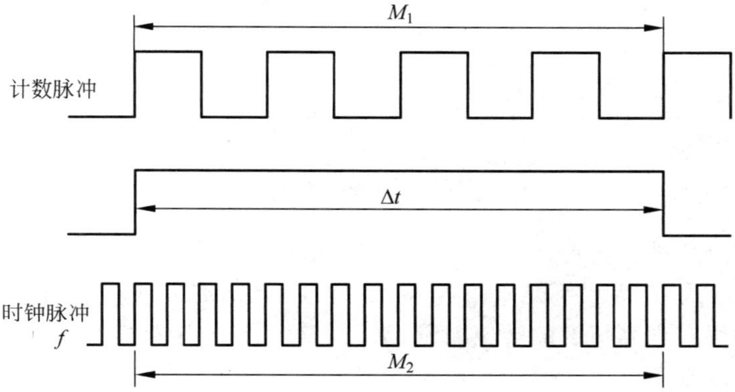

图 4-8　M/T 法测速的基本原理

假设时钟频率为 f_{clk}，编码器线数为 N，则用 M_2 计算出的时间替代定时器的时间 $\Delta T=M_2/f_{\mathrm{clk}}$，归一化位移 $X=M_1/4N$，计算电机的转速如下：

$$v(k)=\frac{60X}{\Delta T}=\frac{15M_1 f_{\mathrm{clk}}}{NM_2}\ \mathrm{r/min} \tag{4-7}$$

2）加权平均变 M/T 法

考虑到 M 法与 T 法的测量误差具有互补性：在低速区域，采用 T 法可精确地进行转速测量。例如，由正交编码脉冲提供一个固定的位移变化信息，通过计数器寄存器中的值计算两个脉冲之间的间隔时间，然后计算得到电机的转速。如果速度提高，则计量时间缩短，导致 T 法的相对测量误差随着测量速度增加而增大。在高速区域，M 法在确定的时间间隔内读取正交编码脉冲数，并与上一次的正交编码脉冲数求差后获得固定时间间隔内的位移量，然后除以固定时间即获得测量速度。随着速度降低，计量脉冲数减少，导致 M 法的相对测量误差随着测量速度下降而增大。因此，T 法适用于低速测量，而 M 法适用于高速测量。

在余下的中速区域，采用变权重加权方法求取速度值。即最终速度由 T 法和 M 法测得的速度分别乘以相应的加权系数后，由下式确定：

$$n=an_{\mathrm{T}}+bn_{\mathrm{M}} \tag{4-8}$$

式中，a 和 b 为权重系数，$a+b=1$。其中，a 取值如下：

$$a=\begin{cases}1, & n_{\mathrm{M}}+n_{\mathrm{T}}\leqslant 2n_{\mathrm{L}}\\ 1-\dfrac{1}{n_{\mathrm{H}}-n_{\mathrm{L}}}\left(\dfrac{n_{\mathrm{M}}+n_{\mathrm{T}}}{2}-n_{\mathrm{L}}\right), & 2n_{\mathrm{L}}<n_{\mathrm{M}}+n_{\mathrm{T}}<2n_{\mathrm{H}}\\ 0, & n_{\mathrm{M}}+n_{\mathrm{T}}\geqslant 2n_{\mathrm{H}}\end{cases} \tag{4-9}$$

式中，n_H、n_L 分别为高、低速区域门限值，式(4-9)第2式应用了等误差原则进行外延后加权选取 a，b 的单位为"1"。相应权重函数图形如图4-9所示。

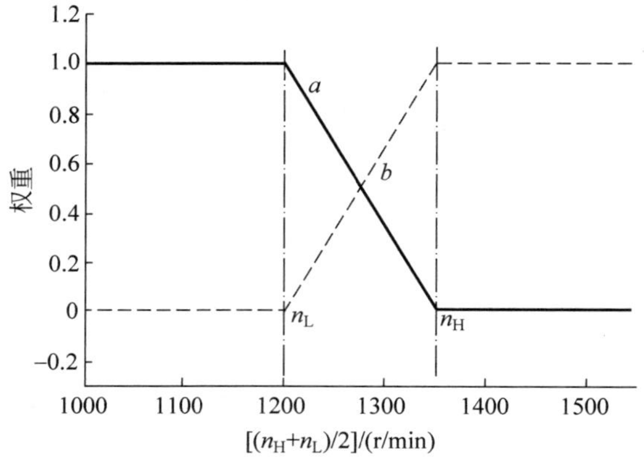

图4-9　权重函数选取

利用MATLAB进行仿真计算，得出相对误差曲线，如图4-10所示。图中，f_r 为M法测速误差曲线，p_r 为T法测速误差曲线，s_p 为加权平均M/T法测速误差曲线。在整个运行转速范围内均可实现高精度的转速测量，最大相对误差位于高速与低速之间的过渡区域，不超过检测速度的0.7%。

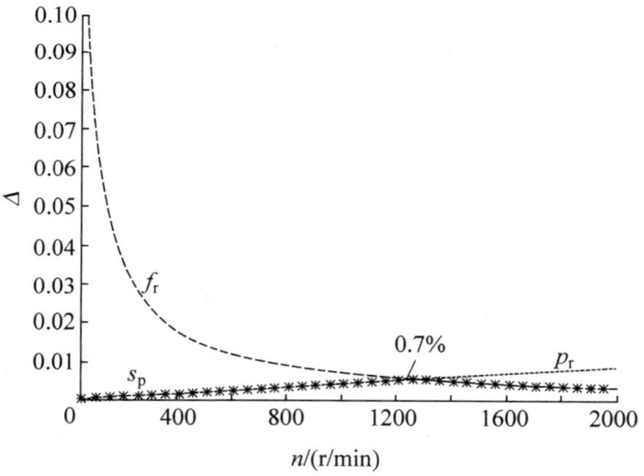

图4-10　相对误差与检测转速的关系曲线

3）基于卡尔曼滤波的变M/T法

该方法既能有效地滤除测速过程中的噪声和干扰，又能根据过去时刻的测速状态得到下一时刻的预测值，判断估计值状态范围，选择下一时刻的最佳采样周期或脉冲数，结合现时的测量值与预测值得到高精度的转速最优估计值。

增量式光电编码器在测速过程中，无论是T法测速还是M法测速，本质上均是通过计量一段时间间隔 ΔT 与相应的正交编码脉冲数 $X(k)$，计算这段时间间隔内的角速度 $v(k)$，即 $v(k)=X(k)/(4N\Delta T)$。其中，N 为编码器的线数。因此，可以将测速过程描述为一个离散时间的随机过程。进一步，假设被测速度是一个随机线性增长的过程，那么，采用随机线性离散系统建模，可得系统方程：

$$v(k)=v(k-1)+b(k)u(k)+w(k) \tag{4-10}$$

观测方程：

$$z(k)=v(k)+n(k) \tag{4-11}$$

式中，$w(k)$和 $n(k)$分别为过程噪声和测量噪声；$b(k)=[v(k-1)-v(k-2)]/[t(k-1)-t(k-2)]$为控制增益；$u(k)=t(k-1)$为控制变量。

假设 $w(k)$和 $n(k)$是互不相关的零均值白噪声序列，它们的协方差分别为

$$E\{w(k)w(j)\}=q(k)\delta_{kj} \quad 和 \quad E\{n(k)n(j)\}=r(k)\delta_{kj}$$

于是，根据式(4-10)和式(4-11)，可设计卡尔曼滤波器如下：

时间传播方程：

$$\begin{cases} v(k^-)=v(k-1^+)+b(k)u(k) \\ P(k^-)=P(k-1^+)+q(k) \end{cases} \tag{4-12}$$

测量修正方程：

$$\begin{cases} v(k^+)=v(k^-)+K(k)[z(k)-v(k^-)] \\ K(k)=P(k^-)[P(k^-)+r(k)]^{-1} \\ P(k^+)=[I-K(k)]P(k^-)[I-K(k)]+K(k)r(k)K(k) \end{cases} \tag{4-13}$$

卡尔曼滤波型变 M/T 法测速原理流程图如图 4-11 所示。

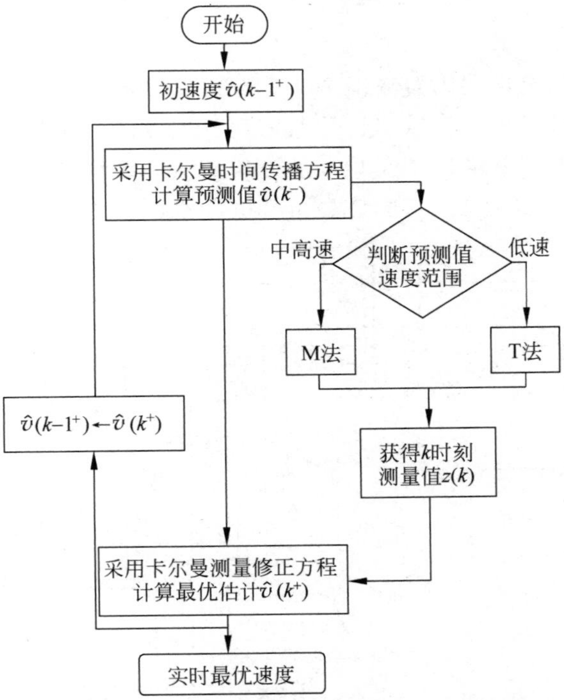

图 4-11　卡尔曼滤波型变 M/T 法测速原理流程图

在电机起动阶段，由于转速较低，采用 T 法获得目前时刻的角速度 $\hat{v}(k-1^+)$；到下一时刻，由卡尔曼滤波器时间传播方程算出最优预测值 $\hat{v}(k^-)$，并判断 $\hat{v}(k^-)$的速度范围。如果 $\hat{v}(k^-)$处于低速区域，则采用 T 法测量给定单位正交脉冲数目的高频计时脉冲的时间，以获得测量值 $z(k)$；如果 $\hat{v}(k^-)$处于中高速区域，则采用 M 法测量给定单位时间间隔

内的正交编码脉冲数目，以获得测量值 $z(k)$。结合预测值 $\hat{v}(k^-)$ 和测量值 $z(k)$，通过卡尔曼测量修正方程计算出 k 时刻的最优估计值 $\hat{v}(k^+)$，作为编码器测量的实时精确转速。然后，将最优估计值 $\hat{v}(k^+)$ 作为卡尔曼算法的新一轮输入，循环迭代计算下去。试验结果证明，该变 M/T 测速方法能够在电机整个转速区域给出相对实时、精确的速度值，对提高光电编码器动态测速精度具有实际意义。

4.2　角秒级增量式光电编码器电路设计

直驱式 PMSM 伺服系统的精度提高，要求角位置传感器的分辨率和精度随着提高，提出了 1″级增量式（20 位以上）光电编码器细分鉴相与可逆计数器电路设计的需求。考虑到 eQEP 模块的位置计数器只有 16 位，不满足角秒级输出分辨率要求，因此，增量式光电码盘的细分鉴相电路需要另行设计，其方案有很多种，例如，参见文献[1-3，30-33]。这些不同的方案具有共同的特征，就是接收增量式光电编码器的两路正交方波脉冲信号 INA 和 INB，通过过滤信号中包含的抖动与高频噪声、细分与鉴相电路，输出光电编码器的转向信号 DER 和四细分后的脉冲信号 PLOUT。DER 为高电平时，计数器做加法；DER 为低电平时，计数器做减法。为了提高计算速度，可逆计数器必须是同步计数型的。

4.2.1　总体原理框图

为了全量计数 1″级光电编码器输出 360°（360°＝1296000″）的脉冲数，我们选用 Altera 的 Quartus Ⅱ 9.0 设计环境，利用 Cyclone Ⅲ系列 FPGA 的芯片 EP3C10E144C8，设计了类似文献[2-3]的细分与鉴相电路 Block2，以及由 jsq1 和 jsq2 级联组成的二进制 24 位同步可逆计数器，总体原理电路见图 4-12。基于 Quartus Ⅱ 9.0 建立工程、编译及仿真过程见本章附录。

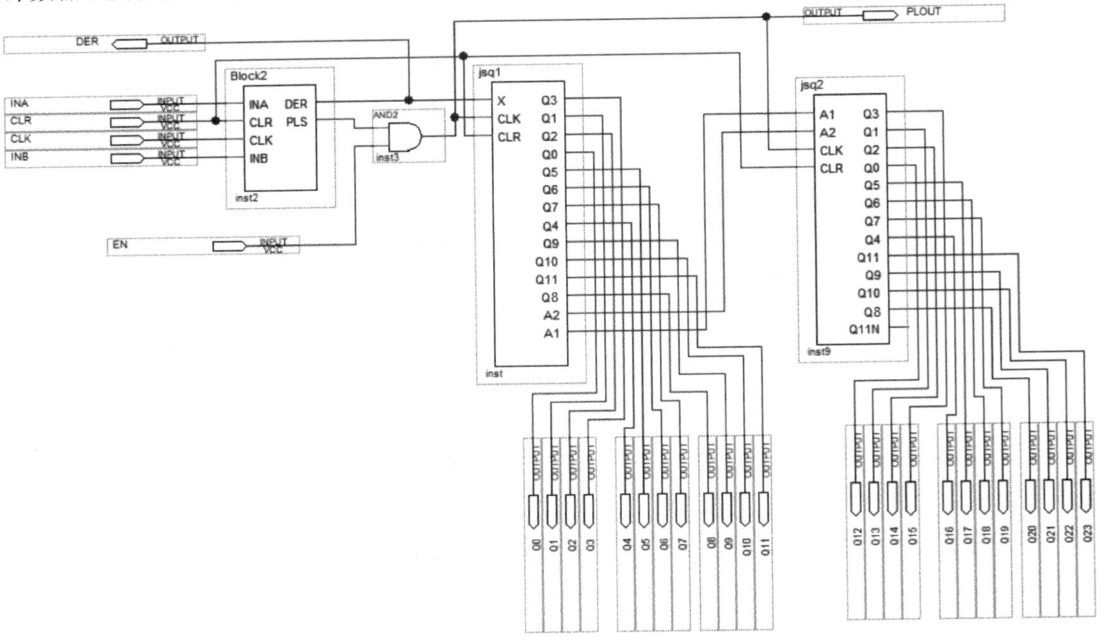

图 4-12

图 4-12　增量式光电编码器的细分、鉴相与可逆计数器的总体原理电路

4.2.2　细分与鉴相电路

图 4-12 中，Block2 模块包含四细分与鉴相电路，其原理框图如图 4-13 所示。

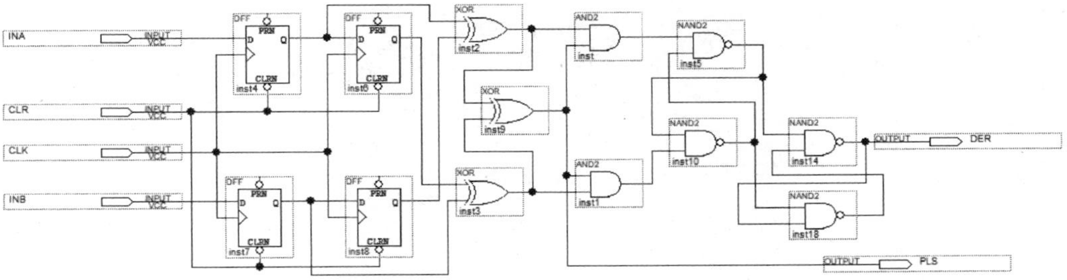

图 4-13

图 4-13　增量式光电编码器的四细分与鉴相电路原理框图

4.2.3　高速同步可逆计数器电路

jsq1 模块和 jsq2 模块分别为高速同步可逆计数器的前级 12 位和后级 12 位，级联后组成 24 位高速同步计数器。前级和后级的可逆计数器原理电路分别如图 4-14 和图 4-15 所示。

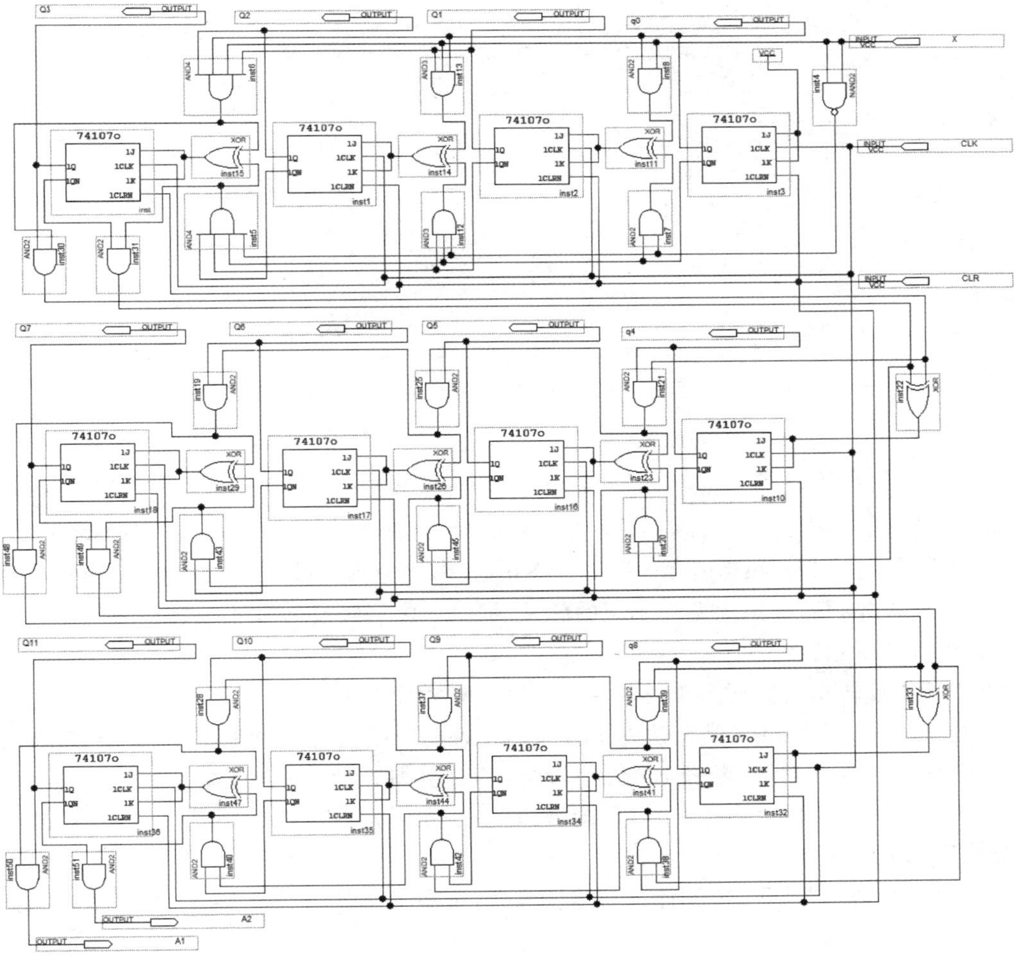

图 4-14

图 4-14　前级 12 位高速同步可逆计数器 jsq1 原理电路

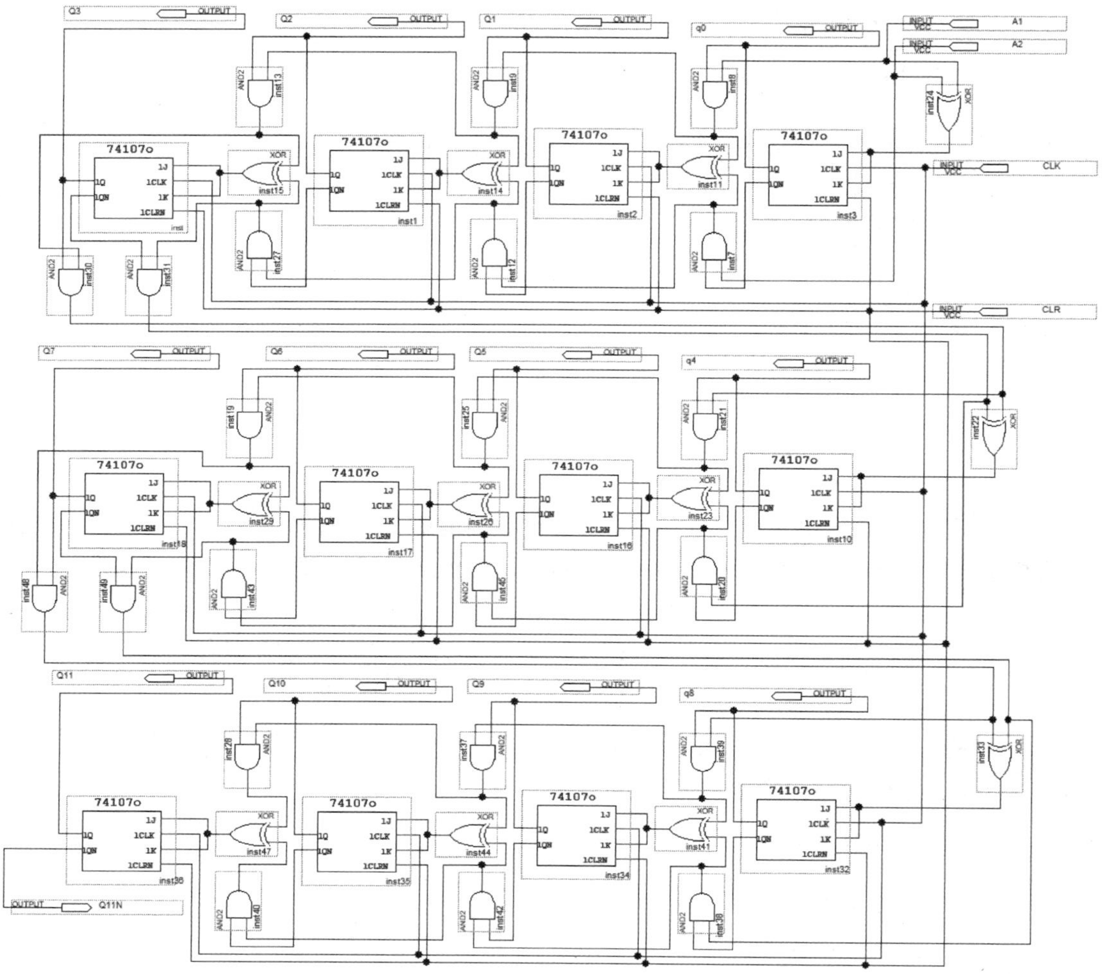

图 4-15

图 4-15　后级 12 位高速同步可逆计数器 jsq2 原理电路

4.2.4　功能仿真结果

利用 QuartusⅡ9.0 仿真软件，选用仿真时钟 CLK 周期为 500ns，终止时间 2.097s；CLR 和 EN 分别从 $0\mu s$ 和延迟 $2\mu s$ 置 1 至终止时刻，光电编码器输出脉冲 INA 和 INB 周期为 $4\mu s$，经过四分频后输出周期为 $1\mu s$ 的脉冲序列。其正转、反转及正反转各一周的功能仿真图如图 4-16 所示。

在上述正反转功能仿真图 4-16(c)中，令每一脉冲代表 $1''$，正反向旋转各一周为 $\pm 360 \times 3600 = \pm 1296000$ 个脉冲。其余仿真参数与图 4-16(a)、(b)相同，位置计数脉冲周期为 $1\mu s$。为了便于仿真正反转情况，断开 Block2 模块的输出引脚 DER，将 jsq1 模块的输入端 x 接输入引针 DER。由 DER 输入转向信号，前半段 1.296s 设为高电平，后半段 1.296s 设为低电平，分别表示光电编码器正转和反转各一周。

关于后续的数据采集、角度计数与速度测量，可参考文献[12]及上一节的变 M/T 法。

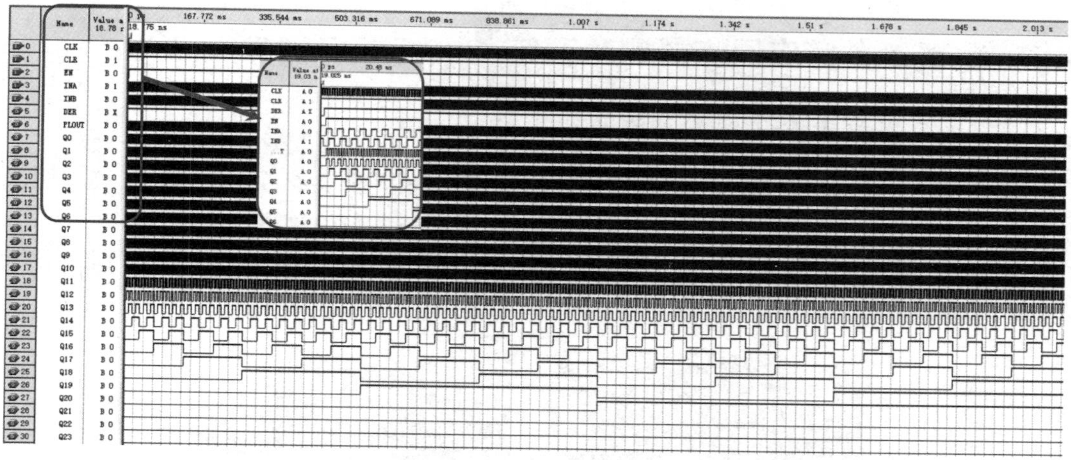

(a)

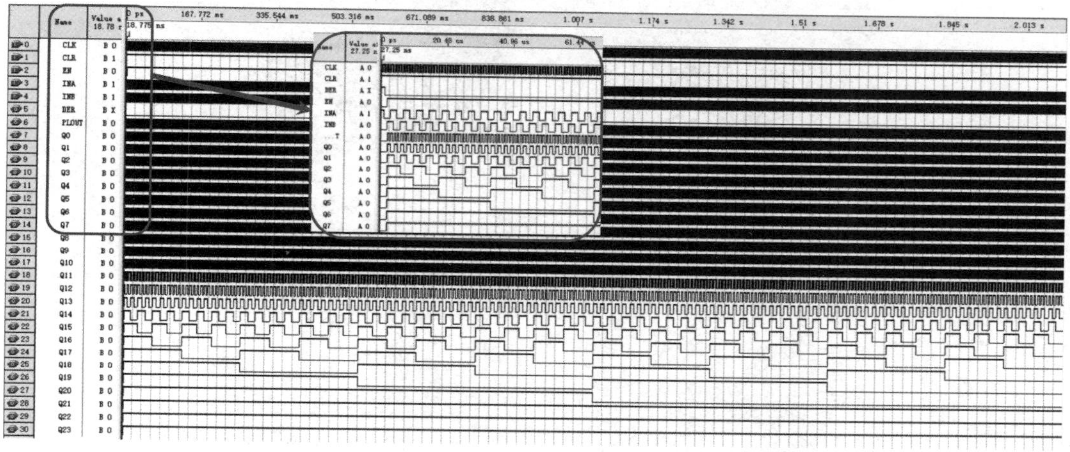

(b)

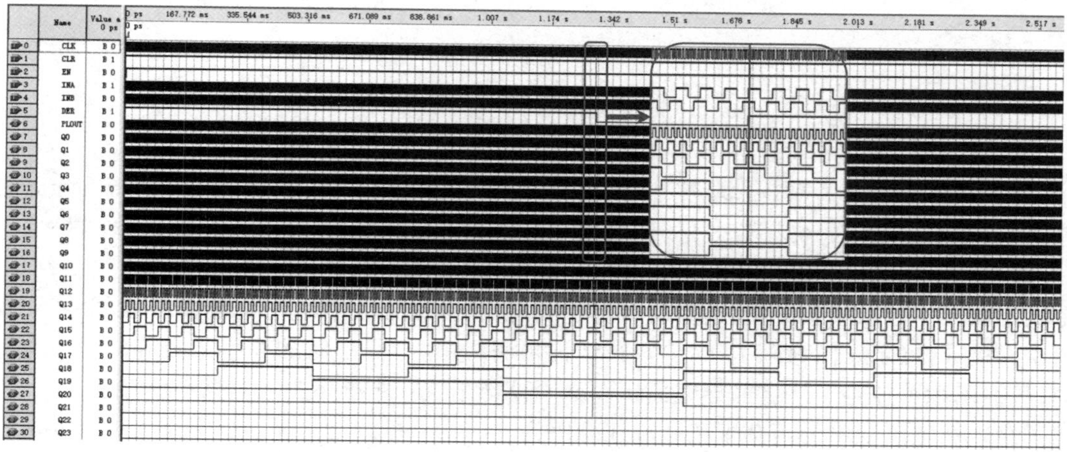

(c)

图 4-16　光电编码器功能仿真

(a) 正转脉冲数为 $2^{21}=2097152$ 的功能仿真图；(b) 反转脉冲数为 $2^{21}=2097152$ 的功能仿真图；(c) 正反向旋转各一周功能仿真图

4.3 粗精组合感应同步器测角系统

4.3.1 感应同步器盘片结构与测角原理

圆感应同步器用于构建位置伺服系统的测角元件，具有精度高、可靠性好、安装方便、维护简单以及环境适应性强等优点，人们经常用其组成高精度角位置测量系统。

在高精度位置伺服系统中，为了测量绝对角度，通常采用粗精组合感应同步器作为测角元件。它由定子盘片和转子盘片组成，如图 4-17 所示。

(a)

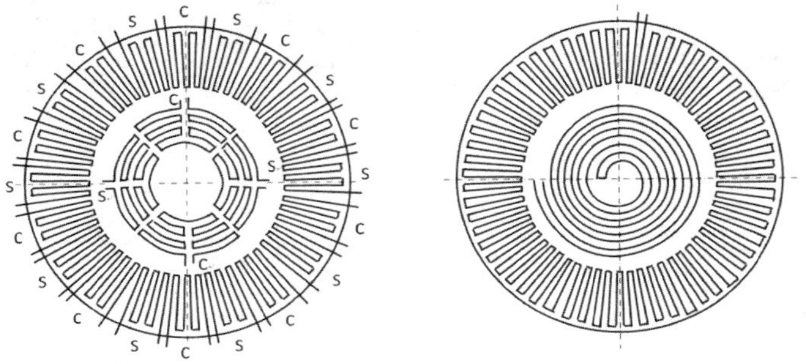

(b)

图 4-17 粗精组合感应同步器盘片

(a) 定子与转子实物照片；(b) 定子分段绕组与转子连续绕组

图 4-17(a)所示为盘片实物照片，图 4-17(b)所示为绕组分布示意图。左边图为定子分段绕组，里圈表示 1 对极 4 段 4 排(示意图只画了 3 排)结构的正余弦粗测绕组，外圈为 360 对极(示意图仅画出 60 对极)的正余弦精测绕组。粗、精测都分余弦 C 绕组和正弦 S 绕组，分别串联在一起形成余弦粗、精测绕组与正弦粗、精测绕组。右边图为转子连续绕组，里圈是 1 对极 6 排(示意图只画了 4 排)双极结构粗测绕组，导线形状的曲率半径和螺距全部相同，导线面积覆盖定子绕组的导线面积以减少外部干扰；外圈为 360 对极精测绕组。图中，转子绕组和定子绕组的阿基米德螺旋线螺距为 5.4mm，极距为 2.7mm，导体宽 1.9mm，间隙 1.9mm。为了保证绕组耦合电势的相位一致性，转子绕组与定子绕组的螺旋方向相反。使用时，绕组面对面安装，使机械角位置旋转方向与耦合磁场强弱变化方向一致。

粗精组合感应同步器的转子绕组与定子绕组的尺寸按实际设备结构需求确定。粗测绕组尺寸比旋转变压器径向尺寸小、孔径大，适合设备结构尺寸限制的要求。

从理论上来说，1 对极感应同步器的制造工艺要求较高，其螺旋线绕组的刻制精度是直接影响测角精度的，因为 1 对极绕组基本上是没有误差平均效应的，而且，螺距受结构尺寸限制不可能设计得很大。如果刻制误差为 1μm，将会带来 4′的测角误差。为了保证刻制精度，必须采用专用的角度与位移相组合的光刻机来刻制阿基米德螺旋线。

感应同步器的工作方式有两种。一种为鉴相型测角工作方式，采用正余弦电压激磁定子双相绕组，转子单相绕组输出；其测角精度依赖于双相激励电压的幅值对称性和相位正交性，受环境温度变化影响比较严重，难以达到角秒级的测角精度。另一种为鉴幅闭环跟踪型测角工作方式，采用转子单相绕组激磁、定子双相绕组输出；该方案采用闭环跟踪，直接由轴角-数字转换集成电路模块（R/D 芯片，如 AD2S83）转换为数字输出，转换精度高、速度快，抗干扰能力强，并能同时提供模拟角速度信号输出。其测角工作原理如图 4-18 所示。

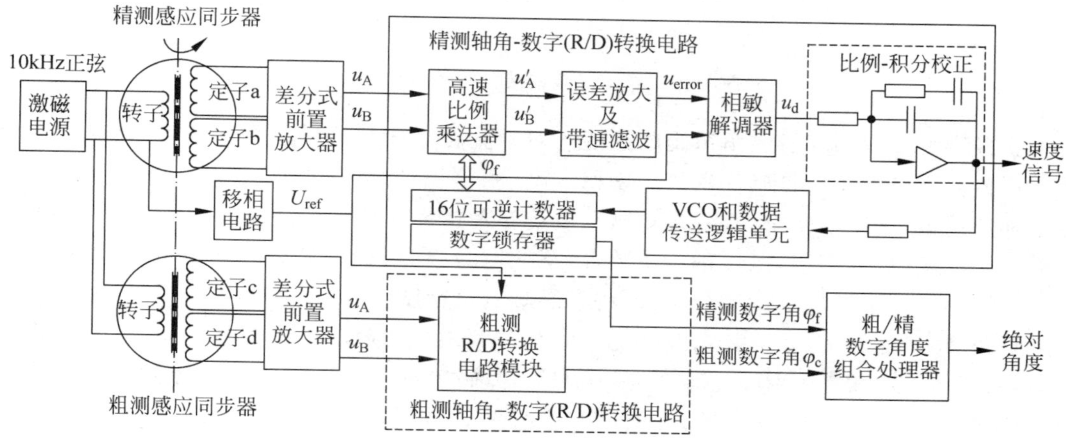

图 4-18　粗精组合鉴幅闭环跟踪型感应同步器测角工作原理

由图 4-18 易见，粗精组合感应同步器测角系统分粗测和精测两个并行通道。这两个通道的硬件配置相同。粗测通道的数字输出角 φ_c 与精测通道的数字输出角 φ_f 通过粗精组合后，获得既具有粗通道测量范围又具有精通道测量分辨率和精度的绝对角度。轴角-数字转换电路还可以输出模拟速度信号。

粗精组合感应同步器的粗测通道测角分辨率为 0.02°，测角为 0.02°～359.92°；精测通道的测角分辨率为 0.00006°，测角为 0.00006°～0.99996°。粗精双通道组合后，可组成测角分辨率为 0.216″、测角为 0°～360°的高精度绝对角位置测角系统。

4.3.2　感应同步器测角电路

根据图 4-18 所示粗精组合感应同步器的测角工作原理可知，除了激励电源和粗/精数字角度组合处理器为两个通道共用以外，粗测通道和精测通道的硬件配置是相同的，它们都包括 10kHz 正弦激励电源、感应同步器、差分式前置放大器、轴角-数字（R/D）转换电路模块，以及粗/精数字角度组合处理器，如图 4-19 所示。

下面针对图 4-19 所示的各个硬件模块，详细讨论它们的工作原理和参数设计。

1. 激磁电源

激磁电源用于提供感应同步器的激磁信号，以及轴角转换的参考信号。激励信号的优

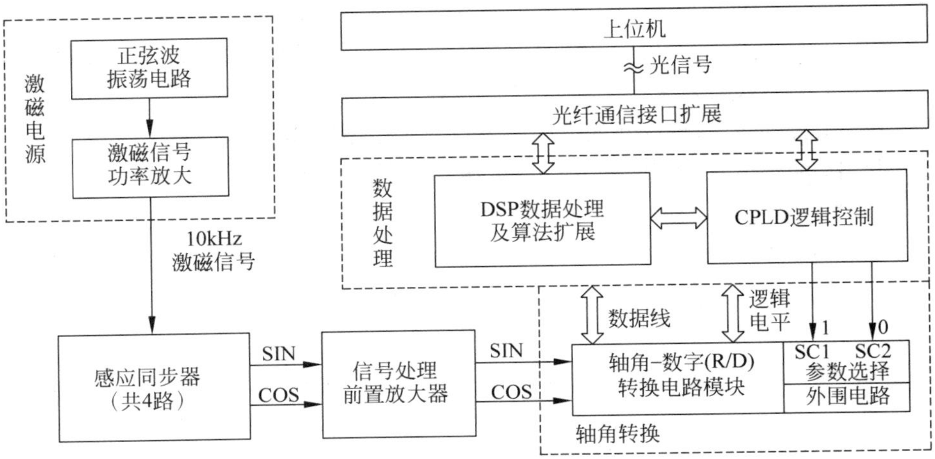

图 4-19　感应同步器测角系统硬件配置

劣将直接影响感应同步器测角系统的性能。对于鉴幅式闭环跟踪型测角方案，转子单相绕组的正弦波激磁电源应具有优良的频率稳定度、幅值稳定度及波形失真度。感应同步器的电压耦合系数、定子与转子的绕组阻抗，以及旋转角速率的最大容许值都与激励电源的频率有关。一般来说，频率高，电压耦合系数大、感应电势强，可提高旋转角速率的最大容许值。然而，频率高，定子和转子的感抗增大，将会影响测角精度。

轴角-数字变换（R/D）集成电路芯片（如 AD2S83）通常要求信号频率范围不大于 20kHz。经综合考虑，选用励磁频率为 10kHz。激磁电源可采用自动增益控制（AGC）型维恩电桥（Wien bridge）RC 振荡器，其原理电路如图 4-20 所示。

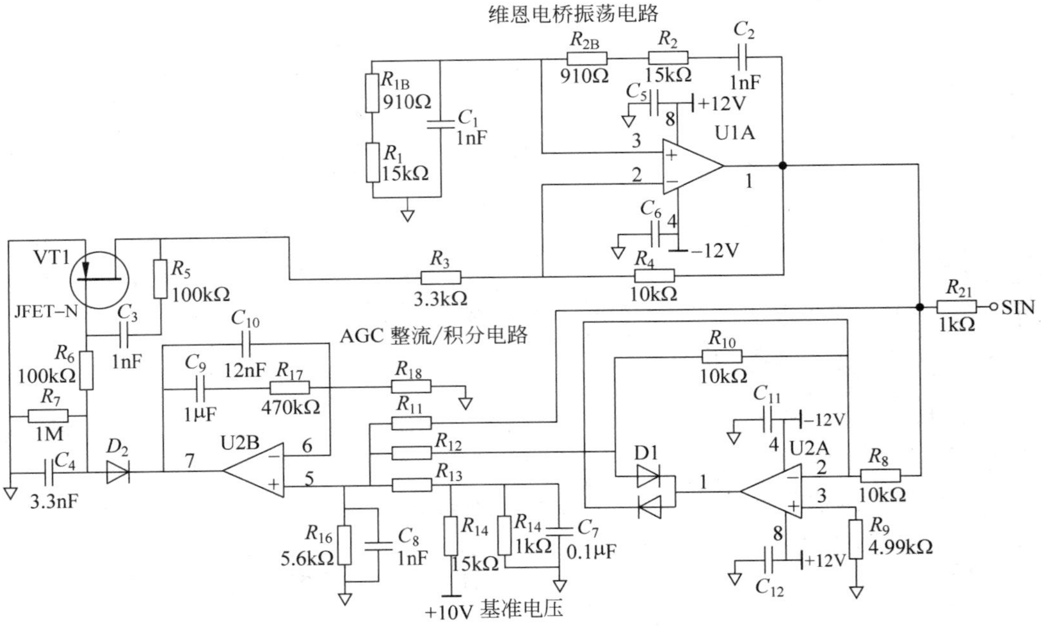

图 4-20　AGC 型维恩电桥 RC 振荡器原理电路

图4-20包括两部分电路：主振荡电路和振幅稳定电路。维恩电桥振荡电路的工作原理如下：运算放大器U1A的正端输入由其输出电压通过维恩电桥分压提供。维恩电桥的传递函数可表示为

$$\frac{u_f(s)}{u_0(s)}=\frac{R_1+R_{1B}C_2s}{R_1+R_{1B}C_2s+(R_1+R_{1B}C_1s+1)(R_2+R_{2B}C_2s+1)} \tag{4-14}$$

选择$R_1=R_2=15\text{k}\Omega, R_{1B}=R_{2B}=910\Omega, C_1=C_2=1\text{nF}$，则有

$$\left.\frac{u_f(s)}{u_0(s)}\right|_{s=\text{j}2\pi f_0}=1/3 \tag{4-15}$$

式中，$f_0=1/2\pi(R_1+R_{1B})C_1=10\text{kHz}$。令U1A的放大倍数等于+3，则运算放大器U1A在维恩电桥正反馈的条件下，有下列电压平衡方程：

$$u_0(s)=\frac{3s(R_1+R_{1B})C_2u_0(s)}{(R_2+R_{2B})C_2(R_1+R_{1B})C_1s^2+s[(R_1+R_{1B})C_1+(R_2+R_{2B})C_2+(R_1+R_{1B})C_2]+1}$$

或者，简化为

$$(R_2+R_{2B})C_2(R_1+R_{1B})C_1s^2+1=0$$

显然，该方程具有一对虚根：

$$s_{1,2}=\frac{\text{j}}{\sqrt{(R_2+R_{2B})C_2(R_1+R_{1B})C_1}}=\text{j}2\pi f_0 \tag{4-16}$$

这意味着在维恩电桥正反馈条件下，运算放大器U1A将产生频率为$f_0=10\text{kHz}$的正弦波振荡。

为了使振荡幅值稳定，必须附加自动增益控制(AGC)电路。AGC电路将振荡器输出的正弦波经过整流、滤波，提供结型场效应管JFET-N的栅-源极之间电压V_{GS}。改变V_{GS}可调节其漏一源极之间的电阻值R_{DS}，以实现运算放大器U1A的自动增益控制。即，当振幅超过10V时，R_{DS}的阻值增加，使U1A的增益下降；反之，则增益上升。从而实现振幅稳定。

跨接在结型场效应管的漏极与栅极之间的R_5和C_3是作为局部负反馈，以降低波形失真度。+10V基准电压决定振幅稳定的性能，必须选用高精度参考电压基准。

必须指出，感应同步器转子绕组的电阻仅为几欧，激磁电流接近1A。因此，振荡器输出必须经过高保真功率放大级，再激励感应同步器。功率放大器可选用大电流功放芯片实现。为了保证稳频、稳幅，电路中关键的阻容元件应采用高性能的云母电容和阻值误差低于千分之一的金属膜电阻。

2. 感应同步器输出

设感应同步器转子激磁电压为$u_e=U_m\sin\omega t$，则定子正余弦绕组输出感应电势为

$$\begin{cases}u_A=k_vU_m\cos\theta\cos\omega t\\u_B=k_vU_m\sin\theta\cos\omega t\end{cases} \tag{4-17}$$

式中，$\omega=2\pi f_0$，为激磁电压角频率；k_v为转子与定子之间的电磁耦合系数；θ为电弧度。

对于1对极的粗测感应同步器，θ等同于机械转角；而对于360对极的精测感应同步器，θ只相当于机械转角的1/360。

3. 差分式前置放大电路

感应同步器输出的感应电势一般只有 mV 量级，信号非常微弱，且附有高频干扰。因此，必须进行前置放大和滤波，以确保两路信号同相且幅值达到 $(2\pm10\%)$V，以满足轴角-数字转换(R/D)芯片的保精度要求。也就是说，前置放大器的输出为

$$\begin{cases} u'_A = \hat{u}\cos\theta\cos\omega t \\ u'_B = \hat{u}\sin\theta\cos\omega t \end{cases} \tag{4-18}$$

式中，$\hat{u}=\sqrt{2}\times(2\pm10\%)$V。

前置放大器的原理电路如图 4-21 所示。第一级为三运放差分放大电路，具有非常高的输入阻抗和共模抑制比，能进行差分测量。通常，可选用仪表放大器芯片(如 INA163)实现。这样，可省去外部反馈网络，只需要外接电阻 R_G 来设置电压增益。

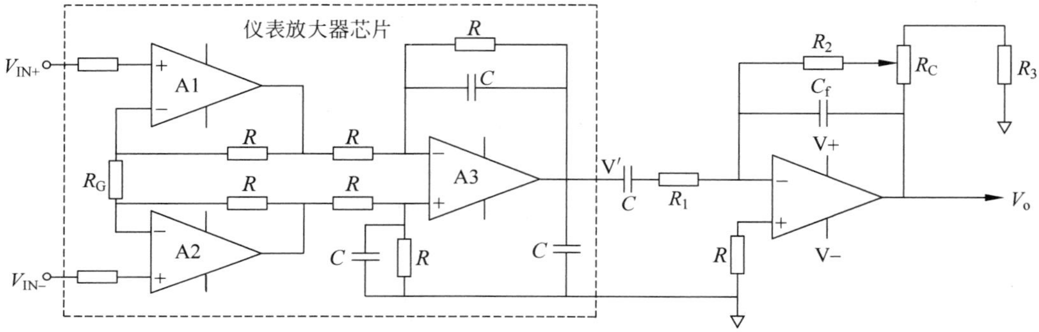

图 4-21 前置放大器原理电路

第一级放大器的电压增益可表示为

$$G_1=\frac{V'}{V_{IN+}-V_{IN-}}=1+\frac{6000}{R_G} \tag{4-19}$$

式中，V_{IN+} 和 V_{IN-} 分别为 u_A 或 u_B 信号的两个差分输入端的两端；V' 表示 u'_A 或 u'_B。

第二级为 T 型电阻网络负反馈放大器。其增益可以调节，确保输出电压 V_o 的有效值为 $(2\pm10\%)$V，以满足轴角转换电路的保精度要求。假设可变电阻 R_C 连接入反馈放大回路的电阻值为 ΔR_C，则第二级放大器的电压增益可表示为

$$G_2=\frac{V_o}{V'}=-\frac{R_2+\Delta R_C}{R_1}\left(1+\frac{R_2\,/\!/\,\Delta R_C}{R_3+R_C-\Delta R_C}\right) \tag{4-20}$$

式中，已经略去电路滤波对电压增益的影响。

4. 轴角-数字(R/D)转换电路

感应同步器轴角-数字转换集成电路模块(AD2S83)原理图如图 4-22 所示。它将感应同步器输出的正余弦两相模拟信号转换为数字角度输出，具有转换精度高、跟踪速度快、功耗低、工作可靠性高等特点。

轴角-数字转换集成电路模块的工作原理如下：

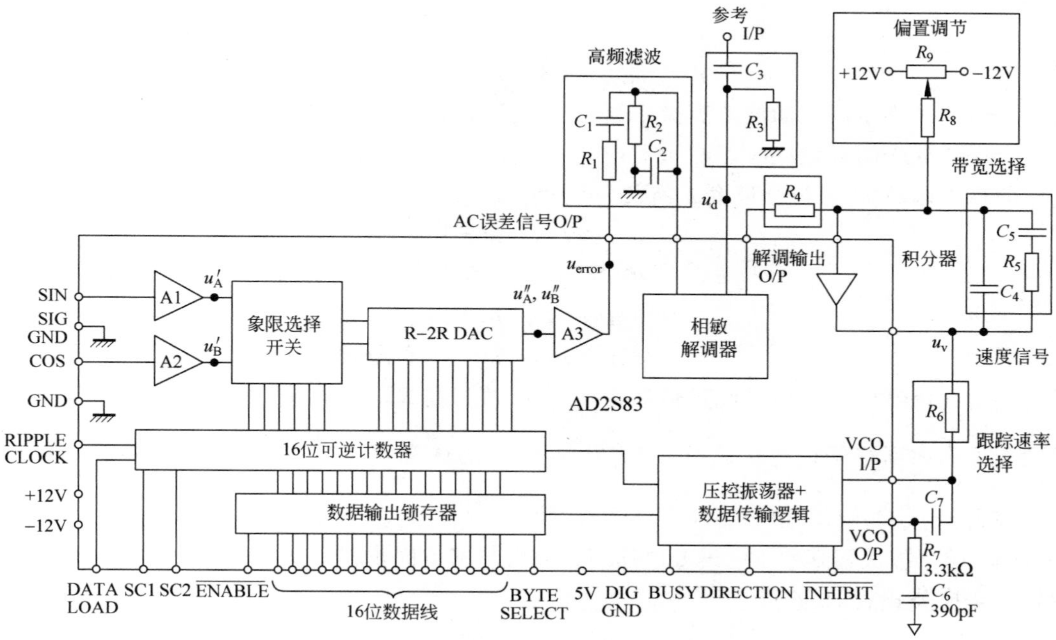

图 4-22　轴角-数字转换集成电路模块原理图

(1) 高速比例乘法器接收来自前置放大器的两路信号 u'_A 和 u'_B，通过与数字输出角度 φ 的正余弦函数分别相乘后，经过数-模转换为模拟电压输出：

$$\begin{cases} u''_A = \hat{u}\cos\omega t\cos\theta\sin\varphi \\ u''_B = \hat{u}\cos\omega t\sin\theta\cos\varphi \end{cases} \tag{4-21}$$

(2) 误差放大器接收 u''_A 和 u''_B，输出幅值与 $\sin(\theta-\varphi)$ 成正比的交流误差电压信号：

$$u_{error} = u''_B - u''_A = K_1\hat{u}\sin(\theta-\varphi)\cos\omega t \tag{4-22}$$

式中，$K_1=14.5$，为交流电压增益。

因误差放大器输出 u_{error} 经常伴随直流电压和高频噪声，需通过 R_1、R_2、C_1、C_2 组成的阻容网络进行隔直和高频滤波。其传递函数可表示为

$$G_v(s) = \frac{R_2C_1s}{R_1C_1R_2C_2s^2 + (R_1C_1 + R_2C_1 + R_2C_2)s + 1} \tag{4-23}$$

其中，$R_1C_1R_2C_2=1/\omega_0^2$，$\omega_0$ 为参考信号的角频率，即，$\omega_0=2\pi f_0\text{rad/s}$。同时，要求阻抗匹配满足不等式：$15\text{k}\Omega \leqslant R_1 = R_2 \leqslant 56\text{k}\Omega$。于是，选择

$$R_1 = R_2 = 22\text{k}\Omega$$

和

$$C_1 = C_2 = \frac{1}{2\pi\times10^4\times22\times10^3}\text{F} = 723\text{pF}$$

这样，可保证滤波器对 $f_0=10\text{kHz}$ 的基准信号无相移，但交流电压幅值被衰减为原值的 1/3。

(3) 相敏解调器接收交流误差电压信号 u_{error}，输出与 $\sin(\theta-\varphi)$ 成正比的 DC 误差

电压：

$$U_d=\frac{E_{DC}}{3}(\theta-\varphi) \tag{4-24}$$

式中，分母“3”表示高频滤波器衰减系数；并且已利用小角度近似 $\sin(\theta-\varphi)\approx\theta-\varphi$。

当回路处于闭环跟踪时，DC误差电压 U_d 将趋于零，除非输入角度正在变化。DC误差电压的标度因数 E_{DC} 与分辨率 n 有关，可表示为

$$E_{DC}=\begin{cases}160\text{mV/b}, & n=10\text{ 位分辨率}\\ 40\text{mV/b}, & n=12\text{ 位分辨率}\\ 10\text{mV/b}, & n=14\text{ 位分辨率}\\ 2.5\text{mV/b}, & n=16\text{ 位分辨率}\end{cases}$$

相敏解调器的参考信号经过传输，其相位会发生滞后，需要附加电容 C_3 和电阻 R_3 组成的相位超前网络予以校正。通常，选择 $R_3=100\text{k}\Omega$ 和 $C_3\gg\frac{1}{R_3f_{ref}}=\frac{1}{100\times10^3\times10^4}\text{F}=1\text{nF}$，实际选择 $C_3=100\text{nF}$。

(4) 积分放大器接收DC误差电压 U_d，输出与感应同步器角速率成正比的直流电压，可用拉氏变换公式表示为

$$U_V(s)=-\frac{R_5C_5s+1}{R_4(C_4+C_5)s\left(\frac{R_5C_4C_5}{C_4+C_5}s+1\right)}\frac{E_{DC}}{3}(\theta(s)-\varphi(s)) \tag{4-25}$$

为了防止轴角-数字转换器出现“闪烁”(即量化的数字角度 φ 不能精确表示输入角度 θ 时，持续地在 ±1 之间反复切换)，从VCO内部到积分器输入端已引入了反馈，只有在角度误差大于或等于一个最小有效位(1LSB)时，VCO才更新计数器。因此，反馈“迟滞”设为1LSB，对应的积分器输入电流为100nA/b。在数字角度1LSB对应的电压值 E_{DC} 作用下，积分器的输入电阻 R_4 应按下式计算：

$$R_4=\frac{E_{DC}/3}{100\times10^{-9}}\Omega \tag{4-26}$$

零位偏置补偿：积分器输入端的偏置电压和偏置电流均会引起附加的角度偏移误差。典型值为1′，最大可达5.3′。因此，必须予以补偿。补偿方法是采用 ±12V 电压源经过 R_8 和 R_9 予以抵消。一般选取 $R_8=4.7\text{M}\Omega$，$R_9=1\text{M}\Omega$，R_9 为可调电阻器。

在调整偏置补偿时，应确保轴角-数字转换电路(AD2S83)未与感应同步器连接，并且已正确连接所有外部元器件。将COS引脚连接到参考输入引脚，SIN引脚连接到信号地，轴角-数字转换电路只连接参考信号和电源，通过调节可调电阻器 R_9 使数据线上输出全为“0”。

(5) 压控振荡器(VCO)接收积分器的输出电压 U_V 流过电阻 R_6 的电流，输出脉冲序列。可逆计算器根据输入电流极性进行增或减计数，计数速率正比于VCO的输入电流。计数直到 $\theta-\varphi=0$ 为止(即 $\varphi=\theta$)。计数器累计的数字角度 φ 等于VCO的输入电流的积分，而VCO的输入电流等于 U_V/R_6。因此，数字角度 φ 与 U_V 的积分成正比；反之，U_V 可作为感应同步器角速率的量度，其标度应受 R_6 调整。

VCO输出脉冲最高频率为1.1MHz，除以分辨率的位数 2^n，就是容许的最大跟踪

速率：

$$\text{TrackingRate}=\begin{cases}1040\text{r/s}, & n=10\text{ 位分辨率}\\ 260\text{r/s}, & n=12\text{ 位分辨率}\\ 65\text{r/s}, & n=14\text{ 位分辨率}\\ 16.25\text{r/s}, & n=16\text{ 位分辨率}\end{cases} \tag{4-27}$$

VCO 的标度因数 k 定义为积分器输出 $1\mu\text{A}$ 电流引起的 VCO 输出脉冲频率变化量。对于 AD2S83 芯片，已经将其固化为 $k=8.5\text{kHz}/\mu\text{A}$。因此，VCO 容许的最大输入电流为

$$\max I_{\text{in}}=\frac{1.1\times10^6}{k}=\frac{1.1\times10^6}{8.5\times10^9}\text{A}=0.129\text{mA}$$

积分器输出电压最大摆动范围为±8V，VCO 输入端容许的最小串联电阻 R_6 为

$$\min R_6=\frac{8\times k}{1.1\times10^6}=\frac{8\times8.5\times10^9}{1.1\times10^6}\Omega=61.82\text{k}\Omega$$

根据式(4-25)，可逆计数器输出的数字角度 φ 可以用公式表示为

$$\begin{aligned}\varphi(s)&=\frac{k}{sR_6}U_{\text{V}}(s)\\&=\frac{R_5C_5s+1}{(C_4+C_5)s^2\left(\dfrac{R_5C_4C_5}{C_4+C_5}s+1\right)}\frac{kE_{\text{DC}}/3}{R_6R_4}(\theta(s)-\varphi(s))\end{aligned} \tag{4-28}$$

由式(4-28)易知，轴角-数字转换集成电路是一个具有二阶纯积分的电路系统，转角和角速率的指示值是无静差的，加速度误差系数为

$$K_{\text{A}}\overset{\text{def}}{=}\left.\frac{\ddot{\theta}(s)}{\theta(s)-\varphi(s)}\right|_{s=0}=\frac{kE_{\text{DC}}/3}{R_6R_4(C_4+C_5)} \tag{4-29}$$

式中，$\dfrac{kE_{\text{DC}}/3}{R_6R_4}=\dfrac{1.1\times10^6}{8}\times100\times10^{-9}\text{F/s}^2=13.75\times10^{-3}\text{F/s}^2$。因此，加速度误差系数 K_{A} 与 C_4+C_5 的值成反比。

压控振荡器相位补偿：为补偿 VCO 的相位偏移，在其输出端对地需连接电阻 R_7 和电容 C_6。两者的取值固定为

$$R_7=3.3\text{k}\Omega,\quad C_6=390\text{pF}$$

为了优化 VCO 的性能，在其输入端和输出端之间连接一只反馈电容 $C_7=150\text{pF}$。注意，安装时，这些阻容元件应尽量靠近 VCO 输出和输入引脚。

5. 闭环带宽

根据式(4-28)，可得系统的闭环传递函数为

$$W(s)=\frac{\varphi(s)}{\theta(s)}=\frac{R_5C_5s+1}{\dfrac{R_4R_6}{kE_{\text{DC}}/3}(C_4+C_5)s^2\left(R_5\dfrac{C_4C_5}{C_4+C_5}s+1\right)+R_5C_5s+1} \tag{4-30}$$

因为$\dfrac{kE_{\text{DC}}/3}{R_4R_6}$已有固定值，因此，系统的带宽和稳定裕量由积分器的外接电路元件(C_4、C_5、R_5)确定。下面着力分析这一问题。设闭环系统特征多项式可因式分解为

$$\frac{R_4R_6}{kE_{DC}/3}R_5C_4C_5s^3+\frac{R_4R_6}{kE_{DC}/3}(C_4+C_5)s^2+R_5C_5s+1$$
$$=(s/\omega+1)[(s/\omega)^2+2\zeta s/\omega+1]$$
$$=(s/\omega)^3+(1+2\zeta)(s/\omega)^2+(1+2\zeta)s/\omega+1$$

比较等式两边同次幂系数，可得

$$\begin{cases}\dfrac{R_4R_6}{kE_{DC}/3}R_5C_4C_5=\omega^{-3}\\ \dfrac{R_4R_6}{kE_{DC}/3}(C_4+C_5)=(1+2\zeta)\omega^{-2}\\ R_5C_5=(1+2\zeta)\omega^{-1}\end{cases}\tag{4-31}$$

根据加速度误差系数表达式 $K_A=\dfrac{kE_{DC}/3}{R_6R_4(C_4+C_5)}$，对比上式中的第二式，可得

$$K_A=\frac{\omega^2}{1+2\zeta}\tag{4-32}$$

显然，当系统阻尼比 ζ 确定之后，加速度误差系数 K_A 与特征根的角频率平方(ω^2)具有固定的比例关系。因此，在确定系统性能指标时，只需确定其中之一即可。

下面进一步推导在给定阻尼比 ζ 和角频率 ω 的条件下，确定系统动态参数 C_4、C_5、R_5 的计算公式。由式(4-31)可解得

$$\begin{cases}C_4=\dfrac{kE_{DC}/3}{R_4R_6}\,\dfrac{\omega^{-2}}{1+2\zeta}\\ C_5=\dfrac{kE_{DC}/3}{R_4R_6}\,\dfrac{4\zeta(1+\zeta)\omega^{-2}}{(1+2\zeta)}=4\zeta(1+\zeta)C_4\\ R_5=\left(\dfrac{kE_{DC}/3}{R_4R_6}\right)^{-1}\dfrac{(1+2\zeta)^2\omega}{4\zeta(1+\zeta)}=\dfrac{1+2\zeta}{\omega C_5}\end{cases}\tag{4-33}$$

性能指标：

(1) 1 对极感应同步器用于粗测，测角分辨率为 0.02°，测角为 0°～360°；360 对极感应同步器用于精测，测角分辨率为 0.00006°(0.22″)，测角为 0°～1°。粗精测组合后，可测量 0°～360°、分辨率 0.22″的绝对角度。若选用分辨率 n 为 14 位，则最大跟踪角速率可达 $(1.1\text{MHz}/2^{14})\times1°=67(°)/\text{s}$，测角分辨率为 $1°/2^{14}=0.22''$。因此，满足性能指标要求。

(2) 最大输入加速度 $50(°)/\text{s}^2$，跟踪误差 $\Delta\varphi\leqslant0.22''$，则加速度误差系数：

$$K_A\geqslant\frac{50\times3600}{0.22}\text{s}^{-2}=8.182\times10^5\text{s}^{-2}$$

若选择 $\zeta=0.8$，则对应的特征频率为

$$\omega=\sqrt{(1+2\zeta)K_A}\geqslant\sqrt{(1+2\times0.8)\times8.182\times10^5}\,\text{rad/s}=1459\text{rad/s}$$

(3) 摇摆机械角度 30°、周期 10s，误差角 $\Delta\varphi\leqslant0.22''$；对于精测感应同步器，摇摆电弧度 30rad、周期 10s，电弧度误差为 $0.22''\times360=0.022°$。令 $\omega_r=\dfrac{2\pi}{10}=0.2\times3.14\text{rad/s}$ 表示摇摆角频率，那么闭环频率特性可表示为

$$W(s)\Big|_{s=j\omega_r}=\frac{j(1+2\zeta)\omega_r/\omega+1}{-j(\omega_r/\omega)^3-(1+2\zeta)(\omega_r/\omega)^2+j(1+2\zeta)(\omega_r/\omega)+1}$$

$$\overset{\omega_r/\omega\ll 1}{\approx}\ 1+\frac{(1+2\zeta)(\omega_r/\omega)^2}{j(1+2\zeta)(\omega_r/\omega)+1}$$

于是，误差角与摇摆幅度应满足下列关系式：

$$\Delta\varphi(j\omega_r)=\theta(j\omega_r)-\varphi(j\omega_r)\approx(1+2\zeta)(\omega_r/\omega)^2\theta(j\omega_r)<0.022°$$

由此可得

$$\omega>\omega_r\sqrt{\frac{(1+2\zeta)\times 30\times 360°}{0.022°}}=0.2\times 3.14\times\sqrt{\frac{(1+2\times 0.8)\times 30\times 360°}{0.022°}}\,\mathrm{s}^{-1}$$
$$=709.5\mathrm{s}^{-1}$$

现选择分辨率 $n=14$ 位，$\omega=1500\mathrm{s}^{-1}$，$\zeta=0.8$（稍大于临界阻尼比 0.707，以补偿被忽略的小时间常数带来的相位滞后），并据此计算 C_4、C_5、R_5 如下：

$$C_4=\frac{kE_{DC}/3}{R_4R_6}\frac{\omega^{-2}}{1+2\zeta}=\frac{13.75\times 10^{-3}}{1+2\times 0.8}\times(1500)^{-2}\mathrm{F}=2.35\mathrm{nF}$$

$$C_5=\frac{kE_{DC}/3}{R_4R_6}\frac{4\zeta(1+\zeta)\omega^{-2}}{1+2\zeta}=4\zeta(1+\zeta)C_4=4\times 0.8\times(1+0.8)\times 2.35\mathrm{nF}=13.5\mathrm{nF}$$

$$R_5=\left(\frac{kE_{DC}/3}{R_4R_6}\right)^{-1}\frac{(1+2\zeta)^2\omega}{4\zeta(1+\zeta)}=\frac{1+2\zeta}{\omega C_5}=\frac{1+2\times 0.8}{1500\times 6.9\times 10^{-9}}\Omega=251\mathrm{k}\Omega$$

最后，必须指出，上述各元器件的参数均为计算值，在实际使用中需根据实际可以得到的元件进行近似选取，允许公差在 10%以内。

4.3.3　测角系统误差检测与补偿

基于 R/D 转换模块鉴幅式闭环跟踪型的感应同步器测角系统存在各种误差，其中包括 R/D 芯片误差、感应同步器制造误差、测角电路的零位误差及细分误差等。可以分为机械误差引起的长周期(360°)谐波误差和电路细分误差引起的短周期(1°)谐波误差。其数学模型可表示如下：

$$\Delta e=\Delta e_0+\sum_{k=1}^{n}(\Delta\varphi_{xk}\cos k\gamma+\Delta\varphi_{yk}\sin k\gamma)+\sum_{k=1}^{n}(\Delta\phi_{xk}\cos k\beta+\Delta\phi_{yk}\sin k\beta)+\varepsilon \tag{4-34}$$

式中，$\beta=\mathrm{decimal}(\gamma p/360°)<1$ 为轴系位置角 γ(°)的节距角数的小数（对于 360 对极的精测感应同步器，为 1°的小数部分）；p 为感应同步器的极对数，$p=360$；Δe_0 为常值误差分量，(″)；$\Delta\varphi_{xk}$ 和 $\Delta\varphi_{yk}$ 分别为长周期第 k 次谐波的余弦分量和正弦分量的幅值，(″)；$\Delta\phi_{xk}$ 和 $\Delta\phi_{yk}$ 分别为短周期第 k 次谐波的余弦分量和正弦分量的幅值，(″)；ε 为残余误差，(″)；$n\leqslant 4$，因为实践证明，$n>4$ 的各次谐波的幅值很小，是可以忽略不计的。

消除高次谐波误差，主要从感应同步器的制造工艺和激磁电源两方面着手。一般地说，制造精良的感应同步器本身的误差是较小的；激磁电源的失真度小于万分之三，可保证角秒级的测角精度。感应同步器的二次谐波误差可通过调整激磁电源和前置放大器两相输出的幅值对称性与相位正交性进行补偿。感应同步器的安装、布线、电路干扰等因素还会造成短周期的一次谐波误差。为了降低这类误差,应尽量缩短前置放大器与感应同步器之间的连线,并采用双绞屏蔽线。考虑到干扰电压与激磁电源同频,可以把激磁电源输入一个移相调幅电路,产生与干扰电压幅值相等、相位相反的补偿电压,使之相互抵消。

感应同步器检测装置示意图如图4-23所示。图中,自准直仪与平台基座是相对固定、静止不动的。检测时,先采用24面棱体检测测角系统的长周期误差,通常称之为零位误差;然后,采用23面棱体测量短周期误差,即细分误差。

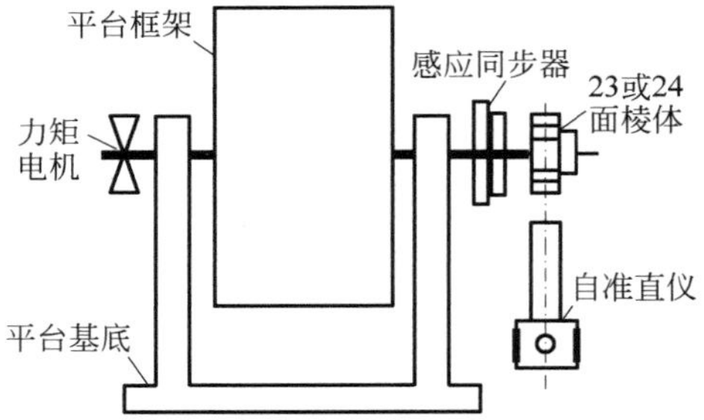

图4-23 感应同步器检测装置示意

测量过程如下:平台伺服系统工作在转台控制方式,即由计算机发出控制指令,感应同步器测角系统的输出作为反馈信号,二者的差值经过伺服回路放大和校正后,控制力矩电机转动,直至自准直仪对准多面棱体某一平面的法线(即读数为零)。这时,记录测角系统的读数值,作为起始零点;然后,转动平台轴使自准直仪依次一一对准多面棱体的所有平面的法线,并记录测角系统的读数。将测角系统的读数减去多面棱体法线对应的转角,其差值定义为感应同步器测角系统误差。

一般地说,感应同步器测角系统的检测数据中除了其本身误差外,还包含着检测装置的误差。为了进行软件补偿,必须从检测数据中分离测角系统有规律的误差分量。通常,这种数据处理方法有两种:一种是基于谐波误差模型的最小二乘法;另一种为分段线性拟合法。前者总体平滑性好,但计算工作量大;后者计算简单,工程应用方便。下面举例说明这两种数据处理方法的使用过程。

1. 长周期(零位)误差检测与建模

感应同步器测角系统长周期误差采用24面棱体检测。某伺服轴的测量数据如表4-1所示。

表4-1 某伺服轴长周期误差测试数据

序　号	0	1	2	3	4	5	6
棱体位置角/(°)	0	15	30	45	60	75	90
位置角误差/(″)	−1.9	−1.1	−1.8	−1.6	−2.1	−0.9	0.5
序　号	7	8	9	10	11	12	13
棱体位置角/(°)	105	120	135	150	165	180	195
位置角误差/(″)	1.9	0.8	1.9	1.6	0.8	−1.0	0.0
序　号	14	15	16	17	18	19	20
棱体位置角/(°)	210	225	240	255	270	285	330
位置角误差/(″)	−1.6	−0.6	−1.9	−1.4	−0.8	−1.1	−0.4
序　号	21	22	23	24			
棱体位置角/(°)	315	330	345	0			
位置角误差/(″)	−0.5	−1.8	−1.3	−2.0			

由表 4-1 中数据可以看出，该轴的回零误差为[−1.9″−(−2.0″)]/2=0.05″，达到了 EC3000 电子自准直仪最小有效读数的精度，测试数据有效。24 面棱体转过的角度都为整度数，节距角数为整数，小数部分为零，自动消除了短周期谐波误差。因此，由 24 面棱体检测得到的测角系统误差仅含长周期谐波误差分量。

首先，采用基于谐波误差模型的最小二乘法。仅考虑二次以下的低阶误差模型，可得

$$\boldsymbol{A}\boldsymbol{x}=\Delta\boldsymbol{E}+\boldsymbol{\varepsilon} \tag{4-35}$$

式中，

$$\boldsymbol{x}=[\Delta\phi_0,\Delta\phi_{x1},\Delta\phi_{y1},\Delta\phi_{x2},\Delta\phi_{y2}]^{\mathrm{T}}$$

$$\boldsymbol{A}=\begin{bmatrix}1 & 1 & 0 & 1 & 0\\ 1 & \cos15^\circ & \sin15^\circ & \cos30^\circ & \sin30^\circ\\ 1 & \cos30^\circ & \sin30^\circ & \cos60^\circ & \sin60^\circ\\ \vdots & \vdots & \vdots & \vdots & \vdots\\ 1 & \cos360^\circ & \sin360^\circ & \cos720^\circ & \sin720^\circ\end{bmatrix}$$

$$\Delta\boldsymbol{E}=[-1.9,-1.1,-1.8,-1.6,-2.1,-0.9,0.5,1.9,0.8,1.9,1.6,0.8,-1.0,0.0,-1.6,-0.6,-1.9,-1.4,-0.8,-1.1,-0.4,-0.5,-1.8,-1.3,-2.0]^{\mathrm{T}}$$

$\boldsymbol{\varepsilon}$ 为估计残差序列。

采用最小二乘法进行计算，结果如下：

$$\boldsymbol{A}^{\mathrm{T}}\boldsymbol{A}=\begin{bmatrix}25 & 1 & 0 & 1 & 0\\ 1 & 13 & 0 & 1 & 0\\ 0 & 0 & 12 & 0 & 0\\ 1 & 1 & 0 & 13 & 0\\ 0 & 0 & 0 & 0 & 12\end{bmatrix}$$

$$\boldsymbol{A}^{\mathrm{T}}\Delta\boldsymbol{E}=\begin{pmatrix}-16.30\\ -12.86\\ 8.40\\ -4.69\\ -12.03\end{pmatrix};\ \hat{\boldsymbol{x}}=(\boldsymbol{A}^{\mathrm{T}}\boldsymbol{A})^{-1}\boldsymbol{A}^{\mathrm{T}}\Delta\boldsymbol{E}=\begin{pmatrix}-0.61''\\ -0.92''\\ 0.70''\\ -0.24''\\ -1.00''\end{pmatrix}$$

由此可得长周期谐波误差模型为

$$\Delta e(\gamma)=-0.61''-0.92''\cos\gamma+0.70''\sin\gamma-0.24''\cos2\gamma-1.00''\sin2\gamma$$

根据上式，可计算 24 面棱体各面法线的位置角误差估计值 $\Delta\boldsymbol{E}_1$ 和估计残差序列 $\boldsymbol{\varepsilon}_1$ 分别为

$$\Delta\boldsymbol{E}_1=[-1.77,-2.03,-2.05,-1.77,-1.21,-0.46,0.34,1.02,1.45,1.55,1.29,0.76,0.08,-0.61,-1.14,-1.45,-1.50,-1.33,-1.06,-0.81,-0.68,-0.75,-1.01,-1.39,-1.77]^{\mathrm{T}}$$

$$\boldsymbol{\varepsilon}_1=[-0.13,0.93,0.25,0.17,-0.89,-0.44,0.16,0.88,-0.65,0.35,0.31,0.04,-1.08,0.61,-0.46,0.85,-0.40,-0.07,0.26,-0.29,0.28,0.25,-0.79,0.09,-0.23]^{\mathrm{T}}$$

其次，采用分段直线拟合法。鉴于第 0 点和第 24 点处于同一位置角，因此，通过将这两个检测数据平均，可得该位置角的估计值为

$$\Delta\hat{e}_0=\Delta\hat{e}_{24}=\frac{\Delta e_0+\Delta e_{24}}{2}=\frac{-1.9''-2.0''}{2}=-1.95''$$

然后，由 $\Delta\hat{e}_0$ 出发，由相邻三点检测数据 $\Delta\hat{e}_{i-1}, \Delta e_i, \Delta e_{i+1}$ 拟合一条直线。设原点为 a_{i-1}，斜率为 b_{i-1}。于是有

$$\begin{bmatrix} 1 & 0 \\ 1 & 1 \\ 1 & 2 \end{bmatrix} \begin{bmatrix} a_{i-1} \\ b_{i-1} \end{bmatrix} = \begin{bmatrix} \Delta\hat{e}_{i-1} \\ \Delta e_i \\ \Delta e_{i+1} \end{bmatrix}, \quad i = 1, 2, \cdots, n-1$$

采用最小二乘法，解得

$$\Delta\hat{e}_i = \hat{a}_{i-1} + \hat{b}_{i-1} = \frac{\Delta\hat{e}_{i-1} + \Delta e_i + \Delta e_{i+1}}{3}, \quad i = 1, 2, \cdots, n-1$$

利用原始检测数据，经过迭代计算，可得分段直线拟合计算结果的 $\Delta \boldsymbol{E}_2$ 和 $\boldsymbol{\varepsilon}_2$ 为

$\Delta \boldsymbol{E}_2 = [-1.95, -1.62, -1.67, -1.79, -1.60, -0.67, 0.58, 1.09, 1.26, 1.59, 1.33, 0.38, -0.21, -0.60, -0.93, -1.14, -1.48, -1.23, -1.04, -0.85, -0.58, -0.96, -1.35, -1.55, -1.95]^{\mathrm{T}}$

$\boldsymbol{\varepsilon}_2 = [0.05, 0.52, -0.13, 0.19, -0.50, -0.23, -0.08, 0.81, -0.46, 0.31, 0.27, 0.42, -0.79, 0.60, -0.67, 0.54, -0.42, -0.17, 0.24, -0.25, 0.18, 0.46, -0.45, 0.25, -0.05]^{\mathrm{T}}$

根据两种数据处理结果，得到长周期误差补偿前后的曲线如图 4-24 所示。

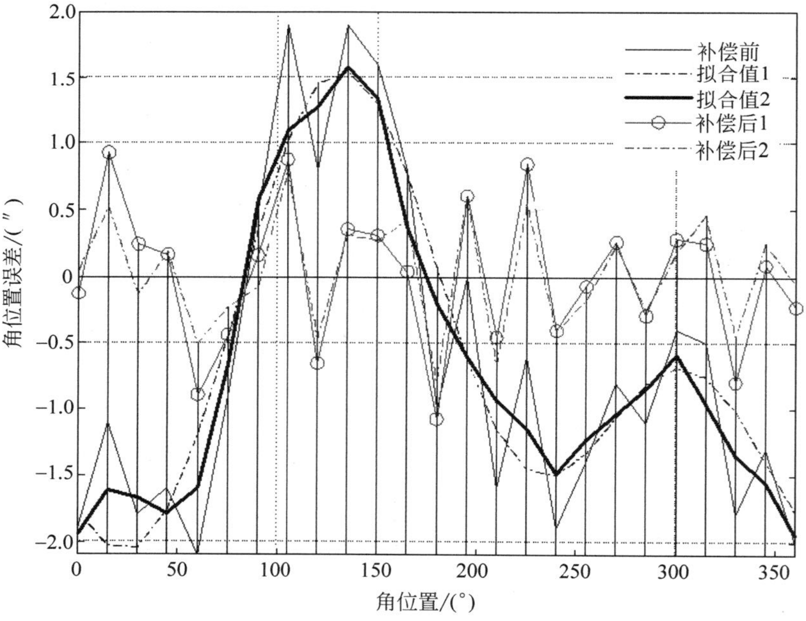

1—谐波误差模型拟合；2—分段直线拟合。

图 4-24　长周期误差补偿前后误差曲线

图 4-24

由图 4-24 可以看出，采用两种数据处理方法所获得的结果基本上是一样的。两种误差估计曲线的差别很小，都不超过 0.5″。基于低阶谐波误差模型的最小二乘法得到的估计残差峰-峰值为 1.98″，分段直线拟合法得到的估计残差峰-峰值为 1.60″。事实上，对于正余弦波形，采用分段直线拟合法，最大拟合误差等于弦高。24 面棱体分割一周 360°，每面对应的

圆心角为 15°，弦高误差为 $r(1-\cos 7.5°)<0.01r$，式中，r 为误差圈的半径。通常，感应同步器测角系统的误差圈半径 $r<10''$，因此，分段直线拟合误差小于 0.1″，完全能满足测量精度要求。据此，采用分段直线拟合数据处理方法，比较简单、合理可行。

注意，分段直线拟合法与基于谐波误差模型的最小二乘法不同，处理结果的误差模型不是解析表达式，而是离散数据序列 ΔE_2。该序列 ΔE_2 将以列表形式保存在计算机中备查，以便采用线性插补法的实时补偿新的测角数据长周期(零位)误差。线性插补法的运算过程如下：

首先，根据实测角度的读数 γ，计算该角度所处位置是 x，

$$x=\frac{\gamma}{360°}\times 24 \tag{4-36}$$

然后，查询计算机中保存的数据表，找出包含该角度的相邻两点的误差值。即

$$\Delta\hat{e}_{i-1} \text{ 和 } \Delta\hat{e}_i, \quad i-1<x<i$$

最后，根据这相邻两点的误差值，采用线性插补公式计算误差补偿值：

$$\Delta\hat{e}_x=\Delta\hat{e}_{i-1}+(\Delta\hat{e}_i-\Delta\hat{e}_{i-1})(x+1-i) \tag{4-37}$$

2. 短周期(细分)误差检测与建模

感应同步器短周期(细分)误差采用 23 面棱体检测。将某伺服轴的测量数据列于表 4-2 的第一行和第二行。

表 4-2　某伺服轴细分误差测试数据

序　　号	0	1	2	3	4	5	6
棱体位置角 γ/(°)	0.0000	15.6522	31.3043	46.9565	62.6087	78.2609	93.9130
位置角误差 Δe_2/(″)	−0.8	0.4	−0.4	0.2	0.0	2.5	1.3
长周期误差补偿 $\Delta \boldsymbol{E}_x$/(″)	−1.95	−1.62	−1.68	−1.77	−1.44	−0.40	0.71
补偿后位置角误差 $\boldsymbol{\varepsilon}_x$/(″)	1.15	2.02	1.28	1.97	1.44	2.90	0.59
序　　号	7	8	9	10	11	12	13
棱体位置角 γ/(°)	109.5652	125.2174	140.8696	156.5217	172.1739	187.8261	203.4783
位置角误差 Δe_2/(″)	−0.2	0.6	0.4	0.6	0.1	−0.1	0.8
长周期误差补偿 $\Delta \boldsymbol{E}_x$/(″)	1.14	1.38	1.49	0.92	0.10	−0.41	−0.79
补偿后位置角误差 $\boldsymbol{\varepsilon}_x$/(″)	−1.34	−0.78	−1.09	−0.32	−0.0	0.31	1.59
序　　号	14	15	16	17	18	19	20
棱体位置角 γ/(°)	219.1304	234.7826	250.4348	266.0870	218.7391	297.3913	313.0435
位置角误差 Δe_2/(″)	−1.2	−2.6	−2.0	0.2	1.5	2.3	3.3
长周期误差补偿 $\Delta \boldsymbol{E}_x$/(″)	−1.06	−1.36	−1.30	−1.09	−0.89	−0.63	−0.91
补偿后位置角误差 $\boldsymbol{\varepsilon}_x$/(″)	−0.14	−1.24	−0.70	1.29	2.39	2.93	4.21
序　　号	21	22	23				
棱体位置角 γ/(°)	328.6957	344.3478	0.0000				
位置角误差 Δe_2/(″)	2.7	0.9	−0.2				
长周期误差补偿 $\Delta \boldsymbol{E}_x$/(″)	−1.32	−1.54	−1.95				
补偿后位置角误差 $\boldsymbol{\varepsilon}_x$/(″)	4.02	2.44	1.75				

表 4-2 中第一行和第二行是由 23 面棱体检测的数据序列，包含了长周期（零位）误差。对于该误差序列，可根据前面已算出的 24 面棱体测量的长周期（零位）误差补偿序列 $\Delta\boldsymbol{E}_2$，采用线性插补公式（4-36）和公式（4-37），通过迭代计算，得到长周期位置误差补偿序列 $\Delta\boldsymbol{E}_x$，列于表 4-2 的第三行。补偿后的位置角误差 $\boldsymbol{\varepsilon}_x$ 见第四行。根据第四行的数据，该轴回零误差为 $(1.75''-1.15'')/2=0.30''$，在容许误差范围以内，测试数据有效。

注意，表 4-2 的第四行所列补偿后的位置角误差 $\boldsymbol{\varepsilon}_x$ 不是单纯的短周期（细分）误差，而是伴随着长周期（零位）估计误差的残差，所以，通常称之为综合误差。

为了建立精测感应同步器 1°范围内的综合误差模型，需要按照各个角度的小数部分从小到大依次排列。按表 4-2 所示，取点顺序为：0,20,17,14,11,8,5,2,22,19,16,13,10,7,4,1,21,18,15,12,9,6,3,23。于是，得到重新排列后的综合误差数据序列，如表 4-3 所示。

表 4-3　某伺服轴综合误差数据序列

序号/棱体位置	0/0	1/20	2/17	3/14	4/11	5/8	6/5
棱体位置角 β/(°)	0.0	0.0435	0.0870	0.1304	0.1739	0.2174	0.2609
位置角误差 $\Delta\phi$/(″)	1.15	4.21	1.29	−0.14	−0.0	−0.78	2.90
序号/棱体位置	7/2	8/22	9/19	10/16	11/13	12/10	13/7
棱体位置角 β/(°)	0.3043	0.3478	0.3913	0.4348	0.4783	0.5217	0.5652
位置角误差 $\Delta\phi$/(″)	1.28	2.44	2.93	−0.70	1.59	−0.32	−1.34
序号/棱体位置	14/4	15/1	16/21	17/18	18/15	19/12	20/9
棱体位置角 β/(°)	0.6087	0.6522	0.6957	0.7391	0.7826	0.8261	0.8696
位置角误差 $\Delta\phi$/(″)	1.44	4.21	4.02	2.39	−1.24	0.31	−1.09
序号/棱体位置	21/6	22/3	23/23				
棱体位置角 β/(°)	0.9130	0.9565	0.0				
位置角误差 $\Delta\phi$/(″)	0.79	1.97	1.75				

表中，β 为由小到大依次排列的 23 面棱体位置角的小数部分，$\Delta\phi$ 为综合误差序列 $\boldsymbol{\varepsilon}_x$ 的重排数据序列。下面采用分段直线拟合法处理表 4-3 中的综合误差数据序列 $\Delta\phi$。

首先，取第 0 点和第 23 点的数据平均值作为该两点的估计，即

$$\Delta\hat{\phi}_0=\Delta\hat{\phi}_{23}=\frac{1.15''+1.75''}{2}=1.45''$$

然后，利用公式 $\Delta\hat{\phi}_i=\dfrac{\Delta\hat{\phi}_{i-1}+\Delta\phi_i+\Delta\phi_{i+1}}{3}$，$i=1,2,\cdots,22$，迭代计算中间 22 个点的估计值。计算结果：综合误差估计序列 $\Delta\boldsymbol{\Phi}_2$ 与估计残差序列 $\Delta\boldsymbol{\varepsilon}_\phi$ 分别为

$$\Delta\boldsymbol{\Phi}_2=[1.45,2.32,1.16,0.34,-0.15,0.66,1.61,1.78,2.38,1.54,0.81,0.69,-0.32,-0.07,1.86,3.36,3.26,1.47,0.18,-0.20,-0.17,0.86,1.53,1.45]$$

$$\Delta\boldsymbol{\varepsilon}_\phi=[-0.30,1.89,0.13,-0.48,0.15,-1.44,1.29,-0.50,0.06,1.39,-1.51,0.90,0.00,-1.27,-0.42,0.85,0.76,0.92,-1.42,0.51,-0.92,-0.07,0.44,0.30]$$

根据这两组数据序列绘制的曲线如图 4-25 所示。

由图 4-25 易见，经过长周期误差补偿后，该测角综合误差基本上为二次谐波；再经过短周期误差补偿后，综合误差的残差成分主要为高次谐波，其最大峰-峰值为 3.40″。

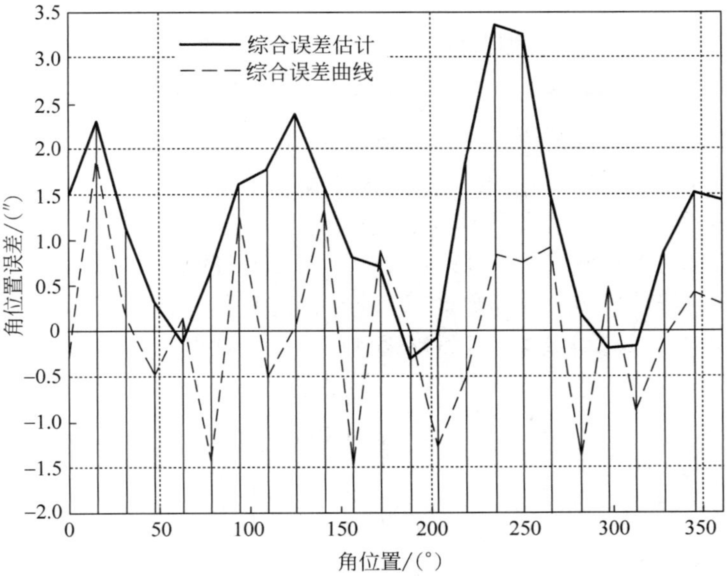

图 4-25　补偿后综合误差与残差曲线

注意，数据序列 $\Delta\boldsymbol{\Phi}_2$ 与 $\Delta\boldsymbol{E}_2$ 一样，亦以列表的形式保存在计算机中备查，以便采用线性插补法实时补偿综合误差。

4.3.4　感应同步器接口电路与数据采集

采用 AD2S83 组成粗精组合感应同步器幅值跟踪型测角系统时，根据模拟装置有限责任公司(Analog Devices Inc.)提供的技术说明书可知，当 AD2S83 的转换器输入正在变化时，BUSY 输出端的信号会呈现一系列 TTL 电平的脉冲。只有当 BUSY 输出端转为低电平时，才表示数据转换过程结束。此时，可从三态锁存器中读取有效的输出数据。

读取 AD2S83 输出数据的时序如图 4-26 所示。当 DSP 需要读取轴角位置转换数据时，必须置 AD2S83 的 $\overline{\text{INHIBIT}}$ 引脚为低电平，以阻止锁存器刷新。等待 $t_9=490\text{ns}$ 后，锁存器中的数据有效，可通过置 $\overline{\text{ENABLE}}$ 输入端为“低”电平，由 DSP 读取。因此，这一读取有效数据过程，对于指令周期为 50ns 的 DSP 来说，必须等待近 10 个指令周期，且需要增加外围硬件电路。显然，这是难以满足高性能控制系统的实时性要求的。对于具有多通道感应同步器测角系统的多轴控制设备来说，该问题将变得更加严重。为此，必须开发有效数据直接读取的接口电路方案。

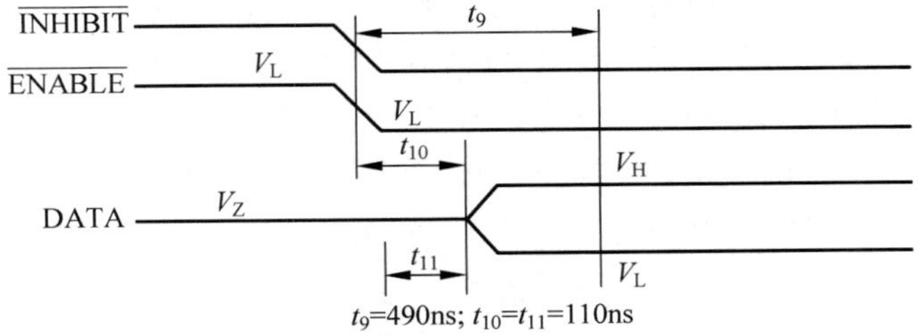

图 4-26　读取 AD2S83 输出数据的时序

1. 有效数据直接读取接口电路方案

文献[24]中提出一种外接三态锁存器的方案，如图 4-27 所示。DSP 可随意直接从外接三态锁存器中读取有效的轴角位置转换数据，解决了 $\overline{\text{INHIBIT}}$ 信号的等待时间问题，但是依然需要 DSP 通过 I/O 口对芯片的 BUSY 信号进行等待查询。文献[25]将 AD2S83 芯片的 BUSY 信号经过非门后作为外接锁存器的锁存允许信号(LE)，将片选信号作为外接锁存器的输出允许信号($\overline{\text{OE}}$)，如图 4-28 所示。这样，表面上 DSP 无论何时都可以直接读取外接锁存器的有效数据。事实上并非如此，因为当 BUSY 信号由高变低的时刻，锁存器中的内容是变化的，若在这时读取数据，很可能得到的是错误数据。

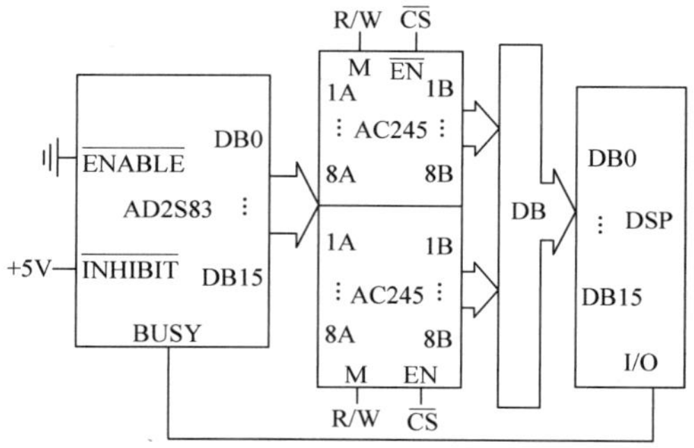

图 4-27　外接三态锁存器的直接数据读取原理示意

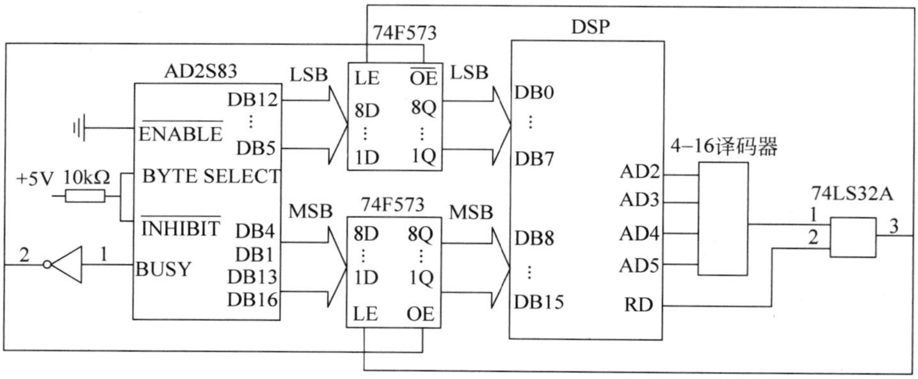

图 4-28　AD2S83 与 DSP 接口原理电路

为了更好地实现即时读取有效数据，文献[26]与文献[24,25]一样，也将 AD2S83(原文为 AD2S82A)的 $\overline{\text{INHIBIT}}$ 引脚始终置为高电平(+5V)，同时将 $\overline{\text{ENABLE}}$ 引脚接地，使得 AD2S83 的三态锁存器输出引脚始终处于打开状态，并在粗精测 16 位数据总线与 DSP 的数据总线之间加入了两片外设 16 位三态锁存器 74ACT16373，以便 DSP 能随时读取到轴角位置转换信号。另外，由于粗精两通道的 AD2S83 的输出数据都为二进制 16 位，因此需将 BYTE SELECT 引脚接为高电平(+5V)，将 DATA LOAD 引脚置为逻辑高(悬空即可)，使 16 位数据总线为输出总线。不同的是，将两路 AD2S83 的 BUSY 信号接入含有双单稳功能单元的集成电路 74LS123 的 A1 和 A2 端，其 B1 和 B2 端接 DSP 输出的低电平信

号 $\overline{\text{INHIBIT}}$。于是，BUSY 信号经过 74LS123 延时后，其输出 Q1 和 Q2 作为外设三态锁存器的锁存允许信号(LE)，DSP 发出的片选信号 $\overline{\text{CS}}$ 作为该锁存器的输出允许信号($\overline{\text{OE}}$)。这样，可以避免在 BUSY 电平跳变期间转存无效数据给外设锁存器。该测角系统的构成及与 DSP 的接口电路如图 4-29 所示。

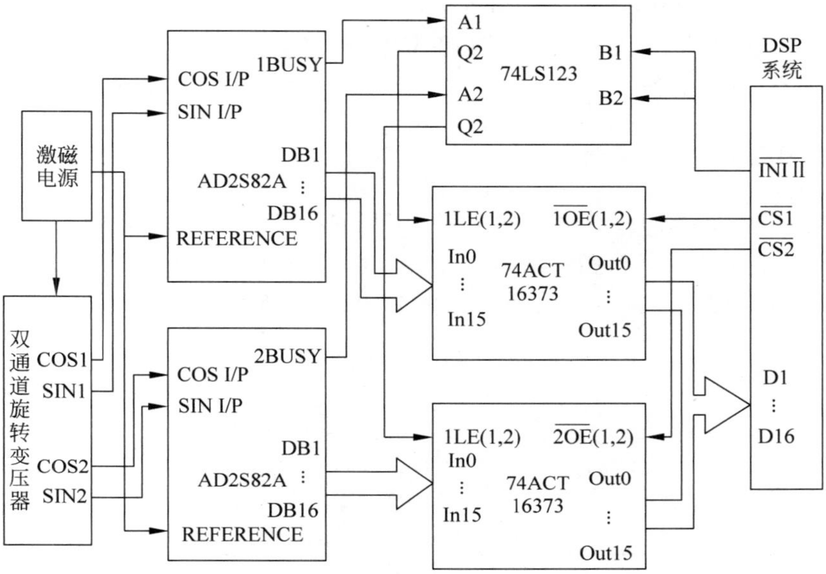

图 4-29　测角系统的构成及与 DSP 的接口电路

文献[27]采用 ALTERA 公司的 CPLD 器件 EPM7128SLC84-15 实现了图 4-28 的电路方案。其完整的接口逻辑图如图 4-30 所示，采用两级 D 触发器实现 BUSY 信号延时，SN7416373 作为 16 位三态锁存器。

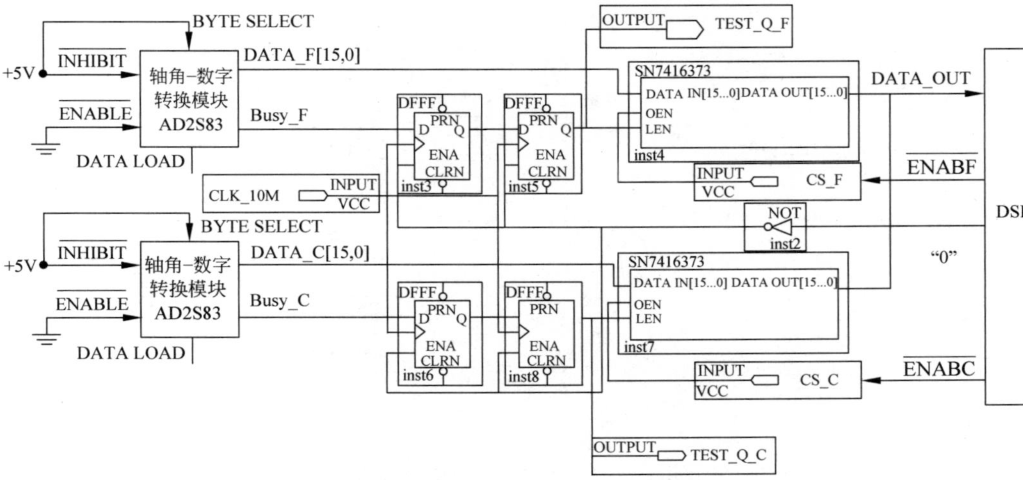

图 4-30　CPLD 与 DSP 接口逻辑设计

这样，当 DSP 需要读取感应同步器的位置信号时，就可以随时通过外设的三态锁存器直接读取。其工作原理如下：当 AD2S83 加入感应同步器粗精 2 通道信号后，不需要任何转换指令便可自动启动转换。当BUSY为低电平时，表示转换已经结束，当前AD2S83数据总线上为有效数据，并将数据转存到外设三态锁存器中；而当BUSY为高电平时，表示转换正在进行，当前AD2S83数据总线上的数据无效。此时，外设三态锁存器处于关闭状态，但是其内部仍然锁存着上一次转换的有效数据。于是，不论DSP何时读取数据，均可从外设锁存器中读到有效数据，不需要任何等待，大大提高了感应同步器输出数据采集的实时性；而且，采用CPLD/FPGA实现，电路板简单、工作可靠性高。将其推广到多轴控制设备的多路应用情况，非常方便。

2. 采用FPGA实现的直读数据接口电路

这里，选用FPGA芯片EP3C10E144C8实现AD2S83与DSP之间的接口电路。其中，4个D触发器用于延迟粗精两通道的BUSY信号，4个宏模块74373用于组成两路16位三态锁存器1674373。接口电路原理框图如图4-31所示。设计与仿真过程与本章附录类同。

图 4-31

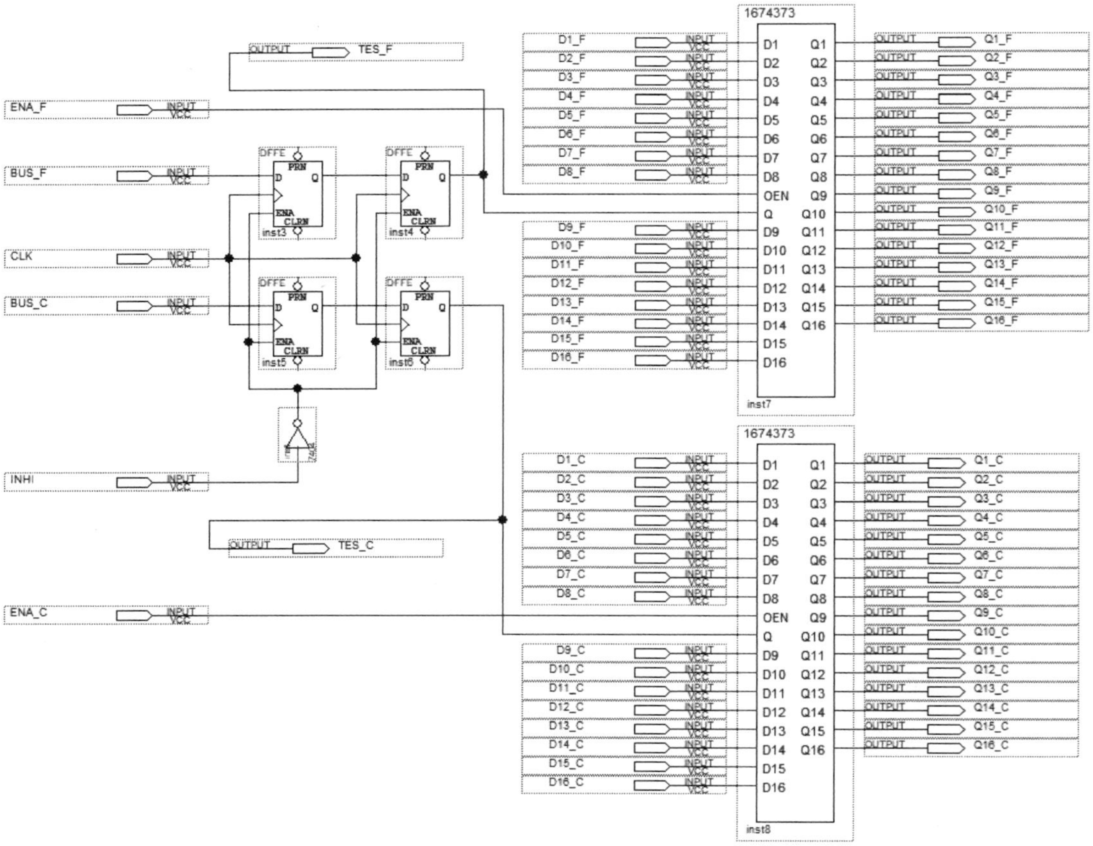

图4-31　AD2S83与DSP之间的接口电路原理框图

两个74373宏模块组成16位三态锁存器1674373的原理框图如图4-32所示。

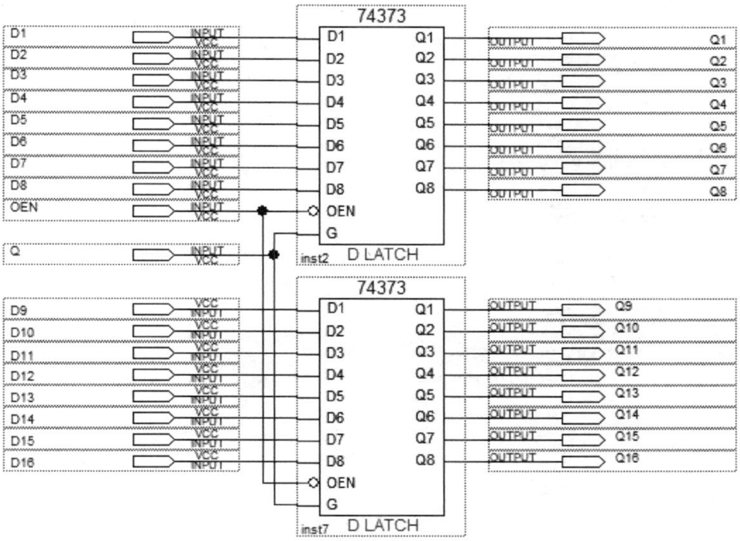

图 4-32

图 4-32　两个宏模块 74373 组成 1674373 锁存器的原理框图

3. 直读数据接口电路功能仿真结果

利用 Quartus Ⅱ 9.0 软件进行仿真，得到的全局时间序列图如图 4-33 所示。时钟 CLK 的周期为 50ns，BUSY_C 和 BUSY_F 的信号周期皆为 1μs(相位分别为 0.5μs 和 0.25μs)，INHI 信号设为低电平，读取数据片选信号 CS_C 和 CS_F 的周期均为 1ms(相位分别为 0.5ms 和 0.5ms−50ns=499.95μs)；AD2S83 输出的粗测数据和精测数据(D[1,16])都设为相同的二进制 16 位方波信号，由最低位到最高位的信号周期依次为 0.5、1、2、4、8、16、32、64、128、256、512、1024、2048、4096、8192、16384μs。

图 4-33 中，1ms 周期内读取的 Q_C 粗测数据比 Q_F 精测数据领先了 50ns，只占最低位波形周期 500ns 的 1/10。从记录来看，读取的粗测数据波形与精测数据波形几乎是一样的，因为二者的读取时差值仅相当于 DSP 的一条指令周期，是可以忽略不计的。

4.3.5　粗精组合感应同步器数据处理

1. 粗精组合

数据处理软件的核心是，进行粗精通道的数字角度组合计算以实时获得 360°范围内的绝对角度。由于粗精测两通道在硬件上是相互独立的，粗测的测量范围大，但精度较差，而精测的测量范围小，但精度较高，因此，不能简单地依靠合并粗测数据与精测数据获得大范围、高精度的测角结果。在 R/D 芯片选用 14 位分辨率的条件下，1 对极粗测感应同步器的 360°转角范围对应数字角 φ_c 为 0～16383，而 360 对极精测感应同步器的 1°转角范围对应数字角 φ_f 也为 0～16383。鉴于精测输出的角度比粗测输出的精确得多，组合时，基本出发点是选用精测数据修正粗测数据。

通常，在正式测角之前，必须先建立粗精测组合参照数据表。具体建表方法如下：

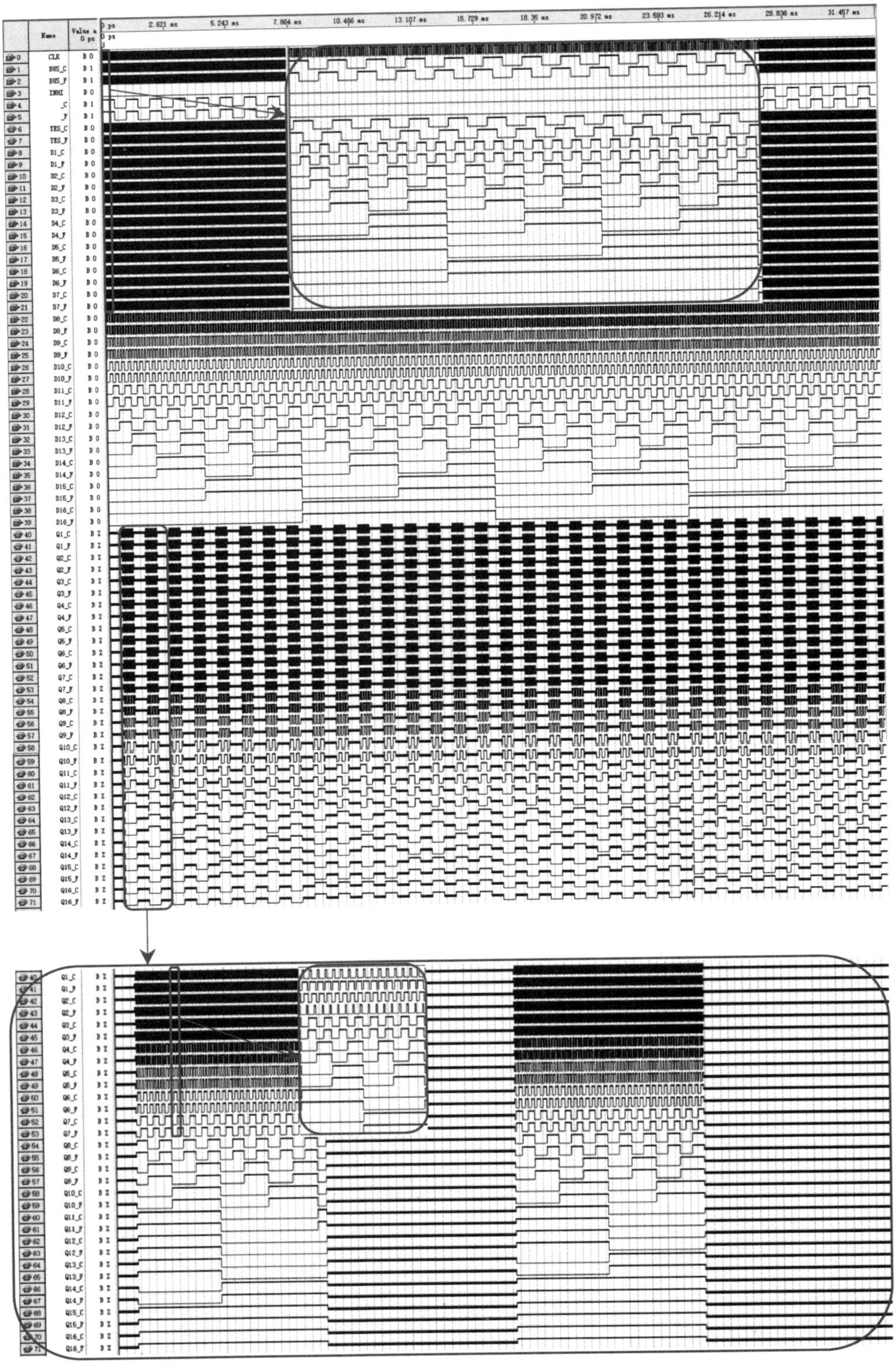

图 4-33

图 4-33 感应同步器直读数据接口电路仿真全局时间序列(1ms 周期信号)

转动感应同步器转子一周(360°),采集精测数字角 φ_f 过零点时的粗测数字角 φ_c,共计 360 个数,并将这些数按从小到大的顺序(对应于整度数 0°,1°,2°,…,359°)排列,保存为数据文件,并作为粗精测组合参照数据表。

进行粗精测角度组合的具体计算过程如下:

首先,用精测数字角 φ_f 按下式修正粗测数字角 φ_c:

$$\varphi_c' = \varphi_c - \frac{\varphi_f}{360°} \tag{4-38}$$

其次,取包含 φ_c' 的相邻整数作为序号,查阅粗精测组合参照数据表,将与 φ_c' 最接近的粗测数字角所对应的序号作为该角度的整数部分 θ_c。

最后,将整数度数 θ_c 与精测数字角度 φ_f 所对应的小数度数 θ_f 相加,可得粗精测组合的绝对角度 θ 为

$$\theta = \theta_c + \theta_f = \theta_c + \frac{\varphi_f}{16383} \times 1° \tag{4-39}$$

采用这种软件方法进行粗精测组合,理论上只要粗测数字角的波动不大于 22 个单位(即<0.5°)就可完成正常组合。调试工作量小,工作可靠性高。更主要的是有利于角度信号滤波和误差补偿,对于提高测角系统的精度具有重要意义。

2. 误差补偿

误差补偿采用线性插补公式,根据计算机中已储存的数据列表 $\Delta \boldsymbol{E}_2$ 和 $\Delta \boldsymbol{\Phi}_2$,分别实时补偿长周期(零位)误差和综合误差。

4.4　伺服系统位置环硬件配置

无刷直流电机和永磁同步电机的驱动逆变功率放大器可能不同,应用的测角传感器系统也可能不同。功率放大器有 SPWM 和 SVPWM 两种形式,测角传感器分光电编码器和感应同步器两类。因此,根据电机、功放及测角传感器的不同,伺服系统的位置环硬件配置多种多样。

下面只给出常用的两种不同配置的双环路伺服系统原理框图。第一种为无刷直流电机伺服系统,它采用 TMS320F28355 作为主控制器,应用中等精度增量式光电编码器和 eQEP 模块组成轴角传感器测量系统,其硬件配置原理框图如图 4-34 所示。

第二种是 PMSM 伺服系统,它仍然采用 TMS320F28335 数字信号处理器为主控制器,同时,采用智能功率模块(intelligent power module,IPM)为功放、粗精组合感应同步器为轴角测量传感器系统,其硬件配置原理框图如图 4-35 所示。

这两种系统都为双环伺服系统,内环为电流环,外环为位置环。图 4-35 中,位置环的测角传感器为粗精组合感应同步器,其输出信号经过轴角-数字转换器处理后,可得数字形式的角度信号与模拟速度信号。粗、精测数字式角度信号送入上位机,上位机经过粗精组合计算和误差补偿处理后,通过串行通信接口将完整的测角数据传给 TMS320F28335 主控制器。显然,这与图 4-34 中采用增量式光电编码器作为测角传感器的数据采集与处理方式不同。增量式光电编码器的输出信号经过光电隔离和整形接口电路,直接送入 TMS320F28335

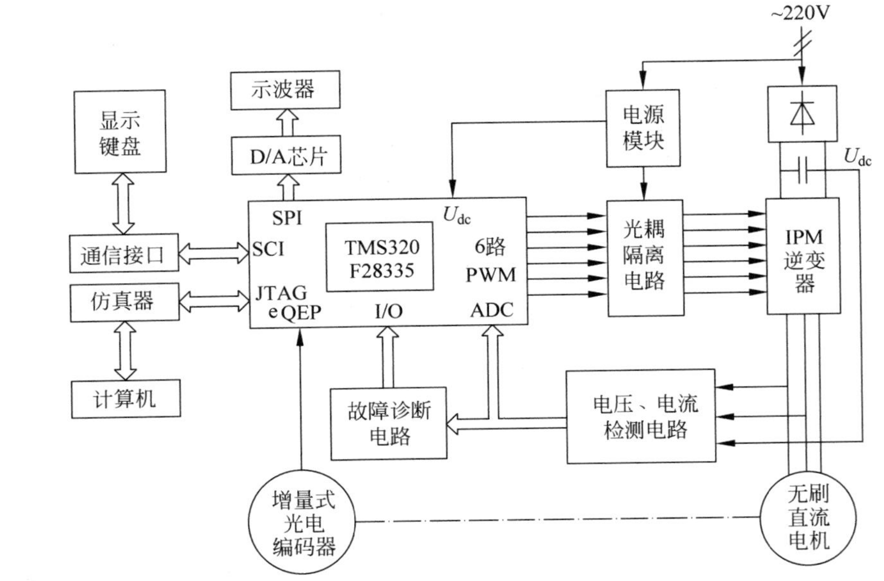

图 4-34　无刷直流电机双环路伺服系统硬件配置原理框图

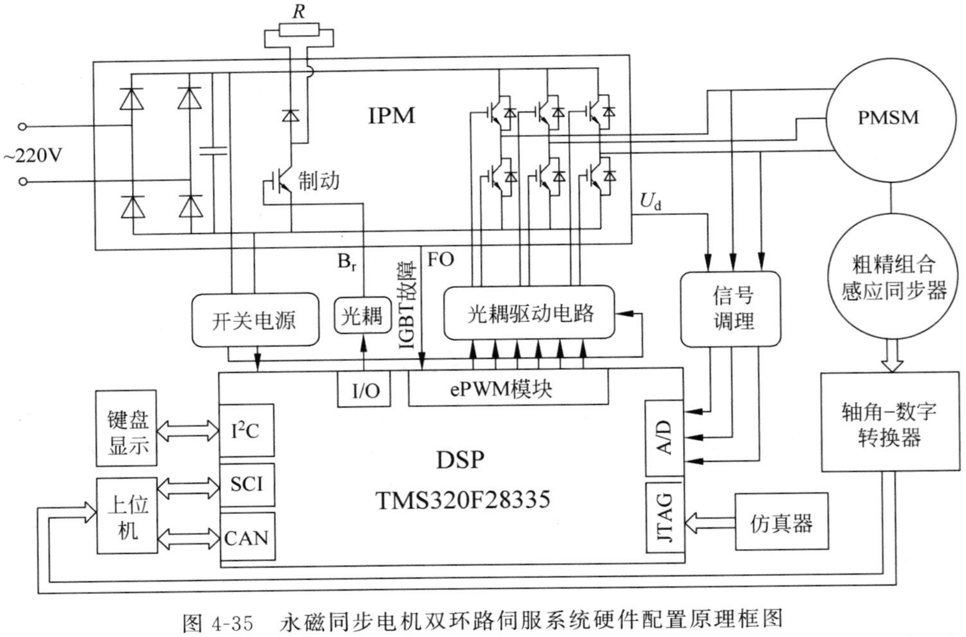

图 4-35　永磁同步电机双环路伺服系统硬件配置原理框图

主控制器的 eQEP 模块，进行正交解码，获得 4 倍频和转向信号，再传给位置计数器 QPOSCNT，输出角位置反馈信号，并经过 T/M 法计算得到角速度信号。

对于图 4-35 所示的永磁同步电机伺服系统，主控制器接收参考位置信号和反馈位置信号后，将二者相减形成角度误差信号，并送入位置环控制器，经过控制律的计算，产生电流环的控制指令 u_c。令电流环的输入交轴电流 $i_q^* \propto u_c$ 和直轴电流 $i_d^* \equiv 0$，然后，分别与电机反馈电流(i_d, i_q)一起送给电流环控制器，形成误差信号$(\Delta i_d, \Delta i_q)=(i_d^* - i_d, i_q^* - i_q)$，再经过常规的 PI 电流控制律或自适应鲁棒预测电流控制律计算以及 Park 逆变换后获得(u_α，u_β)。再经过 Clark 逆变换(注意，对于两相力矩电机，不需要经过 Clark 逆变换)，得到施加给三相定子绕组的电压 u_{s1}^*、u_{s2}^* 及 u_{s3}^*。下面分两种情况处理：一种是经过 D/A 转换成为模拟信号，送给模拟的 SPWM 逆变器和谐波滤波器；另一种是经过 SVPWM 计算，将所得 PWM 信号经过光耦送入 IPM。再利用脉宽调宽电压驱动 PMSM，形成电流环和位置环控制回路。通常，电流环的通频带约为 1kHz，并以此决定不同控制方式的 PWM 频率。位置环的通频带约为 15Hz，采样周期为 1～3ms。

4.5　位置环 PID 控制器设计

考虑到双环系统没有速度环，系统的阻尼主要由前向通道的微分环节提供，而纯微分会产生严重的高频噪声干扰，因此，在实际系统中采用相位超前网络取代纯微分。这样，位置环控制器为比例-积分-相位超前网络控制器。其表达形式为

$$G_c(s)=K_c\left(1+\frac{1}{T_i s}\right)\frac{(T_d+\tau_d)s+1}{T_d s+1} \tag{4-40}$$

假设内环电流控制器已经有良好的设计，无论是无刷直流电机或者是永磁同步电机，在合适的电流环控制下，它们作为受控对象，都可以近似为二阶纯积分环节，于是，可画出位置伺服系统闭环传递函数框图，如图 4-36 所示。

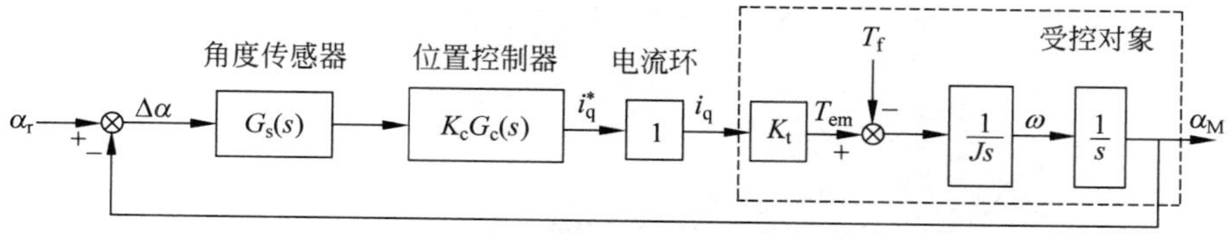

图 4-36　位置伺服系统闭环传递函数框图

图 4-36 中，α_r 为输入参考指令；$K_t=3\text{N}\cdot\text{m/A}$ 为电机电磁力矩系数；$J=9\text{kg}\cdot\text{m}^2$ 为折合到输出轴上的转动惯量；$G_s(s)=720/(s+720)$ 为前置放大器的传递函数，除提供增益外，还用于过滤测角传感器的噪声。于是，系统开环传递函数可表示如下：

$$G(s)=\frac{720}{s+720}\cdot K_c\frac{T_i s+1}{T_i s}\frac{(T_d+\tau_d)s+1}{T_d s+1}\frac{3}{9s^2} \tag{4-41}$$

4.5.1　设计技术指标

1. 静态指标

要求系统对参考输入 α_r 和干扰力矩 T_f 同时做到无静差。受控对象为二阶纯积分环节，对于参考输入是二阶无静差的。即参考输入为常值或常速度，系统输出都是无静差的。欲使对常值的干扰力矩输入，系统也为无静差，控制器必须具有一阶纯积分。

2. 动态指标

一般输入参考指令的变化速率是比较缓慢的，甚至为常量。因此，对于参考输入的动态

指标要求比较宽松，容易满足。但是，系统在运动基座上运行，为了克服经常存在的摇摆运动干扰，或者遭受振动、冲击时引起的动态干扰，则要求比较苛刻。

通常，干扰力矩 $T_f(s)$ 与误差角 $\Delta\alpha(s) \overset{\text{def}}{=} \alpha_r - \alpha_M$ 之比定义为系统刚度 $K_R(s)$。根据图 4-36，容易推导出系统刚度的表达式为

$$K_R(s) \overset{\text{def}}{=} \frac{T_f(s)}{\Delta\alpha(s)} = \frac{K_c K_t G_s(s) G_c(s)}{W(s)} \tag{4-42}$$

式中，$W(s) = \dfrac{K_c K_t G_s(s) G_c(s)}{Js^2 + K_c K_t G_s(s) G_c(s)}$为系统闭环传递函数。

一般来说，运动基座振动、摇摆时，作用于输出轴上的干扰力矩是正负交变的。假设摇摆的最高角频率约为 1rad/s，干扰力矩的幅值可达 0.3N·m。在这样的情况下，要求输出转角的精度优于 1″。于是，系统动态刚度指标应为

$$K_R(\omega)\big|_{\omega=1/s} \overset{\text{def}}{=} \frac{T_f(j1)}{\Delta\alpha(j1)} = \frac{0.3}{1} \times \frac{3600 \times 180}{\pi} \text{N} \cdot \text{m/rad} = 6.188 \times 10^4 \text{N} \cdot \text{m/rad}$$

考虑到摇摆频率比系统闭环通频带低很多，有 $W(j1) \approx 1$，因此，根据系统刚度表达式(4-42)，可得

$$|K_R(j1)| = K_c K_t |G_c(j1)| = 6.188 \times 10^4 \text{N} \cdot \text{m/rad} \tag{4-43}$$

式中，已经利用 $G_s(j1) \approx 1$。

另外，记 ω_c 为系统开环剪切频率，当 $s = j\omega_c$ 时，由开环幅频特性：

$$|G(j\omega_c)| = \frac{K_c K_t |G_s(j\omega_c)| |G_c(j\omega_c)|}{J\omega_c^2} \approx 1$$

可得

$$\omega_c^2 = K_c K_t |G_c(j\omega_c)| / J \tag{4-44}$$

式中，已经利用 $G_s(j\omega_c) \approx 1$，因为传感器传递函数 $G_s(j\omega)$ 的通频带比 ω_c 大得多。

式(4-44)除以式(4-43)，可得

$$\omega_c^2 = |K_R(j1)| \left| \frac{G_c(j\omega_c)}{G_c(j1)} \right| / J$$

因 $J = 9\text{kg} \cdot \text{m}^2$，有 $\omega_c = 82.92 \times \sqrt{\left|\dfrac{G_c(j\omega_c)}{G_c(j1)}\right|}$。考虑到 $\sqrt{\left|\dfrac{G_c(j\omega_c)}{G_c(j1)}\right|} < 1$，因此，为确保系统动态刚度和稳定裕量，可选择剪切频率 $\omega_c = 2\pi \times 10\text{rad/s}$ 和相位裕量 $\phi_M = 44°$。

4.5.2 控制器的参数设计

设计过程分为两步。

第一步，设计相位超前网络。考虑相位超前网络 $\dfrac{(\tau_d + T_d)s + 1}{T_d s + 1}$。其产生的相位超前量可表示为

$$\phi(\omega) = \arctan(T_d + \tau_d)\omega - \arctan T_d \omega$$

令 $\partial\phi(\omega)/\partial\omega = 0$，可得最大相位超前量的角频率为

$$\omega_{\max} = \frac{1}{\sqrt{T_d(T_d + \tau_d)}} \tag{4-45}$$

将 $\omega_{\max}$ 返代到相位超前量表达式，可得最大相位超前量为

$$\phi_{\max}=\arctan\frac{\sqrt{\gamma}-1/\sqrt{\gamma}}{2} \tag{4-46}$$

反之，有

$$\gamma=\frac{T_d+\tau_d}{T_d}=\left(\frac{1+\sin\phi_{\max}}{\cos\phi_{\max}}\right)^2 \tag{4-47}$$

通常，选择 $\gamma=6\sim10$。现选择 $\gamma=10$，代入式(4-46)，可得

$$\phi_{\max}=\arctan\frac{\sqrt{10}-1/\sqrt{10}}{2}=54.9^\circ$$

给定 $\omega_{\max}=\omega_c=2\pi\times10\text{s}^{-1}$ 和 $\gamma=10$，联立求解方程(4-45)和方程(4-47)，可得

$$\begin{cases}T_d=\dfrac{1}{\omega_c\sqrt{\gamma}}=\dfrac{1}{2\pi\times10\sqrt{10}}\text{s}=5.0329\times10^{-3}\text{s}\\ \tau_D+T_d=\gamma T_d=5.0329\times10^{-2}\text{s}\end{cases} \tag{4-48}$$

第二步，设计比例增益 K_c 和积分时间常数 T_i。具体步骤如下：

以 $G_s(s)\dfrac{(T_d+\tau_D)s+1}{T_ds+1}\dfrac{K_t}{Js^2}$ 为新的受控对象，设计 PI 控制器 $K_c\left(1+\dfrac{1}{T_is}\right)$。设计的依据是，在剪切频率 ω_c 这一点上，开环系统频率特性的幅值和辐角分别为

$$\begin{cases}\left|K_c\left(1+\dfrac{1}{j\omega_cT_i}\right)\right|\left|G_s(j\omega_c)\dfrac{j\omega_c(T_d+\tau_D)+1}{j\omega_cT_d+1}\dfrac{K_t}{J\omega_c^2}\right|=1\\ \arg K_c\left(1+\dfrac{1}{j\omega_cT_i}\right)+\arg\left[-G_s(j\omega_c)\dfrac{j\omega_c(T_d+\tau_D)+1}{j\omega_cT_d+1}\dfrac{K_t}{J\omega_c^2}\right]=-180^\circ+\phi_M\end{cases} \tag{4-49}$$

已知测角传感器的频率特性为

$$G_s(j\omega_c)\big|_{\omega_c=2\pi\times10}=\frac{720}{j2\pi\times10+720}=0.99621\angle-4.99^\circ$$

相位超前校正网络的频率特性为

$$\left.\frac{j\omega_c(T_d+\tau_D)+1}{j\omega_cT_d+1}\right|_{\omega_c=2\pi\times10}=\frac{j2\pi\times10\times5.0329\times10^{-2}+1}{j2\pi\times10\times5.0329\times10^{-3}+1}=3.1623\angle54.90^\circ$$

根据受控对象的转动惯量为 $J=9\text{kg}\cdot\text{m}^2$，永磁同步力矩电机的电磁力矩系数为 $K_t=3\text{N}\cdot\text{m/A}$，新受控对象的频率特性在剪切频率这一点的幅值和辐角可计算如下：

$$\left|G_s(j\omega_c)\frac{j\omega_c(T_d+\tau_D)+1}{j\omega_cT_d+1}\frac{K_t}{-J\omega_c^2}\right|=0.99621\times3.1623\times\frac{3}{9\times(2\pi\times10)^2}\text{A}^{-1}$$
$$=2.6599\times10^{-4}\text{A}^{-1}$$

$$\arg\left[G_s(j\omega_c)\frac{j\omega_c(T_d+\tau_D)+1}{j\omega_cT_d+1}\frac{K_t}{-J\omega_c^2}\right]=-4.99^\circ+54.90^\circ-180^\circ=-130.09^\circ$$

将以上数据代入式(4-49)的第二式，可得

$$\theta_1\overset{\text{def}}{=}\arg K_c\left(1+\frac{1}{j\omega_cT_i}\right)=-180^\circ+\phi_M-\arg\left[-G_s(j\omega_c)\frac{j\omega_c(T_d+\tau_D)+1}{j\omega_cT_d+1}\frac{K_t}{J\omega_c^2}\right]$$
$$=-180^\circ+44^\circ+130.09^\circ=-5.91^\circ$$

令

$$K_c\left(1+\frac{1}{j\omega_c T_i}\right)=\left|K_c\left(1+\frac{1}{j\omega_c T_i}\right)\right|(\cos\theta_1+j\sin\theta_1)$$
$$=(\cos\theta_1+j\sin\theta_1)/\left|G_s(j\omega_c)\frac{j\omega_c(T_d+\tau_D)+1}{j\omega_c T_d+1}\frac{K_t}{J\omega_c^2}\right|$$

那么，分别由实部和虚部各自相等，可得

$$\begin{cases}K_c=\cos\theta_1/\left|G_s(j\omega_c)\dfrac{j\omega_c(T_d+\tau_D)+1}{j\omega_c T_d+1}\dfrac{K_t}{J\omega_c^2}\right| \\ \quad=\dfrac{\cos 5.91^\circ}{2.6599\times 10^{-4}}=3.7396\times 10^3 \\ T_i=-\dfrac{\cos\theta_1}{\omega_c\sin\theta_1}=-\dfrac{1}{\omega_c\tan\theta_1}=\dfrac{1}{2\pi\times 10\tan 5.91^\circ}=0.15375\text{s}\end{cases}\tag{4-50}$$

4.5.3　系统性能验证

首先，验证系统刚度。根据系统刚度表达式(4-42)，有

$$K_R(s)\overset{\text{def}}{=}\frac{T_f(s)}{\Delta\alpha(s)}=\frac{G_s(s)K_cG_c(s)K_t}{W(s)}\tag{4-51}$$

如果干扰力矩 T_f 为常量，误差角为稳态值，那么，由此获得的刚度称为静刚度。在比例-积分-相位超前控制器条件下，静刚度为

$$K_{Rss}=\lim_{s\to 0}\frac{G_s(s)K_cG_c(s)K_t}{W(s)}=\lim_{s\to 0}K_cK_t\frac{(T_is+1)[(T_d+\tau_d)s+1]}{T_is(T_ds+1)}=\infty\tag{4-52}$$

式中，第二等式已经利用$\lim\limits_{s\to 0}W(s)=1$ 和$\lim\limits_{s\to 0}G_s(s)=1$。

显然，该伺服系统因控制器具有一阶纯积分，静刚度无穷大，常值负载力矩产生的稳态误差角为零。对伺服系统而言，更为重要的是动刚度。动刚度可表示为

$$K_R(\omega)=K_cK_t\frac{|G_s(j\omega)||G_c(j\omega)|}{|W(j\omega)|}\tag{4-53}$$

考虑 $\omega=1\ll\omega_c$ 的情况。这时，$W(j\omega)\to 1$，$G_s(j\omega)\to 1$，于是动刚度可简化为

$$K_R(\omega)\big|_{\omega\ll\omega_c}=K_cK_t\left|\frac{jT_i\omega+1}{jT_i\omega}\right|\left|\frac{j(T_d+\tau_d)\omega+1}{jT_d\omega+1}\right|_{\omega\ll\omega_c}\approx\frac{K_cK_t}{T_i}\sqrt{(T_i)^2+1}$$
$$=\frac{3.7396\times 10^3\times 3}{0.15375}\times\sqrt{0.15375^2+1}\,\text{N}\cdot\text{m/rad}$$
$$=7.3825\times 10^4\,\text{N}\cdot\text{m/rad}\tag{4-54}$$

式(4-54)表明，所设计系统的动刚度比给定指标($6.188\times 10^4\,\text{N}\cdot\text{m/rad}$)大 19.3%，稍留有余量，是比较合适的。这说明以上设计方法可行、设计结果可接受。

必须指出，比例增益 $K_c\propto J\omega_c^2$，刚度$K_R(\omega)|_{\omega=1}\propto K_c\propto J\omega_c^2$，因此有

$$\Delta\alpha=\frac{T_f(\omega)}{K_R(\omega)}\bigg|_{\omega=1}\propto\frac{T_f(\omega)}{J\omega_c^2}\tag{4-55}$$

这就是说，伺服系统的跟踪误差正比于 T_f/J，反比于 ω_c^2。如果所设计系统的刚度不足，则需要进一步降低干扰力矩，或加宽系统频带；反之，亦然。另外，还可以通过微量增、减相位

裕量加以适当调整。其次，确定比例-积分-相位超前控制器的传递函数为

$$G_c(s)=3.7396\times10^3\left(1+\frac{1}{0.15375s}\right)\frac{5.0329\times10^{-2}s+1}{5.0329\times10^{-3}s+1} \tag{4-56}$$

开环系统的传递函数为

$$\begin{aligned}G(s)&=3.7396\times10^3\cdot\frac{720}{s+720}\,\frac{0.15375s+1}{0.15375s}\,\frac{5.0329\times10^{-2}s+1}{5.0329\times10^{-3}s+1}\,\frac{3}{9s^2}\\&=\frac{5.837424\times10^6\times(0.773808\times10^{-2}s^2+0.204079s+1)}{s^3(5.0329\times10^{-3}s^2+4.623866s+720)}\end{aligned} \tag{4-57}$$

根据式(4-57)，可绘制开环系统对数频率特性(Bode 图)，如图 4-37 所示。

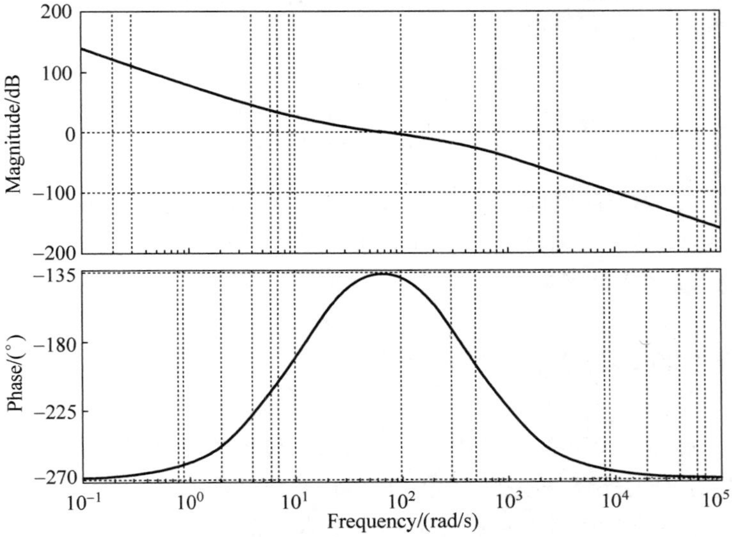

图 4-37　双环路位置伺服系统开环频率特性

由图 4-37 易见，该系统的剪切频率约为 10Hz，相位裕量约为 44°，因此，该系统满足设计技术指标要求。

然后，通过 Simulink 仿真，进一步验证该系统的动态特性。下面给出对该系统进行 Simulink 仿真的系统结构框图，如图 4-38 所示。参考输入为单位阶跃，干扰力矩包括常值负载力矩 1N·m 和正弦波动力矩幅值 0.3N·m、角频率 1rad/s，及 LuGre 摩擦力矩(见式(6-10)～式(6-12)与图 6-3)。

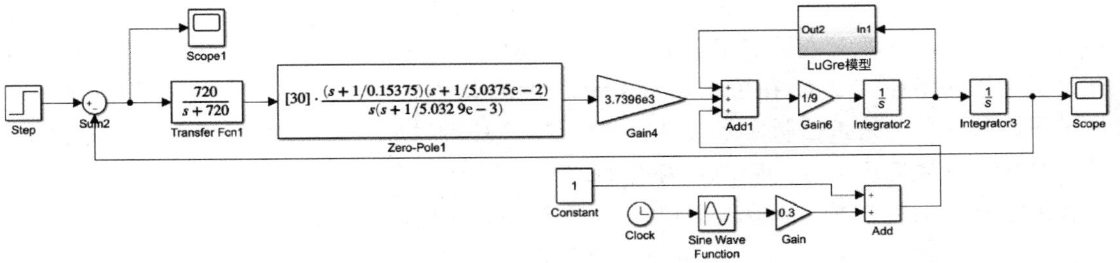

图 4-38

图 4-38　双环路位置伺服系统 Simulink 仿真结构框图

按照图 4-38 进行 Simulink 仿真，得到的单位阶跃响应和静态误差曲线如图 4-39 所示。

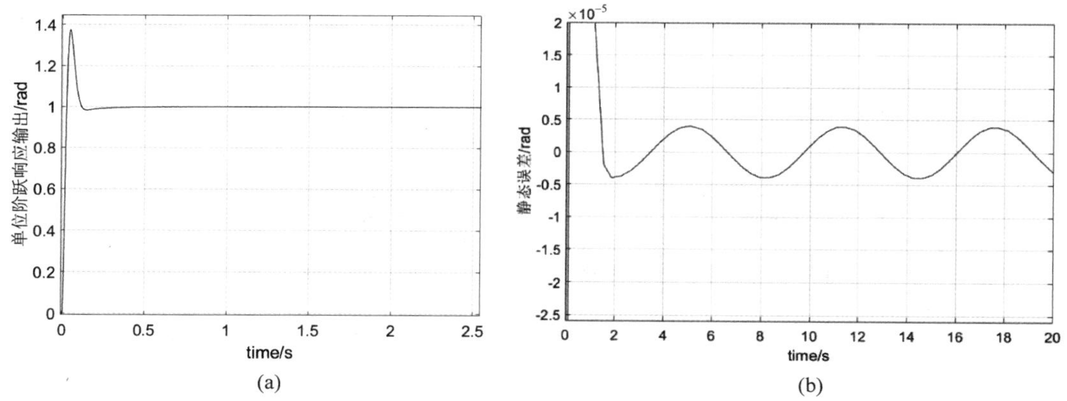

图 4-39　双环路位置伺服系统 Simulink 仿真结果曲线

(a) 单位阶跃响应；(b) 静态误差

由图 4-39 易见，单位阶跃响应的超调量约为 0.37，过渡过程时间约为 0.2s，静态误差小于 0.5×10^{-5}rad(即 1″)，满足设计指标要求。然而，这是假设系统完全工作在线性状态获得的，没有考虑动基座的摇摆角速度干扰。

4.6　积分反“缠绕”设计

将带有 PI 控制器电流环的电机作为受控系统，其数学模型可近似为二阶纯积分系统，需采用 PID 位置控制的外环。整个系统的开环频率特性如图 4-37 所示，该系统显然是一个条件稳定系统。即系统开环增益在设计值的上下有限范围内变化，系统是稳定的。特别地，在实际系统中，所有的执行器都是有限制的。例如，功率放大器具有有限的输出功率、电机具有有限的力矩和转速。当控制系统在大范围工作时，积分环节容易积累较大的误差值，很可能使执行器达到它的工作极限。在这种情况下，执行器将保持其极限状态而与过程输出无关，反馈回路被破坏，系统运行在开环状态。

由于控制器中存在纯积分环节，误差将随时间不断增长。这就意味着积分项变得越来越大。因此，控制误差必须具有长时间反号，系统才能回到正常工作状态。于是，系统会出现巨大的瞬变过程，表现为不稳定的大幅度低频振荡。这种现象通常称为“缠绕”。

克服积分器“缠绕”的方法主要有以下几种：①限制参考输入；②条件积分；③后向计算与跟踪。限制参考输入经常在系统初始投入闭环时采用，例如，通过误差信号“归零”后，伺服系统投入闭环。但是，在系统闭环运行时使用，或者使控制器性能偏于保守，或者不容许采用。条件积分是指控制偏差大时切断积分，只有当满足一定条件时，才应用积分校正，其主要缺点是缺乏鲁棒性。后向计算与跟踪的优点是不需要瞬时地，而是以时间常数 T_t 动态地重新设定积分器。当输出饱和时，它重新计算新的输出使之为饱和极限。基于后向计算的带反“缠绕”比例-积分-相位超前控制器框图如图 4-40 所示。

在图 4-40 中，将原设计的比例-积分-相位超前控制器分为三部分：第一部分为相位超前网络传递函数；第二部分为比例增益；第三部分为积分环节。另外，附加了反馈支路。

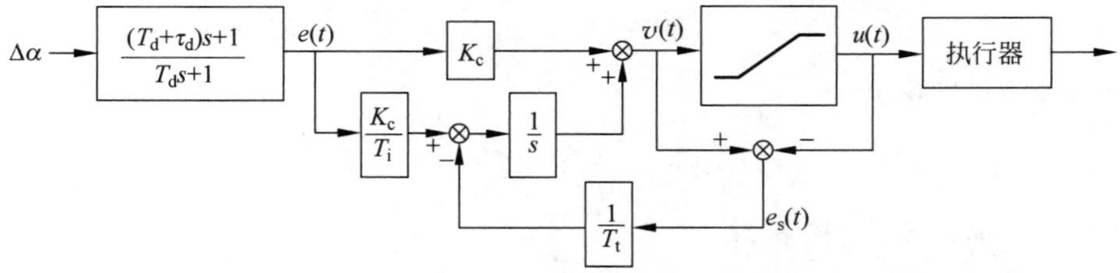

图 4-40　带反“缠绕”的比例-积分-相位超前控制器框图

4.6.1　附加反馈支路的作用

附加的反馈支路由反馈误差信号 $e_s(t)$ 和负反馈增益 $1/T_t$ 两部分组成。反馈误差信号等于执行器模型的输入 $v(t)$ 与输出 $u(t)$ 之差。当系统处于线性区域时，该反馈信号 $e_s=0$，系统正常工作；当执行器饱和时，过程输入为正常值，围绕过程的正常反馈通道被破坏；但是，$e_s\neq 0$，围绕积分器的反馈支路起作用，稳态时的积分器输出将使其输入为零。即

$$\frac{K_c}{T_i}e(t)-\frac{1}{T_t}e_s(t)=0 \tag{4-58}$$

其中，$e(t)$ 为相位超前网络输出。因此，有 $e_s=(T_tK_c/T_i)e$。根据 $e_s=v-u$，可得

$$u=v-(T_tK_c/T_i)e \tag{4-59}$$

式(4-59)表明，由于 v 为饱和的控制变量，u 与 e 同号，因此，附加的反馈支路总是使得控制变量 u 减弱，返回线性区。这就避免了积分器的“缠绕”。

4.6.2　反馈支路时间常数 T_t 选择

控制器输出重新设置的速率由反馈增益 $1/T_t$ 支配。其中，T_t 可看作时间常数，它决定积分器重新设置的速率，所以称为跟踪时间常数。T_t 应该选择得较小，可使积分器重置较快。但是，在伴有微分校正时，T_t 如果选择得太小，虚假信号可能引起输出饱和，造成积分器错误设置。一般地说，T_t 应大于微分时间常数 τ_d+T_d，并且小于积分时间常数 T_i。

作为一条法则，建议取 $T_t=\sqrt{T_i(\tau_d+T_d)}$，并经过实际调试最终确定。

4.6.3　控制律的等价离散化

首先，考虑工作在线性范围，$e_s=0$。根据图 4-40，位置控制器可表示为

$$v(s)=K_c\left(1+\frac{1}{T_is}\right)e(s)=K_c\left(1+\frac{1}{T_is}\right)\frac{(\tau_d+T_d)s+1}{T_ds+1}\Delta\alpha(s) \tag{4-60}$$

我们可以将其分解为两部分进行离散化。第一部分为相位超前网络传递函数，可表示为

$$e(s)=\frac{(\tau_d+T_d)s+1}{T_ds+1}\Delta\alpha(s)=\left(1+\frac{\tau_ds}{T_ds+1}\right)\Delta\alpha(s) \tag{4-61}$$

令 $e_d(s)=e(s)-\Delta\alpha(s)$，则 $e_d(s)$ 可表示为

$$T_d\dot{e}_d(t)+e_d(t)=\tau_d\Delta\dot{\alpha}(t)\rightarrow e_d(s)=\frac{\tau_ds}{T_ds+1}\Delta\alpha(s)$$

该微分方程的解为

$$e_{\mathrm{d}}(t)=\mathrm{e}^{-(t-t_0)/T_{\mathrm{d}}}e_{\mathrm{d}}(t_0)+\frac{\tau_{\mathrm{d}}}{T_{\mathrm{d}}}\int_{t_0}^{t}\mathrm{e}^{-(t-\tau)/T_{\mathrm{d}}}\Delta\dot{\alpha}(\tau)\mathrm{d}\tau$$

可将 $e_{\mathrm{d}}(t)$等价离散化为

$$e_{\mathrm{d}}(k)=\mathrm{e}^{-\Delta t/T_{\mathrm{d}}}e_{\mathrm{d}}(k-1)+\frac{\tau_{\mathrm{d}}}{\Delta t}(1-\mathrm{e}^{-\Delta t/T_{\mathrm{d}}})(\Delta\alpha(k)-\Delta\alpha(k-1))$$

式中,已将 $k\Delta t$ 简记为 k。因此,有

$$e(k)=e_{\mathrm{d}}(k)+\Delta\alpha(k)$$

$$e_{\mathrm{d}}(k)=\mathrm{e}^{-\Delta t/T_{\mathrm{d}}}e_{\mathrm{d}}(k-1)+\frac{\tau_{\mathrm{d}}}{\Delta t}(1-\mathrm{e}^{-\Delta t/T_{\mathrm{d}}})(\Delta\alpha(k)-\Delta\alpha(k-1))$$

由此可得

$$e(k)=\mathrm{e}^{-\Delta t/T_{\mathrm{d}}}e(k-1)+\left[1+\frac{\tau_{\mathrm{d}}}{\Delta t}(1-\mathrm{e}^{-\Delta t/T_{\mathrm{d}}})\right]\Delta\alpha(k)-\left[\mathrm{e}^{-\Delta t/T_{\mathrm{d}}}+\frac{\tau_{\mathrm{d}}}{\Delta t}(1-\mathrm{e}^{-\Delta t/T_{\mathrm{d}}})\right]\Delta\alpha(k-1) \tag{4-62}$$

第二部分为比例-积分环节,可表示为

$$v(s)=K_{\mathrm{c}}\frac{T_{\mathrm{i}}s+1}{T_{\mathrm{i}}s}e(s) \tag{4-63}$$

方程(4-63)的解可表示为

$$v(t)=v(t_0)+K_{\mathrm{c}}e(t)+\frac{K_{\mathrm{c}}}{T_{\mathrm{i}}}\int_{t_0}^{t}e(\tau)\mathrm{d}\tau$$

等价离散化后,可得

$$v(k)=v(k-1)+K_{\mathrm{c}}e(k)+\frac{K_{\mathrm{c}}}{T_{\mathrm{i}}}\frac{\Delta t}{2}(e(k)+e(k-1)) \tag{4-64}$$

其次,考虑执行器进入饱和状态,$u=u_{\mathrm{limit}}\leqslant v$。由图 4-40 可得第二部分的控制器方程为

$$v(s)=K_{\mathrm{c}}e(s)+\frac{1}{s}\left[\frac{K_{\mathrm{c}}}{T_{\mathrm{i}}}e(s)-\frac{1}{T_{\mathrm{t}}}(v(s)-u(s))\right]$$

方程两边乘以 $T_{\mathrm{t}}s$,u 取极限值 u_{limit},可得

$$T_{\mathrm{t}}\dot{v}(t)+v(t)=K_{\mathrm{c}}T_{\mathrm{t}}\left(\dot{e}(t)+\frac{1}{T_{\mathrm{i}}}e(t)\right)+u_{\mathrm{limit}}$$

该微分方程的解为

$$v(t)=\mathrm{e}^{-(t-t_0)/T_{\mathrm{t}}}v(t_0)+\frac{1}{T_{\mathrm{t}}}\int_{t_0}^{t}\mathrm{e}^{-(t-\tau)/T_{\mathrm{t}}}\left[K_{\mathrm{c}}T_{\mathrm{t}}\left(\dot{e}(\tau)+\frac{1}{T_{\mathrm{i}}}e(\tau)\right)+u_{\mathrm{limit}}\right]\mathrm{d}\tau$$

可将 $v(t)$等价离散化为

$$v(k)=\mathrm{e}^{-\Delta t/T_{\mathrm{t}}}v(k-1)+(1-\mathrm{e}^{-\Delta t/T_{\mathrm{t}}})\left\{K_{\mathrm{c}}T_{\mathrm{t}}\left[\frac{1}{\Delta t}(e(k)-e(k-1))+\frac{1}{T_{\mathrm{i}}}e(k)\right]+u_{\mathrm{limit}}\right\} \tag{4-65}$$

显然,带反“缠绕”的比例-积分控制器在执行器饱和状态下已经蜕变为惯性环节,失去了积分作用,并且饱和输出 u_{limit} 将随着 v 逐渐减弱而返回线性区。

4.6.4 执行器饱和反“缠绕”Simulink 仿真

下面将执行器饱和值范围设为±35N·m,进行有与无反“缠绕”的两种系统对比

Simulink 仿真。仿真结构框图如图 4-41 所示。图中分上下两部分：上部为无反“缠绕”的系统，下部为有反“缠绕”的系统。

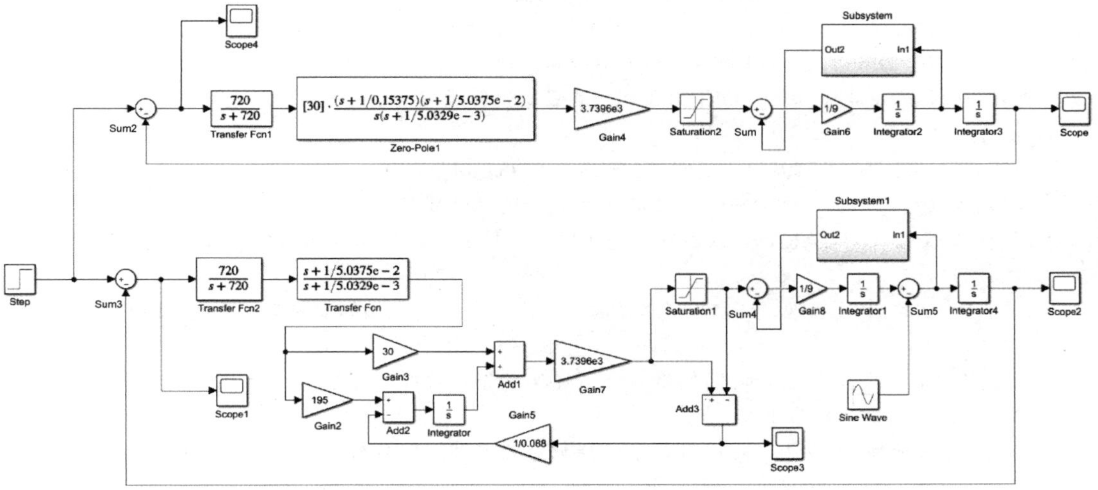

图 4-41　带执行器饱和的双环路位置伺服系统反“缠绕”前后 Simulink 对比仿真结构框图

图 4-41

Simulink 仿真结果：无反“缠绕”的系统单位阶跃响应曲线如图 4-42(a)所示，有反“缠绕”的系统单位阶跃响应曲线如图 4-42(b)所示。

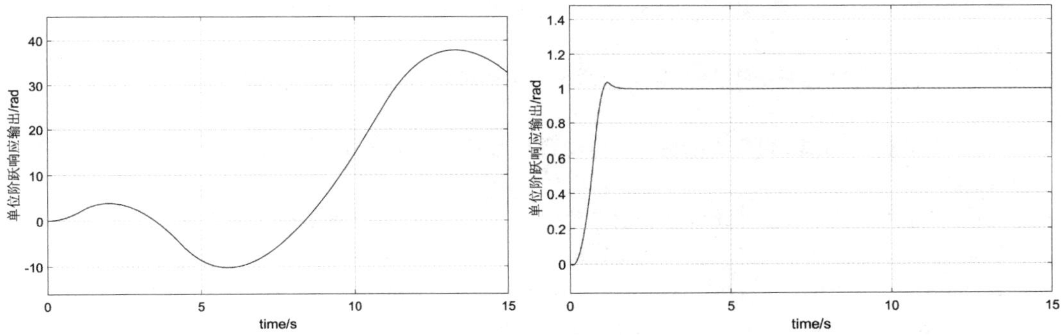

(a)　(b)

图 4-42　有、无反“缠绕”的两种系统单位阶跃响应 Simulink 仿真曲线

(a) 无反“缠绕”的系统单位阶跃响应曲线；(b) 有反“缠绕”的系统单位阶跃响应曲线

由图 4-42 易见，无反“缠绕”的系统处于低频发散振荡状态；而有反“缠绕”的系统不仅稳定，而且过渡过程更加平稳、超调量减小，但上升速度延缓，过渡过程时间由 0.2s 延长到 2s。

参考文献

[1]　陈赟. 单圈绝对式光电轴角编码器原理的研究[D]. 北京：中国科学院大学，2006.

[2]　金锋，卢杨，王文松，等. 光栅四倍频细分电路模块的分析与设计[J]. 北京理工大学学报，2006，26(12)：1073-1076.

[3] 陆原,王娜,李新玲. 一种基于 VHDL 的细分与辨向电路的设计[J]. 河北大学学报(自然科学版),2009,29(1): 90-94.

[4] 丁志勇. 基于 TMS320F28335 和增量式编码器的测速方法设计[J]. 智能机器人,2017,12: 42-45.

[5] 李勇,潘松峰. 基于 DSP 的 M/T 法测速研究[J]. 工业控制计算机,2018,31(5): 145-146.

[6] 郑殿臣. 基于 DSP 的变 M/T 测速方法及其故障处理[J]. 微电机,2016,49(7): 46-49.

[7] 张涛,杨振强,王晓旭. 应用 eQEP 及编码器测量电机位置与速度的方法[J]. 电气传动,2011,41(4): 48-51.

[8] 耿华,王艳芬. DSP 原理及应用实例(TMS320F28335)[M]. 北京: 清华大学出版社,2021.

[9] 符晓,朱洪顺. TMS320F28335DSP 原理、开发及应用[M]. 北京: 清华大学出版社,2019.

[10] 何栋炜,彭侠夫,蒋学程,等. 永磁同步电机的改进扩展卡尔曼滤波测速算法[J]. 西安交通大学学报,2011,45(10): 59-64.

[11] 徐张旗,陶家园,王克逸,等. 基于卡尔曼滤波的新型变"M/T"编码器测速方法[J]. 新技术新工艺,2018,9: 28-31.

[12] 石忠东,陈培正,陈定积,等. 高精度数字测速及动态位置检测算法[J]. 清华大学学报(自然科学版),2004,44(8): 1021-1024.

[13] 文晓燕,郑琼林,韦克康,等. 增量式编码器测速的典型问题分析及应对策略[J]. 电工技术学报,2012,27(2): 185-189,209.

[14] 周自强. 高精度圆感应同步器制造技术[J]. 舰空精密创造技术,1995,31(5): 7-9.

[15] 周自强. 一对极圆感应同步器的设计[J]. 航空精密制造技术,2007,43(3): 39-41.

[16] 黄新吉. 基于圆感应同步器的高精度机电编码器设计[J]. 微电机,2018,51(4): 10-14.

[17] 童亮,高钟毓. 感应同步器数字测角系统的硬件与软件[J]. 传感器技术,2001,20(10): 32-34,37.

[18] 邱子峰,李文华,许斌鹏. 基于 AD2S80A 和 AVR 的圆感应同步器测角系统[J]. 仪表技术与传感器,2010,5: 108-110.

[19] 潘文贵,付晶,朱枉,等. 感应同步器测角系统的电路设计与软件补偿[J]. 计算机技术,2012,12(22): 5484-5488.

[20] 孙力,杨贵杰,孙立志. 跟踪鉴幅型感应同步器测角系统误差分析[J]. 电机与控制学报,1999,3(3): 181-183.

[21] 王茂. 高精度角位置测量系统误差补偿参数调试方法[J]. 仪器仪表学报,2000,21(4): 395-398.

[22] REN S Q,CHEN X J,ZENG Q S,et al. Integrated Error Model and Error Checking & Separating Technology for Round Inductosyn Angle-measuring System[C]. 3rd International Symposium on Instrumentation Science and Technology. Xi'an,China,Aug. 18-22,2004.

[23] Analog Devices Inc. AD2S83 data sheet[R/OL]. [2023-11-10]. http://www.analog.com.

[24] 李年裕,吕强,李光升,等. 旋转变压器——数字转换器 AD2853 在伺服系统中的应用[J]. 电子技术应用,2000,2: 66-68.

[25] 孟凡涛,梁森,张广栋,等. 全数字交流伺服系统中旋转变压器信号的处理[J]. 电力电子技术,2002,36(1): 51-53.

[26] 袁保伦,陆煜明,饶谷音. 基于 AD2S82A 的多通道测角系统及与 DSP 接口设计[J]. 微电机,2007,40(7): 47-49.

[27] 王兴华,孙纯祥,周成岩. 基于 AD2S80A 的高精度测角测速系统设计[J]. 微电机,2008,41(10): 50-53,80.

[28] 霍琦,朱明超,李昂,等. 基于 DSP 的 Stewart 平台直流无刷电机伺服控制系统[J]. 电子设计工程,2016,24(14): 146-148.

[29] 张杭,崔巍,苗会彬,等. 永磁同步力矩电机直驱式伺服系统矢量控制策略综述[J]. 微电机,2010,43(12): 82-86.

[30] 应卓瑜,梁坚,邵亮,等. 基于 CPLD 的辨向细分电路设计[J]. 传感技术学报,2005,18(1): 143-

145,161.
[31] 马铁信. 基于 CPLD 的光栅倍频细分电路的设计与实现[J]. 甘肃科技,2008,24(23): 72-73,107.
[32] 李君,张波,刘品宽,等. 基于 FPGA 的增量式编码器接口电路的设计[J]. 机电一体化,2012,2: 58-60,65.
[33] 胡天亮,李鹏,张承瑞,等. 基于 VHDL 的正交编码脉冲电路解码计数器设计[J]. 山东大学学报(工学版),2008,38(3): 10-13,57.
[34] 刘爱荣,王振成,陈杨,等. EDA 技术与 CPLD/FPGA 开发应用简明教程[M]. 2 版. 北京: 清华大学出版社,2013.

附录: Quartus Ⅱ 9.0 建立工程、编译及仿真过程

一、建立工程库文件夹与空文件

为了存储工程项目设计文件,必须建立工程库目录,内容包括建立文件夹和设计文件存盘。主要步骤如下:

(1) 新建文件夹。利用 Windows 资源管理器,在 D 盘中新建文件夹。设计的文件夹可取名为 FPGA_Program。路径为 D:\FPGA_Program,文件夹为 jsq24。

(2) 建立原理图源文件编辑窗。打开 Quartus Ⅱ 工作界面,在菜单栏中选择 File→New 菜单命令,在 New 窗口中的 Design Files 条目中,选择 Block Diagram/Schematic File,如图 1 所示。单击 OK 按钮后,出现图 2 所示的原理图编辑窗口,并自动显示文件名 Block1. bdf。

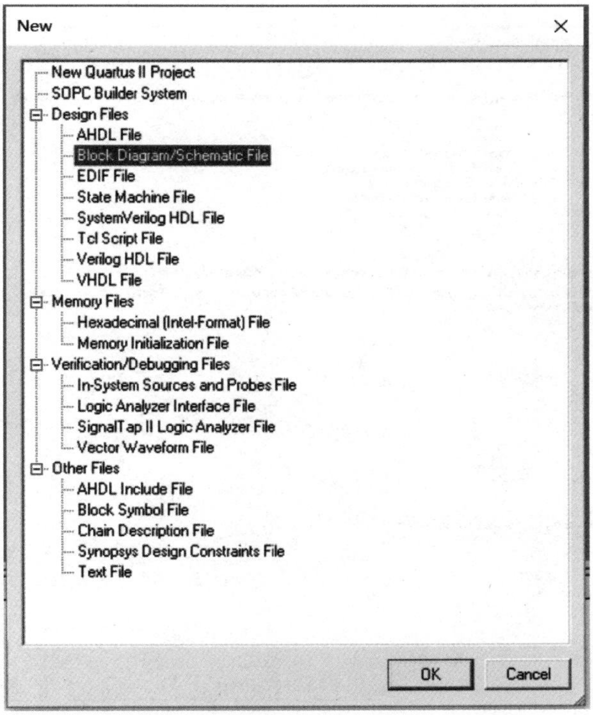

图 1

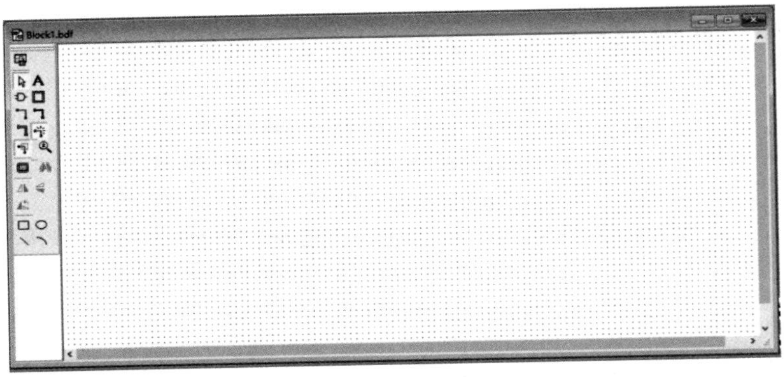

图 2

（3）空文件存盘。选择 File→Save As 菜单命令，按照新文件夹路径 D:\FPGA_program\jishuqi24 存储，存储文件名可改为其他扩展名为.bdf 的名称，如 Block2.bdf。注意，这是一个空原理电路文件。

存储过程中，当出现问句“Do you want to create a new project with the file?”时，单击“是”按钮，可直接按以下方法进入创建工程流程。

二、创建工程

（1）打开并建立新工程管理窗。选择 File→New Project Wizard 菜单命令，弹出工程设置对话框，如图 3 所示。然后单击 Next 按钮，出现图 4 所示的对话框。

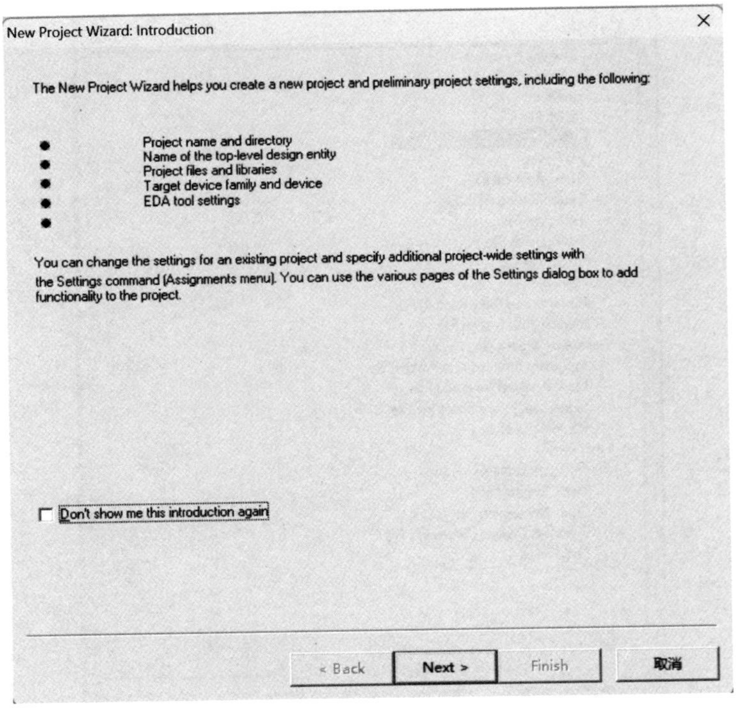

图 3

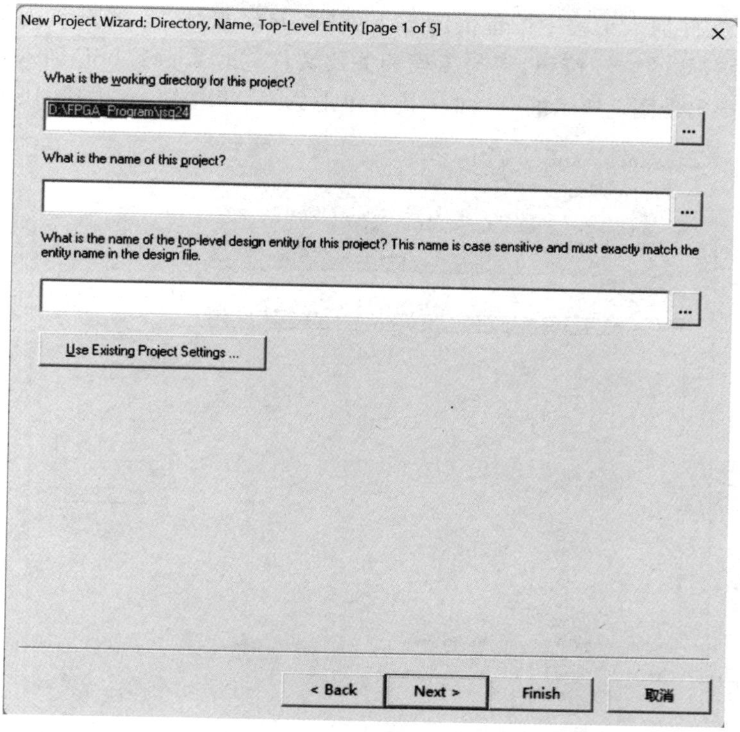

图 4

单击图 4 所示对话框中第二栏右侧的“…”按钮，找到文件夹 D:\FPGA_Program\jishuqi24，选中已存储的文件 Block2. bdf(此时为空原理图)。再单击 Next 按钮，得到图 5 所示对话框。框中的第二栏和第三栏中的 Block2 便是本工程的文件名。

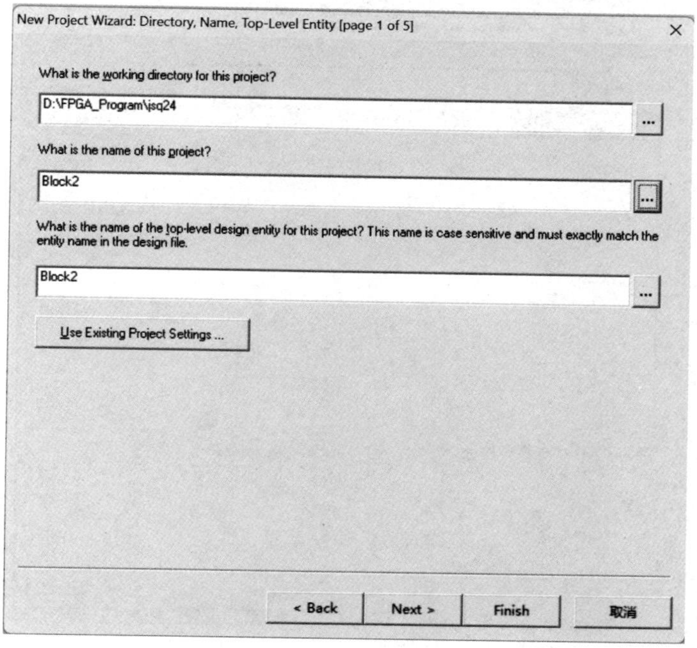

图 5

(2) 将设计文件加入工程中。单击图 5 下方的 Next 按钮，弹出图 6 所示的对话框，单击 File Name 栏右侧的"…"按钮，将与工程相关的文件(如 Block2. bdf)加入工程，再单击右侧的 Add 按钮，则出现图 7 所示的对话框；接着单击 Add All 按钮，则出现图 8 所示的对话框。

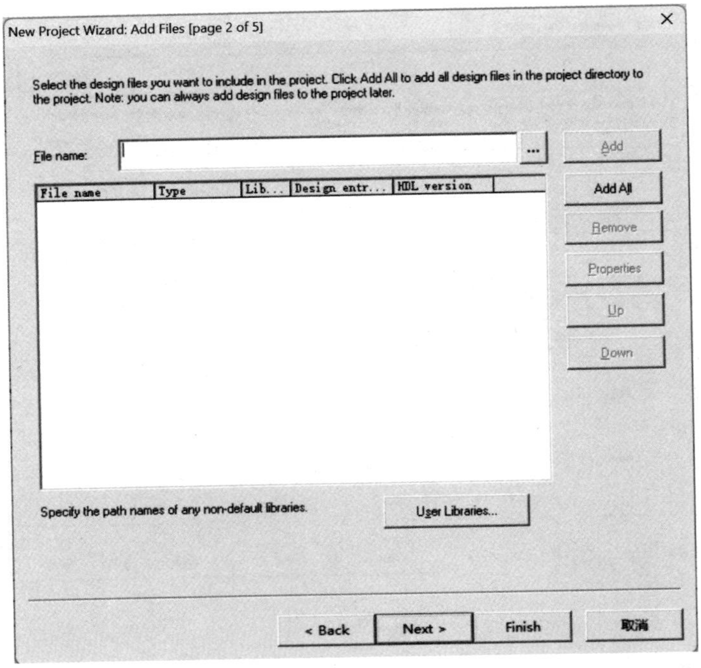

图 6

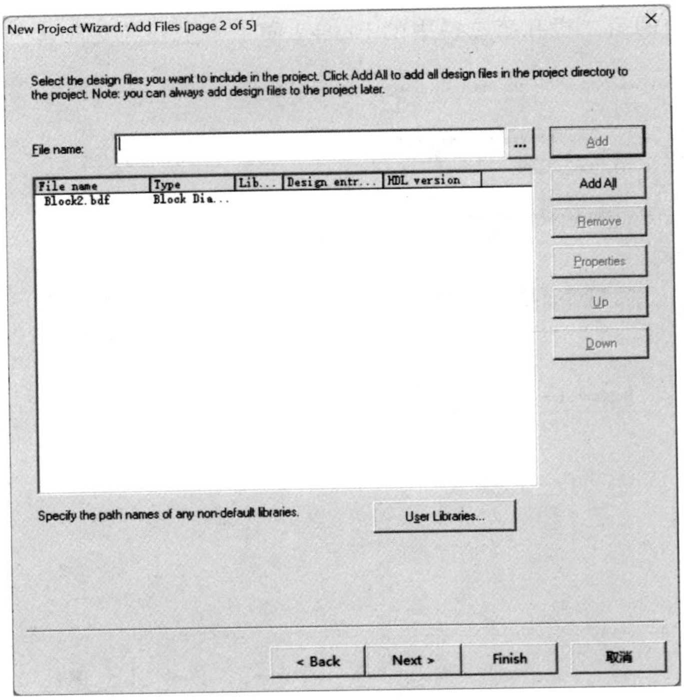

图 7

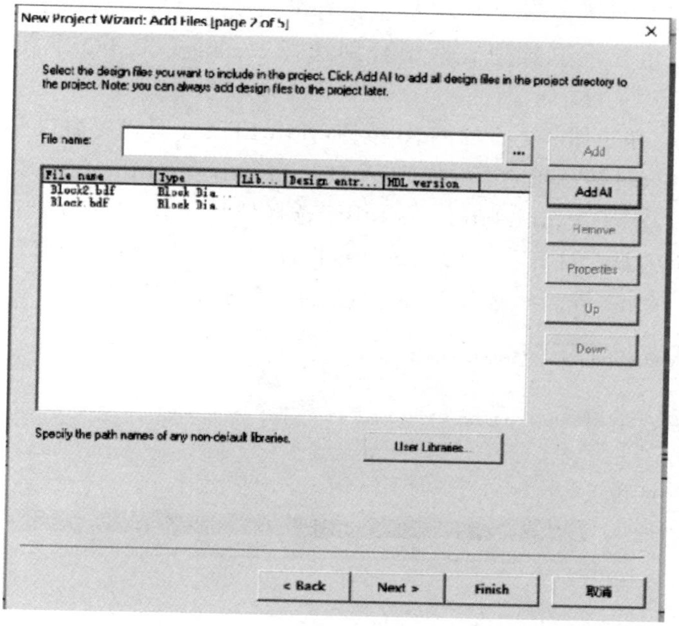

图 8

(3) 选择目标芯片。单击图 8 下方的 Next 按钮,选择目标芯片,如图 9 所示。在 Device Family 栏选择芯片系列 CycloneⅢ,选择目标器件为 EP3C10E144C8。其中,EP3C10 表示

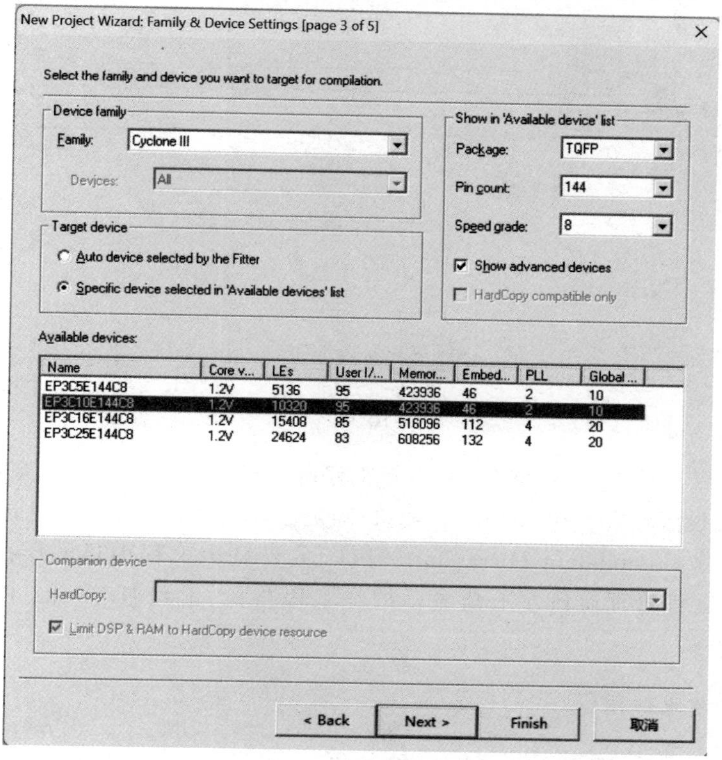

图 9

CycloneⅢ系列及该器件的逻辑规模，E表示带有金属地线底板的TQFP封装，C8表示速度级别。在图9右上角三个下拉列表框中分别选择Package为TQFP、Pin Count为144，Speed Grade为8。

（4）工具设置。单击图9下方的Next按钮，弹出EDA工具设置窗口EDA Tool Settings，如图10所示。其中，包括三项选择：①EDA Design entry/synthesis tool用于选择输入的HDL类综合工具；②EDA Simulation tool用于选择仿真工具；③EDA timing analysis tool用于选择时序分析工具。这三项皆为QuartusⅡ自含的所有设计工具以外的工具。因此，选择图10所示的None，即表示选择QuartusⅡ自含的所有设计工具。

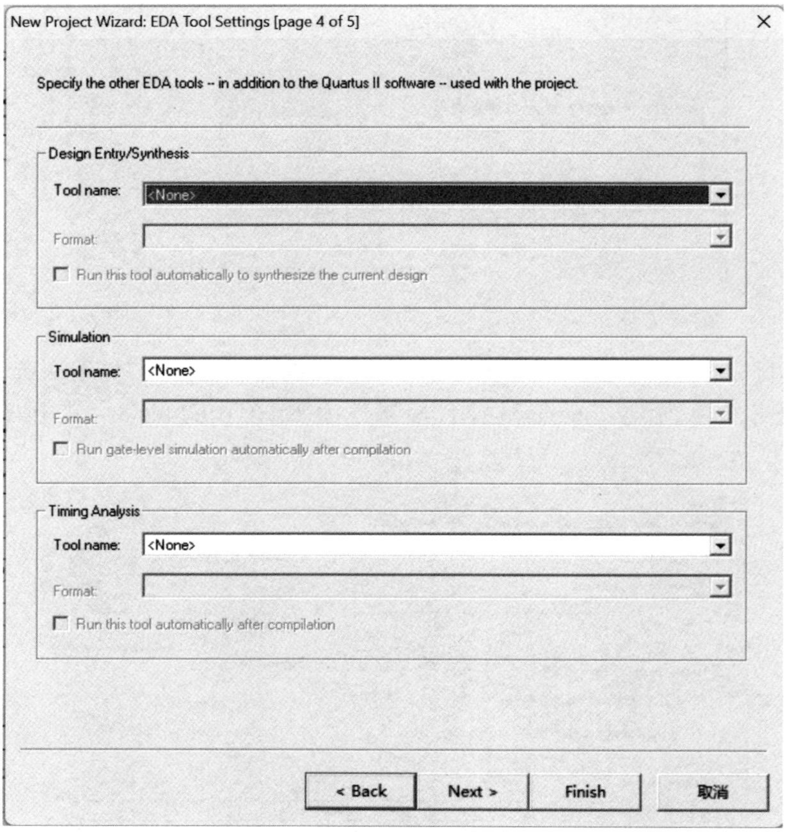

图10

（5）结束设置。单击Next按钮，弹出新工程设置统计窗口，如图11所示。图中列出了此项工程的相关设置情况。单击Finish按钮，确定已设定好此项工程。并出现Block2的工程管理窗口，或称Compilation Hierarchies窗口，主要显示工程项目的层次结构，如图12所示。注意，此工程管理窗口左上角显示的是工程路径、工程名Block2和当前打开的文件名。

三、编辑构建电路图

（1）工程建立之后，单击File→New菜单命令，弹出New对话框，如图13所示。该对

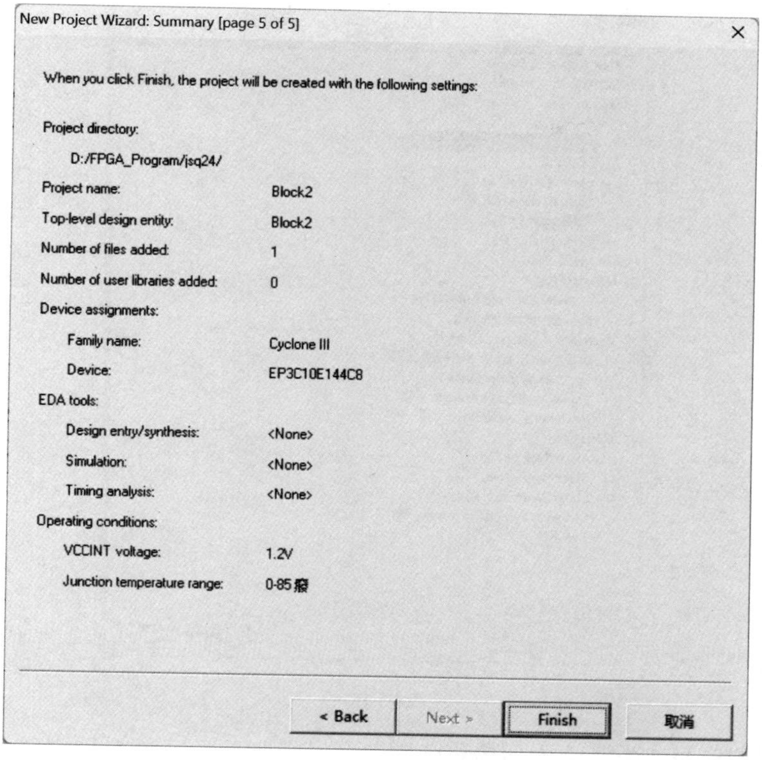

图 11

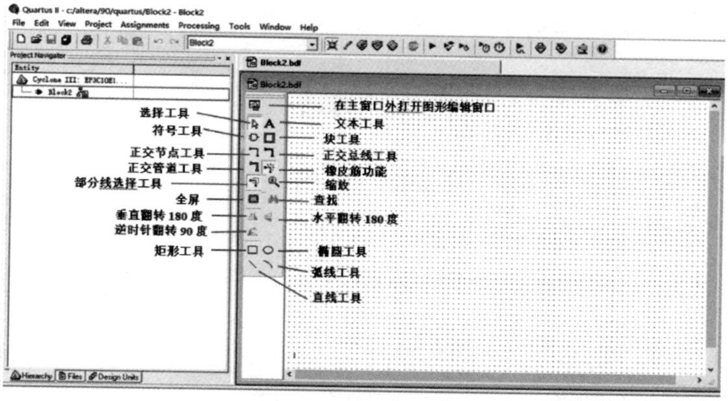

图 12

话框用于选择新建的文件类型。这里，我们选择 Block Diagram/Schematic File，选择之后单击 OK 按钮，便出现如图 12 所示的 Block2 工程管理窗口。

（2）双击图 12 左侧的工程名 Block2，打开原理图文件窗口，再双击右侧原理图编辑窗口内任意一点，即弹出一个逻辑电路器件输入对话框，如图 14 所示。在此对话框的左栏 Name 文本框内输入所需元件的名称，比如 DFF，然后单击 OK 按钮，即可将此元件调入编辑窗口中。如果需要多个相同的器件，可以按住 Ctrl 键，选中已添加到原理图中的器件并按住鼠标左键，将器件拖放到自己想要的位置后再松开鼠标左键。选择选项 Project 下的模

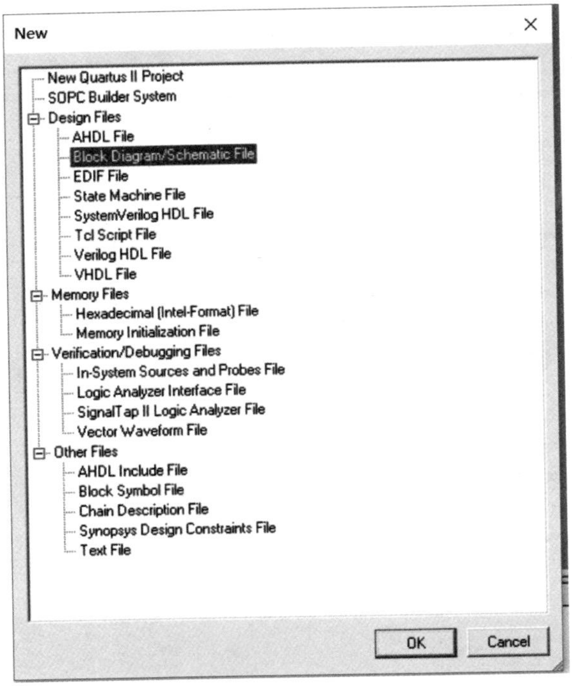

图 13

块，单击 OK 按钮，可以发现选中的模块会跟随鼠标在 Block2. bdf 界面中移动，找一个适当的位置单击，把模块放置在该位置。

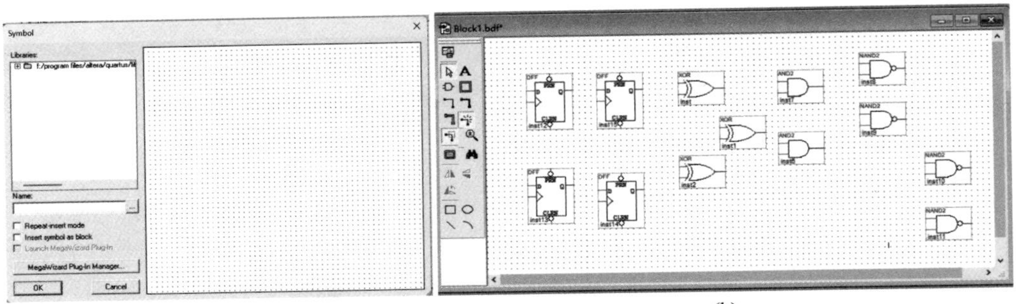

(a)　　(b)

图 14

然后，以同样的方式，调入 3 个异或门 XOR、2 个与门 AND2 及 4 个与非门 NAND2，如图 14(b)所示。

(3) 配置模块的输入/输出管脚(注意，不是配置芯片的具体管脚)。在 Block2. bdf 界面中双击，弹出 Symbol 对话框，选择 pin 选项下的 input 和 output 管脚，并将其放置在 Block2. bdf 界面的适当位置。

然后进行连线。连线时，选用图 12 中标注的各种工具实现各个管脚之间的连接。配置并完成输入/输出管脚的连接之后，整个 Block2. bdf 界面如正文中图 4-13 所示。

(4) 按照与上述相同的步骤，完成前级 12 位和后级 12 位的二进制高速同步可逆计数器模块 jsq1 和 jsq2，分别如图 4-14 和图 4-15 所示。这里不再赘述。

四、层次化设计

现在，将以上设计的 Block2、jsq1 及 jsq2 等三个模块作为底层元件，组装为 1″级增量式光电编码器完整的细分鉴相与可逆计数器接口电路。

1. 构建元件符号

打开 Block2 工程文件，并打开该工程文件的原理图编辑窗口，如图 15 所示。

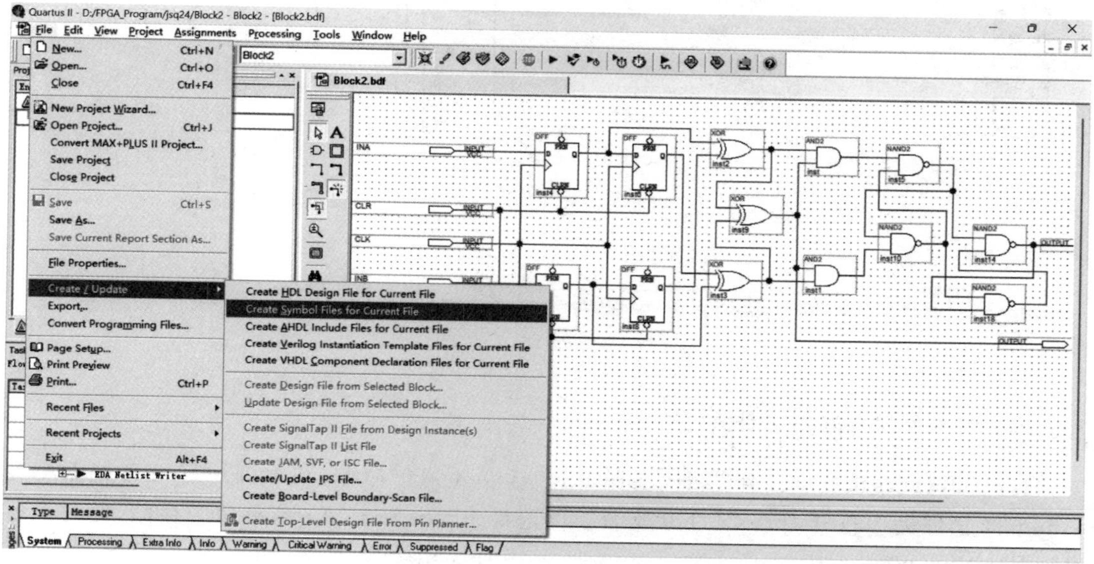

图 15

选择 File→Create/Update→Create Symbol File for Current File 菜单命令，即可将当前原理图文件 Block2. bdf 变成一个包装好的单一元件(Symbol)，并存放在工程路径指定的目录中备用。元件名为 Block2. bsf。

类似地，可将文件 jsq1. bdf 和 jsq2. bdf 分别变换成 jsq1. bsf 和 jsq2. bsf 并存储。

2. 构建顶层文件

现在可用已设计好的元件完成更高层次的项目设计。首先，选择菜单 File→New 命令，在 New 对话框内的 Design File 中选择原理图文件类型 Block Diagram/Schematic File，单击 OK 按钮，打开原理图编辑窗口；再选择 File→Save As 菜单命令，保存这个原理图空文件，命名为 fpjsq24. bdf。接着，选择 File→New Project Wizard 菜单命令创建一个新的工程，工程名为 fpjsq24. bdf。目标器件仍然是 EP3C10E144。此时，fpjsq24. bdf 是一个没有元件的空原理图文件。

然后，在此新的原理图编辑窗口打开元件调用对话框，在左上角的 Libraries 栏内分别选中元件 Block2、jsq1、jsq2，以及与门 AND2，如图 16 所示。

最后，进行 input 和 output 管脚配置，以及各个节点之间的连线。完成后的总体原理图如图 4-12 所示。接着，保存原理电路图。

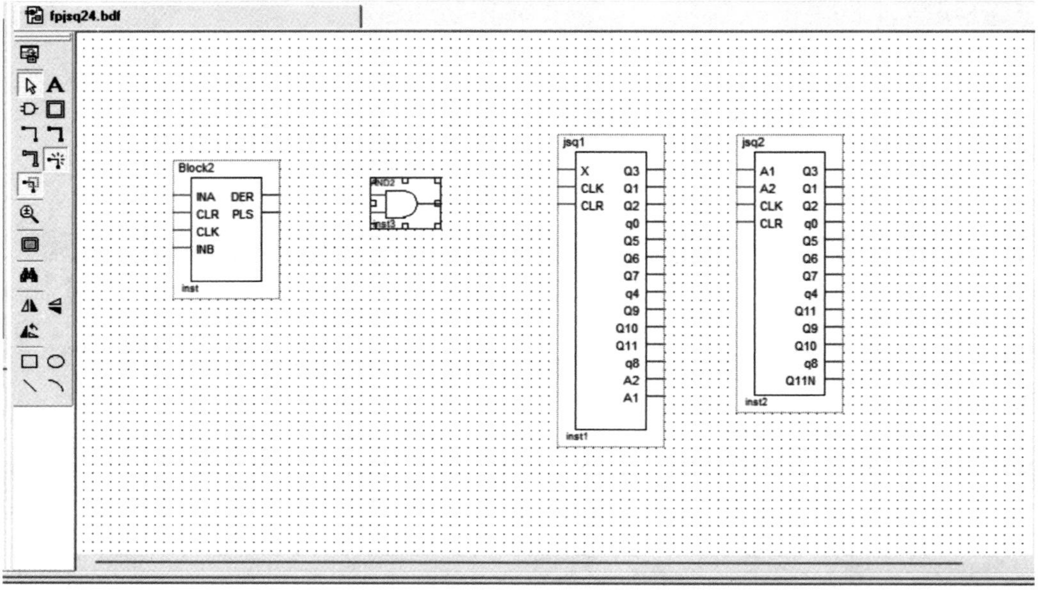

图 16

五、编译原理电路图文件

打开 QuartusⅡ 9.0 工作界面，选择 File→Open 菜单命令，在 D:FPGA PROGRAM/jishuqi24 文件夹中打开 fpjsq24. bdf 文件；再选择 File→Save As 菜单命令存储，此时系统出现“Do You Want to Create a New Project with this file?”对话框，单击“是”按钮。在出现的新对话框中，单击 Next 按钮，再单击 OK 按钮。然后选择 Processing→Start Compilation 菜单命令，完成重新编译，如图 17 所示。

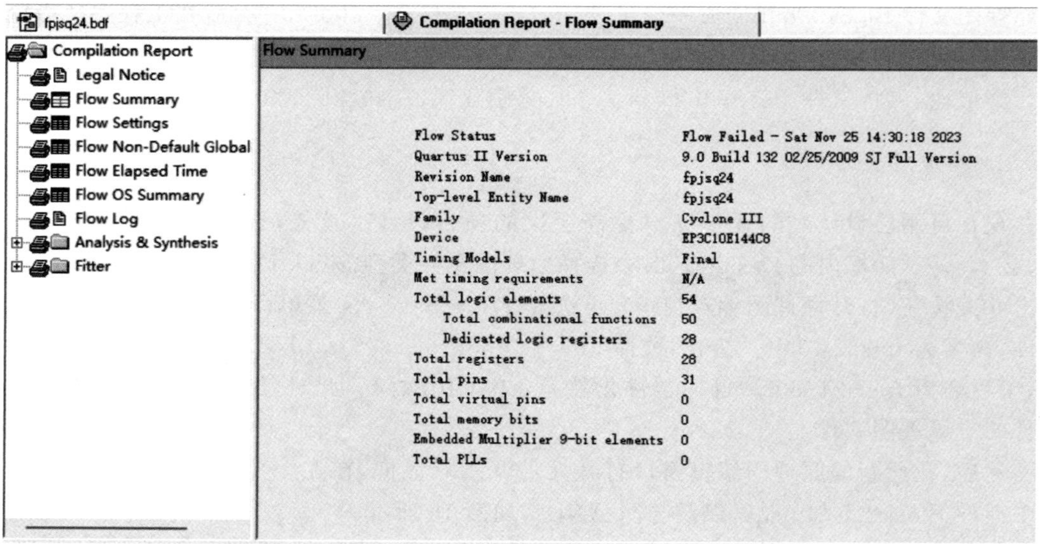

图 17

六、创建波形文件(VWF)

(1) 当编译成功后，选择 File→New 菜单命令，弹出 New 对话框，如图 18 所示。选择 Vector Waveform File 选项，单击 OK 按钮，自动生成波形文件 Waveform1. vwf。存储时，可改名为 fpjsq24. vwf。

(2) 添加输入-输出信号。选择 Edit→Insert→Insert Node or Bus 菜单命令，如图 19 所示。

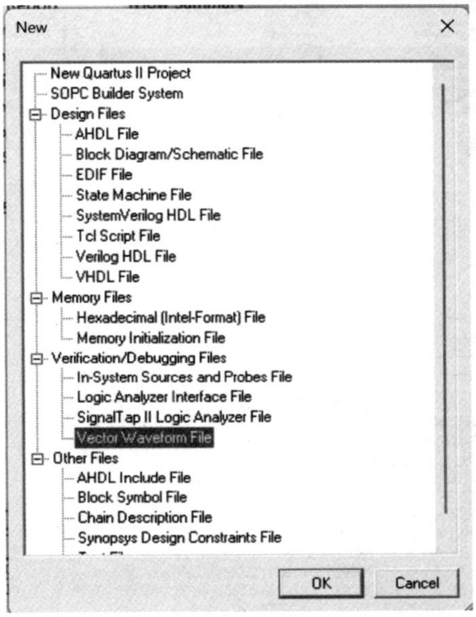

图 18

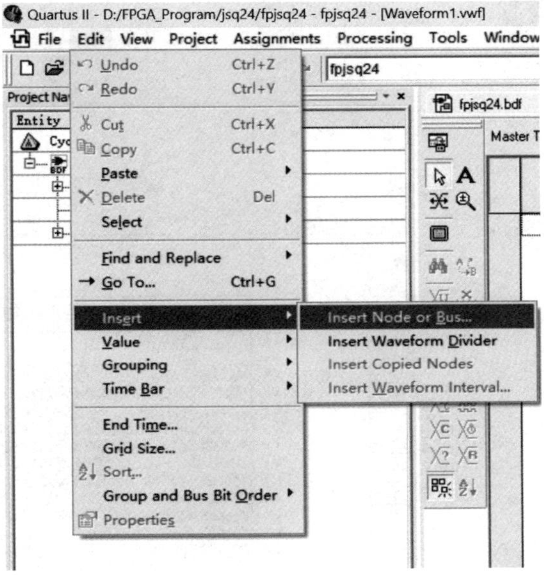

图 19

执行上述命令后，弹出 Insert Node or Bus 对话框，如图 20 的左图所示；单击 Node Finder 按钮，出现 Node Finder 对话框如图 21 所示；单击 List 按钮，在左边 Name 栏中出现所有输入/输出信号；单击"≫"按钮，将所有输入/输出信号添加到右侧的 Selected Nodes 框内。然后，单击 OK 按钮，在图 21 中完成添加。最后，单击再次出现的 Insert Node or Bus 对话框(图 20 的右图)中的 OK 按钮，完成信号的添加，并得到图 22。

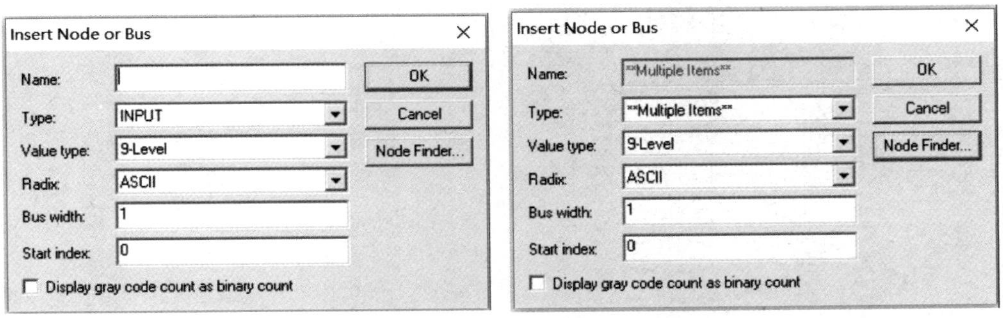

图 20

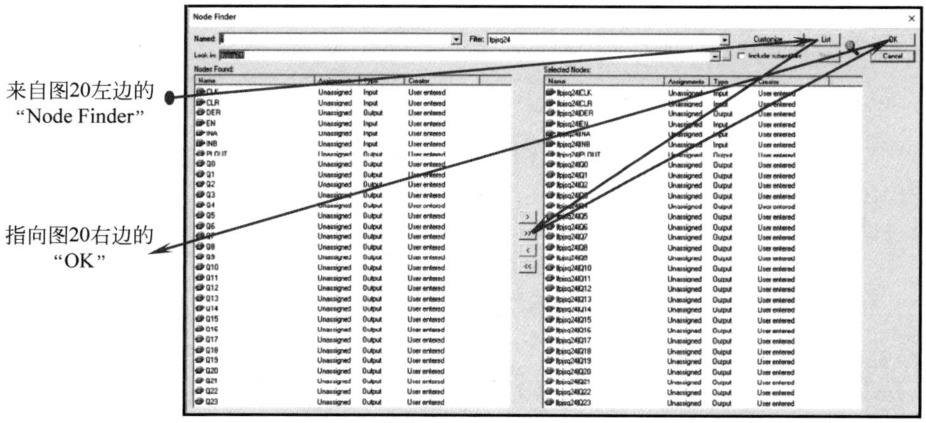

图 21

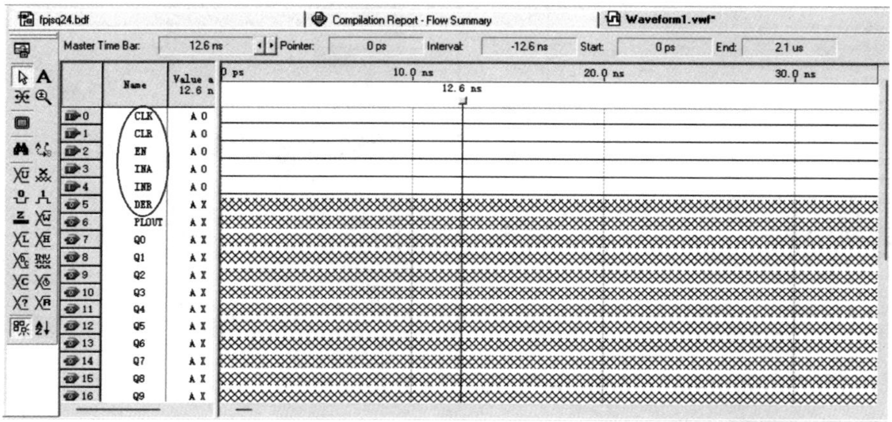

图 22

(3) 编辑输入波形(输入激励信号)。首先,确定仿真结束时间,选择 Edit→End Time 菜单命令,在出现的对话框的 Time 文本框中输入 2.097s,如图 23 所示。其次,编辑图 22 中 Name 窗口下椭圆内的 6 个输入信号;当选中后,工具栏由灰色白变为蓝黑色,如图 24 所示。

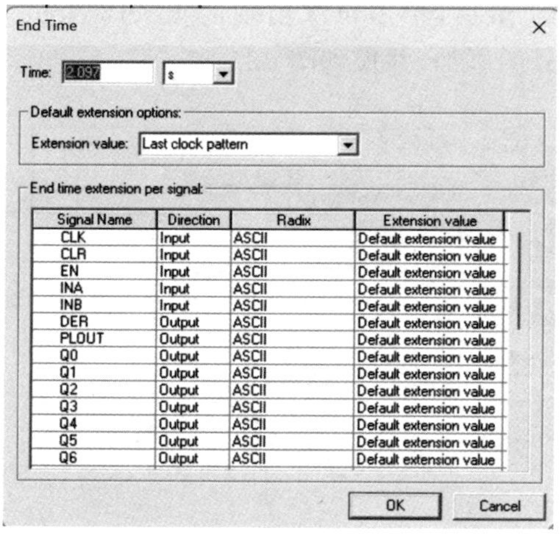

图 23

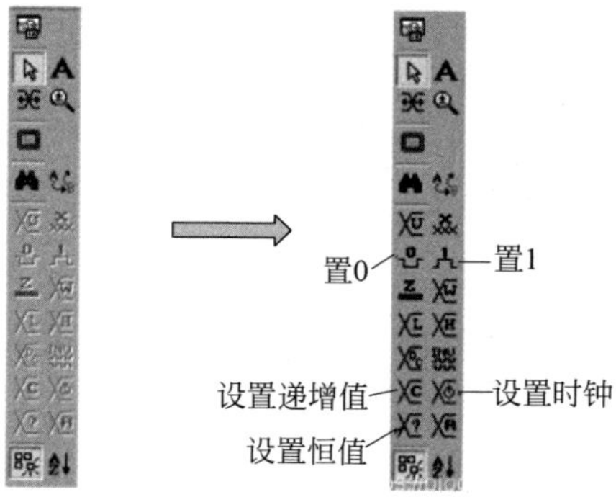

图 24

① 单击 CLK→按钮，在弹出的对话框的 Period 文本框中输入 500ns，如图 25(a)所示；

② 单击 CLR→按钮，设置常值 1；

③ 单击 EN→按钮，在 Start time 文本框中输入 2us、Numeric or named value 文本框中输入 1，如图 25(b)所示；

④ 单击 INA→按钮，在弹出的对话框的 Period 文本框中输入 4us，如图 25(c)所示；

⑤ 单击 INB→按钮，在弹出的对话框的 Period 文本框中输入 4us、Offset 文本框中输入 1us，如图 25(d)所示。

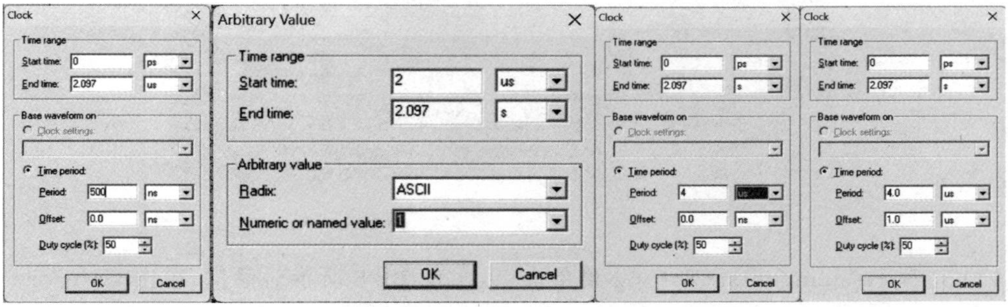

(a)　(b)　(c)　(d)

图 25

(4) 保存波形文件。选择 File→Save As 命令保存波形文件，存储时，可改名为 fpjsq24.vwf，如图 26 所示。

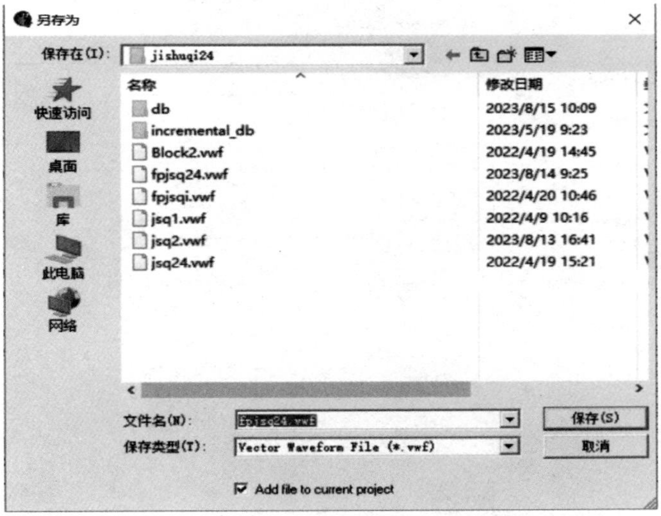

图 26

七、功能仿真(一)

(1) 选择 Processing→Generate Functional Simulation Netlist 菜单命令，出现图 27 所示对话框，单击“确定”按钮，完成生成功能仿真网表。

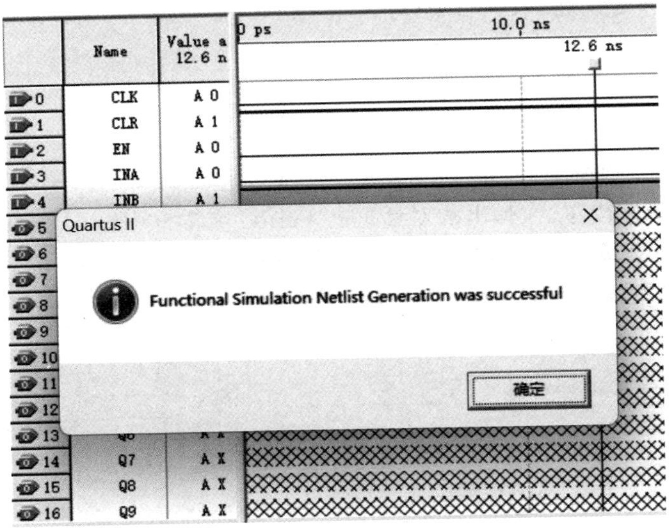

图 27

（2）选择 Assignments→Setting 菜单命令，出现图 28 所示对话框，单击 Category 下的 Simulator Settings 选项，在 Simulation input 文本框中输入 fpjsq24. vwf，单击 OK 按钮，完成仿真配置。

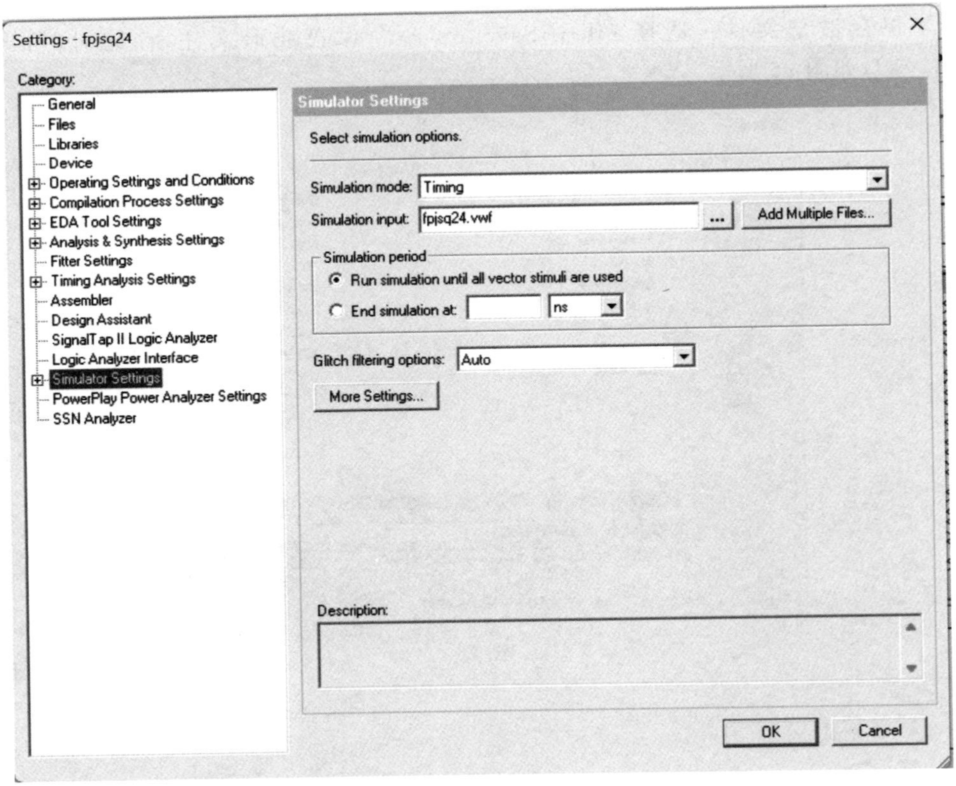

图 28

(3) 选择 Processing→Start Simulation 菜单命令，开始仿真，完成后，Simulation Report 的结果就是如图 4-16(a)所示正转脉冲数为 $2^{21}=2097152$ 的功能仿真图。

八、功能仿真(二)

仍然利用“六、创建波形文件(VWF)”。但是“编辑输入波形(输入激励信号)”有所不同。不同之处是 INA 的 Offset 文本框中输入 1μs，如图 25(d)所示；而 INB 的 Offset 文本框中输入 0μs，如图 25(c)所示，即二者进行了交换，且创建的波形文件被命名为 Waveform1.vwf。其余操作与“七、功能仿真(一)”相同。仿真结果得到如图 4-16(b)所示反转脉冲数为 $2^{21}=2097152$ 的功能仿真图。

九、功能仿真(三)

为了便于仿真正、反转情况，断开 Block2 模块的输出引脚 DER，将 jsq1 模块的输入端 x 接输入引针 DER。由 DER 输入转向信号，前半段 1.296s 设为高电平计数器做加法，后半段 1.269s 设为低电平计数器做减法，分别表示光电编码器正转和反转各一周，如图 29 所示。

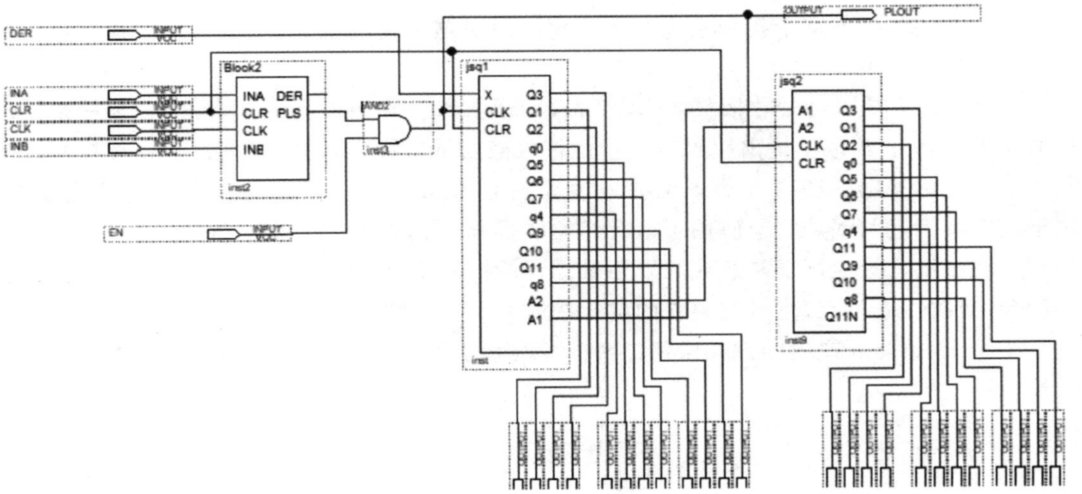

图 29

图 29

然后，按照五、六、七的顺序操作。但是，在“编辑输入波形(输入激励信号)”时，有两点不同：①仿真终点时间 End time 由 2.097s 改为 2.592s；②增加 DER 输入波形编辑，在 0～1.296s 设为 1，而在 1.296～2.592s 设为 0。

仿真结果，便得到如图 4-16(c)所示正反向旋转各一周功能仿真图。

第5章
自调整模糊PID控制

5.1 模糊控制器基本原理

对于固定参数的线性系统而言，PID控制器经过调试，可以工作在最优状态。但是，无刷直流电机或永磁同步电机的位置跟踪系统具有非线性、强耦合、多变量的特点，且存在难以准确建模的各种外部干扰和系统参数变化。面对这种情况，PID控制器维持最优性的能力就显得严重不足。

1965年，美国加利福尼亚大学教授L. A. Zadeh首次提出了模糊集合论（即模糊控制理论的雏形），1973年他又提出用语言变量代替数值变量来描述系统的行为，为模糊控制奠定了坚实的理论基础。1974年英国伦敦大学教授Ebirahim Mamdani建立了一个模糊系统，用于控制蒸汽机和锅炉。他应用了由有经验的操作员提供的一套模糊规则。此后，模糊控制理论逐渐被广泛应用于复杂或难以精确描述的控制系统中，这些控制系统大都具有时变、强耦合、非线性等特点，且具有很强的抗干扰能力和鲁棒性。

按照Mamdani提出的方式构建的模糊控制系统如图5-1所示，其中包括受控对象和模糊控制器。

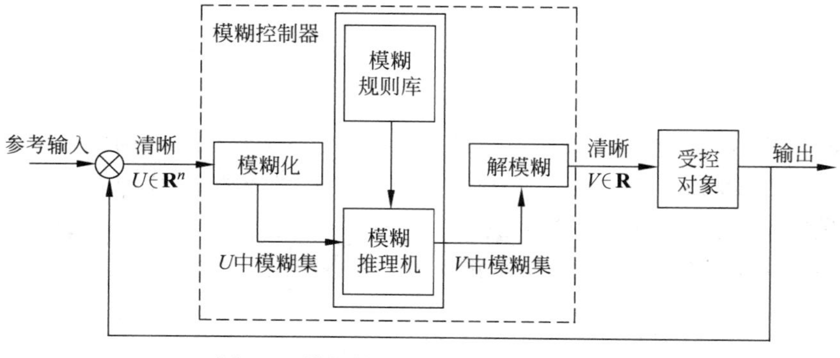

图5-1 模糊控制系统的结构组成框图

模糊控制器有4个主要组成部分：模糊化、模糊规则库、模糊推理机及解模糊。

模糊化过程将形成由被观测的清晰输入论域$U\subset\mathbf{R}^n$到U中定义的模糊集的映射。其中，U中定义的模糊集由隶属度函数$\mu_{A_x}: U\to[0,1]$表征。

模糊规则库由语句if-then模糊集组成，例如

$$\mathbf{R}^{(l)}: \text{if } x_1 \text{ is } A_1^l \text{ and } \cdots \text{ and } x_n \text{ is } A_n^l, \quad \text{then } y \text{ is } B^l, \quad l=1,2,\cdots,M \tag{5-1}$$

其中，$\boldsymbol{x}=[x_1,x_2,\cdots,x_n]^{\mathrm{T}}\in U$，$y\in V$，分别为模糊系统的输入和输出；$M$ 为规则总数。A_i^l 和 B^l 分别为 U_i 和 V 中的模糊集，它们的特性分别由模糊隶属度函数 $\mu_{A_i^l}(x_i)$ 和 $\mu_{B^l}(y)$ 表征。

每一个 $\mathbf{R}^{(l)}$ 都是 $U\times\mathbf{R}$ 中的模糊集，其隶属度函数可表示为

$$\mu_{A_1^l\times A_2^l\times\cdots\times A_n^l\to B^l}(x_1',x_2',\cdots,x_n',y)=\mu_{A_1^l}(x_1')*\mu_{A_2^l}(x_2')*\cdots*\mu_{A_n^l}(x_n')*\mu_{B^l}(y) \tag{5-2}$$

其中，$\boldsymbol{x}'=[x_1',x_2',\cdots,x_n']^{\mathrm{T}}\in U$，符号“ * ”表示的常用运算是“乘积”和“最小”。

模糊推理机是决策逻辑，它利用模糊规则库中的模糊规则，决定输入空间 U 中的模糊集到输出空间 V 中的模糊集的映射。

解模糊将 V 中的模糊集映射到 V 中的清晰点。常用的解模糊方法主要有以下 4 大类。

1. 最大隶属度法

最大隶属度法，就是选择控制系统输出的模糊量所对应的模糊集合中隶属度最大的那个数值作为精确值的方法。假设论域中存在不止一个元素的隶属度最大，那么，需要计算它们的均值作为解模糊所得的最终精确值。

假设输出量的模糊集合为 c，它所对应的论域为 U，那么所选择的精确值 u' 应当符合：

$$\mu_c(u')\geqslant\mu_c(u), \quad u\in U \tag{5-3}$$

假设控制系统输出的模糊子集中，最大隶属度的那些元素是连续的，即最大隶属度出现在一个平顶上，则应用此方法时，应当取其中点所对应的元素作为最终的模糊判决。应用最大隶属度法进行解模糊具有方便、实时性强等优点，但是它没有全面包含所有的输出信息，只包含了在最大隶属度处的对应值，所概括的信息较少，忽视了很多隶属度较小的元素。因此，对最终输出量的精确性存在较大的影响，在设计操作中仅适用于一些简单系统。

2. 中位数法

中位数法是充分利用模糊集合上所有信息的一种解模糊方法。它把论域中所有元素的横坐标以及对应的隶属度曲线整合起来，围成一个闭合的区域；然后，计算出它的面积，再选取能够把所围成区域的面积平分的一条垂线上所对应的元素值作为精确量的输出，即 u' 应当满足：

$$\sum_{u_{\min}}^{u'}\mu_c(u)=\sum_{u'}^{u_{\max}}\mu_c(u) \tag{5-4}$$

虽然中位数法综合了模糊集合上的所有内容，但运算量相当大，设计操作比较麻烦。

3. 加权平均法

加权平均法是把系统输出模糊集合上的所有数值通过加权处理获得能够被受控对象接收的精确量的一种方法。一般来说，加权系数的取值对最后的计算结果具有较大的影响，因此，在应用中常常根据实际的具体情况或以往的工作经验，选择适当的加权系数。当加权系数确定后，控制器输出量的精确值可表示为

$$u' = \frac{\sum_{i=1}^{m} k_i u_i}{\sum_{i=1}^{m} k_i}, \quad i = 1, 2, \cdots, m \tag{5-5}$$

选取不同的加权系数，控制系统的响应特性也不一样。如果选取隶属度 $\mu_c(u_i)$ 作为加权平均法中的 $k_i(i=1,2,\cdots,m)$，加权平均法就变成了实际意义上的重心法。

4. 重心法

重心法也是充分利用了模糊集合上所有信息的一种解模糊方法。它把论域中所有元素的横坐标以及对应的隶属度曲线整合起来，围成一个闭合的区域；然后，选取所围成区域的重心作为能够被受控对象接收的精确值。重心法可以获得相对准确的控制量，在设计操作中很常用。在连续域中，重心解模糊算法可以表示为

$$u' = \frac{\int_V u\mu_c(u)\mathrm{d}u}{\int_V \mu_c(u)\mathrm{d}u} \tag{5-6}$$

在离散域中，重心解模糊算法可以表示为

$$u' = \frac{\sum_{i}^{m} u_i \mu_c(u_i)}{\sum_{i}^{m} \mu_c(u_i)} \tag{5-7}$$

最常用的解模糊方法是重心法，亦称为中心平均(centroid)法。

最常用的一种模糊控制器是二阶模糊控制器。二阶模糊控制器的输入为误差 e 和误差变化率 $\dot{e}$，输出为控制变量 u，其基本结构如图 5-2 所示。

图 5-2 二维模糊控制器基本结构

虽然模糊控制具有能够克服传统 PID 控制器所存在的固有缺点，以及响应速度快等诸多优势，但二维模糊控制器仅选取误差和误差变化率作为输入，其实质与 PID 控制器中的比例-微分调节相当，无积分环节。所以模糊控制系统中会不可避免地存在稳态误差，无法做到跟踪控制无静差。例如，采用纯模糊控制的温控系统就是如此。

另一方面，虽然 PID 控制器具有抗干扰能力弱、超调量大等缺点，但具有良好的稳定性及稳态性能。因此，将传统的 PID 控制与模糊控制相结合的模糊 PID 控制器可充分发挥彼此的优势，在应对控制系统的非线性、时变、参数耦合、结构不确定等复杂过程时，能够取得较好的控制效果。

基于二维模糊控制器的模糊 PID 控制器的系统整体结构框图如图 5-3 所示。

模糊 PID 控制器将模糊控制算法与 PID 控制结构相结合，使得控制系统可达到更好的控制效果。其工作过程如下：首先，将该模糊控制部分采用二维模糊结构，定义给定参考输入值 $R(t)$ 和输出反馈值 $C(t)$ 之间的误差 $e(t)$ 及误差变化率 $\dot{e}(t)$ 为控制器的两个输入；其

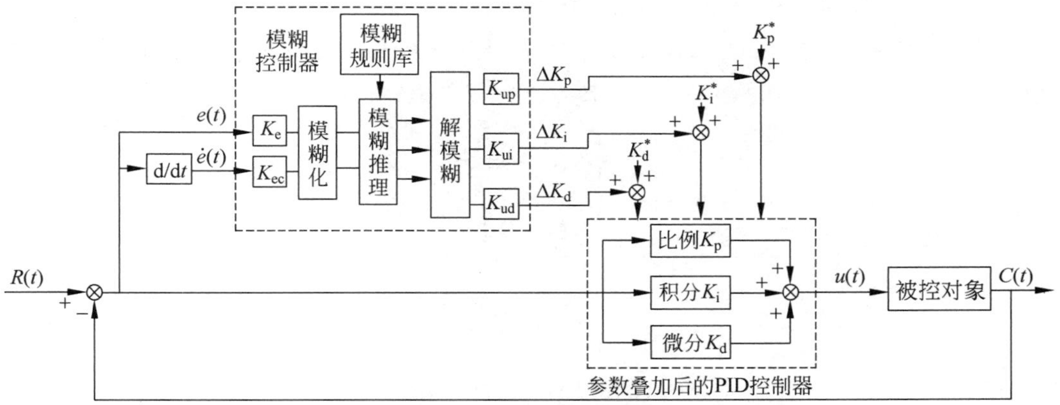

图 5-3　模糊 PID 控制器的系统整体结构框图

次，将这两个输入分别经过量化因子 K_e、K_{ec} 由基本论域转化为模糊论域，然后依次对输入变量进行模糊化、模糊推理与输出模糊变量以及解模糊三个操作步骤；最后，将所获得的三个输出模糊变量分别利用比例因子 K_{up}、K_{ui}、K_{ud} 进行清晰化，从而得到最终的 PID 参数调整量 ΔK_p、ΔK_i、ΔK_d。

图 5-3 中，PID 控制结构中的比例系数 K_p、积分系数 K_i 和微分系数 K_d 均由已整定好的原始 PID 参数 K_p^*、K_i^* 和 K_d^* 与调整量 ΔK_p、ΔK_i 和 ΔK_d 对应相叠加而产生。实现模糊 PID 控制器中参数自调整的基本公式如下：

$$\begin{cases} K_p = K_p^* + \Delta K_p \\ K_i = K_i^* + \Delta K_i \\ K_d = K_d^* + \Delta K_d \end{cases} \tag{5-8}$$

至此就实现了 PID 参数的自整定。但在实际的电机控制系统中，误差由模糊 PID 控制器调节后，其最终输出作为电流环的电流参考值，以实现对电机的控制。

5.2　模糊 PID 控制器设计计算

模糊自调整 PID 控制器的模糊化设计主要分以下几个步骤。

5.2.1　基本论域到模糊论域的转换

对于二维结构的模糊控制器，输入变量 $e(t)$、$\dot{e}(t)$ 和输出变量 ΔK_p、ΔK_i、ΔK_d 都是精确量，其实际变化范围称为基本论域。输入变量 $e(t)$、$\dot{e}(t)$ 和输出变量 ΔK_p、ΔK_i、ΔK_d 的基本论域分别假定为 $[-m,+m]$、$[-n,+n]$ 和 $[-l_p,+l_p]$、$[-l_i,+l_i]$ 及 $[-l_d,+l_d]$。

从图 5-3 中可以看出，在 $e(t)$、$\dot{e}(t)$ 完成模糊化过程之前，需要将输入变量的基本论域转化为模糊集论域。转换过程通过转化因子完成，其变换公式为

$$\begin{cases} K_e = \dfrac{m}{x_e} \\ K_{ec} = \dfrac{n}{x_{ec}} \end{cases} \tag{5-9}$$

式中，K_e 和 K_{ec} 分别为 $e(t)$ 和 $\dot{e}(t)$ 的量化因子。

同理，在得到精确量 ΔK_p、ΔK_i、ΔK_d 之前，也需要经历将模糊量转化为精确量的过程，相应的变换公式为

$$\begin{cases} K_{up}=\dfrac{\Delta K_p}{l_p} \\ K_{ui}=\dfrac{\Delta K_i}{l_i} \\ K_{ud}=\dfrac{\Delta K_d}{l_d} \end{cases} \tag{5-10}$$

式中，K_{up}、K_{ui}、K_{ud} 分别表示 ΔK_p、ΔK_i、ΔK_d 的比例因子。

量化因子和比例因子在模糊控制系统中除了用于进行论域变换外，对整个系统控制特性也有很大影响。

误差的量化因子增大，相当于输入系统的误差被放大了。这样，使系统的上升速度加快，有可能使系统的超调量增大，调节时间变长，甚至使系统振荡不稳定。反之，若误差的量化因子变小，相当于输入系统的误差被缩小了，使系统的上升速度变慢；量化因子过小，还可能使系统的稳态精度有所下降。

误差变化率的量化因子若变大，则相当于输入系统的误差变化率被放大，系统会加大对误差变化率的抑制力，从而使系统的稳定性增加；但若量化因子取得过大，会导致系统调节缓慢，过渡时间变长。反之，若误差变化率的量化因子变小，可能使系统产生大的超调量，甚至变得不稳定。

比例因子相当于系统的总放大倍数。增大比例因子，可使系统的响应速度变快，然而比例因子过大可能使系统上升过快而导致大的超调量。反之，比例因子变小，会使系统过渡时间变长。

5.2.2 确立输入/输出的语言变量

经综合考虑，选择"B(大)、M(中)、S(小)"三个等级的语言值，进行两个输入量和三个输出量的模糊化。考虑到偏离平衡点的正负方向，模糊控制器采用 7 个语言变量"NB(负大)、NM(负中)、NS(负小)、ZE(零)、PS(正小)、PM(正中)、PB(正大)"进行输入/输出变量的模糊化；并且，考虑到工程实际应用和编程难易度后，选择[－3，＋3]作为模糊子集的论域，划分为 7 个量化等级：{－3，－2，－1，0，＋1，＋2，＋3}。

5.2.3 选择合适的隶属度函数

模糊控制规则中的输入和输出语言变量将分别构成模糊输入区间和模糊输出区间。对于模糊变量所构成的模糊区间，必须选取合适的隶属度函数进行有效分割。

常见的有三角形、梯形及高斯形三种基本隶属度函数曲线，如图 5-4 所示。除此之外，还有钟形、双曲形(Sigmoid)及 Z 形等其他类型的隶属度函数曲线。

三角形隶属度函数计算最简单，可以采用下列表达式描述：

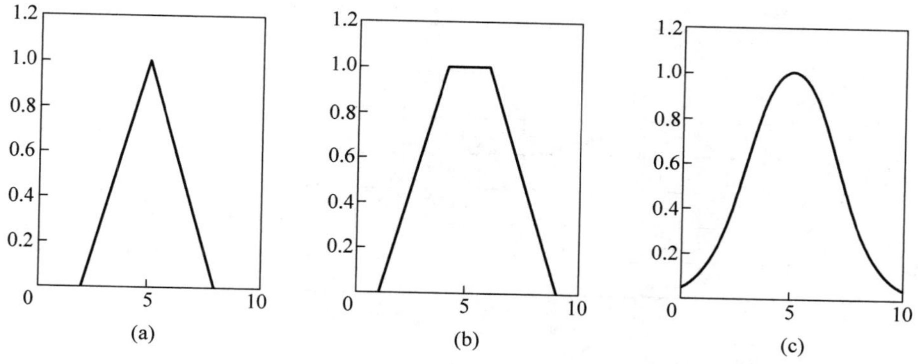

图 5-4　常见的隶属度函数曲线形式

(a) 三角形隶属度函数曲线；(b) 梯形隶属度函数曲线；(c) 高斯形隶属度函数曲线

$$\mu(x)=\begin{cases}0, & x-b\leqslant -2\\ \dfrac{x-b}{2}+1, & -2<x-b\leqslant 0\\ -\dfrac{x-b}{2}+1, & 0<x-b\leqslant 2\\ 0, & x-b>2\end{cases},\quad b\text{ 为整数} \tag{5-11}$$

输入变量和输出变量的隶属度函数曲线如图 5-5 所示。它清晰地展示了隶属度函数 $\mu(x)$、模糊集论域 $\{-3,-2,-1,0,+1,+2,+3\}$ 及模糊变量的语言值 NB、NM、NS、ZE、PS、PM、PB 之间蕴含的相互关系。

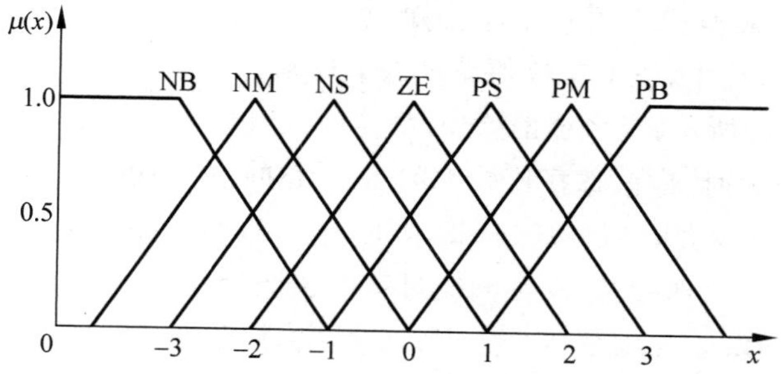

图 5-5　隶属度函数曲线

图 5-5 中，隶属度函数曲线为输入和输出的隶属度函数连续形式。为了查询方便，将隶属度函数离散化后，所得结果如表 5-1 所示。表中，第一列表示输入与输出的模糊变量语言值，第一行表示模糊论域范围内的离散取值，表中的数值表示论域内的取值与模糊变量语言值的隶属程度。

表 5-1　输入/输出语言变量隶属度赋值

模糊变量语言值	论域内的值						
	−3	−2	−1	0	1	2	3
NB	1	0.5	0	0	0	0	0
NM	0.5	1	0.5	0	0	0	0

续表

模糊变量语言值	论域内的值						
	−3	−2	−1	0	1	2	3
NS	0	0.5	1	0.5	0	0	0
ZE	0	0	0.5	1	0.5	0	0
PS	0	0	0	0.5	1	0.5	0
PM	0	0	0	0	0.5	1	0.5
PB	0	0	0	0	0	0.5	1

5.2.4　模糊控制规则的制定

考虑模糊PID控制器应用于BLDCM或PMSM的位置控制环。控制的核心目标是：①系统输出转角ϑ能稳定精准地跟踪给定转角ϑ^*；②确保输出转角响应迅速、超调量小，且具有较强的抗干扰能力。因此，模糊规则制定的核心思想是，根据$e(t)$和$\dot{e}(t)$的变化趋势调节输出量的大小，使得控制系统在超调量、响应速度、稳定性、控制精度等各方面均能满足要求。以图5-6所示系统阶跃响应典型曲线为例，依据PID参数理论上的作用，制定模糊控制规则如下：

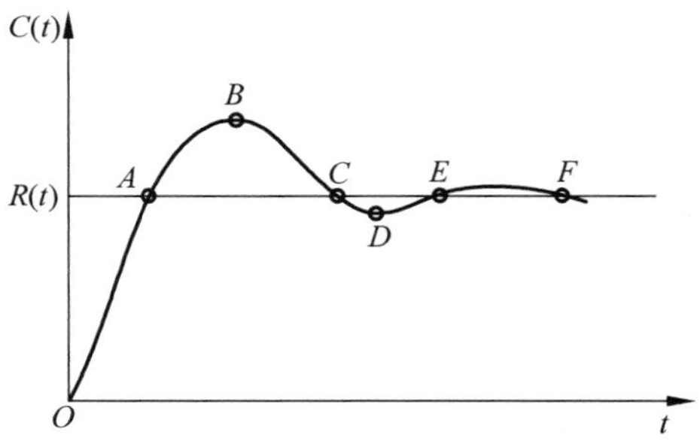

图5-6　系统阶跃响应典型曲线

在PID控制器中，三个参数K_p、K_i、K_d所起的作用互不相同。根据积累的专家经验知识可以知道，在自整定过程中，三个参数须满足以下规则：

(1) 如图中OA段所示，当系统偏差$|e|$的值较大且误差变化率$|\dot{e}|$较大时，即系统反馈值与输入值之差比较大时，应该选择比较大的K_p值和比较小的K_d值，以使得控制系统的响应时间缩短，并且应该去除积分环节，即取$K_i=0$，以防止初始时偏差$|e|$瞬间变大出现PID输出达到极限位置的现象，以及在响应过程中超调量过大。

(2) 当偏差$|e|$和误差变化率$|\dot{e}|$处于中等程度时，分两种情况：第一，e和$\dot{e}$反号，如图中CD(正负)、AB(负正)段所示，反馈值$C(t)$偏离参考值$R(t)$，为了降低系统超调量，需要加大K_p，并适当增大K_i、K_d；第二，e和$\dot{e}$同号，如图中BC(同为负)、DE(同为正)段所示，反馈值趋近参考值，需同时适当减小K_p、K_i及K_d。

(3) 如图中EF段所示，系统偏差$|e|$的值较小，反馈值接近参考值时，为了使系统具有良好的稳态特性，可以增大K_i的值，甚至调整至最大值，以防止频繁的振荡和提高系统抗干扰性；与此同时，需要适当减小K_p，以维持系统的稳定性。在上述情况下，为了提高系统静动态特性，若$|\dot{e}|$较大，则取较大的K_i及K_d；反之，若$|\dot{e}|$较小，则取较小的K_i及K_d。

除了上述三条原则以外，在设计模糊规则时，还需综合考虑对控制系统性能的影响，参照专家经验知识，借鉴现场操作人员在工程实际中总结的大量实践经验，并适当借助“试错法”来不断修正模糊控制规则。通过大量物理和仿真实验的反复调试。注意，这里的K_p、K_i及K_d实际上就是图5-3中模糊控制器输出的ΔK_p、ΔK_i及ΔK_d。最终制定出的ΔK_p、

ΔK_i 及 ΔK_d 分别如表 5-2、表 5-3 及表 5-4 所示。

表 5-2　ΔK_p 的模糊控制规则

E	EC						
	NB	NM	NS	ZE	PS	PM	PB
NB	PB	PB	PM	PM	PS	ZE	ZE
NM	PB	PB	PM	PS	PS	ZE	ZE
NS	PM	PM	PM	PS	ZE	NS	NS
ZE	PM	PM	PS	ZE	NS	NM	NM
PS	PS	PS	ZE	NS	NS	NM	NB
PM	PS	ZE	NS	NM	NM	NM	NB
PB	ZE	ZE	NM	NM	NM	NB	NB

表 5-3　ΔK_i 的模糊控制规则

E	EC						
	NB	NM	NS	ZE	PS	PM	PB
NB	NB	NB	NM	NM	NS	ZE	ZE
NM	NB	NB	NM	NS	NS	ZE	ZE
NS	NB	NM	NS	NS	ZE	PS	PS
ZE	NM	NM	NS	ZE	PS	PM	PM
PS	NM	NS	ZE	PS	PS	PM	PB
PM	ZE	ZE	PS	PS	PM	PB	PB
PB	ZE	ZE	PS	PM	PM	PB	PB

表 5-4　ΔK_d 的模糊控制规则

E	EC						
	NB	NM	NS	ZE	PS	PM	PB
NB	PS	NS	NB	NB	NB	NM	PS
NM	PS	NS	NB	NM	NM	NS	ZE
NS	ZE	NS	NM	NM	NS	NS	ZE
ZE	ZE	NS	NS	NS	NS	NS	ZE
PS	ZE	ZE	ZE	ZE	ZE	ZE	ZE
PM	PB	PS	PS	PS	PS	PS	PB
PB	PB	PM	PM	PM	PS	PS	PB

5.2.5　模糊推理计算

模糊控制的特点是能够充分利用专家和操作人员的经验知识控制复杂系统，并将所获系统的经验知识通过“if e_i and $\dot{e}_j$ then ΔK_{ij}”语句的形式转化为模糊规则，根据表 5-2～表 5-4，可以写出 49 条模糊推理语句：

① if (e_1 is NB) and ($\dot{e}_1$ is NB) then ΔK_{11p} is PB，ΔK_{11i} is NB，ΔK_{11d} is PS；

② if (e_1 is NB) and ($\dot{e}_2$ is NM) then ΔK_{12p} is PB，ΔK_{12i} is NB，ΔK_{12d} is NS；

③ if (e_1 is NB) and ($\dot{e}_3$ is NS) then $\Delta K_{13\mathrm{p}}$ is PM, $\Delta K_{13\mathrm{i}}$ is NM, $\Delta K_{13\mathrm{d}}$ is NB;

⋮

㊾ if (e_7 is PB) and ($\dot{e}_7$ is PB) then $\Delta K_{77\mathrm{p}}$ is NB, $\Delta K_{77\mathrm{i}}$ is PB, $\Delta K_{77\mathrm{d}}$ is PB。

其中，e_i、$\dot{e}_j$ 及 ΔK_{ijx}（下标 x 代表 p、i 或 d）分别定义在 $\boldsymbol{e}_i^*$、$\dot{\boldsymbol{e}}_j^*$ 及 $\Delta\boldsymbol{K}_{ijx}^*$ 模糊集上。每一条模糊推理语句可用一个 $\boldsymbol{e}_i^*\times\dot{\boldsymbol{e}}_j^*$ 到 $\Delta\boldsymbol{K}_{ijx}^*$ 的模糊关系 $\boldsymbol{r}_{ijx}$ 来描述，即

$$\boldsymbol{r}_{ijx}=(\boldsymbol{e}_i^*\times\dot{\boldsymbol{e}}_j^*)\times\boldsymbol{K}_{ijx}^* \tag{5-12}$$

根据模糊数学理论，“×”运算的含义由下式定义：

$$\boldsymbol{\mu}_{r_{ijx}}(e,\dot{e},\Delta\boldsymbol{K})=\boldsymbol{\mu}_{e_i^*}(e)\wedge\mu_{\dot{e}_j^*}(\dot{e}_j)\wedge\boldsymbol{\mu}_{\Delta\boldsymbol{K}_{ijx}^*}(\Delta\boldsymbol{K}_{ijx}) \tag{5-13}$$

式中，“∧”表示“与”逻辑运算。

将 $\boldsymbol{r}_{ijx}$，$i,j=1,2,\cdots,7$，合计 7×7=49 个模糊关系全部计算完毕，可得矩阵 $\boldsymbol{R}_x=[\boldsymbol{r}_{ijx}]$。

如果误差和误差变化率分别取 $\boldsymbol{e}^*$ 和 $\dot{\boldsymbol{e}}^*$，那么，模糊控制器输出的控制量变化值 $\Delta\boldsymbol{K}_x^*$ 可由模糊推理合成规则计算如下：

$$\Delta\boldsymbol{K}_x^*=(\boldsymbol{e}^*\times\dot{\boldsymbol{e}}^*)\circ\boldsymbol{R}_x \tag{5-14}$$

其中，“∘”为合成运算符。

具体计算实例见 5.2.7 节。

注意，这样计算得到的模糊量是不能直接作为控制量输出的，还须进行解模糊处理。

5.2.6　解模糊

解模糊有很多种方法，正如前面已经介绍的，实际应用的主要方法有最大隶属度法、中位数法、加权平均法及重心法等。可以利用重心法，将模糊控制器的输出由一个模糊量转换为被控对象能够接收的精确值，从而得到 PID 控制器的三个参数的变化量 ΔK_p、ΔK_i 及 ΔK_d。然后，利用式(5-8)即可得到最终修正后的 PID 控制器参数。在实际运行时，计算机能够通过现场系统的响应状态得到偏差信号 $\boldsymbol{e}$ 和偏差变化率 $\dot{\boldsymbol{e}}$，按照所确定的模糊控制规则，经过模糊推理判断，不断修正 PID 三个参数，这样对于不同的偏差和偏差变化率，对应的 PID 参数也会相应改变，从而使系统的控制性能更佳。

5.2.7　制定参数自调整的模糊控制表

制定参数自调整模糊控制表，离不开模糊逻辑推理。推理过程实质上是一个严密的数学推导问题。考虑到求取 ΔK_p、ΔK_i 及 ΔK_d 这三个控制表的过程完全相同，下面仅详细叙述 ΔK_p 控制表的求取过程。

1. 求模糊关系矩阵

假设 $\boldsymbol{e}_i^*$、$\dot{\boldsymbol{e}}_j^*$、$\Delta\boldsymbol{K}_{ij\mathrm{p}}^*$（($i$、$j$)代表第 i 行，第 j 列）分别表示误差 e、误差变化率 $\dot{e}$ 及 ΔK_p 在论域上的模糊集合。例如，模糊语句“if ($\boldsymbol{e}_4^*$ is ZE) and ($\dot{\boldsymbol{e}}_6^*$ is PM) then $\Delta\boldsymbol{K}_{46\mathrm{p}}^*$ is NM”，蕴含着一个三元模糊关系，其模糊关系矩阵为 $\boldsymbol{r}_{46\mathrm{p}}=(\boldsymbol{e}_4^*\times\dot{\boldsymbol{e}}_6^*)\times\Delta\boldsymbol{K}_{46\mathrm{p}}^*$。在 $\boldsymbol{e}_4^*$ is ZE，$\dot{\boldsymbol{e}}_6^*$ is PM，$\Delta\boldsymbol{K}_{46\mathrm{p}}^*$ is NM 的控制规则下，求取模糊关系矩阵分为以下三步：

第一步，求取 $\boldsymbol{e}_4^*\times\dot{\boldsymbol{e}}_6^*$ 的值。根据模糊数学理论可知，$\boldsymbol{e}_4^*\times\dot{\boldsymbol{e}}_6^*=\boldsymbol{\mu}_{e_4^*}\wedge\boldsymbol{\mu}_{\dot{e}_6^*}=\min\{\boldsymbol{\mu}_{e_4^*},\boldsymbol{\mu}_{\dot{e}_6^*}\}$，而 $\boldsymbol{e}_4^*=\mathrm{ZE}$，$\dot{\boldsymbol{e}}_6^*=\mathrm{PM}$，由语言变量的隶属度赋值表 5-1，可知

$$\boldsymbol{\mu}_{e_4^*}=[0\quad 0\quad 0.5\quad 1\quad 0.5\quad 0\quad 0] \tag{5-15a}$$

$$\boldsymbol{\mu}_{\dot{e}_6^*}=[0\quad 0\quad 0\quad 0\quad 0.5\quad 1\quad 0.5] \tag{5-15b}$$

则有

$$\boldsymbol{e}_4^*\times\dot{\boldsymbol{e}}_6^*=\begin{bmatrix}0\\0\\0.5\\1\\0.5\\0\\0\end{bmatrix}\wedge[0\quad 0\quad 0\quad 0\quad 0.5\quad 1\quad 0.5]=\begin{bmatrix}0&0&0&0&0&0&0\\0&0&0&0&0&0&0\\0&0&0&0&0.5&0.5&0.5\\0&0&0&0&0.5&1&0.5\\0&0&0&0&0.5&0.5&0.5\\0&0&0&0&0&0&0\\0&0&0&0&0&0&0\end{bmatrix} \tag{5-16}$$

由式(5-16)可知,求“与”的结果是一个7×7的矩阵。

第二步,求取$(\boldsymbol{e}_4^*\times\dot{\boldsymbol{e}}_6^*)\times\Delta\boldsymbol{K}_{46\text{p}}^*$的值,由于$\Delta\boldsymbol{K}_{46\text{p}}^*=\text{NM}$,根据语言变量的隶属度赋值表5-1的NM行,可得

$$\boldsymbol{\mu}_{\Delta\boldsymbol{K}_{46\text{p}}^*}=[0.5\quad 1\quad 0.5\quad 0\quad 0\quad 0\quad 0] \tag{5-17}$$

将7×7的矩阵$\boldsymbol{e}_4^*\times\dot{\boldsymbol{e}}_6^*$展开,可得

$$\overline{\boldsymbol{\mu}_{e_4^*}\times\boldsymbol{\mu}_{\dot{e}_6^*}}=[\underbrace{0\cdots0}_{18},0.5,0.5,0.5,\underbrace{0\cdots0}_{4},0.5,1,0.5,\underbrace{0\cdots0}_{4},0.5,0.5,0.5,\underbrace{0\cdots0}_{14}]_{1\times49} \tag{5-18}$$

由此可求取第4×6条模糊条件语句的关系矩阵为

$$\boldsymbol{r}_{46\text{p}}=(\boldsymbol{e}_4^*\times\dot{\boldsymbol{e}}_6^*)\times\Delta\boldsymbol{K}_{46\text{p}}^*=\overline{\boldsymbol{\mu}_{e_4^*}\times\boldsymbol{\mu}_{\dot{e}_6^*}}^{\text{T}}\wedge\boldsymbol{\mu}_{\Delta\boldsymbol{K}_{46\text{p}}^*}=\begin{bmatrix} & & & \mathbf{0}_{18\times7} & & & \\ \cdots&\cdots&\cdots&\cdots&\cdots&\cdots&\cdots\\ 0.5&0.5&0.5&\vdots& & & \\ 0.5&0.5&0.5&\vdots& & & \\ 0.5&0.5&0.5&\vdots& & & \\ &\mathbf{0}_{4\times3}& & & & & \\ 0.5&0.5&0.5&\vdots& & & \\ 0.5&1&0.5&\vdots& &\mathbf{0}_{17\times4}& \\ 0.5&0.5&0.5&\vdots& & & \\ &\mathbf{0}_{4\times3}& & & & & \\ 0.5&0.5&0.5&\vdots& & & \\ 0.5&0.5&0.5&\vdots& & & \\ 0.5&0.5&0.5&\vdots& & & \\ \cdots&\cdots&\cdots&\cdots&\cdots&\cdots&\cdots\\ & & & \mathbf{0}_{14\times7} & & & \end{bmatrix} \tag{5-19}$$

式(5-19)表明,每一条控制规则都蕴含着一个49×7的模糊关系矩阵。由于矩阵中元素太多,只列出非零的元素,而零元素以分块**0**矩阵表示之。

第三步,总结模糊关系。在表5-2中有49条控制规则,根据上述步骤,可以得到49个

49×7 的模糊关系矩阵 $\boldsymbol{r}_{ij\mathrm{p}}, i=1,2,\cdots,49;\ j=1,2,\cdots,7$。在计算出每一条模糊条件语句决定的这种模糊关系矩阵后,考虑到描述模糊控制器的控制规则的是由一组彼此通过"或"的关系联结起来的模糊条件语句,因此,整个系统的控制规则的总模糊关系矩阵 $\boldsymbol{R}_{\mathrm{p}}$ 可表示如下:

$$\boldsymbol{R}_{\mathrm{p}} = \bigcup_{i=1}^{7} [\boldsymbol{r}_{i1\mathrm{p}} \cup \boldsymbol{r}_{i2\mathrm{p}} \cup \boldsymbol{r}_{i3\mathrm{p}} \cup \boldsymbol{r}_{i4\mathrm{p}} \cup \boldsymbol{r}_{i5\mathrm{p}} \cup \boldsymbol{r}_{i6\mathrm{p}} \cup \boldsymbol{r}_{i7\mathrm{p}}] \tag{5-20}$$

式中,"或"的运算符号"∪"采用下列运算规则:

$$x \cup y = \begin{cases} x, & y=0 \\ y, & x=0 \\ 1, & x \cdot y > 0 \end{cases}, \quad x,y \in [0,1] \tag{5-21}$$

ΔK_{i}、ΔK_{d} 的模糊关系矩阵推理过程与上述 ΔK_{p} 的相同,这里不再赘述。

2. 求既定条件下的模糊输出

假定存在一组输入误差 e 和误差变化率 $\dot{e}$,并且已被分为 7 个等级。它们的模糊论域为[−3,−2,−1,0,+1,+2,+3],经过模糊化后的输入量 e 只能是下列 7 个量之一:

$$\begin{aligned} |\boldsymbol{e}_1^*| &= \frac{1}{-3}+\frac{0}{-2}+\frac{0}{-1}+\frac{0}{0}+\frac{0}{1}+\frac{0}{2}+\frac{0}{3} \\ |\boldsymbol{e}_2^*| &= \frac{0}{-3}+\frac{1}{-2}+\frac{0}{-1}+\frac{0}{0}+\frac{0}{1}+\frac{0}{2}+\frac{0}{3} \\ &\ \ \vdots \\ |\boldsymbol{e}_7^*| &= \frac{0}{-3}+\frac{0}{-2}+\frac{0}{-1}+\frac{0}{0}+\frac{0}{1}+\frac{0}{2}+\frac{1}{3} \end{aligned} \tag{5-22}$$

式中,分母为模糊输入量,分子为离散函数值。

误差变化率 $\dot{e}$ 输入模糊量的表达式与式(5-22)相同。设 $\boldsymbol{e}_i^*$、$\dot{\boldsymbol{e}}_j^*$ 分别表示选中的第 i 和第 j 元素,且被选中元素的隶属度为 1,剩下的都为 0。将二者各元素一一求"与",可得

$$\boldsymbol{e}_i^* \times \dot{\boldsymbol{e}}_j^* = \begin{pmatrix} 0 \\ \vdots \\ 1 \\ \vdots \\ 0 \end{pmatrix}_{7\times 1} (0 \quad \cdots \quad 1 \quad \cdots \quad 0)_{1\times 7} = \begin{bmatrix} \overbrace{0 \quad \cdots \quad 0}^{j} & \cdots & 0 \\ \vdots \qquad\quad \vdots & & \vdots \\ 0 \quad \cdots \quad 1 & \cdots & 0 \\ \vdots \qquad\quad \vdots & & \vdots \\ 0 \quad \cdots \quad 0 & \cdots & 0 \end{bmatrix}_{7\times 7} \left.\begin{matrix} \\ \\ \\ \end{matrix}\right\} i \tag{5-23}$$

式中,元素 1 会出现在矩阵中的第 i 行、第 j 列,剩余元素全为 0。

根据 $\boldsymbol{u}_{ij}^* = \boldsymbol{e}_i^* \times \dot{\boldsymbol{e}}_j^* \circ \boldsymbol{R}$ 求解模糊输出,其中,"∘"为合成运算符。为了便于完成合成运算,需将 $\boldsymbol{e}_i^* \times \dot{\boldsymbol{e}}_j^*$ 转化为行向量,并令 $\boldsymbol{R} = [r_{ij}]_{49\times 7}$。这时,元素 1 会出现在行向量的第 $x = 7(j-1)+i$ 个元素所处的位置。于是,合成运算结果的模糊输出表达式为

$$\begin{aligned} \boldsymbol{u}_{ij}^* &= [\overbrace{0 \quad \cdots \quad 0 \quad 1}^{x} \quad 0 \quad \cdots \quad 0]_{1\times 49} \circ [r_{ij}]_{49\times 7} \\ &= [r_{x1} \quad r_{x2} \quad r_{x3} \quad r_{x4} \quad r_{x5} \quad r_{x6} \quad r_{x7}]_{1\times 7} \end{aligned} \tag{5-24}$$

经过上述推导步骤,便可求得所有的模糊量输出。

下面举例分析。令 $i=4, j=6$,即给定模糊输入 $\boldsymbol{e}_4^*$ 和 $\dot{\boldsymbol{e}}_6^*$,其隶属度函数的形式为

$$\boldsymbol{\mu}_{e_4^*} = [0 \quad 0 \quad 0 \quad 1 \quad 0 \quad 0 \quad 0] \tag{5-25a}$$

$$\boldsymbol{\mu}_{\dot{e}_6^*} = [0 \quad 0 \quad 0 \quad 0 \quad 0 \quad 1 \quad 0] \tag{5-25b}$$

则有

$$\boldsymbol{\mu}_{e_4^*} \times \boldsymbol{\mu}_{\dot{e}_6^*} = \begin{pmatrix} 0 \\ 0 \\ 0 \\ 1 \\ 0 \\ 0 \\ 0 \end{pmatrix} [0 \quad 0 \quad 0 \quad 0 \quad 0 \quad 1 \quad 0] = \begin{bmatrix} 0 & 0 & 0 & 0 & 0 & 0 & 0 \\ 0 & 0 & 0 & 0 & 0 & 0 & 0 \\ 0 & 0 & 0 & 0 & 0 & 0 & 0 \\ 0 & 0 & 0 & 0 & 0 & 1 & 0 \\ 0 & 0 & 0 & 0 & 0 & 0 & 0 \\ 0 & 0 & 0 & 0 & 0 & 0 & 0 \\ 0 & 0 & 0 & 0 & 0 & 0 & 0 \end{bmatrix} \tag{5-26}$$

将 $\boldsymbol{e}_4^* \times \dot{\boldsymbol{e}}_6^*$ 转化为行向量，并令 $\boldsymbol{R}=[r_{ij}]_{49\times 7}$。这时，行向量的第 $x=(j-1)\times 7+i=39$ 元素为 1，其余为 0。合成运算结果的模糊输出表达式为

$$\begin{aligned} \boldsymbol{u}_{46}^* &= [\underbrace{0\cdots 0}_{38},1,\underbrace{0\cdots 0}_{10}]_{1\times 49} \circ [r_{ij}]_{49\times 7} \\ &= [r_{39,1} \quad r_{39,2} \quad r_{39,3} \quad r_{39,4} \quad r_{39,5} \quad r_{39,6} \quad r_{39,7}]_{1\times 7} \end{aligned} \tag{5-27}$$

通过上述求解过程，可计算出所有的模糊量输出。

3. 制定模糊控制规则查询表

按照上一节的重心法解模糊，即可由求解出的模糊输出获得精确输出值。将所得数据四舍五入、保留两位小数。最后，总结出 ΔK_p、ΔK_i、ΔK_d 控制查询表。

显然，该模糊控制器的设计计算过程是比较烦琐的。因此可以利用 MATLAB 自带的模糊逻辑工具箱（Fuzzy Logic Toolbox）进行模糊控制器设计，详细操作过程见本章附录。在完成 49 条模糊规则填写后，打开 View 窗口，再选择 View→Rule 菜单命令，可得 $(e,\dot{e})$ 与 ΔK_p、ΔK_i、ΔK_d 的关系图形，如图 5-7 所示。注意，这里的 ΔK_p、ΔK_i、ΔK_d 在 MATLAB 中显示的是 K_p、K_i、K_d。

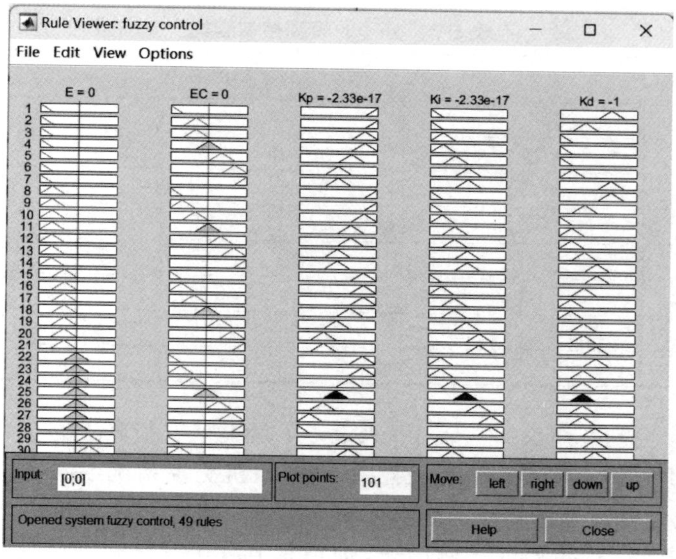

图 5-7　模糊控制器输入 $(e,\dot{e})$ 与输出 ΔK_p、ΔK_i、ΔK_d 关系图形

图5-7中，Input栏中给出的$(e,\dot{e})$为[0,0]，对应的$\Delta K_p=0$，$\Delta K_i=0$，$\Delta K_d=-1$。通过改变$(e,\dot{e})$的值，由[-3,-3]依次改变到[3,3]，共计49次，可获得49组ΔK_p、ΔK_i、ΔK_d。

由此可得ΔK_p、ΔK_i、ΔK_d的模糊控制查询表，如表5-5～表5-7所示。但是，在将ΔK_p、ΔK_i、ΔK_d与原始PID参数叠加之前，还须乘以比例因子K_{up}、K_{ui}、K_{ud}。

表5-5　ΔK_p的模糊控制查询

		$\dot{e}$						
		-3	-2	-1	0	1	2	3
e	-3	2.69	2.69	2	2	1	0	0
	-2	2.69	2.69	2	1	1	0	0
	-1	2	2	2	1	0	-1	-1
	0	2	2	1	0	-1	-2	-2.7
	1	1	1	0	-1	-1	-2	-2.7
	2	1	0	-1	-2	-2	-2	-2.7
	3	0	0	-2	-2	-2	-2.7	-2.7

表5-6　ΔK_i的模糊控制查询

		$\dot{e}$						
		-3	-2	-1	0	1	2	3
e	-3	-2.69	-2.69	-2	-2	-1	0	0
	-2	-2.69	-2.69	-2	-1	-1	0	0
	-1	-2.69	-2	-1	-1	0	1	1
	0	-2	-2	-1	0	1	2	2
	1	-2	1	0	1	1	2	2.69
	2	0	0	1	1	2	2.69	2.69
	3	0	0	1	2	2	2.69	2.69

表5-7　ΔK_d的模糊控制查询

		$\dot{e}$						
		-3	-2	-1	0	1	2	3
e	-3	1	-1	-2.69	-2.69	-2.7	-2	1
	-2	1	-1	-2.69	-2	-2	-1	0
	-1	0	-1	-2	-2	-1	-1	0
	0	0	-1	-1	-1	-1	-1	0
	1	0	0	0	0	0	0	0
	2	2.69	-1	1	1	1	1	2.69
	3	2.69	2	2	2	1	1	2.69

PID参数模糊控制查询表5-5、表5-6及表5-7是模糊控制算法的核心。它们将被存入程序存储器中以供查询。在实时运行过程中，通过微机测控系统不断地检测被控系统输出响应值，并实时地计算出误差e和误差变化率$\dot{e}$，然后，将它们模糊化得到e^*和$\dot{e}^*$；再通过查询模糊控制查询表，并乘以比例因子，即可得到PID三个参数的调整量ΔK_p、ΔK_i、

ΔK_d；最后，将它们代入式(5-8)，可得整定的 PID 参数 K_p、K_i 及 K_d，从而完成 PID 控制器参数的调整。

5.3 模糊 PID 控制系统 MATLAB/Simulink 仿真

模糊 PID 控制系统仿真分两个阶段：

第一阶段是利用 MATLAB 自带的 Fuzzy Logic Toolbox 工具，设计模糊控制器，最终获得设计的 Fuzzy Control. fis 文件，存放在硬盘内备用。详细操作过程见本章附录。

第二阶段，利用 Fuzzy Control. fis 文件进行模糊 PID 控制系统的 Simulink 仿真。在进行 Simulink 仿真之前，需要将已完成的 Fuzzy Control. fis 文件调到 Workspace。为此，在打开 MATLAB 后，在命令行输入 Fuzzy，得到图 5-8(a)所示窗口，然后选择 File→Import→FromFile 菜单命令，得到图 5-8(b)所示窗口；再选择 File→Export→To Workspace 菜单命令，在图 5-8(b)上显示出叠加的小窗口；单击 OK 按钮。

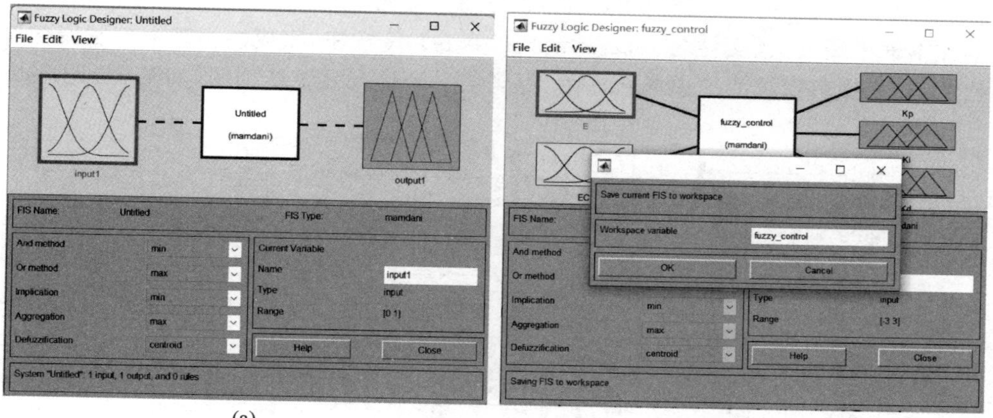

(a)　　　　(b)

图 5-8　MATLAB 模糊控制界面

接下来，关闭所有 Fuzzy 窗口，回到 MATLAB 命令行，输入命令：fis=readfis('fuzzy control')，得到如图 5-9 所示的结果。

```
>> fis=readfis('fuzzy control')

fis =

  包含以下字段的 struct:

             name: 'fuzzy control'
             type: 'mamdani'
        andMethod: 'min'
         orMethod: 'max'
     defuzzMethod: 'centroid'
        impMethod: 'min'
        aggMethod: 'max'
            input: [1×2 struct]
           output: [1×3 struct]
             rule: [1×49 struct]
```

图 5-9　MATLAB 调用模糊规则文件

然后，输入 simulink，在 Simulink Start Page 中，选择 Blank Model，创建一个新的空模型，此时，弹出新的 Simulink 模型窗口。在"Tools"菜单下选择 Library Browser，找到 Fuzzy Logic Toolbox，在此提供的几个控制器中，选择模糊逻辑控制器，符号为，把此符号拖入 Simulink 空模型窗口内，然后，双击该符号，出现图 5-10 所示对话框。

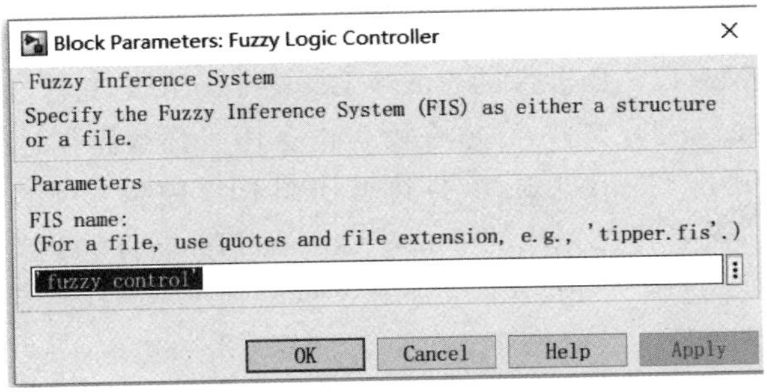

图 5-10　在 Simulink 中加入模糊控制模块

在文本框中输入 fis 文件名 fuzzy control，单击 OK 按钮，完成模糊逻辑控制器配置。然后，补充完整系统的传递函数框图，得到第一个仿真系统结构图，如图 5-11 所示。

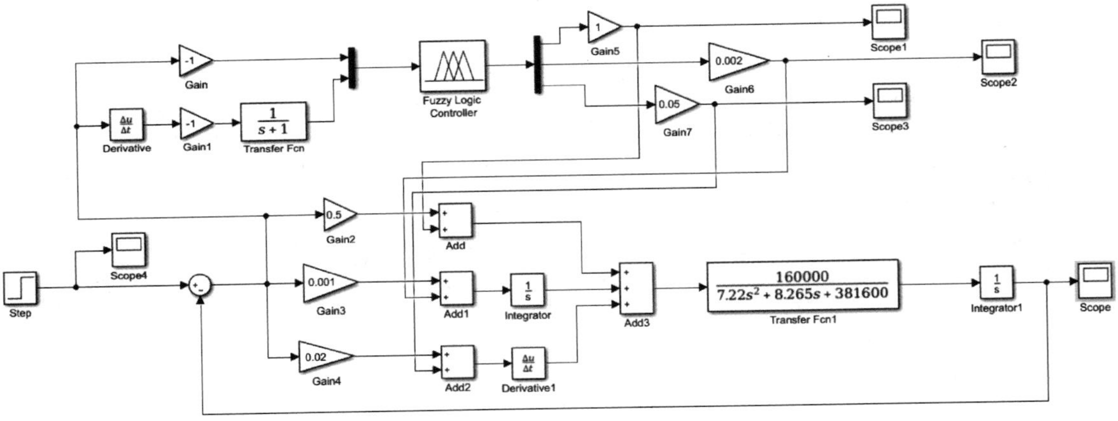

图 5-11　电机无电流负反馈条件下的位置伺服系统 Simulink 仿真系统结构图

按图 5-11 的 Simulink 仿真结果，带纯 PID 控制器的系统输出响应，如图 5-12(a)所示；带模糊 PID 控制器的系统输出响应，如图 5-12(b)所示。

由图 5-12 可以看出，模糊 PID 控制器与纯 PID 控制器相比较，上升速度加快，过渡过程时间缩短，稳态误差减小。

第二个仿真例子如图 5-13 所示。上部是模糊控制器及其输入和输出环节，下部是 PID 控制的电机位置伺服系统。其具有电流负反馈内环，使得受控对象变成二阶纯积分。图右侧的 3/9 表示电机的电磁力矩系数为 3N·m/A、电机轴上的转动惯量为 $9\text{kg}\cdot\text{m}^2$，下部左侧的 $720/(s+720)$表示前置滤波器。其余为 PID 参数和前向通道增益。

纯 PID 控制器和模糊 PID 控制器两种情况的单位阶跃响应仿真结果如图 5-14 所示。

由图 5-14 易见，模糊 PID 控制与纯 PID 控制比较，单位阶跃响应上升速度稍快，超调量减小，稳定时间缩短，稳态误差减小。

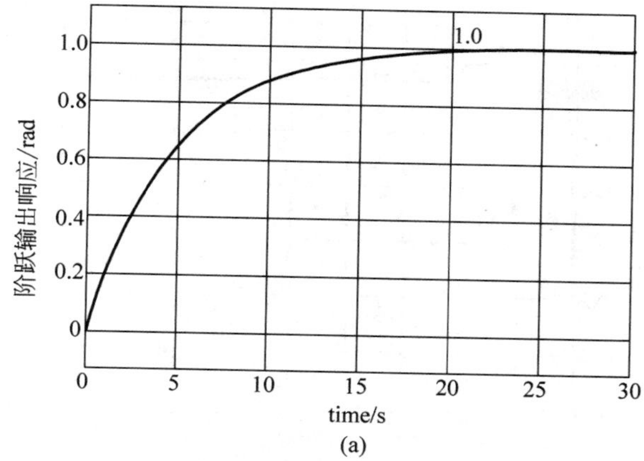

(a)

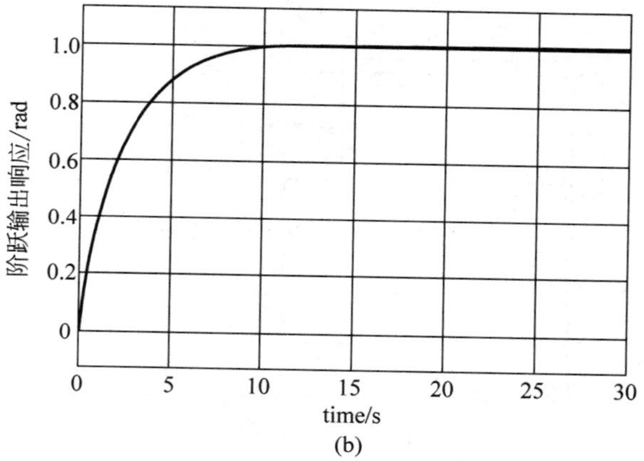

(b)

图 5-12　电机无电流负反馈条件下的位置伺服系统单位阶跃响应仿真曲线

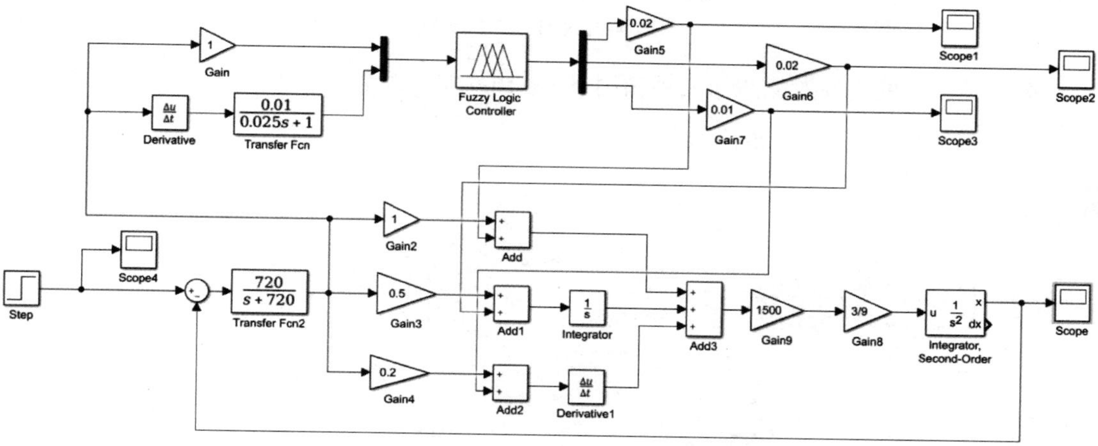

图 5-13

图 5-13　具有电流环的电机位置伺服系统 Simulink 仿真结构图

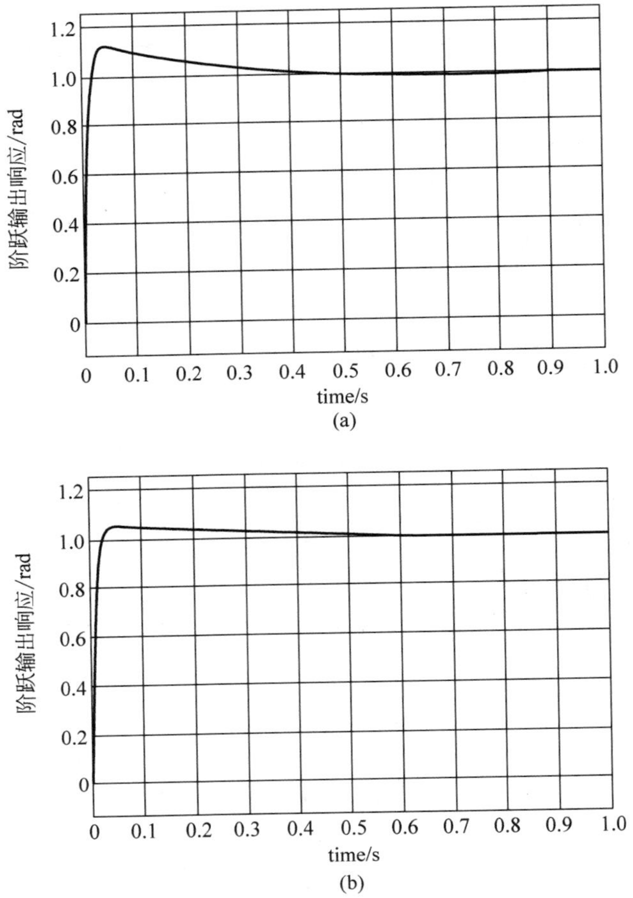

图 5-14　带电流反馈内环的电机位置伺服系统单位阶跃响应仿真曲线

(a) 纯 PID 控制；(b) 模糊 PID 控制

第三种情况的受控对象与第二种相同，但纯 PID 控制改为 PI＋相位超前网络。系统仿真框图如图 5-15 所示。

图 5-15

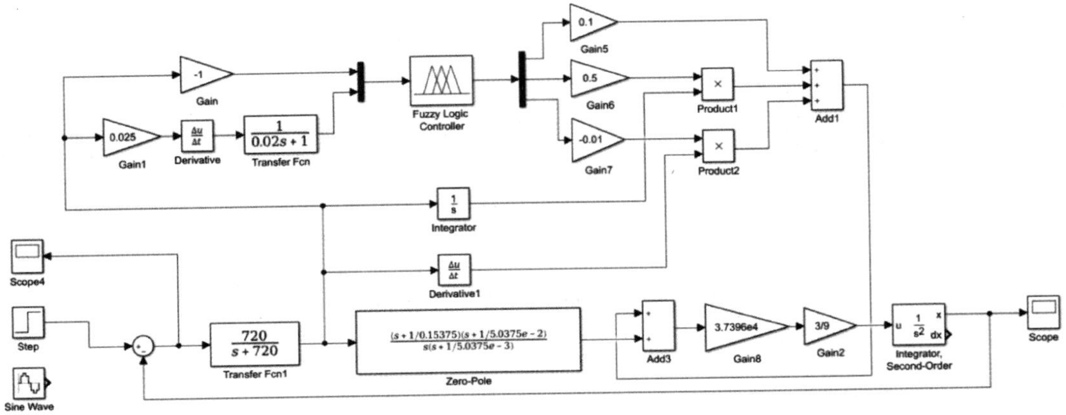

图 5-15　带电流环和 PI＋相位超前网络原始位置环的电机伺服系统仿真框图

Simulink 仿真结果的单位阶跃响应曲线如图 5-16 所示。

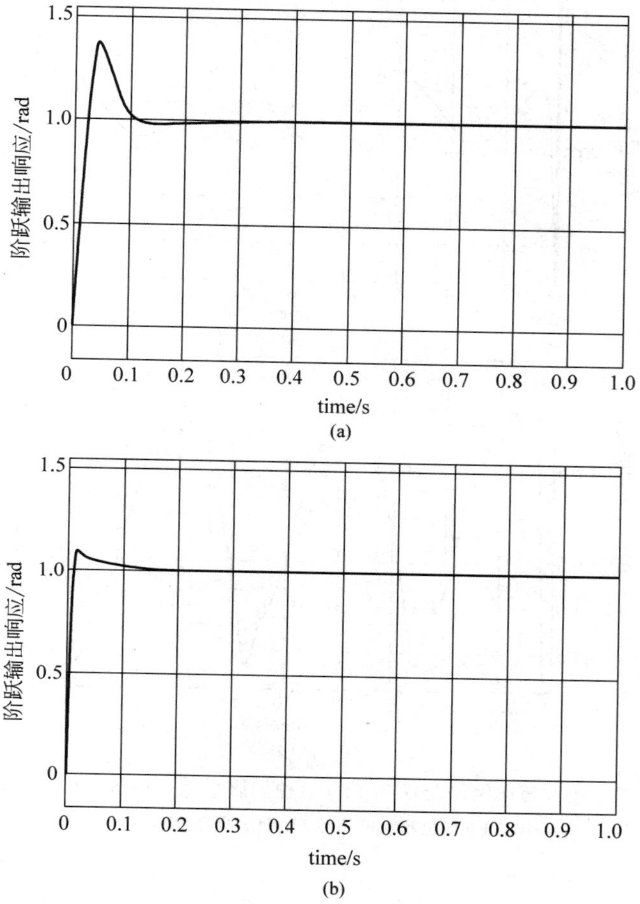

图 5-16　PI＋相位超前网络与模糊 PID 两种伺服系统单位阶跃响应仿真曲线

(a) PI＋相位超前网络控制；(b) 模糊 PID 控制

显然，图 5-16 表明，模糊 PID 控制与 PI＋相位超前网络控制比较，单位阶跃响应的上升速度加快，超调量由 37%下降到 9.2%。

对于该第三种情况的图 5-15，若将单位阶跃输入改为幅值为 1、角频率为 1rad/s 的正弦波，仿真结果的跟踪误差曲线如图 5-17 所示。

由图 5-17 易见，原始的 PI＋相位超前网络控制跟踪正弦波的稳态误差仍为正弦波，其峰-峰值约为 0.76×10^{-3}；而自整定模糊 PID 控制的稳态误差为畸变的正弦波，除了均值误差分量外，还含有峰-峰值为 2.85×10^{-3}rad 的交变分量。也就是说，后者的跟踪误差约为前者的 4 倍。这说明后者是针对单位阶跃输入预先优化调整的，对于正弦波输入的自调整能力是下降的。为了获得满意的跟踪性能，还需要采用更加智能的自适应模糊控制方法。

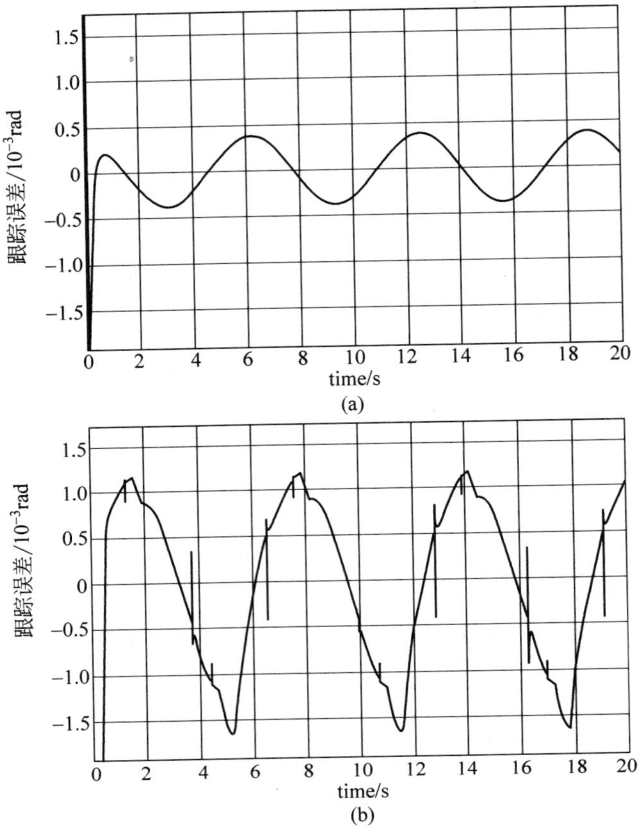

图 5-17 PI＋相位超前网络与模糊 PID 两种伺服系统单位正弦波响应误差曲线

(a) PI＋相位超前网络控制；(b) 模糊 PID 控制

参考文献

[1] 汪显. 基于模糊控制的进给伺服系统自整定 PID 控制器的研究[D]. 天津：天津大学，2013.

[2] 韩瑞珍. PID 控制器参数模糊自整定研究[D]. 杭州：浙江工业大学，2001.

[3] 程启建. 模糊自整定 PID 控制器研究与应用[D]. 西安：西安工业大学，2016.

[4] 罗鹏. 基于模糊自适应的无刷直流电机控制系统设计与实现[D]. 大连：大连海事大学，2019.

[5] 贾赟贺，张昕，周媛媛. 基于神经网络模糊 PID 控制的无刷直流电机控制系统研究[J]. 新能源汽车，2021(7)：112-114.

[6] DEVI K S，DHANASEKARAN R，MUTHULAKSHMI S. Improvement of Speed Control Performance in BLDC Motor Using Fuzzy PID Controller[C]. 2016 International Conference on Advanced Communication Control and Computing Technologies (ICACCCT). Ramanathapuram，India：IEEE，2016：380-384.

[7] 闫鹏. 基于 DSP 无刷直流电机控制系统研究[D]. 青岛：山东科技大学，2018.

[8] 李洪才，陈非凡，董永贵. 车载局域环境温控装置的热分析及热测试方法[J]. 仪器仪表学报，2013，34(4)：895-901.

[9] CHEN F，LI H，LIU Y，et al. A constant temperature box for evaluating the long-term performance of scientific instruments[M]. Bristol，England：IOP Publishing Ltd and SISSA，2009.

附录：设计模糊控制器的操作过程

利用 MATLAB 自带的 Fuzzy Logic Toolbox 工具设计模糊控制器的操作过程如下：

(1) 在 MATLAB 命令行输入 fuzzy，如图 1 所示，按回车键，打开如图 2 所示的 Fuzzy Logic Designer 窗口。

图 1

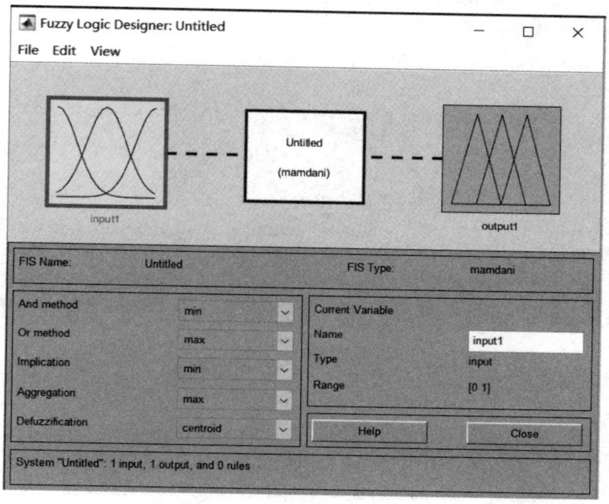

图 2

(2) 选择 Edit→Add Input Variable 菜单命令，再选择 Edit→Add Output Variable 菜单命令，分别将输入和输出由 1 增加为 2 和由 1 增加为 3，得到新窗口如图 3 所示。

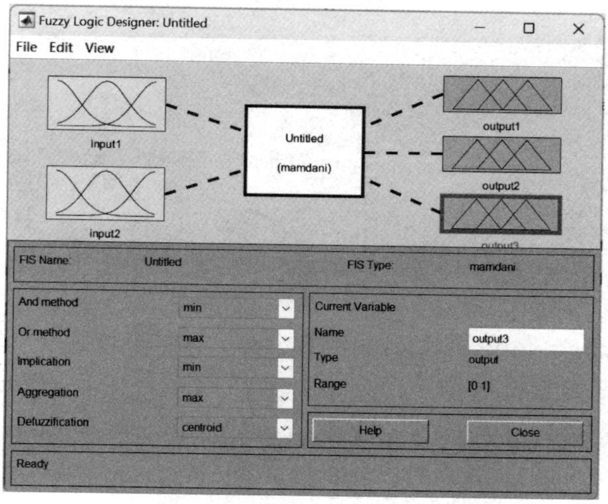

图 3

(3) 选择 Edit→Membleship Function 菜单命令，开始逐个编辑 Input 和 Output 的隶属度函数曲线。例如，先点第一个输入 Input1，得到图 4。然后，进行下列三项修改：

① 直接更改 Range 为[−3，+3]；

② 选择 Edit→Add MFs 菜单命令，将 Number of MFs 由 3 增加到 7；

③ 逐个单击隶属度函数的三角线，分别修改每根线的名称为 NB、NM、NS、ZE、PS、PM、PB。完成后的窗口如图 5 所示。

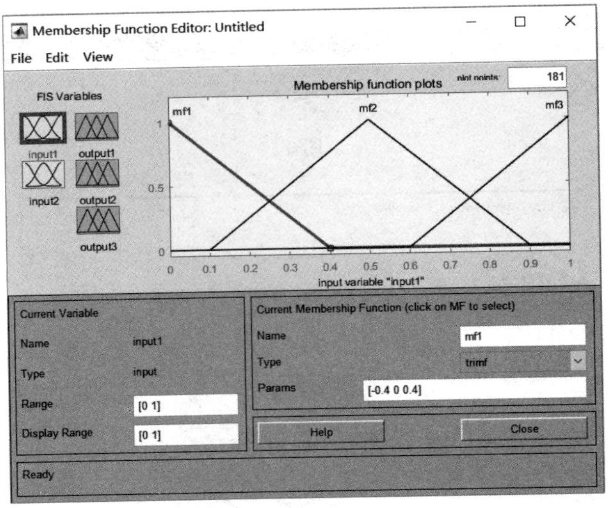

图 4

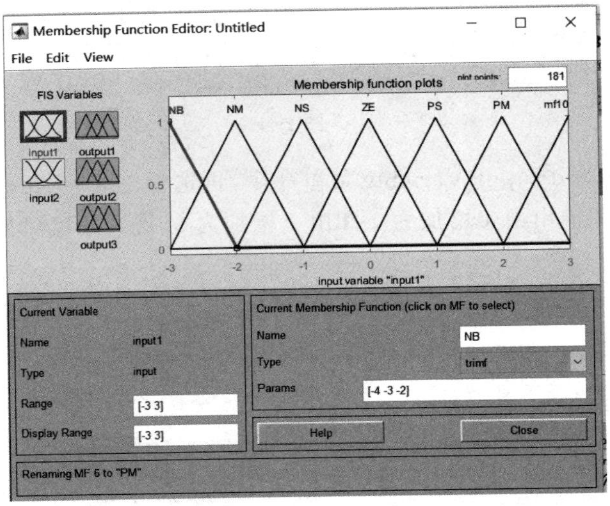

图 5

(4) 逐个编辑 input2、output1、output2 及 output3，结果如图 6～图 9 所示。

(5) 完成隶属度函数编辑后，返回 Fuzzy Logic Designer 窗口，把 input1、input2、output1、output2、output3 的名称依次改为 E、EC、Kp、Ki、Kd。然后在 Membership Function Editor 中依次双击 2 个输入和 3 个输出，检查其名称是否已更新。然后选择 Edit→Rules 菜单命令，填写完 49 条模糊规则，可得窗口如图 10 所示。

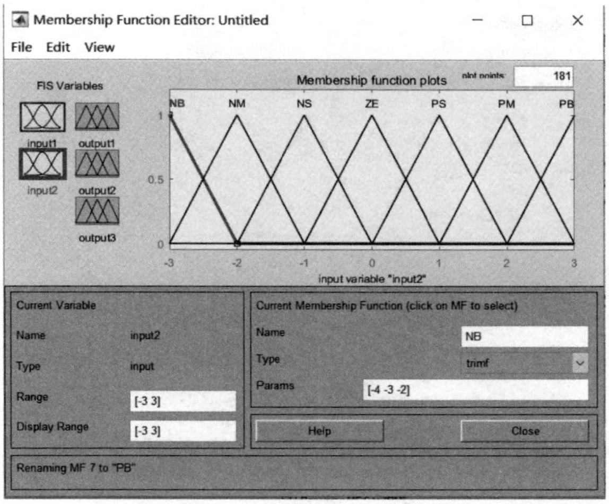
Membership Function Editor: Untitled
File Edit View
FIS Variables
input1
output1
input2
output2
output3
Membership function plots
plot points:
181
NB NM NS ZE PS PM PB
input variable "input2"
Current Variable
Name input2
Type input
Range [-3 3]
Display Range [-3 3]
Current Membership Function (click on MF to select)
Name NB
Type trimf
Params [-4 -3 -2]
Help
Close
Renaming MF 7 to "PB"

图 6

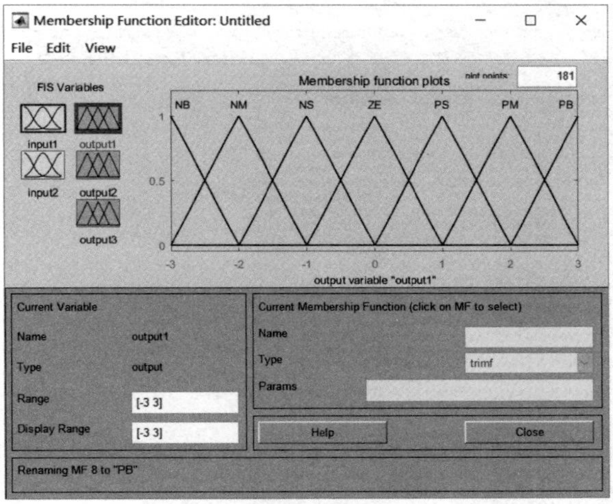
Membership Function Editor: Untitled
File Edit View
FIS Variables
input1
output1
input2
output2
output3
Membership function plots
plot points:
181
NB NM NS ZE PS PM PB
output variable "output1"
Current Variable
Name output1
Type output
Range [-3 3]
Display Range [-3 3]
Current Membership Function (click on MF to select)
Name
Type trimf
Params
Help
Close
Renaming MF 8 to "PB"

图 7

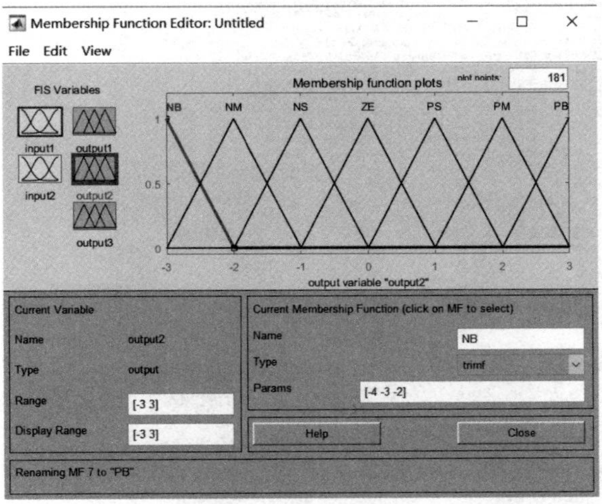
Membership Function Editor: Untitled
File Edit View
FIS Variables
input1
output1
input2
output2
output3
Membership function plots
plot points:
181
NB NM NS ZE PS PM PB
output variable "output2"
Current Variable
Name output2
Type output
Range [-3 3]
Display Range [-3 3]
Current Membership Function (click on MF to select)
Name NB
Type trimf
Params [-4 -3 -2]
Help
Close
Renaming MF 7 to "PB"

图 8

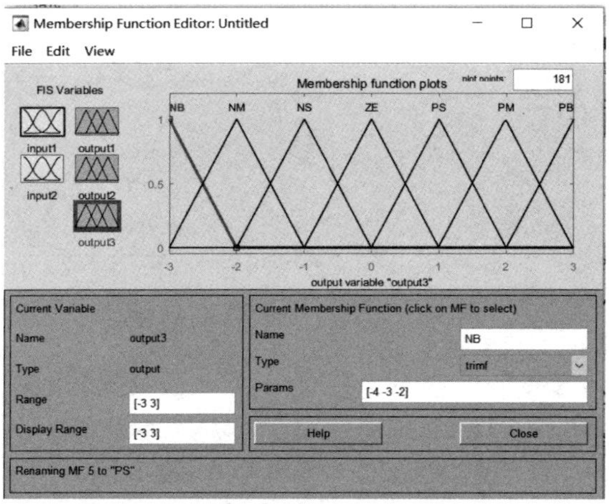
Membership Function Editor: Untitled
File Edit View
FIS Variables
input1
output1
input2
output2
output3
Membership function plots
plot points:
181
NB NM NS ZE PS PM PB
output variable "output3"
Current Variable
Name output3
Type output
Range [-3 3]
Display Range [-3 3]
Current Membership Function (click on MF to select)
Name NB
Type trimf
Params [-4 -3 -2]
Help
Close
Renaming MF 5 to "PS"

图 9

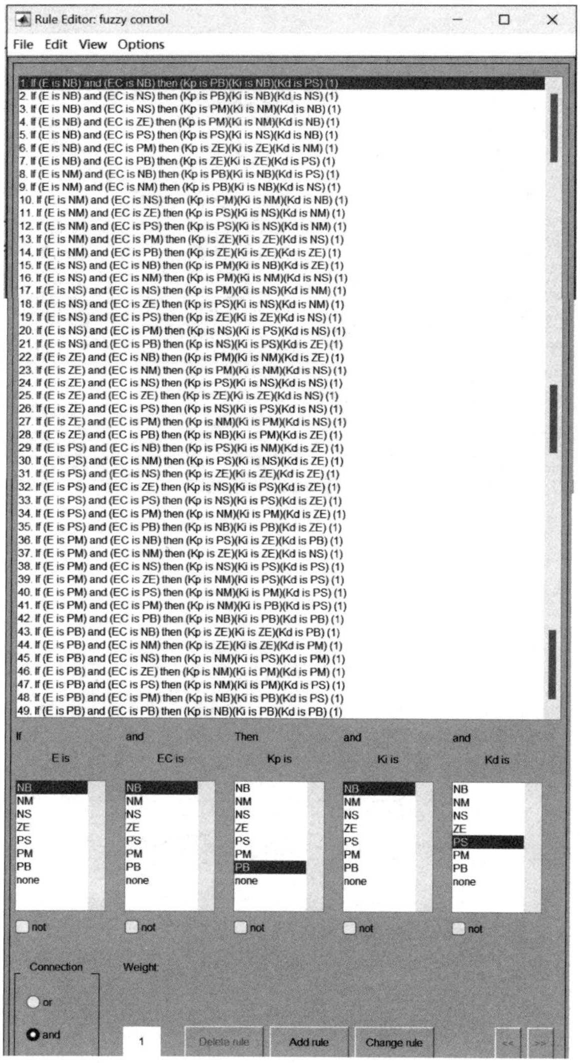
Rule Editor: fuzzy control
File Edit View Options
1. If (E is NB) and (EC is NB) then (Kp is PB)(Ki is NB)(Kd is PS) (1)
2. If (E is NB) and (EC is NS) then (Kp is PB)(Ki is NB)(Kd is NS) (1)
3. If (E is NB) and (EC is NS) then (Kp is PM)(Ki is NM)(Kd is NB) (1)
4. If (E is NB) and (EC is ZE) then (Kp is PM)(Ki is NM)(Kd is NB) (1)
5. If (E is NB) and (EC is PS) then (Kp is PS)(Ki is NS)(Kd is NB) (1)
6. If (E is NB) and (EC is PM) then (Kp is ZE)(Ki is ZE)(Kd is NM) (1)
7. If (E is NB) and (EC is PB) then (Kp is ZE)(Ki is ZE)(Kd is PS) (1)
8. If (E is NM) and (EC is NB) then (Kp is PB)(Ki is NB)(Kd is PS) (1)
9. If (E is NM) and (EC is NM) then (Kp is PB)(Ki is NB)(Kd is NS) (1)
10. If (E is NM) and (EC is NS) then (Kp is PM)(Ki is NM)(Kd is NB) (1)
11. If (E is NM) and (EC is ZE) then (Kp is PS)(Ki is NS)(Kd is NM) (1)
12. If (E is NM) and (EC is PS) then (Kp is PS)(Ki is NS)(Kd is NM) (1)
13. If (E is NM) and (EC is PM) then (Kp is ZE)(Ki is ZE)(Kd is NS) (1)
14. If (E is NM) and (EC is PB) then (Kp is ZE)(Ki is ZE)(Kd is ZE) (1)
15. If (E is NS) and (EC is NB) then (Kp is PM)(Ki is NB)(Kd is ZE) (1)
16. If (E is NS) and (EC is NM) then (Kp is PM)(Ki is NM)(Kd is NS) (1)
17. If (E is NS) and (EC is NS) then (Kp is PM)(Ki is NS)(Kd is NM) (1)
18. If (E is NS) and (EC is ZE) then (Kp is PS)(Ki is NS)(Kd is NM) (1)
19. If (E is NS) and (EC is PS) then (Kp is ZE)(Ki is ZE)(Kd is NS) (1)
20. If (E is NS) and (EC is PM) then (Kp is NS)(Ki is PS)(Kd is NS) (1)
21. If (E is NS) and (EC is PB) then (Kp is NS)(Ki is PS)(Kd is ZE) (1)
22. If (E is ZE) and (EC is NB) then (Kp is PM)(Ki is NM)(Kd is ZE) (1)
23. If (E is ZE) and (EC is NM) then (Kp is PM)(Ki is NM)(Kd is NS) (1)
24. If (E is ZE) and (EC is NS) then (Kp is PS)(Ki is NS)(Kd is NS) (1)
25. If (E is ZE) and (EC is ZE) then (Kp is ZE)(Ki is ZE)(Kd is NS) (1)
26. If (E is ZE) and (EC is PS) then (Kp is NS)(Ki is PS)(Kd is NS) (1)
27. If (E is ZE) and (EC is PM) then (Kp is NM)(Ki is PM)(Kd is NS) (1)
28. If (E is ZE) and (EC is PB) then (Kp is NB)(Ki is PM)(Kd is ZE) (1)
29. If (E is PS) and (EC is NB) then (Kp is PS)(Ki is NM)(Kd is ZE) (1)
30. If (E is PS) and (EC is NM) then (Kp is PS)(Ki is NS)(Kd is ZE) (1)
31. If (E is PS) and (EC is NS) then (Kp is ZE)(Ki is ZE)(Kd is ZE) (1)
32. If (E is PS) and (EC is ZE) then (Kp is NS)(Ki is PS)(Kd is ZE) (1)
33. If (E is PS) and (EC is PS) then (Kp is NS)(Ki is PS)(Kd is ZE) (1)
34. If (E is PS) and (EC is PM) then (Kp is NM)(Ki is PM)(Kd is ZE) (1)
35. If (E is PS) and (EC is PB) then (Kp is NB)(Ki is PB)(Kd is ZE) (1)
36. If (E is PM) and (EC is NB) then (Kp is PS)(Ki is ZE)(Kd is PB) (1)
37. If (E is PM) and (EC is NM) then (Kp is ZE)(Ki is ZE)(Kd is NS) (1)
38. If (E is PM) and (EC is NS) then (Kp is NS)(Ki is PS)(Kd is PS) (1)
39. If (E is PM) and (EC is ZE) then (Kp is NM)(Ki is PS)(Kd is PS) (1)
40. If (E is PM) and (EC is PS) then (Kp is NM)(Ki is PM)(Kd is PS) (1)
41. If (E is PM) and (EC is PM) then (Kp is NM)(Ki is PB)(Kd is PS) (1)
42. If (E is PM) and (EC is PB) then (Kp is NB)(Ki is PB)(Kd is PB) (1)
43. If (E is PB) and (EC is NB) then (Kp is ZE)(Ki is ZE)(Kd is PB) (1)
44. If (E is PB) and (EC is NM) then (Kp is ZE)(Ki is ZE)(Kd is PM) (1)
45. If (E is PB) and (EC is NS) then (Kp is NM)(Ki is PS)(Kd is PM) (1)
46. If (E is PB) and (EC is ZE) then (Kp is NM)(Ki is PM)(Kd is PM) (1)
47. If (E is PB) and (EC is PS) then (Kp is NM)(Ki is PM)(Kd is PS) (1)
48. If (E is PB) and (EC is PM) then (Kp is NB)(Ki is PB)(Kd is PS) (1)
49. If (E is PB) and (EC is PB) then (Kp is NB)(Ki is PB)(Kd is PB) (1)
If
E is
and
EC is
Then
Kp is
and
Ki is
and
Kd is
NB NM NS ZE PS PM PB none
not
Connection
or
and
Weight:
1
Delete rule
Add rule
Change rule

图 10

如要删除、添加或修改 Rule，单击窗口内的相关项即可实现。

(6) 完成 49 条模糊规则后，选择 View→Rule 菜单命令，可得$(e,\dot{e})$与 ΔK_p、ΔK_i、ΔK_d 的关系图形如图 11 所示。更改输入$[e,\dot{e}]$的值$[-3,-3]$到$[3,3]$共计 49 点，可建立 ΔK_p、ΔK_i、ΔK_d 的模糊控制查询表，如正文的表 5-5～表 5-7 所示。

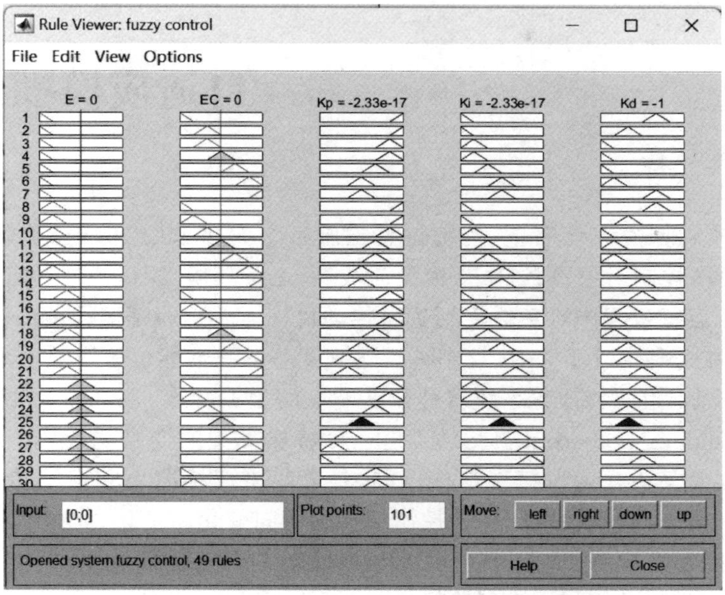

图 11

也可以选择 View→Surfacectrl+6 菜单命令，分别观看 ΔK_p、ΔK_i 及 ΔK_d 的控制量与 e 和 $\dot{e}$ 关系的三维图形。结果如图 12 所示。

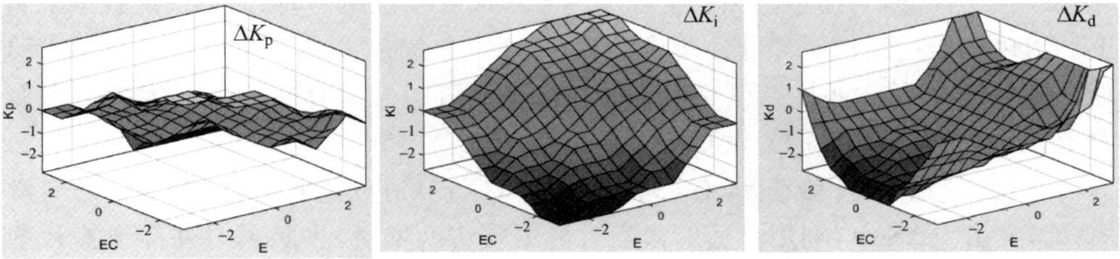

(a)　(b)　(c)

图 12

(7) 选择 File→Export→Tofile 菜单命令，存入 Fuzzy Control. fis 文件。

至此，已利用 MATLAB 中的 Fuzzy Logic Toolbox 工具完成设计模糊控制器的操作。

第6章 自适应模糊滑模控制

由于PID控制算法设计简单，传统位置伺服系统大多采用PID控制策略。但传统的PID控制策略要求控制对象参数确定、模型为线性，运行环境、操作条件确定不变。然而，实际的伺服系统在运行过程中难免会受到机械传动机构所带来的摩擦、齿隙、振动及负载突变等因素的影响，在这种情况下，PID控制很难达到期望的高性能位置跟踪效果。即使采用自调整模糊PID控制，也只能改善系统单位阶跃响应的相关性能。

滑模控制(sliding mode control,SMC)是一种特殊类型的变结构控制(variable structure control,VSC)，因此又称之为滑模变结构控制，是近年来广泛应用和发展的一种控制方法。滑模控制本质上是一种非线性控制，即控制结构随时间变化而变化。SMC具有很多优越的特点，如对参数摄动不敏感、干扰抑制能力强，以及动态响应快等。

滑模变结构控制的原理是，控制器将状态或误差带到滑模面，并使之保持在滑模面上。迫使系统按照预定的"滑动模态"轨迹运动，由于滑动模态可以进行设计且与对象参数及扰动无关，使得闭环系统对外部的干扰及系统参数不确定性不敏感。此外，SMC设计简单，容易实现，因此在复杂非线性系统的控制设计中有着广泛的应用。SMC的强鲁棒性主要依赖于其非连续控制部分，它通过高频切换控制刻意地改变系统结构，从而将系统状态限制在滑模面上。为确定非连续控制部分的切换增益，需要事先知道参数不确定性和外部扰动的上界。但在多数情况下，这些上界无法获得。若采用保守方法选择较大的切换增益来保证系统的稳定性，将会引起严重的抖动现象。

为消除这一严重的抖动现象，有关学者将SMC与自适应机制结合，形成自适应滑模控制(ASMC)方法。ASMC利用自适应律实时地更新切换增益，去除了对外部干扰和参数不确定性上界的先验要求。神经网络控制、模糊控制、专家控制以及鲁棒控制等都属于智能控制策略，其中神经网络控制和模糊控制在位置伺服系统中已有比较成熟的应用。将ASMC与模糊控制相结合组成自适应模糊滑模控制，能够很好地克服系统中存在的参数变化、非线性因素及外部干扰。

在一般的运动控制系统中，常见的机械装置的问题就是摩擦和传动齿隙引起的复杂非线性现象，限制了速度和位置控制性能。运动部件与滑动面之间的摩擦会引起反馈系统低速爬行、极限环及静态误差。减速器主从动轮之间的齿隙也会引起振荡、延迟及限制跟踪性能。在许多情况下，摩擦和齿隙同时影响系统性能。如果我们在出现齿隙时仅考虑摩擦补偿，很难达到理想的效果。在设计带机械减速器的伺服控制器时，这两种非线性必须同时考虑。

下面在展开讨论自适应模糊滑模控制之前，介绍摩擦非线性动态模型和齿隙的非线性模型。

6.1　机械接触摩擦非线性模型

摩擦是一种复杂的现象，对摩擦模型的研究经历了相当长时间。早期设计控制器主要应用静态模型。最早出现的是库仑(Coulomb)模型，如图 6-1(a)所示。摩擦力表达式为

$$F = F_C \operatorname{sgn}(v) \tag{6-1}$$

式中，F 为摩擦力；F_C 为库仑摩擦力；v 为相对滑动速度，符号函数为

$$\operatorname{sgn}(v) = \begin{cases} 1, & v > 0 \\ 0, & v = 0 \\ -1, & v < 0 \end{cases}$$

19 世纪，随着流体动力学的发展，人们发现液体存在黏性，从而导致线性黏性摩擦模型的出现，表达式为

$$F = bv \tag{6-2}$$

式中，b 是黏性摩擦系数。线性黏性摩擦模型通常与库仑摩擦模型组合使用，形成库仑＋黏滞摩擦模型，如图 6-1(b)所示，表达式为

$$F = bv + F_C \operatorname{sgn}(v) \tag{6-3}$$

在静摩擦力与外力并存的条件下，静止时静摩擦力与外力相互作用，采用如下函数关系表达：

$$F = \begin{cases} F_e, & v = 0, \ |F_e| < F_s \\ F_s \operatorname{sgn}(F_e), & v = 0, \ |F_e| > F_s \end{cases} \tag{6-4}$$

式中，F_e 为外力，F_s 为最大静摩擦力。当 $v \neq 0$ 时，摩擦力仍采用式(6-3)表达。这样，就形成了至今仍广泛使用的“静摩擦＋Coulomb 摩擦＋黏滞摩擦”模型，如图 6-1(c)所示。

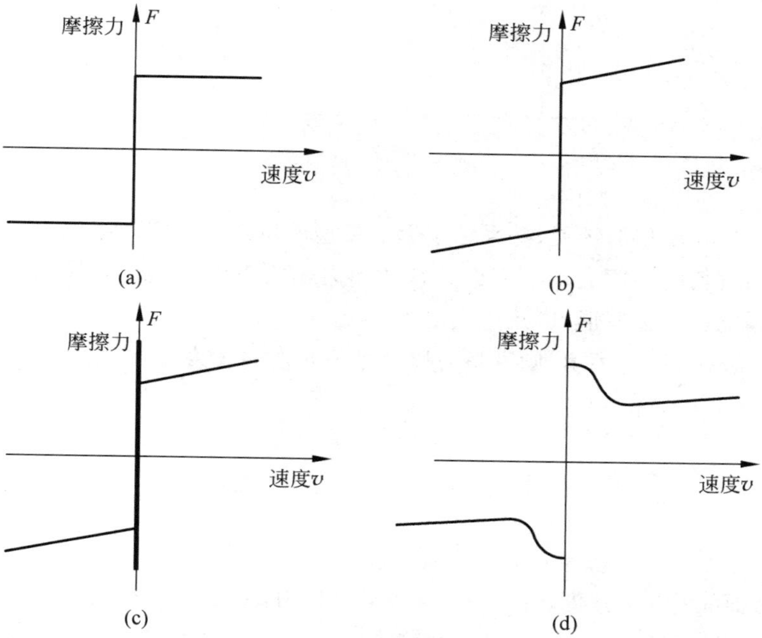

图 6-1　常见的摩擦特性

目前,工程中应用更为广泛的是加入 Stribeck 速度后的指数模型,如图 6-1(d)所示。由下列公式描写:

$$F=\begin{cases}F(v), & v\neq 0\\ F_e, & v=0,\ |F_e|<F_s\\ F_s\mathrm{sgn}(F_e), & 其他\end{cases} \tag{6-5}$$

$$F(v)=(F_C+(F_s-F_C)e^{-|v/v_S|^{\delta_S}})\mathrm{sgn}(v)+bv \tag{6-6}$$

式中,v_S 为 Stribeck 速度,它与 δ_S 一起决定部分流体润滑时摩擦曲线的形状。一般 δ_S 在 0.5～2 之间变化。该模型很好地描述了低速下的摩擦行为,用一个衰减指数项体现了负斜率摩擦现象。试验已证明此模型能以 90%的精度近似拟合该区域的真实摩擦力。

显然,经典的摩擦模型没有反映出增加的静摩擦力和摩擦记忆等现象。近代随着对高精度跟踪系统的需求,引进了一些动态模型。动态摩擦模型将摩擦力描述为相对速度和位移的函数,既可以描述摩擦的静态特性,也可以描述其动态特性。因此,动态摩擦模型能够较为真实地描述界面摩擦状态。

近年来,为了尽可能全面地描述摩擦的动态特性,以便更加精确地描述摩擦的动力学行为,一些学者提出了多种新型摩擦模型。例如,Karnopp 模型、Dahl 模型、Bliman-Sorine 模型、时间迟滞模型、集成模型、复位积分器模型、Maxwell-slip 模型,以及鬃毛模型与 LuGre 模型等。LuGre 模型能够刻画具有重大意义的摩擦特性,最接近实际的摩擦现象。在瑞典兰德工程技术学院和法国格勒诺布尔实验室的共同努力下,法国学者 C. CanudasdeWit 在 Dahl 模型的基础上提出了 LuGre 模型,LuGre 模型简图如图 6-2 所示。

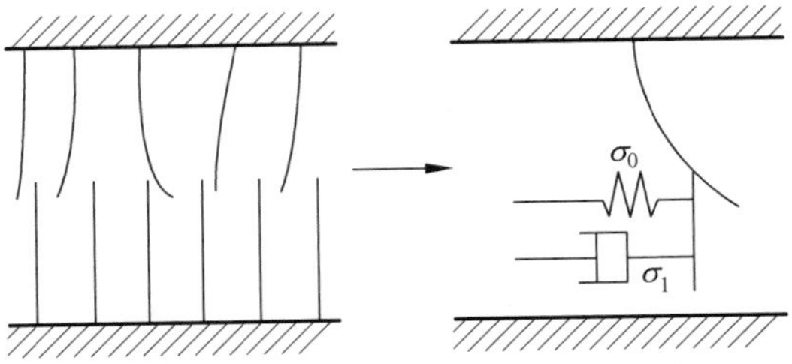

图 6-2　LuGre 模型简图

该模型是 Dahl 模型的扩展,并采纳了鬃毛模型的思想。假定两摩擦表面之间是弹性鬃毛接触,下表面材料的刚度大于上表面。在切向力作用下,鬃毛变形,导致摩擦力;当切向力足够大时,鬃毛进一步变形,以致产生滑动。

鬃毛的平均变形用 λ 表示,则摩擦力以及摩擦状态表示为

$$\dot{\lambda}=v-\sigma_0\frac{|v|}{g(v)}\lambda \tag{6-7}$$

$$F=\sigma_0\lambda+\sigma_1\dot{\lambda}+\sigma_2 v \tag{6-8}$$

$$g(v)=F_C+(F_s-F_C)e^{-\left(\frac{v}{v_S}\right)^2} \tag{6-9}$$

式中,v 为两表面间的相对速度,m/s;F_C 为库仑摩擦力,N;F_s 为静摩擦力;v_S 为 Stribeck 速度,m/s;σ_0 为刚性系数,N/m;σ_1 为阻尼系数,N・s/m;σ_2 为黏性摩擦系数,N・s/m。

函数 $g(v)$是正值，它取决于诸如材料的性质、润滑度、温度等多种因素。当 v 增加时，$g(v)$从 $g(0)$开始单调降低，这与 Stribeck 负斜率效应相一致。

摩擦力有其内在的动态特性，包括黏滑运动、摩擦滞后、预滑动位移、最大静摩擦力等特性。LuGre 动态摩擦模型采用一阶微分方程刻画了所有这些静态和动态摩擦特性，适合于摩擦力模型补偿的设计和应用。

LuGre 模型和鬃毛模型的不同之处在于，鬃毛模型描述的是摩擦的随机行为，而 LuGre 模型是基于鬃毛的平均变形来建模。LuGre 摩擦模型属于连续模型，不同摩擦状态之间能够平滑地过渡，更容易实施。

上述为直线运动的 LuGre 模型表达式。此外，还有旋转运动表达式如下：

$$\frac{\mathrm{d}\lambda}{\mathrm{d}t}=\omega-\sigma_0\frac{|\omega|}{g(\omega)}\lambda \tag{6-10}$$

$$T_f=\sigma_0\lambda+\sigma_1\frac{\mathrm{d}\lambda}{\mathrm{d}t}+\sigma_2\omega \tag{6-11}$$

$$g(\omega)=T_{\mathrm{C}}+(T_{\mathrm{s}}-T_{\mathrm{C}})\mathrm{e}^{-\left|\frac{\omega}{\omega_{\mathrm{S}}}\right|^2} \tag{6-12}$$

式中，ω 和 ω_{S} 为旋转角速度和 Stribeck 角速度，rad/s；T_f 为摩擦力矩，N·m；T_{C} 为库仑摩擦力矩，N·m；T_{s} 为最大静摩擦力矩，N·m；σ_0 为刚性系数，N·m/rad；σ_1 为黏性阻尼系数，N·m·s/rad；σ_2 为黏性摩擦系数，N·m·s/rad。

LuGre 摩擦力矩曲线如图 6-3 所示。图中，应用的模型参数如下：$\omega_{\mathrm{s}}=0.001$rad/s，$T_{\mathrm{C}}=0.1$N·m，$T_{\mathrm{s}}=0.15$N·m，$\sigma_0=1\times10^4$N·m/rad，$\sigma_1=100$N·m·s/rad，$\sigma_2=2$N·m·s/rad。

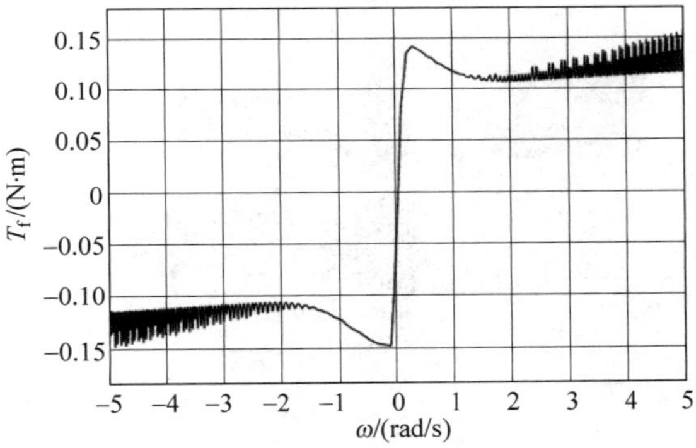

图 6-3　LuGre 摩擦力矩曲线

基于 LuGre 摩擦模型，很多研究者提出了许多摩擦补偿技术。例如，文献[15]提出了带有摩擦补偿的自适应反步控制；文献[16]提出了新的基于滑模观测器的伺服驱动器的自适应控制，估计了 LuGre 模型的内部摩擦状态；文献[17]与反步控制方案相组合，开发了复现模糊神经网络和重构误差补偿器，即鲁棒摩擦状态观测器。

6.2　机械传动齿隙非线性模型

齿隙是机械减速器的一个特性。当控制系统出现齿隙非线性时，因其不可微而会严重限制控制性能。例如，精度降低、振荡，甚至导致系统不稳定。为了解决这一问题，寻找描写非线性行为的模型和利用该模型设计控制器成了非常关键的问题。为此，许多学者获得了很多研究成果。文献[18]综述了齿隙建模和齿隙补偿的某些问题，文献[19]引入齿隙平滑逆函数实现了自适应齿隙补偿控制。文献[25]基于Prandtl-Ishlinskii模型提出了补偿滞环非线性的自适应变结构控制方案。这些方案的一个共同特点就是依靠构建逆滞环以减轻滞环效应。

对于齿隙补偿与控制，近年来出现了许多自适应鲁棒方面的研究成果。文献[20]提出了模仿类似齿隙滞环形状的动态滞环模型，不需要构建逆滞环非线性就能减轻滞环效应。并利用滞环模型特性建议了控制器设计的新方法。文献[21-23]采用类似齿隙的滞环微分方程，开发了鲁棒自适应控制算法。文献[24]综合了神经元自适应控制方案与反步控制技术设计了死区预补偿器。文献[26]基于新的齿隙线性参数模型开发了补偿齿隙的自适应鲁棒控制算法。文献[27]应用类似齿隙的滞环模型，引入了鲁棒自适应融合反步设计的动态面控制方案。文献[28]基于某些假设，与反步技术组合，设计了鲁棒自适应控制器，应用LuGre摩擦模型和齿隙近似死区模型补偿了摩擦和齿隙非线性。特别地，对于未知的类似齿隙滞环处于电机轴这一边的一类非线性系统，已经开发了新的鲁棒自适应控制器，保证了自适应系统全局稳定性，实现了稳定性和严跟踪精度。文献[30-33]已经建议了不少针对未知齿隙滞环的自适应控制方案。

在讨论各种自适应鲁棒控制方案之前，先介绍两种齿隙非线性模型。

1. 齿隙死区模型

一种带齿轮减速器的电机位置伺服系统的机械传动示意图如图6-4所示。

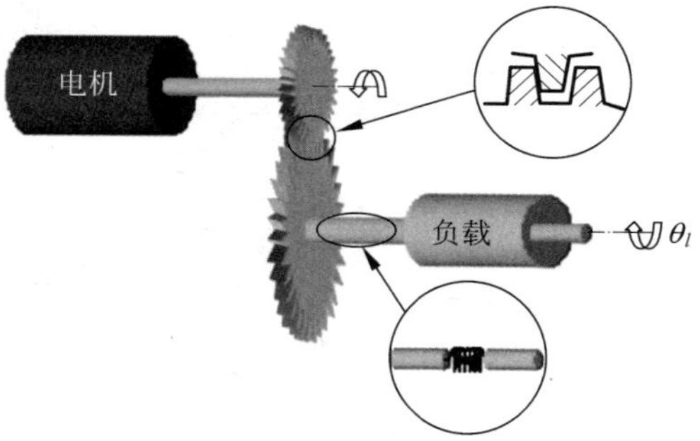

图6-4　伺服系统的机械传动示意图

从从动轮这一边观察，主动轮与从动轮之间的传递力矩 τ 可表示为

$$\tau = Kf(z) \tag{6-13a}$$

式中，K 为主、从动轮啮合刚度；$f(z)$为齿轮传动间隙死区函数，表示为

$$f(z)=\begin{cases} z+\alpha, & z<-\alpha \\ 0, & |z|\leqslant \alpha \\ z-\alpha, & z>\alpha \end{cases} \tag{6-13b}$$

式中，2α 为齿隙宽度；z 为主、从动轮的相对角位移，表示为

$$z=\theta_{\mathrm{m}}-n\theta_l \tag{6-14}$$

由于死区函数具有不可微的特性，不便于控制器的设计，因此，引入连续的近似死区函

数如下：

$$f^*(z)=z-a\alpha\left(\frac{2}{1+e^{-rz}}-1\right) \tag{6-15}$$

式中，$a>0$，$r>0$为待定参数。当参数$a=1$，$r=2/\alpha$时，近似死区函数$f^*(z)$最逼近死区函数$f(z)$，如图6-5所示。

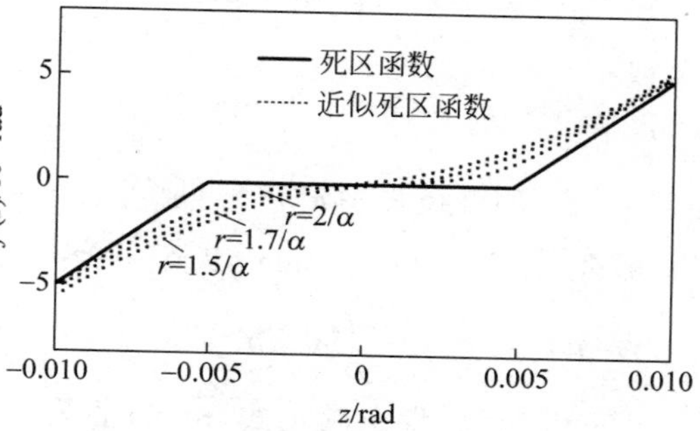

图6-5　死区函数与近似死区函数

2. 类似齿隙的滞环模型

从主动轮这一边观察，人们最熟悉、最简单的齿隙特性曲线也许是两根平行线经过水平线段连接的齿隙滞环，如图6-6所示，可用公式描述如下：

$$\varphi(t)=\varphi(u(t))=\begin{cases}c(u(t)-B), & \dot{u}(t)>0\\ c(u(t)+B), & \dot{u}(t)<0\\ \varphi(t^-), & \dot{u}(t)=0\end{cases} \tag{6-16}$$

式中，$c>0$为直线的斜率，$B>0$为齿隙常数。这个模型本身是不连续的，对非线性控制器设计是无意义的。

为获得时间连续模型，定义如下动态方程来描述这一类类似齿隙的滞环曲线，此动态方程描述的曲线如图6-7所示。

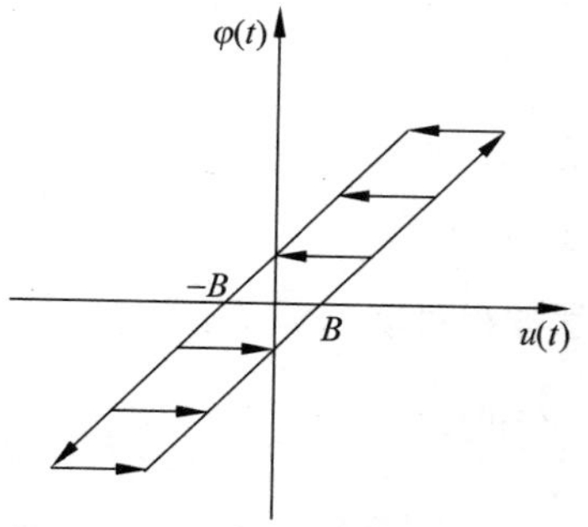

图6-6　齿隙特性曲线

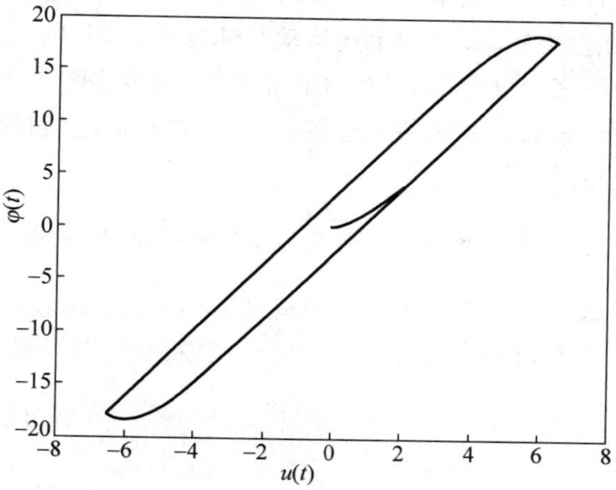

图6-7　式(6-17)的滞环曲线

$$\frac{\mathrm{d}\varphi}{\mathrm{d}t}=\alpha\left|\frac{\mathrm{d}u}{\mathrm{d}t}\right|(cu-\varphi)+B\frac{\mathrm{d}u}{\mathrm{d}t} \tag{6-17}$$

式中，α、c 和 B 为完全未知的常数，满足 $c>B$。图 6-7 中的初始条件选为 $u(0)=0,\varphi(0)=0$；参数 $\alpha=1,c=3.1635,B=0.345$，输入信号为 $u(t)=6.5\sin(2.3t)$。

对于 $u(t)$ 为分段单调函数的情形，式(6-17)有解析解：

$$\varphi(u(t))=cu(t)+\rho(u(t)) \tag{6-18}$$

其中

$$\rho(t)=(\varphi_0-cu_0)\mathrm{e}^{-\alpha(u-u_0)\mathrm{sgn}\left(\frac{\mathrm{d}u}{\mathrm{d}t}\right)}+\mathrm{e}^{-\alpha u\,\mathrm{sgn}\left(\frac{\mathrm{d}u}{\mathrm{d}t}\right)}\int_{u_0}^{u}(B-c)\mathrm{e}^{\alpha\delta\,\mathrm{sgn}\left(\frac{\mathrm{d}u}{\mathrm{d}t}\right)}\mathrm{d}\delta$$

很显然，式(6-18)由斜率为 c 的直线与 $\rho(u(t))$ 组成。如果 $\varphi(u,u_0,\varphi_0)$ 是式(6-18)的解，其中 u_0 和 φ_0 为初值，那么，若 $\dot{u}>0$(或 $\dot{u}<0$)，以及 $u\to\infty$(或 $-\infty$)，则有

$$\lim_{u\to\infty}\rho(u)=-\frac{c-B}{\alpha}\left(\text{或}\lim_{u\to-\infty}\rho(u)=\frac{c-B}{\alpha}\right) \tag{6-19}$$

解(6-18)和性质(6-19)表明，$\varphi(t)$ 肯定满足式(6-16)的第一式和第二式。进一步，令 $\dot{u}=0$，则有 $\dot{\rho}=0$，满足式(6-16)的第三式。因此，这意味着式(6-18)可用于建立一类类似齿隙的滞环非线性模型，是齿隙滞环(6-16)的近似。

对比齿隙滞环模型与死区模型，容易发现，滞环模型反映的是输入与输出的位移关系，没有考虑阻尼，且假定传动是纯刚性的；而死区模型的输入是相对位移 $z=\theta_{\mathrm{m}}-n\theta_l$，输出是力矩，反映了系统主、从动轴的力矩传递关系，并考虑了系统刚度及阻尼的影响。在实际系统中，齿隙非线性只与输入和输出的相对位移有关，因此，死区模型更符合实际情况。

6.3 两种典型的永磁电机伺服系统动力学模型

本节讨论两种典型的永磁电机伺服系统。这两种系统通常采用电流环和位置环的双环路控制方案。第一种由无刷直流电机驱动，存在机械传动减速器的齿轮间隙、轴承预紧力引起的摩擦力矩、导电螺旋膜的弹性力矩，以及负载力矩和电机参数的不确定性扰动等因素，其动力学模型是非线性的且参数不完全确定，使得 PID 控制方案难以获得满意的高精度。第二种是在运动基座上工作，由永磁同步力矩电机驱动，轴上具有摩擦力矩、质量不平衡力矩、惯性力矩、基座的牵连运动角速度干扰，电机本身的参数也可能有变化。这些力矩和干扰是不完全确定的，且包含着非线性，使得 PID 控制也很难满足长时间高精度要求。因此，必须探索具有智能的先进控制技术，如自适应模糊滑模控制。下面推导这两种系统的动力学模型。

6.3.1 光电编码器测角反馈的无刷直流电机跟踪系统

该自动跟踪系统的原理框图如图 6-8 所示。

考虑到系统具有优良的电流反馈回路，其一般性动力学方程可表示如下：

$$\begin{cases}\ddot{x}(t)=T_f(\boldsymbol{x})+\bar{g}(\boldsymbol{x},t)\varphi(u)+\bar{d}(\boldsymbol{x},t)\\ y=x\end{cases} \tag{6-20}$$

式中，$\boldsymbol{x}^{\mathrm{T}}=[x,\dot{x}]=\in U\subset\mathbf{R}^2$ 为系统的状态向量，其中，U 为状态向量能控性区域的有界闭

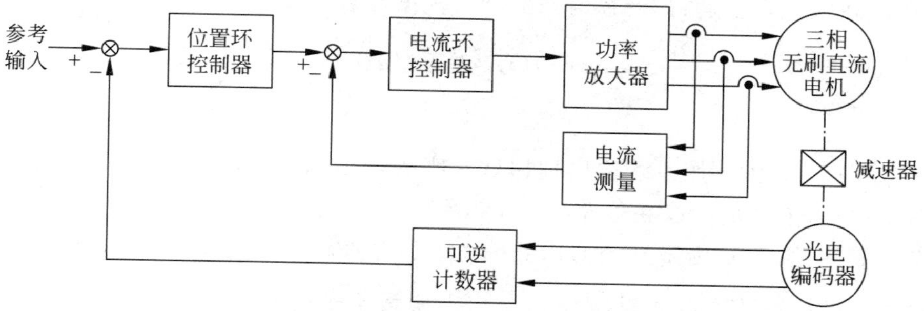

图 6-8　无刷直流电机驱动的跟踪系统原理框图

集，通常定义为紧集；为了简单起见，假设系统状态向量是已知的，可通过测量获得；$y \in \mathbf{R}$ 为系统输出；$T_f(\boldsymbol{x})$为 LuGre 摩擦模型描述的摩擦力矩；$\bar{g}(\boldsymbol{x},t) \neq 0$ 表示电机本身的参数变化，为了满足能控性条件，不失一般性，假设 $0<\bar{g}_l<\bar{g}(\boldsymbol{x},t)<\infty$，其中，$\bar{g}_l$ 为未知的正常数；$\bar{d}(\boldsymbol{x},t)$包括弹性力矩和负载力矩等未知的有界外干扰，即以未知常数 $\bar{D}$ 为界，$|\bar{d}(\boldsymbol{x},t)| \leqslant \bar{D}$；$u \in \mathbf{R}$ 为控制输入，$\varphi(u)$表示机械传动齿隙，采用与 6.2 节类似的齿隙滞环曲线的非线性模型式(6-18)表达。

利用式(6-18)，可将式(6-20)改写为

$$\begin{cases} \ddot{x}(t) = T_f(\boldsymbol{x}) + \bar{g}(\boldsymbol{x},t)(cu+\rho) + \bar{d}(\boldsymbol{x},t) \\ y = x \end{cases} \tag{6-21}$$

假设参考轨迹向量 $\| \boldsymbol{x}_{\mathrm{d}} \| \leqslant b_{\mathrm{d}}$ 是已知连续可微、有界函数，其中，b_{d} 为正常数。控制目标是设计输出反馈控制器 u，在出现不确定性和干扰的条件下使得系统稳定、状态 $\boldsymbol{x}$ 能跟踪参考信号$[x_{\mathrm{d}}, \dot{x}_{\mathrm{d}}]$。也就是跟踪误差 $\boldsymbol{E} = \boldsymbol{x} - \boldsymbol{x}_{\mathrm{d}} = [e, \dot{e}]^{\mathrm{T}}$ 应该收敛到零，其中，$e = x - x_{\mathrm{d}}$。

6.3.2　粗精组合感应同步器反馈的永磁同步力矩电机伺服系统

直驱式永磁同步力矩电机在矢量控制条件下采用电流环和位置环的伺服系统原理框图如图 6-9 所示。图中，采用粗精组合感应同步器测量反馈转角及转速。

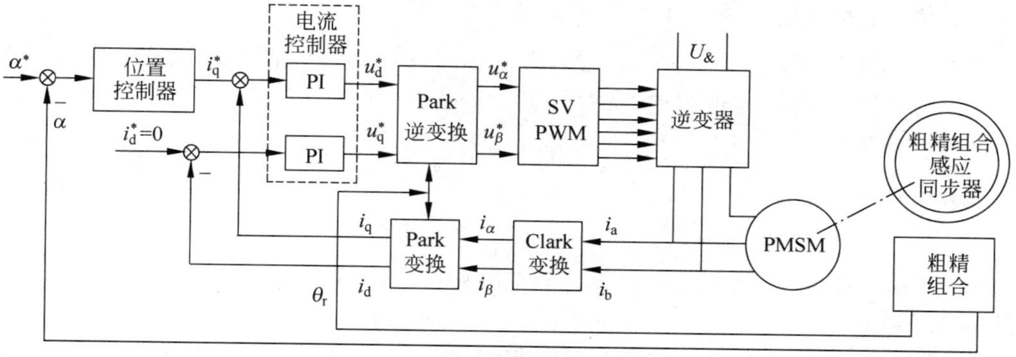

图 6-9　永磁同步力矩电机伺服系统原理框图

在矢量控制条件下，电流环参数设计合适，永磁同步力矩电机可近似为二阶纯积分环

节，伺服系统在动基座上运行，受控对象的动态模型可表示如下：

$$\begin{cases}\dfrac{\mathrm{d}^2\alpha}{\mathrm{d}t^2}=c\bar{g}(\boldsymbol{\alpha},t)i_{\mathrm{q}}+T_f(\boldsymbol{\alpha})+\bar{d}(\boldsymbol{\alpha},t)\\ y=\alpha\end{cases} \tag{6-22}$$

式中，$\boldsymbol{\alpha}=[\alpha,\dot{\alpha}]^{\mathrm{T}}$，$\alpha$ 为伺服系统输出轴相对基座的转角，$\dot{\alpha}$ 为角速度；$\bar{g}(\boldsymbol{\alpha},t)$表示电机本身的参数变化，为了满足能控性条件，$\bar{g}(\boldsymbol{\alpha},t)\neq 0$。

不失一般性，假设 $\bar{g}$ 为未知的有限正常数，i_{q} 为永磁同步电机的交轴电流，$T_f(\boldsymbol{\alpha})$为LuGre 摩擦模型描述的摩擦力矩，$\bar{d}(\boldsymbol{\omega}_{\mathrm{r}},t)$为由质量不平衡和基座摇摆等因素在动基座引起的不定性有界干扰力矩，$|\bar{d}(\boldsymbol{\omega}_{\mathrm{r}},t)|\leqslant\bar{D}$，$\boldsymbol{\omega}_{\mathrm{r}}$ 为运动基座的牵连运动角速度。

6.4 滑模面与趋近律

考虑 n 阶 SISO 系统：

$$\begin{cases}\dot{x}_1(t)=x_2(t)\\ \dot{x}_2(t)=x_3(t)\\ \qquad\vdots\\ \dot{x}_{n-1}(t)=x_n(t)\\ \dot{x}_n(t)=bu(t)-d(\boldsymbol{x},t)\end{cases} \tag{6-23}$$

式中，$\boldsymbol{x}=[x_1,x_2,\cdots,x_n]^{\mathrm{T}}$ 为 n 维状态向量；u 为输入变量；$b>0$；d 为不确定性干扰，$|d|\leqslant D$。

定义误差 $e_i=x_i-x_{i\mathrm{d}}$，$i=1,2,\cdots,n$，其中，$x_{i\mathrm{d}}(i=1,2,\cdots,n)$为参考信号。一般设计滑模面的形式如下：

$$s=\sum_{i=1}^{n-1}c_ie_i+e_n \tag{6-24}$$

式中，c_i 的选取要保证系数多项式 $p^{n-1}+c_{n-1}p^{n-2}+\cdots+c_2p+c_1$ 是 Hurwits 的，以保证特征方程的根全部具有负实部，式中，p 是特征方程的特征根。换句话说，使得滑模面 $s=0$ 具有收敛特性：$\lim\limits_{t\to\infty}e(t)=0$。

例如，当 $n=2$ 时，$s=c_1e(t)+\dot{e}(t)$，取 $c_1>0$，$p+c_1=0$ 是 Hurwits 的，因为特征根 $p=-c_1$ 为负值。于是，在滑模面上，有

$$\dot{e}(t)+c_1e(t)=0 \tag{6-25}$$

该方程有解：

$$e(t)=e(0)\mathrm{e}^{-c_1t}\quad 和 \quad \dot{e}(t)=-c_1e(0)\mathrm{e}^{-c_1t}$$

这表明：在滑模面上，控制误差及其导数都将指数收敛到零。也就是说，系统输出状态渐近地跟上参考输入。

然而，如果 $s\neq 0$，即系统状态变量处于滑模面以外，那么，必须依靠控制输入 u 驱使它们趋近滑模面。这样就提出一个趋近律的问题。也就是说，$\dot{s}$ 应取什么样的显式表达式，可以使系统状态按要求趋近滑模面。

一般常用的趋近律有以下4种：

（1）等速趋近律，表示为

$$\dot{s}=-\varepsilon\,\mathrm{sgn}s,\quad \varepsilon>0 \tag{6-26a}$$

式中，ε 表示系统的运动点趋近滑模面 $s=0$ 的速度。ε 越小，趋近速度越慢；反之，ε 越大，引起的抖动也越大。

（2）指数趋近律，表示为

$$\dot{s}=-\varepsilon\,\mathrm{sgn}s-ks,\quad \varepsilon>0,k>0 \tag{6-26b}$$

式中，$\dot{s}=-ks$ 为指数趋近项，其解为 $s=s(0)\exp(-kt)$。

选择 Lyapunov 函数为 $V=\frac{1}{2}s^2$，其导数为 $\dot{V}=s\dot{s}$，由式(6-26b)可得

$$\begin{aligned}\dot{V}&=s(-\varepsilon\,\mathrm{sgn}s-ks)\\&=-\varepsilon\mid s\mid-2kV\end{aligned}$$

首先，单独考虑等式右边的第二项，积分后可得 $V(t)\leqslant V(t_0)\exp(-2kt)$。这表明系统将以指数趋近律抵达滑模面。$k$ 值越大，抵达速度越快，则更适合具有较大阶跃的控制情况。

其次，考虑等式右边第一项，可得 $\dot{s}\leqslant-\varepsilon\,\mathrm{sgn}s$。积分后，可得 $\pm s(t)<\pm s(0)\mp\varepsilon t$。这表明系统将以等速趋近律抵达滑模面，$\varepsilon$ 值越大，抵达速度越快，但是抖动也会越强烈。因此，为了保证快速趋近的同时减弱抖动，应选择大的 k 值并减小 ε 值。

（3）幂次趋近律，表示为

$$\dot{s}=-k\mid s\mid^{\alpha}\mathrm{sgn}s,\quad 0<\alpha<1,k>0 \tag{6-26c}$$

（4）一般性趋近律，表示为

$$\dot{s}=-\varepsilon\,\mathrm{sgn}s-f(s),\quad \varepsilon>0 \tag{6-26d}$$

式中，$f(0)=0$，当 $s\neq0$ 时，$sf(s)>0$。

下面通过实例说明趋近律的应用。

忽略电机中的摩擦力矩和减速器齿隙，以及电机本身的参数变化，只考虑外部不确定性的干扰力矩。假设电机已有完善的电流环设计，其动力学模型可表示为

$$\ddot{\theta}(t)=bu(t)+d(\theta,t) \tag{6-27}$$

式中，θ 为转角，b 为正常数，$d(\theta,t)$为不确定性干扰。

假设 $\theta(t)$和 $\dot{\theta}(t)$分别跟踪参考信号 $\theta_{\mathrm{d}}(t)$和 $\dot{\theta}_{\mathrm{d}}(t)$。令误差信号为

$$\begin{cases}e=\theta(t)-\theta_{\mathrm{d}}(t)\\ \dot{e}=\dot{\theta}(t)-\dot{\theta}_{\mathrm{d}}(t)\end{cases} \tag{6-28}$$

设计滑模面函数为

$$s=ce(t)+\dot{e}(t) \tag{6-29}$$

式中，$c>0$，$p+c=0$ 满足 Hurwits 条件。在 $s=ce(t)+\dot{e}(t)=0$ 的滑模面上，误差 $e(t)$和 $\dot{e}(t)$都将指数衰减到零。当 $s\neq0$ 时，就要依靠施加控制量 u 使之为零。

一般地说，滑模控制 u_{SMC} 为开关控制 u_{sw} 与等效控制 u_{eq} 之和：

$$u_{\mathrm{SMC}}=u_{\mathrm{sw}}+u_{\mathrm{eq}}$$

其中，开关控制 u_{sw} 是 $s(t)\neq0$ 时的调节方程，等效控制 u_{eq} 是 $s=0$ 时的调节方程。为了获

得使系统渐近稳定的控制，通常采用 Lyapunov 稳定性判别定理（见 7.1 节）。首先，选择 Lyapunov 函数为 $V=\frac{1}{2}s^2$，其导数为

$$\begin{aligned}\dot{V}&=s\dot{s}=s(c\dot{e}(t)+\ddot{e}(t))\\&=s(c\dot{e}(t)+\ddot{\theta}(t)-\ddot{\theta}_{\mathrm{d}}(t))\\&=s(c\dot{e}(t)+bu(t)+d(t)-\ddot{\theta}_{\mathrm{d}}(t))\end{aligned}\tag{6-30}$$

式中，已经利用式(6-27)～式(6-29)。因为 V 是正定的，根据 Lyapunov 稳定性理论，在滑模控制条件下，欲使系统(6-27)渐近稳定，须有 $\dot{V}<0$。现在，采用指数趋近律：

$$\dot{s}=-\varepsilon\operatorname{sgn}s-ks,\quad \varepsilon>0,k>0$$

那么，有

$$\begin{aligned}\dot{V}&=s\dot{s}=s(-\varepsilon\operatorname{sgn}s-ks)\\&=-\varepsilon|s|-ks^2<0\end{aligned}\tag{6-31}$$

式(6-31)表明，采用指数趋近律，模型(6-27)是渐近稳定的，即可以渐近地到达滑模面。联合式(6-30)和式(6-31)，可得控制输入为

$$u(t)=b^{-1}(-c\dot{e}(t)-\hat{d}(t)+\ddot{\theta}_{\mathrm{d}}(t)-\varepsilon\operatorname{sgn}s-ks)\tag{6-32}$$

并取自适应律为

$$\dot{\hat{d}}=\gamma s\tag{6-33}$$

将式(6-32)代入式(6-30)，可得

$$\dot{V}=s(-\hat{d}(t)+d(t)-\varepsilon\operatorname{sgn}s-ks)\tag{6-34}$$

其次，定义 $\tilde{d}=d-\hat{d}$，选择 Lyapunov 函数为 $V_1=V+\frac{1}{2\gamma}\tilde{d}\tilde{d}$，其导数为

$$\begin{aligned}\dot{V}_1&=s(-\hat{d}(t)+d(t)-\varepsilon\operatorname{sgn}s-ks)+\frac{1}{\gamma}\tilde{d}\dot{\tilde{d}}\\&=s(\tilde{d}(t)-\varepsilon\operatorname{sgn}s-ks)-\tilde{d}(t)s\\&=-\varepsilon|s|-ks^2<0\end{aligned}\tag{6-35}$$

式中，已经利用式(6-33)及 $\dot{\tilde{d}}=-\dot{\hat{d}}$。

由式(6-35)易见，在滑模控制律(6-32)和自适应律(6-33)条件下，系统(6-27)是渐近稳定的，且控制过程不受不确定性干扰的影响。

6.5　模糊基函数与模糊万能逼近定理

在介绍自适应模糊滑模控制之前，先简介模糊基函数与模糊万能逼近定理。在 5.1 节中已经介绍了有关模糊控制器的 4 个主要组成部分：模糊化、模糊规则库、模糊推理机以及解模糊。

现在，我们考虑一类具有单值模糊器、乘积推理机、重心解模糊，以及高斯隶属度函数的模糊系统，其输出由下列形式的函数组成：

$$y(\boldsymbol{x})=\frac{\sum_{l=1}^{M}\bar{y}_l\left(\prod_{i=1}^{n}\mu_{A_i^l}(x_i)\right)}{\sum_{l=1}^{M}\left(\prod_{i=1}^{n}\mu_{A_i^l}(x_i)\right)} \tag{6-36}$$

式中，$y(\boldsymbol{x}): U\subset \mathbf{R}^n\to\mathbf{R}, \boldsymbol{x}=(x_1,x_2,\cdots,x_n)\in U$。

$\bar{y}_l$ 是 $\mathbf{R}$ 中的点，采用单值(singleton)模糊器，映射 $\bar{y}_l\in V$ 到 V 中的模糊集 B^l，其隶属度函数 $\mu_{B^l}(\bar{y}_l)=1$；以及 $\mu_{B^l}(y)=0$，对于一切 $y\in V$ 和 $y\neq\bar{y}_l$。

$\mu_{A_i^l}(x_i)$为高斯隶属度函数，即 $\mu_{A_i^l}(x_i)=\exp\left\{\frac{1}{2}[(x_i-\bar{x}_i^l)/\sigma_i^l]^2\right\}$，其中，$\bar{x}_i^l$ 和 σ_i^l 皆为实值参数。

定义模糊基函数(FBF)为

$$\psi_l(\boldsymbol{x})=\frac{\prod_{i=1}^{n}\mu_{A_i^l}(x_i)}{\sum_{l=1}^{M}\left(\prod_{i=1}^{n}\mu_{A_i^l}(x_i)\right)},\quad l=1,2,\cdots,M \tag{6-37}$$

注意，FBF 与 $\mu_{B^l}(y)$无关，只取决于 if-then 的 if 部分。将式(6-37)代入式(6-36)，模糊系统输出可表示为 FBF 的扩展，即

$$y(\boldsymbol{x})=\sum_{j}^{M}\psi_j(\boldsymbol{x})w_j=\boldsymbol{\psi}^{\mathrm{T}}(\boldsymbol{x})\boldsymbol{w}=\boldsymbol{w}^{\mathrm{T}}\boldsymbol{\psi}(\boldsymbol{x}) \tag{6-38}$$

式中，$\boldsymbol{\psi}(\boldsymbol{x})=[\psi_1(\boldsymbol{x}),\psi_2(\boldsymbol{x}),\cdots,\psi_M(\boldsymbol{x})]^{\mathrm{T}}$；$\boldsymbol{w}=[w_1,w_2,\cdots,w_M]^{\mathrm{T}}, w_j\in\mathbf{R}$。

下面考虑一维的情形(即 $n=1$)，假设式(6-37)中有 4 个模糊规则，即 $M=4$。因此，式中有 4 个高斯隶属度函数：

$$\mu_{A_1^l}(x)=\exp\left[-\frac{1}{2}(x-\bar{x}^l)^2\right],\quad l=1,2,\cdots,4 \tag{6-39}$$

式中，$\sigma^l=1$；$\bar{x}^l=-3,-1,1,3$，分别对应于 $l=1,2,3,4$。模糊基函数(6-37)表示为

$$\psi_l(x)=\exp\left[-\frac{1}{2}(x-\bar{x}^l)^2\right]\Big/\sum_{l=1}^{4}\exp\left[-\frac{1}{2}(x-\bar{x}^l)^2\right],\quad l=1,2,\cdots,4 \tag{6-40}$$

根据式(6-40)可绘制 FBF 曲线，如图 6-10 所示，从左到右分别对应于 $l=1,2,3,4$。

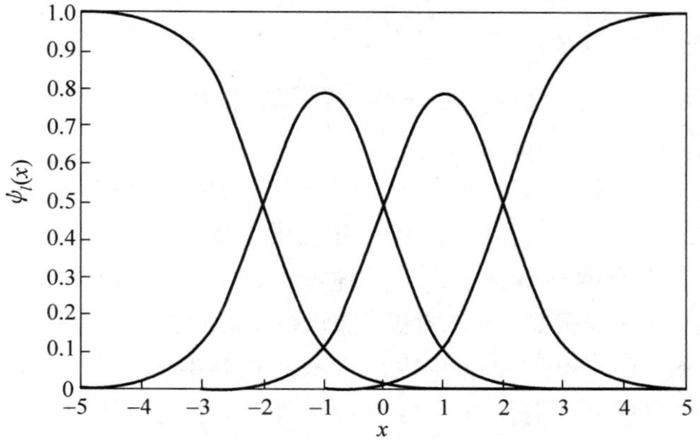

图 6-10　一维模糊基函数 FBF 的例子

由图6-10易见,FBF具有一个非常有趣的特性：中心为$\bar{x}^l$、在区间[−3,3]内的两个$\psi_l(x)$看上去像高斯函数,而中心为$\bar{x}^l$、在区间[−3,3]两边界的$\psi_l(x)$看上去像反曲函数。

在神经网络文献[35]中,已知高斯径向基函数表征局部性能优良,而反曲非线性神经网络表征全局特性优良,因此,这里定义的FBF兼具高斯径向基函数和反曲非线性神经网络二者的优点。

至于模糊系统万能逼近定理,文献[36]的附录中已经证明：对于在紧集$U\in\mathbf{R}^n$上给定的任意连续实数函数$g(\boldsymbol{x})$和任意的$\varepsilon>0$,存在式(6-38)形式的模糊系统$f^*(\boldsymbol{x})=\boldsymbol{w}^{*\mathrm{T}}\boldsymbol{\psi}^*(\boldsymbol{x})$,使得

$$\sup_{x\in U}|f^*(\boldsymbol{x})-g(\boldsymbol{x})|<\varepsilon \tag{6-41}$$

式中,$\sup\limits_{\boldsymbol{x}\in U}|\cdot|$表示$\boldsymbol{x}\in U$条件下$|\cdot|$的上界。

该定理说明,模糊系统可以逼近任何连续实数函数达到任意的精度。这意味着模糊系统具有万能逼近特性。

上述模糊系统可以等价地表示为前向三层神经网络,如图6-11所示。

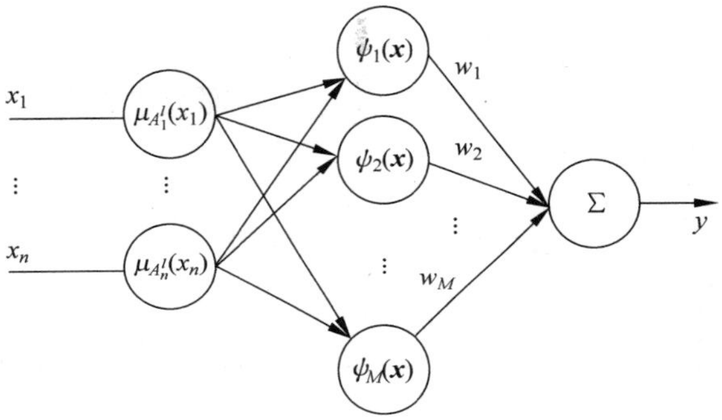

图6-11　模糊基函数神经网络(FBFNN)结构

第一层是输入层,将论域中清晰的输入向量模糊化为论域内的模糊集,由高斯隶属度函数表征其特性如下：

$$\mu_{A_i^l}(x_i),\quad i=1,2,\cdots,n;\ l=1,2,\cdots,M$$

第二层为隐藏层,采用乘积推理机由高斯隶属度函数$\mu_{A_i^l}(x_i)$激励模糊基函数FBF：

$$\psi_l(\boldsymbol{x})=\prod_{i=1}^{n}\mu_{A_i^l}(x_i)\Big/\sum_{l=1}^{M}\left(\prod_{i=1}^{n}\mu_{A_i^l}(x_i)\right),\quad l=1,2,\cdots,M$$

第三层为输出层,采用重心法(中心平均)解模糊,形成清晰的输出变量。连接第二层和第三层的是权重向量$\boldsymbol{w}=[w_1,w_2\cdots,w_M]^{\mathrm{T}}$。

该模糊基函数神经网络的输出变量表达式与式(6-38)完全相同。这说明该神经网络与所研究的模糊系统(式(6-36))是等价的,具有相同的万能逼近特性。

对于式(6-38),人们有两种解读观点：一种观点认为$\psi_l(\boldsymbol{x})$中的所有参数$\bar{x}_i^l$和σ_i^l都为自由设计参数,那么,模糊基函数FBF的扩展即式(6-38)是设计参数的非线性函数。为了确定这样的FBF扩展,必须应用非线性优化算法和遗传算法。另一种观点是,若能够固定$\psi_l(\boldsymbol{x})$中的所有参数,权重w_l是仅有的自由设计参数,在这种情况下,式(6-38)中的$y(\boldsymbol{x})$是设计参数的线性函数。于是,可采用有效的线性参数估计方法。例如,普通的最小二乘

法、正交最小二乘法(orthogonal least squares,OLS)、偏最小二乘法(partial least squares,PLS)、Givens 旋转变换最小二乘法等。其中,利用 OLS 和 PLS 方法不仅可算出权重,还可以确定隐藏层节点中心数目。

6.6 自适应模糊滑模控制器设计

设滑模面由误差的 PD 参数给定如下:

$$s(\boldsymbol{e})=c_1 e+\dot{e} \tag{6-42}$$

式中,误差向量定义为

$$\boldsymbol{e}=\begin{pmatrix} e \\ \dot{e} \end{pmatrix}=\begin{pmatrix} x-x_{\mathrm{d}} \\ \dot{x}-\dot{x}_{\mathrm{d}} \end{pmatrix} \in \mathbf{R}^2 \tag{6-43}$$

其中,$\boldsymbol{x}=[x,\dot{x}]^{\mathrm{T}}$ 和 $\boldsymbol{x}_{\mathrm{d}}=[x_{\mathrm{d}},\dot{x}_{\mathrm{d}}]^{\mathrm{T}}$ 分别为系统输出向量和参考信号向量。

对于 $\boldsymbol{e}(0)=\boldsymbol{0}$ 的情况,跟踪问题就是保持误差向量在 $s(\boldsymbol{e})=0$ 的滑模面上,对于一切 $t\geqslant 0$。为了满足这个条件和保持系统稳定,我们选择李雅普诺夫(Lyapunov)函数为 $V_1=\frac{1}{2}s^2$,然后对时间求导数,并利用式(6-42)和式(6-43),可得

$$\dot{V}_1=s\dot{s}=s(c_1\dot{e}+\ddot{x}-\ddot{x}_{\mathrm{d}}) \tag{6-44}$$

下面分两种情况求取滑模控制律:

第一种情况,将式(6-21)代入式(6-44),并选用等速趋近律 $\dot{s}=-\varepsilon \operatorname{sgn} s$,可得

$$\dot{V}_1=s\left[c_1\dot{e}+T_f(\boldsymbol{x})+c\bar{g}_l u+cu\Delta\bar{g}(\boldsymbol{x},t)+\bar{g}(\boldsymbol{x},t)\rho-\ddot{x}_{\mathrm{d}}+\bar{d}(\boldsymbol{x},t)\right]=-\varepsilon|s|<0 \tag{6-45}$$

式中,已令 $\bar{g}(\boldsymbol{x},t)=\bar{g}_l+\Delta\bar{g}(\boldsymbol{x},t)$。

若式中 $T_f(\boldsymbol{x})$、$\bar{g}(\boldsymbol{x},t)$、$\rho$ 和 $\bar{d}(\boldsymbol{x},t)$ 都为已知,且 e 和 $\dot{e}$ 可测,则可得滑模控制律为

$$u=\frac{1}{c\bar{g}_l}(-c_1\dot{e}-T_f(\boldsymbol{x})-c\Delta\bar{g}(\boldsymbol{x},t)u-\bar{g}(\boldsymbol{x},t)\rho+\ddot{x}_{\mathrm{d}}-\bar{d}(\boldsymbol{x},t)-\varepsilon \operatorname{sgn} s) \tag{6-46}$$

第二种情况,将式(6-22)代入式(6-44),并且选用等速趋近律,可得

$$\dot{V}_1=s(c_1\dot{e}+c\bar{g}_l i_{\mathrm{q}}+c\Delta\bar{g}(\boldsymbol{\alpha},t)i_{\mathrm{q}}+T_f(\boldsymbol{\alpha})+\bar{d}(\boldsymbol{\alpha},t)-\ddot{x}_{\mathrm{d}})=-\varepsilon|s|<0 \tag{6-47}$$

式中,已令 $c\bar{g}(\boldsymbol{\alpha},t)=c\bar{g}_l+c\Delta\bar{g}(\boldsymbol{\alpha},t)$。

如果所有函数 $\bar{g}(\boldsymbol{x},t)$、$T_f(\boldsymbol{x})$、$\bar{d}(\boldsymbol{x},t)$ 皆为已知,且 e 和 $\dot{e}$ 可测,则可得滑模控制律为

$$i_{\mathrm{q}}=\frac{1}{c\bar{g}_l}(-c_1\dot{e}-T_f(\boldsymbol{\alpha})-c\Delta\bar{g}(\boldsymbol{\alpha},t)i_{\mathrm{q}}-\bar{d}(\boldsymbol{\alpha},t)+\ddot{x}_{\mathrm{d}}-\varepsilon \operatorname{sgn} s) \tag{6-48}$$

显然,这两个系统在滑模控制条件下,闭环系统是稳定的,跟踪误差将收敛到零。然而,函数 $T_f(\boldsymbol{x})$、$\bar{g}(\boldsymbol{x},t)$、$\bar{d}(\boldsymbol{x},t)$ 等及参数 ρ 是不确定的。为了解决该问题,需利用模糊万能逼近定理,由 FBF 扩展逼近在式(6-45)~式(6-48)中的那些不确定性与非线性函数。在文献[22,23,34,40-42]中,构建系统中的不确定性、非线性函数的模糊系统,通常都是采用不同的模糊基函数逼近各个非线性函数,例如,式(6-45)中存在三个非线性函数,则需要应用三个模糊系统分别予以逼近。系统中非线性函数越多,模糊系统越复杂。

事实上，按照模糊系统万能逼近定理，多个非线性函数合并在一起形成等价的新非线性函数。这样，就能减少予以逼近的模糊系统。对于我们分析的情况，系统状态是二维的，只有 x 和 $\dot{x}$ 两个状态，不确定性项和非线性项都与这两个状态有关，而且，这两个状态的变化范围取决于系统参考信号 $x_{\mathrm{d}}(t)$ 及其导数 $\dot{x}_{\mathrm{d}}(t)$。因此，由 $x_{\mathrm{d}}(t)$ 和 $\dot{x}_{\mathrm{d}}(t)$ 建立两个模糊基函数 FBF；再依据模糊万能逼近定理和自适应律算法，逼近系统控制误差 $e(t)$，并在前向通道中予以并行补偿。按照这样简化的处理方式，不仅简化了模糊控制算法，而且能确保系统的稳定性和系统跟踪误差趋近于零。

考虑到系统参考信号 $x_{\mathrm{d}}(t)$ 及其导数 $\dot{x}_{\mathrm{d}}(t)$ 是已知的，由它们分别构成固定的 FBF $\boldsymbol{\psi}_1(x_{\mathrm{d}}(t))$ 和 $\boldsymbol{\psi}_2(\dot{x}_{\mathrm{d}}(t))$。根据模糊万能逼近特性，对于任意给定的 $\varepsilon_1,\varepsilon_2>0$，存在模糊函数 $\boldsymbol{w}_1^{*\mathrm{T}}\boldsymbol{\psi}_1(x_{\mathrm{d}}(t))$ 和 $\boldsymbol{w}_2^{*\mathrm{T}}\boldsymbol{\psi}_2(\dot{x}_{\mathrm{d}}(t))$，分别满足

$$\begin{cases} f_1(\boldsymbol{x},t)=\boldsymbol{w}_1^{*\mathrm{T}}\boldsymbol{\psi}_1(x_{\mathrm{d}}(t))+\delta_1(t) \\ f_2(\boldsymbol{x},t)=\boldsymbol{w}_2^{*\mathrm{T}}\boldsymbol{\psi}_2(\dot{x}_{\mathrm{d}}(t))+\delta_2(t) \end{cases} \tag{6-49}$$

式中，

$$f_1(\boldsymbol{x},t)+f_2(\boldsymbol{x},t)=T_f(\boldsymbol{x})+c\Delta\bar{g}(\boldsymbol{x},t)u+\bar{g}(\boldsymbol{x},t)\rho-\ddot{x}_{\mathrm{d}}+\bar{d}(\boldsymbol{x},t)$$

$\boldsymbol{w}_1^*$ 和 $\boldsymbol{w}_2^*$ 是理想权向量。通常，定义 $\boldsymbol{w}^*$ 为使得逼近误差 $|\delta|$ 极小化的权重估计 $\hat{\boldsymbol{w}}$，$\delta_1(t)$ 和 $\delta_2(t)$ 为最小逼近误差，且满足 $|\delta_1(t)|<\varepsilon_1$ 和 $|\delta_2(t)|<\varepsilon_2$。对于一切 $\boldsymbol{x}\in\Omega_{\boldsymbol{x}}\subset\mathbf{R}^n$，$\Omega_{\boldsymbol{x}}$ 为紧集。即

$$\boldsymbol{w}^*=\arg\min_{\boldsymbol{x}\in\mathbf{R}^n}\{\sup_{\boldsymbol{x}\in\Omega_x}[f(\boldsymbol{x})-\hat{\boldsymbol{w}}^{\mathrm{T}}\boldsymbol{\psi}(\boldsymbol{x})]\}，对于一切\ \boldsymbol{x}\in\Omega_{\boldsymbol{x}} \tag{6-50}$$

采用类似式(3-14)的自适应估计算法，选择 $\hat{\boldsymbol{w}}_1$ 和 $\hat{\boldsymbol{w}}_2$ 的自适应律为

$$\dot{\hat{\boldsymbol{w}}}_1=\gamma_1 e\boldsymbol{\psi}_1(x_{\mathrm{d}}) \tag{6-51}$$

$$\dot{\hat{\boldsymbol{w}}}_2=\gamma_2 e\boldsymbol{\psi}_2(\dot{x}_{\mathrm{d}}) \tag{6-52}$$

其中，γ_1 和 γ_2 为正常数。现在，取代式(6-46)，令新的控制律为

$$u=\frac{1}{c\bar{g}_l}[-c_1\dot{e}-\hat{\boldsymbol{w}}_1^{\mathrm{T}}\boldsymbol{\psi}_1(x_{\mathrm{d}}(t))-\hat{\boldsymbol{w}}_2^{\mathrm{T}}\boldsymbol{\psi}_2(\dot{x}_{\mathrm{d}}(t))-\varepsilon\,\mathrm{sgn}s] \tag{6-53}$$

下面分析闭环系统的稳定性。令 Lyapunov 函数 $V_2=V_1+\frac{c_1}{2\gamma_1}\tilde{\boldsymbol{w}}_1^{\mathrm{T}}\tilde{\boldsymbol{w}}_1+\frac{c_2}{2\gamma_2}\tilde{\boldsymbol{w}}_2^{\mathrm{T}}\tilde{\boldsymbol{w}}_2$，式中，$\tilde{\boldsymbol{w}}_i=\boldsymbol{w}_i^*-\hat{\boldsymbol{w}}_i$，$i=1,2$。将式(6-49)和式(6-53)返代到式(6-45)，可得 V_2 的导数为

$$\begin{aligned}\dot{V}_2=\dot{V}_1-\frac{c_1}{\gamma_1}\tilde{\boldsymbol{w}}_1^{\mathrm{T}}\dot{\hat{\boldsymbol{w}}}_1-\frac{c_2}{\gamma_2}\tilde{\boldsymbol{w}}_2^{\mathrm{T}}\dot{\hat{\boldsymbol{w}}}_2&=s[\boldsymbol{w}_1^{*\mathrm{T}}\boldsymbol{\psi}_1(x_{\mathrm{d}})+\boldsymbol{w}_2^{*\mathrm{T}}\boldsymbol{\psi}_2(\dot{x}_{\mathrm{d}})+\delta_1(t)+\delta_2(t)-\\&\quad\hat{\boldsymbol{w}}_1^{\mathrm{T}}\boldsymbol{\psi}_1(x_{\mathrm{d}})-\hat{\boldsymbol{w}}_2^{\mathrm{T}}\boldsymbol{\psi}_2(\dot{x}_{\mathrm{d}})-\varepsilon\,\mathrm{sgn}s]-c_1e\tilde{\boldsymbol{w}}_1^{\mathrm{T}}\boldsymbol{\psi}_1(x_{\mathrm{d}})-c_2e\tilde{\boldsymbol{w}}_2^{\mathrm{T}}\boldsymbol{\psi}_2(\dot{x}_{\mathrm{d}})\\&\leqslant|s|(\varepsilon_1+\varepsilon_2)-\varepsilon|s|\end{aligned} \tag{6-54}$$

式中，已经利用 $s(\tilde{\boldsymbol{w}}_i^{\mathrm{T}}\boldsymbol{\psi}_i+\delta_i)-c_ie\tilde{\boldsymbol{w}}_i^{\mathrm{T}}\boldsymbol{\psi}_i\leqslant|s|\varepsilon_i,\varepsilon_i>0$；$i=1,2$。

由式(6-54)易见，只要保证 $\varepsilon>\varepsilon_1+\varepsilon_2$，就能使下列不等式成立：

$$\dot{V}_1\leqslant-(\varepsilon-\varepsilon_1-\varepsilon_2)|s|<0 \tag{6-55}$$

式(6-55)表明，采用控制律(6-53)和自适应律(6-51)与(6-52)，闭环系统(6-21)是渐近

稳定的。自适应模糊滑模控制系统结构框图如图 6-12 所示。注意，图中误差 e 和 $\dot{e}$ 的定义与滑模面中的定义(式(6-43))是相反的。

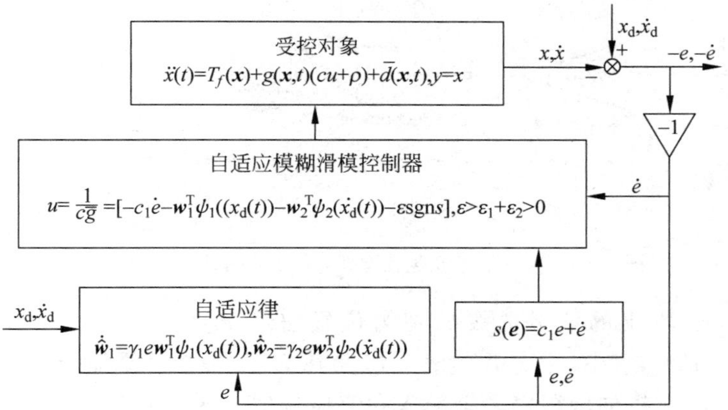

图 6-12　自适应模糊滑模控制系统结构框图

注意，利用式(6-47)和式(6-48)通过以上计算过程也能获得相同的结果。这里不再赘述。

6.7 Simulink 仿真结果

6.7.1 无刷直流电机自适应模糊滑模控制跟踪系统

根据图 6-12 所示的自适应模糊滑模控制跟踪系统的结构框图，可绘制无刷直流电机自适应模糊滑模控制跟踪系统仿真框图，如图 6-13 所示。

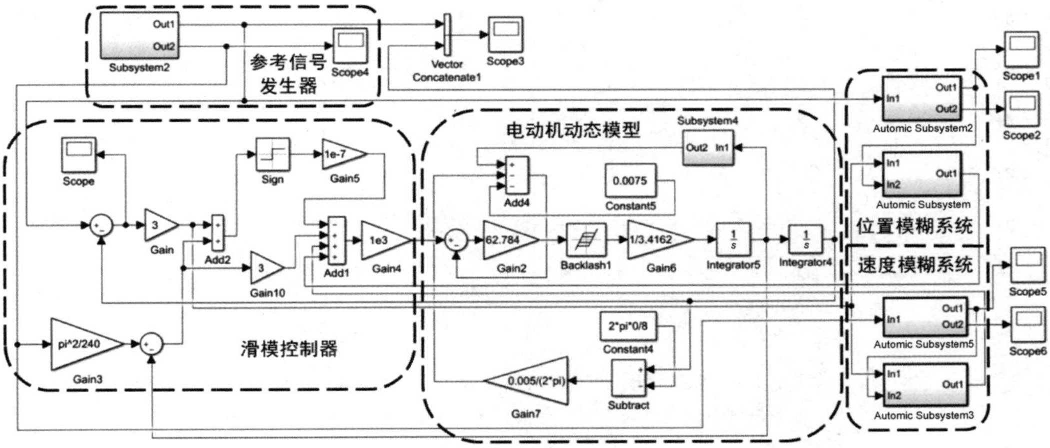

图 6-13　无刷直流电机自适应模糊滑模控制跟踪系统仿真框图

图 6-13

图 6-13 中，Subsystem4 为 LuGre 摩擦模型，其计算公式见式(6-10)～式(6-12)，模型参数与特性曲线如图 6-3 所示。齿隙滞环宽度折合到末端为 0.05rad。

参考信号发生器 Subsystem2 的计算函数框图如图 6-14 所示。

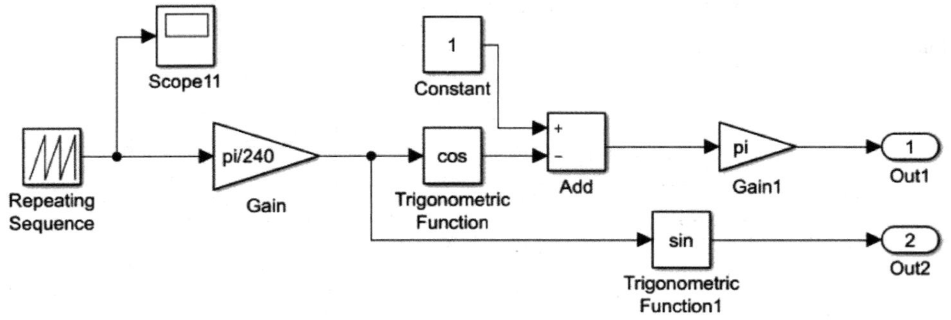

图 6-14 参考信号发生器 Subsystem2 的计算函数框图

Out1 和 Out2 输出的信号曲线分别为位置信号 $\pi[1-\cos(\pi/240)t]$ 和速度信号 $(\pi^2/240)\sin(\pi/240)t$，其中，速度幅值 $\pi^2/240$ 是在 Out2 输出后添加的。

基于无刷直流电机伺服跟踪系统输入参考信号为 $\pi(1-\cos2\pi t/480)$，首先，根据其变化范围$[0,2\pi]$划分为 6 段，共建立 7 个高斯隶属度函数

$$\mu_{A_i}=\exp\left[-\left(\frac{x-1.047i}{0.45}\right)^2\right],\quad i=0,1,2,\cdots,6$$

其次，根据隶属度函数计算位置模糊基函数

$$\psi_{1i}(\boldsymbol{x})=\mu_{A_i}(x_i)/\sum_{i=0}^{6}\mu_{A_i}(x_i),\quad i=0,1,2,\cdots,6$$

再次，选择比例因子(50)，利用自适应律(6-51)计算 FBF 扩展，从而构建位置模糊系统。位置模糊系统的高斯隶属度函数与模糊基函数曲线分别见图 6-15(a)、(b)。

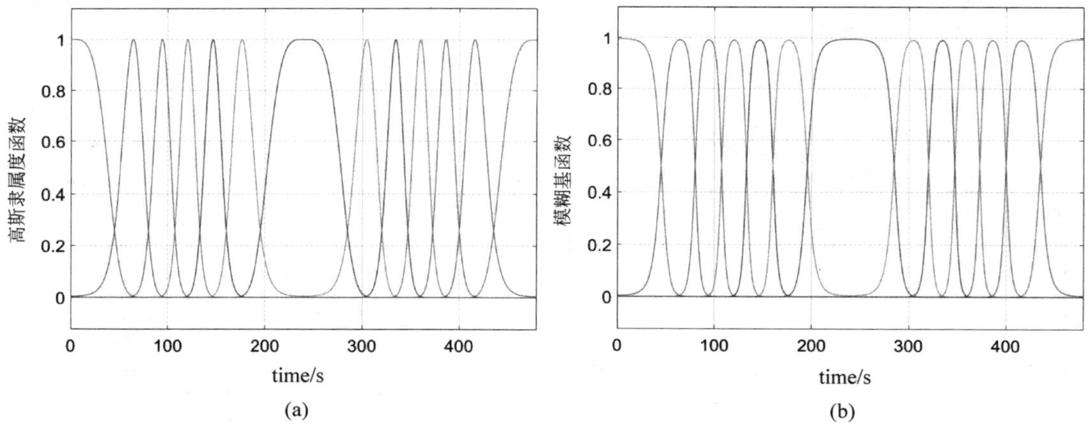

图 6-15 位置模糊系统的高斯隶属度函数及模糊基函数

(a) 位置模糊系统的高斯隶属度函数；(b) 位置模糊系统的模糊基函数

同时，根据参考信号的变化率为 $(\pi^2/240)\sin(2\pi t/480)$，首先，将其变化范围扩大为$[-1,1]$，划分为 6 段，建立高斯隶属度函数：

$$\mu_{B_i}(\dot{x}_i)=\exp\left[-\left(\frac{x-i/3}{0.14}\right)^2\right],\quad i=-3,-2,-1,0,1,2,3$$

其次，根据隶属度函数计算速度模糊基函数：

$$\psi_{2i}(\boldsymbol{x})=\mu_{B_i}(\dot{x}_i)/\sum_{i=-3}^{+3}\mu_{B_i}(\dot{x}_i),\quad i=-3,-2,-1,0,1,2,3$$

再次，选择比例因子(40)，利用自适应律(6-52)计算 FBF 扩展，从而构建速度模糊系统。速度模糊系统的高斯隶属度函数与模糊基函数曲线分别见图 6-16(a)、(b)。

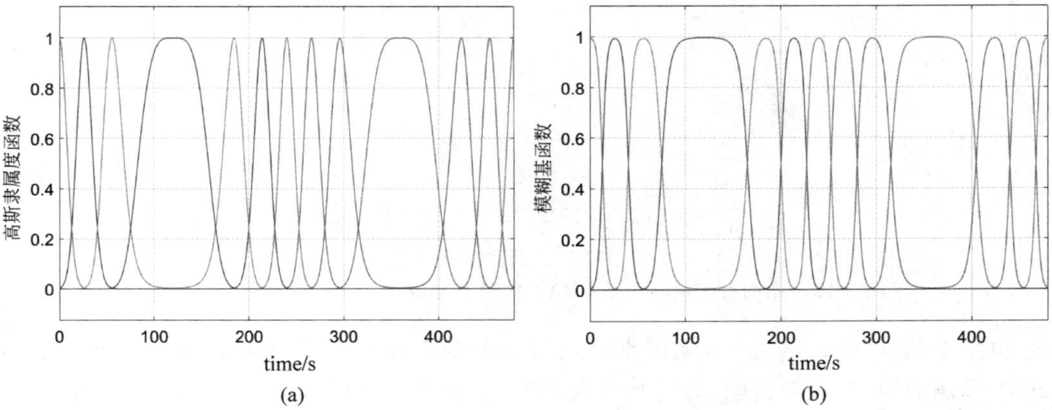

图 6-16　速度模糊系统的高斯隶属度函数及模糊基函数

(a) 速度模糊系统的高斯隶属度函数；(b) 速度模糊系统的模糊基函数

基于图 6-13 的 Simulink 仿真，对以下两种情况进行分析。

(1) 仅采用滑模控制器，非线性和不确定性项未被补偿，求和号 Add1 后的增益 Gain4 保持 1×10^3 不变。仿真结果的位置跟踪误差曲线如图 6-17(a)所示；若 1×10^3 增加到 25×10^3，则误差曲线如图 6-17(b)所示。

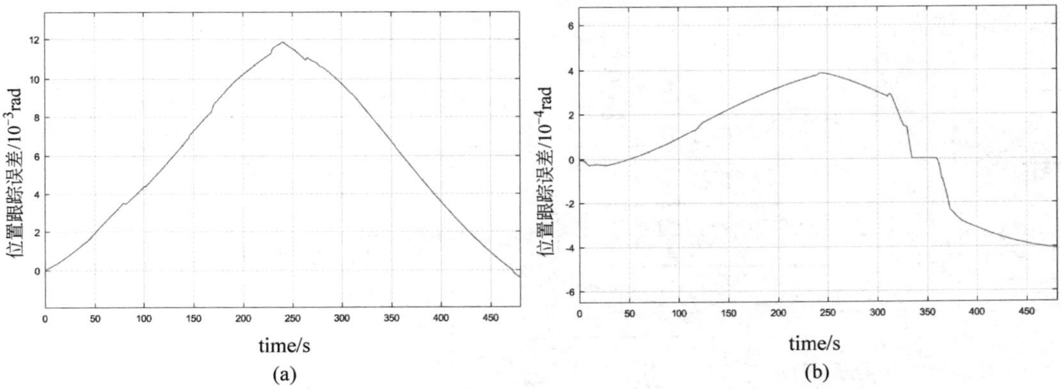

图 6-17　无刷直流电机单滑模控制器的仿真结果跟踪误差曲线

(2) 滑模控制＋6 段位置与速度联合模糊基函数控制。位置模糊系统由 Automic Subsystem2 和 Automic Subsystem 组成，速度模糊系统由 Automic Subsystem5 和 Automic Subsystem3 组成。Automic Subsystem2 和 Automic Subsystem5 的输入分别为位置参考信号和速度参考信号，模糊基函数 FBF 都由 6 段的高斯隶属度函数组成。Automic Subsystem 和 Automic Subsystem3 用于实现自适应律计算，位置模糊函数自适应律计算比例因子 γ_1 和速度模糊函数自适应律计算比例因子 γ_2 分别选为 50 和 40。

Simulink 仿真结果的跟踪误差信号曲线如图 6-18 所示。

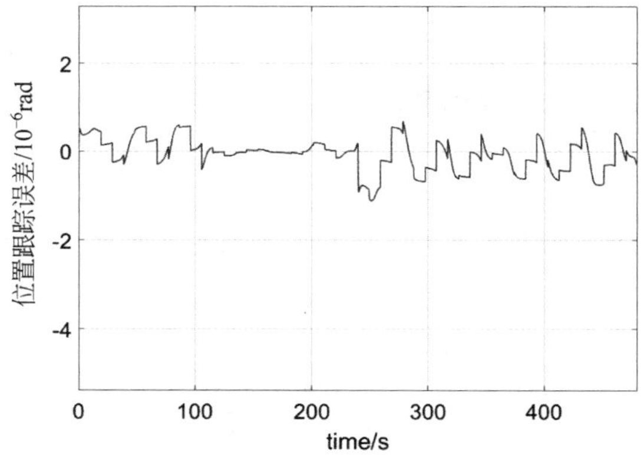

图 6-18　无刷直流电机位置模糊函数滑模控制仿真跟踪误差信号曲线

由图 6-17 和图 6-18 易见，无刷直流电机伺服跟踪系统带有各种不确定的非线性，如 LuGre 摩擦力矩、减速器齿隙、导电膜弹性力矩、负载力矩，以及电机的参数变化等，单独采用滑模控制器，位置跟踪误差最大值达到约 11×10^{-3}rad（在增加增益 25 倍后可缩小为 4×10^{-4}rad），而附加补偿这些非线性与不确定性项的模糊控制后，位置误差在存在抖动分量的情况下减小到 1.1×10^{-6}rad。也就是说，自适应模糊控制可使系统精度提高两个数量级以上。由此可见，模糊控制的作用是显著的。但系统测角传感器精度必须相应提高。

6.7.2　永磁同步电机自适应模糊滑模控制双轴伺服跟踪系统

首先，为了对比，按图 6-19 进行双轴常规 PID 控制系统（设电流环为单位增益）的 Simulink 仿真。

图 6-19

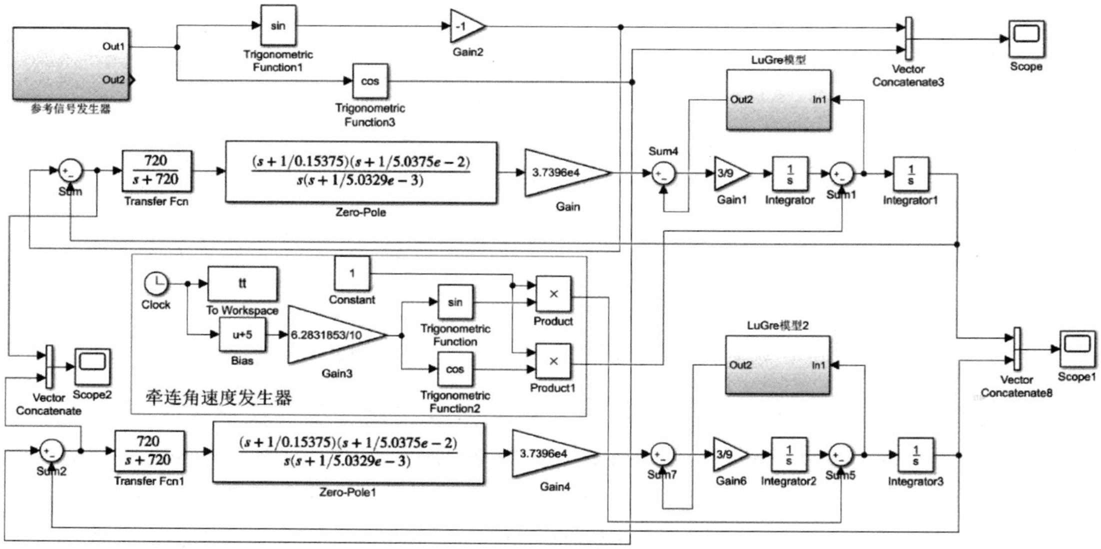

图 6-19　双轴常规 PID 控制系统的 Simulink 仿真结构框图

仿真时，输入参考信号为正交双轴正反转 4 位置信号，如图 6-20(a)所示。同时，加入了正余弦牵连运动角速度。仿真结果得到双轴伺服系统的跟踪误差曲线如图 6-20(b)所示。

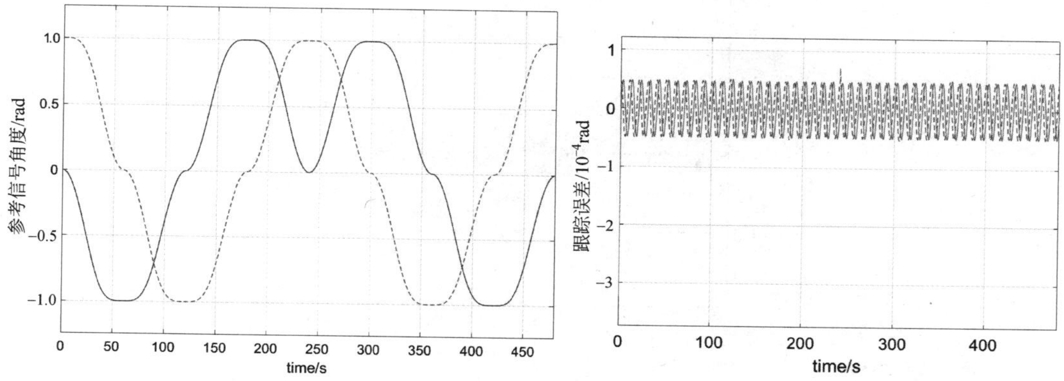

(a)　　(b)

图 6-20　双轴常规 PID 控制系统输入参考信号与跟踪误差信号仿真曲线

其次,根据式(6-22)和图 6-12 所示自适应模糊滑模控制系统(也设电流环为单位增益)结构框图,绘制永磁同步力矩电机双轴伺服跟踪系统自适应模糊滑模控制仿真框图,如图 6-21 所示。

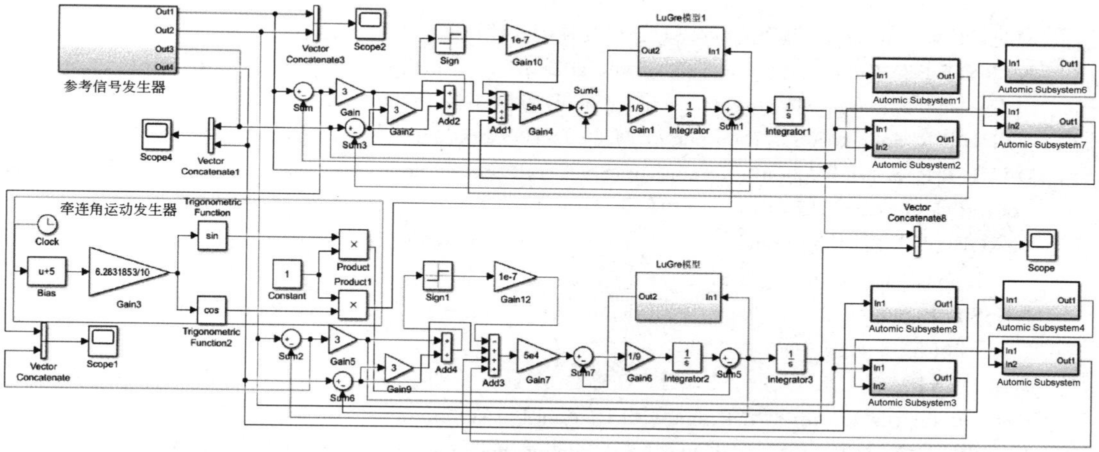

图 6-21

图 6-21　永磁同步力矩电机双轴伺服跟踪系统自适应模糊滑模控制仿真框图

图 6-21 中的输入参考信号与图 6-20(a)相同,仍然为正交双轴正反转四位置翻滚信号。8 个 Automic Subsystem 是双轴伺服跟踪系统的位置和速度模糊系统的仿真模块,与图 6-13 中的类同,然而将分段的高斯隶属度函数由 6 段增加为 12 段,计算自适应律的比例因子 50 与 40 同时增加到 1000。此外,图中仍包含正余弦两路牵连运动角速度发生器。

仿真结果得到的跟踪误差曲线如图 6-22 所示。

对比图 6-20(b)和图 6-22 易见,在相同的输入参考信号和牵连运动角速度的作用下,常规 PID 控制伺服系统的跟踪误差主要来自牵连运动角速度,其峰值为 0.5×10^{-4} rad(约为 10″),而自适应模糊滑模控制系统的跟踪总误差的主要成分仍然是牵连运动角速度,伴随着明显的小幅抖动,但误差峰值下降到 1.25×10^{-7} rad(约为 0.025″),跟踪误差约降低为原来的 1/400。由此可见,对于高动态牵连运动角速度干扰,自适应模糊滑模控制的抑制作用比

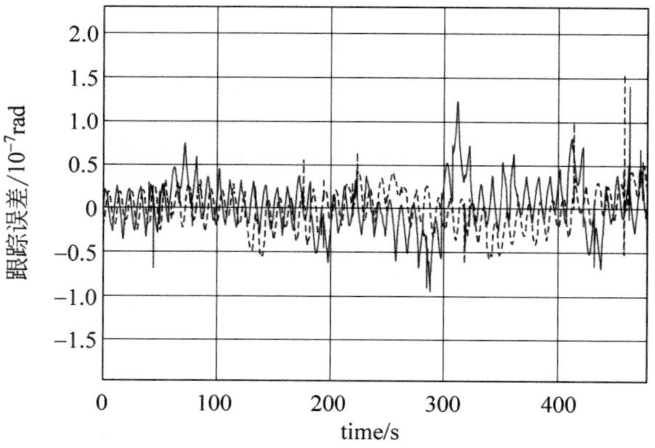

图 6-22　永磁同步电机自适应模糊滑模控制系统跟踪误差曲线

常规 PID 控制好得多。这表明自适应模糊滑模控制更能适应永磁同步电机伺服跟踪系统的高动态工况，但是，跟踪误差曲线存在明显的小幅高频抖动。

参考文献

[1] 黄进，叶尚辉. 含摩擦环节伺服系统的分析及控制补偿研究[J]. 机械科学与技术，1999，1：1-4.

[2] KARNOPP D. Computer simulation of slip-stick friction in mechanical dynamic systems[J]. Journal of Dynamic Systems，Measurement and Control，1985，107(1)：100-103.

[3] DAHL P R. Solid Friction Damping of Mechanical Vibrations [J]. AIAA，1976，14(12)：1675-1682.

[4] DAHL P R. Solid Friction Damping of Spacecraft Oscillations [C]. Boston：AIAA Guidance and Control Conference，1975，No. 75-1104：1～13.

[5] BERGER E J. Friction modeling for dynamic system simulation[J]. ASME Application of Mechanical Revolution，2002，55(6)：535-577.

[6] HESS D P，SOOM A. Friction at a lubricated line contact operating at oscillating sliding velocities[J]. Journal of Tribology，1990，112：147-152.

[7] HELOUVRY B A，DUPONT P，WIT C C D. A survey of models，analysis tools and compensation methods for the control of machine with friction[J]. Automatica，1994，30(7)：1083-1138.

[8] HASSIG D A，FRIEDLAND B. On the Modeling and simulation of friction[J]. ASME Journal of Dynamic systems，Measurement and control，1991，113：354-362.

[9] AI-BENDER F，LAMPAERT V，SWEVERS J. The generalized Maxwell-slip model：a novel model for friction simulation and compensation[J]. IEEE Trans Auto Control，2005，50(11)：1883-1887.

[10] WIT C C D，ÅSTRÖM H O K J，LISCHINSKY P. A New Model for Control of Systems with Friction[J]. IEEE Trans. On Automatic Control，1995，40(3)：419-425.

[11] WIT C C D. Comments on "A New Model for Control of Systems with Friction" [J]. IEEE Transactions on Automatic Control，1998，43(8)：1189-1190.

[12] 刘国平. 机械系统中的摩擦模型及仿真[D]. 西安：西安理工大学，2007.

[13] NGUYEN B D，FERRI A A，BAUCHAU O A. Efficient Simulation of a Dynamic System with LuGre Friction[C]//Proceedings of IDETC/CIE 2005(ASME 2005 International Design Engineering Technical Conferences & Computers and Information in Engineering Conference). Long Beach，California USA：September 24-28，2005：1-10.

[14] 张虎，忽海娜，王武. 转台伺服摩擦系统模糊滑模控制仿真[J]. 机械设计与制造，2012，3(3)：

174-176.

[15] TAN Y L,CHANG J,TAN H L. Adaptive Backstepping Control and Friction Compensation for AC Servo With Inertia and Load Uncertainties[J]. IEEE Transactions on Industrial Electronics,2003,50(5): 944-952.

[16] XIE W F. Sliding mode observer based adaptive control for servo actuator with friction[J]. IEEE Transactions on Industrial Electronics,2007,54(3): 1517-1527.

[17] HAN S I,LEE K S. Robust friction state observer and recurrent fuzzy neural network design for dynamic friction compensation with backstepping control[J]. Mechatronics,2010,20: 384-401.

[18] NORDIN M, GUTMAN P O. Controlling mechanical systems with backlash-a survey [J]. Automatica,2002,38: 1633-1649.

[19] ZHOU J,ZHANG C J,WEN C Y. Robust adaptive output control of uncertain nonlinear plants with unknown backlash nonlinearity[J]. IEEE Transactions on automatic control,2007,52(3): 503-509.

[20] SU C Y,STEPANENKO Y,SVOBODA I,et al. Robust Adaptive Control of a Class of Nonlinear Systems with Unknown Backlash-Like Hysteresis[J]. IEEE Transactions on Automatic Control,2000,45(12): 2427-2432.

[21] ZHOU J,WEN C Y,ZHANG Y. Adaptive backstepping control of a class of uncertain nonlinear systems with unknown backlash-like hysteresis[J]. IEEE Transactions on automatic control,2004,49(10): 1751-1757.

[22] SHAHNAZI R,PARIZ N,KAMYAD A V. Adaptive fuzzy output feedback control for a class of uncertain nonlinear systems with unknown backlash-like hysteresis [J]. Commun Nonlinear Sci Numer Simulat,2010,15: 2206-2221.

[23] LI Y M,TONG S C LI T S. Adaptive fuzzy output feedback control of uncertain nonlinear systems with unknown backlash-like hysteresis[J]. Information Sciences,2012,198: 130-146.

[24] WANG Z H,ZHANG Y,FANG H. Neural adaptive control for a class of nonlinear systems with unknown deadzone[J]. Neural Computation and Application,2008,17: 339-345.

[25] SU C Y,WANG Q Q,CHEN X K,et al. Adaptive variable structure control of a class of nonlinear systems with unknown Prandtl-Ishlinskii hysteresis[J]. IEEE Transactions on automatic control,2005,50(12): 2069-2074.

[26] GUO J,YAO B,CHEN Q W,et al. High performance adaptive robust control for nonlinear system with unknown input backlash: 48th Conference on Decision and Control and 28th Chinese Control Conference[C]. Shanghai,China: IEEE,2009: 7675-7679.

[27] ZHANG X Y,LIN Y. A robust adaptive dynamic surface control for nonlinear systems with hysteresis input [J]. Acta Automatica Sinica,2010,36(9): 1264-1271.

[28] WANG Z H,DONG Y L,LI Y Y. Robust adaptive control of the DC servo system with friction and backlash: 2017 Chinese Automation Congress (CAC) [C]. Jinan,China: IEEE,2017: 2998-3004.

[29] MERZOUKI R,DAVILA J A,FRIDMAN L,CADIOU J C. Backlash phenomenon observation and identification in electromechanical system[J]. Control Engineering Practice,2007,15: 447-457.

[30] TAO G,KOKOTOVIC P V. Adaptive control of plants with unknown hystereses [J]. IEEE Transactions on automatic control,1995,40: 200-212.

[31] ARUN P K M,NAIR U. An Intelligent Fuzzy Sliding Mode Controller for a BLDC Motor: International Conference on Innovative Mechanisms for Industry Applications(ICIMIA 2017) [C]. Bengaluru,India: IEEE,2017,274-278.

[32] AHMAD N J,KHORRAMI F. Adaptive control of systems with backlash hysteresis at the input: Proceedings of American Control Conference[C]. San Diego,CA,USA: IEEE,1999,3018-3022.

[33] SUN X,ZNANG W,JIN Y. Stable adaptive control of backlash nonlinear systems with bounded

disturbance: Proceedings of 31th Conference of Decision Control[C]. Tucson, AZ, USA: IEEE, 1992: 274-275.

[34] ARUN P K M, NAIR U. An Intelligent Fuzzy Sliding Mode Controller for a BLDC Motor: International Conference on Innovative Mechanisms for Industry Applications,(ICIMIA2017) [C]. Bengaluru,India: IEEE,2017: 274-278.

[35] LIPPMANN R. A critical overview of neural network pattern classifiers: Proceedings of IEEE Workshop on Neural Networks for Signal Processing[C]. Princeton,NJ,1991: 266-275.

[36] WANG L X,MENDEL J M. Fuzzy Basis Functions,Universal Approximation,and Orthogonal Least -Squares Learning[J]. IEEE transactions on neural networks,1992,3(5): 807-814.

[37] 柴杰,江青茵,曹志凯. RBF神经网络的函数逼近能力及其算法[J]. 模式识别与人工智能,2002,15(3): 310-316.

[38] GUESMI A R K. On the design of robust adaptive fuzzy sliding mode controller for nonlinear uncertain systems with hysteresis input: 6th international Conference on Control Engineering & Information Technology(CEIT) [C]. Istanbul,Turkey,25-27 October 2018.

[39] PUTRA E H,HAS Z,EFFENDY M. Robust Adaptive Sliding Model Control Design with Genetic Algorithm for Brushless DC Motor: Proceeding of EECSI 2018 [C]. Malang, Indonesie, 16-18 Oct. 2018.

[40] 姜红,韩俊峰. PMSM伺服系统的自适应模糊滑模控制[J]. 微电机,2014,47(5): 46-49.

[41] ZHAO P B, SHI Y Y, HUANG J. Proportional-integral based fuzzy sliding mode control of the milling head[J]. Control Engineering Practice,2016,53: 1-3.

[42] MEHMOOD J,ABID M,KHAN M S, et al. Design of Sliding Mode Control for a Brushless DC Motor: IEEE 23rd International Multi topic Conference (INMIC) [C]. Bahawalpur, Pakistan: IEEE,2020.

[43] 闵颖颖,刘允刚. Barbalat引理及其在系统稳定性分析中的应用[J]. 山东大学学报(工学版),2007,37(1): 51-55,114.

[44] 丛炳龙,刘向东,陈振. 一种改进的自适应滑模控制及其在航天器姿态控制中的应用[J]. 控制与决策,2012,27(10): 1471-1476.

[45] JING J,YE YING Y. Design of sliding mode controller for the position servo system: Chinese Control and Decision Conference (CCDC) [C]. Mianyang,China: IEEE,2011: 1016-1020.

[46] VESELIC B, DRAZENOVIC B P, MILOSAVLJEVIC C. High-performance position control of induction motor using discrete-time sliding mode control[J]. IEEE Transaction on Industrial Electronics,2008,55(11): 3809-3817.

第7章 自适应模糊反步控制

反步法(backstepping)亦称为反推法或后推法。反步设计的基本思想是递归的运用,将复杂的非线性系统分解成不超过系统阶数的子系统,为每个子系统设计虚拟控制律,逐步后推至完成整个控制律的设计;然后应用Lyapunov直接法和Barbalat引理,判别伺服控制系统的稳定性。这样能够保证整个系统的控制性能,实现对系统的有效控制。

由于反步设计方法易于与自适应控制技术相结合,以消除参数时变和外界扰动对系统性能的影响,因此受到了广泛的青睐。

为了进一步满足位置伺服系统对位置跟踪的强鲁棒性、高精度,以及快速响应的要求,通过利用模糊逻辑系统/径向基函数(radial basis function,RBF)神经网络逼近系统中的摩擦与齿隙等高度非线性函数,并结合自适应和反步技术构造一种有效的非线性控制方法,即自适应模糊/RBF神经网络反步控制技术。

文献[8,17,19]和文献[1]利用该非线性控制方法,分别设计了基于自适应模糊反步法的无刷直流电机和永磁同步电机的位置跟踪控制器,实现了这两种位置伺服系统鲁棒性强、响应速度快以及跟踪精度高的目标。

反步设计法的主要缺陷就是复杂系统的"微分爆炸"问题,因为每个子系统设计的虚拟控制律都要通过微分处理。

7.1 预备知识

为了判断系统的稳定性,需要了解相关的预备知识,包括向量与矩阵的范数、连续性、Young's不等式,以及稳定性基本定理与引理等。

7.1.1 范数

(1) 向量 $\boldsymbol{x}=[x_1,x_2,\cdots,x_n]^{\mathrm{T}}$ 的范数

$$\|\boldsymbol{x}\|_1=\sum_{i=1}^{n}|x_i|;\quad \|\boldsymbol{x}\|_2=\sqrt{\sum_{i=1}^{n}x_i^2};\quad \|\boldsymbol{x}\|_\infty=\max_{1\leqslant i\leqslant n}|x_i|$$

(2) 矩阵 $\mathbf{A}\in\mathbf{R}^{m\times n}$ 的范数

$$\|\mathbf{A}\|_1=\max\left(\sum_{i=1}^{m}a_{ij},j=1,2,\cdots,n\right);\quad \|\mathbf{A}\|_2=\sqrt{\lambda_{\max}(\mathbf{A}^{\mathrm{T}}\mathbf{A})};\quad \|\mathbf{A}\|_{\mathrm{F}}=\sqrt{\mathrm{tr}(\mathbf{A}^{\mathrm{T}}\mathbf{A})};$$

$$\|\boldsymbol{A}\|_\infty=\max\left(\sum_{i=1}^{m}|a_{ij}|,j=1,2,\cdots,n\right)$$

式中，$\lambda_{\max}(\cdot)$表示矩阵的最大特征值。对于线性系统，特征值是特征方程$|\boldsymbol{I}s-\boldsymbol{A}|=0$的根。

(3) 如果无特别声明，向量$\boldsymbol{x}=[x_1,x_2,\cdots,x_n]^{\mathrm{T}}\in\mathbf{R}^n$和矩阵$\boldsymbol{A}=[a_{ij}]\in\mathbf{R}^{m\times n}$的范数(Enclidean norm)分别定义为

$$\|\boldsymbol{x}\|=\sqrt{\boldsymbol{x}^{\mathrm{T}}\boldsymbol{x}}\quad 和\quad \|\boldsymbol{A}\|=\sqrt{\lambda_{\max}(\boldsymbol{A}^{\mathrm{T}}\boldsymbol{A})}$$

如果$\boldsymbol{A}$为对称正定矩阵，那么，对所有$\boldsymbol{x}$，矩阵$\boldsymbol{A}$具有以下性质：

$$\lambda_{\min}\|\boldsymbol{x}\|^2\leqslant\boldsymbol{x}^{\mathrm{T}}\boldsymbol{A}\boldsymbol{x}\leqslant\lambda_{\max}\|\boldsymbol{x}\|^2$$

式中，$\lambda_{\min}(\cdot)$表示矩阵$\boldsymbol{A}$的最小特征值。

7.1.2　函数的连续性

函数$f(x)$在x_0点处连续，必须同时满足三个条件：①函数$f(x)$在x_0的某个邻域内有定义；②$x\to x_0$时，$\lim f(x)$存在；③$\lim\limits_{x\to x_0}f(x)=f(x_0)$。

进一步，若函数在区间$[a,b]$的每一点都连续，则称$f(x)$在区间$[a,b]$上连续。

若$f(x)$在x_0处连续，且当a趋向于0时，$[f(x_0+a)-f(x_0)]/a$存在极限，则称$f(x)$在x_0处可导。若对于区间$[a,b]$上任意一点m，$f(m)$均可导，则称$f(x)$在$[a,b]$上可导。

连续函数不一定可导，可导函数一定连续。通常，连续、可导函数分为三类：C^0函数连续但不可导；C^1函数连续、一阶可导；C^2函数连续、二阶可导。

函数连续、可导还有更严的定义——利普希茨连续(Lipschitz continuous)。利普希茨连续的定义如下：如果函数f在区间Q上以常数L利普希茨连续，那么，对于$x,y\in Q$，有

$$\|f(\boldsymbol{x})-f(\boldsymbol{y})\|\leqslant L\|\boldsymbol{x}-\boldsymbol{y}\|$$

其中，常数L称为f在区间Q上的Lipschitz常数。

除利普希茨连续之外，利普希茨梯度连续(Lipschitz continuous gradient)和利普希茨二阶偏导数连续(Lipschitz continuous Hessian)也是经常用到的概念，它们都是由利普希茨连续概念延伸出来的。

如果函数f满足利普希茨梯度连续，就意味着它的导数f'满足利普希茨连续。即如果函数f满足利普希茨梯度连续，则有

$$\|f'(\boldsymbol{x})-f'(\boldsymbol{y})\|\leqslant L\|\boldsymbol{x}-\boldsymbol{y}\|$$

如果函数f满足利普希茨二阶偏导数连续，就意味着它的二阶导数f''满足利普希茨连续。即如果函数f满足利普希茨二阶偏导数连续，则有

$$\|f''(\boldsymbol{x})-f''(\boldsymbol{y})\|\leqslant L\|\boldsymbol{x}-\boldsymbol{y}\|$$

从上述定义中易知，利普希茨连续限制了函数f的局部变动幅度，不能超过某常量。同理，利普希茨梯度连续和利普希茨二阶偏导数连续分别限制了函数的导函数和二阶导函数的局部变化幅度。

7.1.3　Young's 不等式

设$\boldsymbol{x}\in\mathbf{R}^n$，$y\in\mathbf{R}^n$，$p,q>1$，且$\dfrac{1}{p}+\dfrac{1}{q}=1$，$\varepsilon$为任意的正常数，则有

$$x^{\mathrm{T}}y \leqslant \frac{1}{p\varepsilon^{p}}\|x\|^{p}+\frac{\varepsilon^{q}}{q}\|y\|^{q}$$

特别地,若 $p=q=2$,ε 为任意的正常数,则有 $x^{\mathrm{T}}y\leqslant\frac{1}{2\varepsilon^{2}}\|x\|^{2}+\frac{\varepsilon^{2}}{2}\|y\|^{2}$,或者 $x^{\mathrm{T}}y\leqslant\frac{1}{2\bar{\varepsilon}}\|x\|^{2}+\frac{\bar{\varepsilon}}{2}\|y\|^{2}$,$\bar{\varepsilon}=\varepsilon^{2}$,或者 $x^{\mathrm{T}}y\leqslant\frac{1}{4\varepsilon'}(x^{\mathrm{T}}y)^{2}+\varepsilon'$,$\varepsilon'=\bar{\varepsilon}/2$。

7.1.4　稳定性定义与 Lyapunov 稳定性定理

1. 稳定性定义

考虑自治非线性系统,即输入为零的定常系统

$$\dot{x}=f(x) \tag{*}$$

定义 1　Lyapunov 稳定性:如果对每一个 $\varepsilon>0$,存在一个只与 ε 有关的 $\delta>0$,对于一切 $t>t_0$(在时刻 $t=t_0$,x_0 为初始状态),使得 $\|x_0-x_e\|<\delta$,$\|x(t,x_0)-x_e\|<\varepsilon$,那么,自治动态系统的平衡状态 x_e 是在 Lyapunov 意义上稳定的。

定义 2　Lyapunov 不稳定性:如果存在一个 ε,不可能找到满足 Lyapunov 稳定性定义的 δ,则自治动态系统的平衡状态 x_e 是不稳定的。

定义 3　渐近稳定性:自治动态系统的平衡状态 x_e 是渐近稳定的,如果满足下列两个条件:

(1) 它是 Lyapunov 稳定的;

(2) 存在一个 δ_a,使得由 x_e 的 δ_a 邻域内出发的每一运动轨迹都随着 $t\to\infty$ 而收敛到 x_e。

注意,按照 Lyapunov 稳定性定义,Lyapunov 稳定性定理只限于确定小范围的稳定性。决定状态空间大范围稳定性的称为大范围稳定性。决定全状态空间稳定性的称为全局稳定性。

2. Lyapunov 稳定性定理

考虑自治系统式(*),系统的解 $x(t;t_0,x_0)\in\mathbf{R}^n$。若在平衡点 0 附近的球域 $\Omega_R\in\mathbf{R}^n$ 内,存在连续可微的 Lyapunov 函数 $V(x,t):\Omega_R\times[0,\infty)\to\mathbf{R}^+$,使得

定理 1　$V(x,t)$为正定的,即 $V(x,t)\geqslant V_0(x)$,$\forall x\in\Omega_R$,$\forall t\in[0,\infty)$,其中,$V_0:\Omega_R\to\mathbf{R}^+$ 是正定函数,而且 $\dot{V}(x,t)$为半负定的,即 $\dot{V}(x,t)\leqslant 0$,$\forall x\in\Omega_R$,$\forall t\in[0,\infty)$,那么平衡点 0 在域 $\Omega_R\in\mathbf{R}^n$ 内为 Lyapunov 意义下稳定的。注意,对于自治系统,限定初值的 δ 值选取与 t_0 无关,Lyapunov 意义下稳定也是一致稳定的。

定理 2　$V(x,t)$为正定的,即 $V(x,t)\geqslant V_0(x)$,$\forall x\in\Omega_R$,$\forall t\in[0,\infty)$,其中,$V_0:\Omega_R\to\mathbf{R}^+$ 是正定函数,$\dot{V}(x,t)$为负定的,即 $\dot{V}(x,t)<0$,$\forall x\in\Omega_R\setminus\{0\}$,$\forall t\in[0,\infty)$,而且,$V(\mathbf{0},t)=0$,$\forall t\in[0,\infty)$,那么,平衡点 0 在域 $\Omega_R\in\mathbf{R}^n$ 内一致渐近稳定。

若域 $\Omega_R\in\mathbf{R}^n$ 为整个实数空间,则为全局 Lyapunov 稳定性理论。

注意,Lyapunov 稳定性定理在实际系统稳定性分析和理论研究中虽然获得了广泛应

用，但在应用于分析系统渐近稳定性时，要求 Lyapunov 函数的导数为负定的常常遇到困难。Barbalat 引理弥补了 Lyapunov 稳定性定理的这一不足，在分析非自治系统稳定性方面起到了十分关键的作用。

7.1.5　Barbalat 引理

在非自治系统的稳定性分析中，常见的 Barbalat 引理表述形式如下：

Barbalat 引理：如果连续可微的二元函数 $V(\boldsymbol{x},t)$：$\mathbf{R}^n \times [0,\infty) \to \mathbf{R}^+$ 有下界，$\dot{V}(\boldsymbol{x},t)$ 半负定，且 $\dot{V}(\boldsymbol{x},t)$ 关于时间 t 一致连续，那么 $\lim\limits_{t\to\infty} V(\boldsymbol{x},t)=0$，即平衡点 0 在 $\mathbf{R}^n$ 内渐近稳定。

注意，Barbalat 引理与 Lyapunov 稳定性定理的不同之处有两个：

(1) 在引理中，只要求 $V(\boldsymbol{x},t)$ 有下界，而不一定是正定的函数；

(2) 在引理中，除保证 $\dot{V}(\boldsymbol{x},\boldsymbol{t})$ 半负定以外，还要求满足关于时间 t 一致连续性条件。

7.2　反步法控制的原理

首先，考虑二阶单输入-单输出(SISO)系统：

$$\begin{cases} m\ddot{x}+b\dot{x}+d=u \\ y=x \end{cases} \tag{7-1}$$

式中，m、b、d 均为已知常量，u 表示控制输入，y 表示系统输出变量。

令 $x_1=x$，$x_2=\dot{x}$ 为状态变量，将式(7-1)改写为

$$\begin{cases} \dot{x}_1=x_2 \\ \dot{x}_2=\dfrac{1}{m}(u-bx_2-d) \\ y=x_1 \end{cases} \tag{7-2}$$

假设 x_d 为参考输入，且具有二阶导数 $\dot{x}_\mathrm{d}$ 和 $\ddot{x}_\mathrm{d}$。

反步控制器设计的具体步骤如下：

步骤 1：为了使系统输出 x_1 跟踪参考输入 x_d，定义系统跟踪误差为

$$z_1=x_1-x_\mathrm{d} \tag{7-3}$$

选择一级系统(式(7-2)的第一式)的 Lyapunov 函数为 $V_1=\frac{1}{2}z_1^2\geqslant 0$，其导数为

$$\dot{V}_1=z_1\dot{z}_1=z_1(\dot{x}_1-\dot{x}_\mathrm{d})=z_1(x_2-\dot{x}_\mathrm{d}) \tag{7-4}$$

式中，已利用 $\dot{z}_1=\dot{x}_1-\dot{x}_\mathrm{d}$ 和 $\dot{x}_1=x_2$。令虚拟控制律 $\alpha_1=-k_1z_1+\dot{x}_\mathrm{d}$，$k_1>0$，使得下式成立：

$$z_2=x_2-\alpha_1 \tag{7-5}$$

将式(7-5)代入式(7-4)，消去 x_2，可得 $\dot{V}_1$ 的表达式为

$$\dot{V}_1=z_1\dot{z}_1=z_1(z_2+\alpha_1-\dot{x}_\mathrm{d})=-k_1z_1^2+z_1z_2 \tag{7-6}$$

由式(7-6)易知，若 $z_2\to 0$，则 $\dot{V}_1\leqslant 0$ 成立，一级系统达到稳定。

注意，这里定义的 Lyapunov 函数 V_1 为正定的，而其导数 $\dot{V}_1$ 为半负定的。这种情况下不能直接引用 Lyapunov 稳定性理论判断系统的渐近稳定性，因为其要求 $\dot{V}_1<0$(负定)。然而，根据 Barbalat 引理，若 Lyapunov 函数有下界，其导数半负定且连续，则可判定闭环系统渐近稳定。以后会经常遇到这种情况，不再重复叙述。

步骤 2：考虑二级系统(式(7-2)的第二式)。由式(7-5)得

$$\dot{z}_2=\dot{x}_2-\dot{\alpha}_1 \tag{7-7}$$

选择二级系统的 Lyapunov 函数为 $V_2=V_1+\frac{1}{2}z_2^2$。注意，V_2 包括了 V_1，若上一级系统不是恒稳定，则二级系统亦不会恒稳定。V_2 的一阶导数为

$$\begin{aligned}\dot{V}_2&=\dot{V}_1+z_2\dot{z}_2=-k_1z_1^2+z_1z_2+z_2(\dot{x}_2-\dot{\alpha}_1)\\&=-\sum_{j=1}^{2}k_jz_j^2+z_2\left[k_2z_2+z_1+\frac{1}{m}(u-bx_2-d)-\dot{\alpha}_1\right]\end{aligned} \tag{7-8}$$

令控制律为

$$u=bx_2+d-m(k_2z_2+z_1-\dot{\alpha}_1) \tag{7-9}$$

将式(7-9)代入式(7-8)得

$$\dot{V}_2=-\sum_{j=1}^{2}k_jz_j^2\leqslant 0 \tag{7-10}$$

根据 Barbalat 引理可知，在控制律(7-9)作用下，闭环系统(7-2)是渐近稳定的。

其次，将反步法推广应用于 n 阶非线性系统。考虑 n 阶能控标准型系统：

$$\begin{cases}\dot{x}_1=x_2+f_1(x_1)\\\dot{x}_2=x_3+f_2(x_1,x_2)\\\vdots\\\dot{x}_{n-1}=x_n+f_{n-1}(x_1,x_2,\cdots,x_{n-1})\\\dot{x}_n=f_n(x_1,x_2,\cdots,x_n)+u\end{cases} \tag{7-11}$$

式中，$x_i(i=1,2,\cdots,n)$为系统状态；u 为控制输入；$f_i(x_1,x_2,\cdots,x_i)$是系统非线性部分，连续可导，具有下三角结构。

反步控制器设计的具体步骤如下：

为了实现期望的控制目标，特作下列坐标变换：

$$\begin{cases}z_1=x_1-x_{\mathrm{d}}\\z_i=x_i-\alpha_{i-1},\quad i=2,3,\cdots,n\end{cases} \tag{7-12}$$

式中，α_{i-1} 为第 i 步的虚拟控制律，将在后面的讨论中确定。

步骤 1：为了跟踪目标输出，设 x_1 的期望跟踪值为 x_{d}，定义跟踪误差为

$$z_1=x_1-x_{\mathrm{d}} \tag{7-13}$$

利用系统模型(7-11)的第一式，有

$$\dot{z}_1=\dot{x}_1-\dot{x}_{\mathrm{d}}=x_2+f_1(x_1)-\dot{x}_{\mathrm{d}} \tag{7-14}$$

令虚拟控制律 $\alpha_1=-f_1(x_1)-k_1z_1+\dot{x}_{\mathrm{d}}$，使得 $z_2=x_2-\alpha_1$，代入上式，消去 x_2，可得

$$\dot{z}_1=z_2+\alpha_1+f_1(x_1)-\dot{x}_{\mathrm{d}}=z_2-k_1z_1 \tag{7-15}$$

选择一级系统的 Lyapunov 函数为

$$V_1=\frac{1}{2}z_1^2 \tag{7-16}$$

V_1 的导数为

$$\dot{V}_1=z_1\dot{z}_1=-k_1z_1^2+z_1z_2 \tag{7-17}$$

由式(7-17)易知，若 $z_2\to 0$，则 $\dot{V}_1\leqslant 0$ 成立，一级系统将是稳定的。

步骤 2：利用 $\dot{z}_2=\dot{x}_2-\dot{\alpha}_1$，并选择二级系统的 Lyapunov 函数为

$$V_2=V_1+\frac{1}{2}z_2^2 \tag{7-18}$$

可得 V_2 的导数为

$$\begin{aligned}\dot{V}_2&=-k_1z_1^2+z_1z_2+z_2\dot{z}_2\\&=-k_1z_1^2+z_1z_2+z_2(\dot{x}_2-\dot{\alpha}_1)\\&=-k_1z_1^2+z_1z_2+z_2(x_3+f_2(x_1,x_2)-\dot{\alpha}_1)\end{aligned} \tag{7-19}$$

令虚拟控制律 $\alpha_2=-k_2z_2-z_1-f_2(x_1,x_2)+\dot{\alpha}_1$，使得 $z_3=x_3-\alpha_2$，代入式(7-19)，可得

$$\dot{V}_2=-k_1z_1^2+z_1z_2+z_2(z_3-k_2z_2-z_1)=-\sum_{j=1}^{2}k_jz_j^2+z_2z_3 \tag{7-20}$$

步骤 $i(2<i<n-1)$：利用 $\dot{z}_i=\dot{x}_i-\dot{\alpha}_{i-1}$，并选择 i 级系统的 Lyapunov 函数为

$$V_i=V_{i-1}+\frac{1}{2}z_i^2 \tag{7-21}$$

可得 V_i 的导数为

$$\begin{aligned}\dot{V}_i&=-\sum_{j=1}^{i-1}k_jz_j^2+z_{i-1}z_i+z_i\dot{z}_i\\&=-\sum_{j=1}^{i-1}k_jz_j^2+z_{i-1}z_i+z_i(\dot{x}_i-\dot{\alpha}_{i-1})\\&=-\sum_{j=1}^{i-1}k_jz_j^2+z_{i-1}z_i+z_i(x_{i+1}+f_i(x_1,x_2,\cdots,x_i)-\dot{\alpha}_{i-1})\end{aligned} \tag{7-22}$$

令虚拟控制律 $\alpha_i=-k_iz_i-z_{i-1}-f_i(x_1,x_2,\cdots,x_i)+\dot{\alpha}_{i-1}$，使得 $z_{i+1}=x_{i+1}-\alpha_i$，代入式(7-22)，可得

$$\dot{V}_i=-\sum_{j=1}^{i}k_jz_j^2+z_iz_{i+1} \tag{7-23}$$

步骤 $n-1$：利用 $\dot{z}_{n-1}=\dot{x}_{n-1}-\dot{\alpha}_{n-2}$，并选择 $n-1$ 级系统的 Lyapunov 函数为

$$V_{n-1}=V_{n-2}+\frac{1}{2}z_{n-1}^2 \tag{7-24}$$

可得 V_{n-1} 的导数为

$$\dot{V}_{n-1}=-\sum_{j=1}^{n-2}k_jz_j^2+z_{n-2}z_{n-1}+z_{n-1}\dot{z}_{n-1}$$

$$=-\sum_{j=1}^{n-2}k_jz_j^2+z_{n-2}z_{n-1}+z_{n-1}(\dot{x}_{n-1}-\dot{\alpha}_{n-2})$$

$$=-\sum_{j=1}^{n-2}k_jz_j^2+z_{n-2}z_{n-1}+z_{n-1}(x_n+f_{n-1}(x_1,x_2,\cdots,x_{n-1})-\dot{\alpha}_{n-2}) \tag{7-25}$$

令虚拟控制律 $\alpha_{n-1}=-k_{n-1}z_{n-1}-z_{n-2}-f_{n-1}(x_1,x_2,\cdots,x_{n-1})+\dot{\alpha}_{n-2}$，使得下式成立：

$$z_n=x_n-\alpha_{n-1}$$

$$=x_n-(-k_{n-1}z_{n-1}-z_{n-2}-f_{n-1}(x_1,x_2,\cdots,x_{n-1})+\dot{\alpha}_{n-2}) \tag{7-26}$$

将式(7-26)代入式(7-25)得

$$\dot{V}_{n-1}=-\sum_{j=1}^{n-1}k_jz_j^2+z_{n-1}z_n \tag{7-27}$$

步骤 n：考虑最后的 n 级系统。由式(7-26)第一等式，可得 $\dot{z}_n=\dot{x}_n-\dot{\alpha}_{n-1}$。选择 n 级系统的 Lyapunov 函数为 $V_n=V_{n-1}+\frac{1}{2}z_n^2$，其导数为

$$\dot{V}_n=-\sum_{j=1}^{n-1}k_jz_j^2+z_{n-1}z_n+z_n\dot{z}_n$$

$$=-\sum_{j=1}^{n-1}k_jz_j^2+z_{n-1}z_n+z_n(\dot{x}_n-\dot{\alpha}_{n-1})$$

$$=-\sum_{j=1}^{n}k_jz_j^2+z_n(k_nz_n+z_{n-1}+f_n(x_1,x_2,\cdots,x_n)+u-\dot{\alpha}_{n-1}) \tag{7-28}$$

令控制律为

$$u=-k_nz_n-z_{n-1}-f_n(x_1,x_2,\cdots,x_n)+\dot{\alpha}_{n-1} \tag{7-29}$$

将式(7-29)代入式(7-28)得

$$\dot{V}_n=-\sum_{j=1}^{n}k_jz_j^2\leqslant 0 \tag{7-30}$$

式中，$k_j>0, j=1,2,\cdots,n$。

以上结果表明，在控制律(7-29)的作用下，闭环系统(7-11)是渐近稳定的。反步控制法实际上是以上一级系统作为基础，在保证其稳定的基础上，反向递推到下一级系统，并一步一步地直至产生保证整个系统稳定的实际控制输入。推导过程简单明了，这是该方法的主要优点。其缺点就是每一步都要对该级系统的虚拟控制律进行微分，当复杂系统的阶数较高时，虚拟控制律多次微分的结果将会引起所谓“微分爆炸”。

7.3 反步控制设计方法验证

为了简单起见，现应用下列二阶非线性系统进行反步法设计的验证：

$$\begin{cases}\dot{x}_1=x_2\\ \dot{x}_2=-x_1^2+u\end{cases} \tag{7-31}$$

步骤 1：反步设计的目标是 x_1 跟踪 x_d。定义跟踪误差为

$$z_1=x_1-x_d \tag{7-32}$$

选择一级系统的 Lyapunov 函数为 $V_1=\frac{1}{2}z_1^2$,其导数为

$$\dot{V}_1=z_1\dot{z}_1=z_1(\dot{x}_1-\dot{x}_d)=z_1(x_2-\dot{x}_d) \tag{7-33}$$

选择虚拟控制律 $\alpha_1=-k_1z_1+\dot{x}_d$,$k_1$ 为常数($k_1>0$),使得下式成立:

$$z_2=x_2-\alpha_1 \tag{7-34}$$

将式(7-34)代入式(7-33),消去 x_2,可得

$$\dot{V}_1=z_1(z_2+\alpha_1-\dot{x}_d)=-k_1z_1^2+z_1z_2 \tag{7-35}$$

式(7-35)表明,若 $z_2\to 0$,则 $\dot{V}_1=-k_1z_1^2\leqslant 0$,从而一级系统将是稳定的。

步骤 2:由式(7-34)得 $\dot{z}_2=\dot{x}_2-\dot{\alpha}_1$,选择末级系统的 Lyapunov 函数为

$$V_2=V_1+\frac{1}{2}z_2^2 \tag{7-36}$$

可得 V_2 的导数为

$$\begin{aligned}\dot{V}_2&=-k_1z_1^2+z_1z_2+z_2\dot{z}_2=-k_1z_1^2+z_1z_2+z_2(\dot{x}_2-\dot{\alpha}_1)\\&=-k_1z_1^2+z_1z_2+z_2(-x_1^2+u-\dot{\alpha}_1)\end{aligned} \tag{7-37}$$

令控制律为

$$u=x_1^2+\dot{\alpha}_1-k_2z_2-z_1 \tag{7-38}$$

将式(7-38)代入式(7-37),可得

$$\dot{V}_2=-\sum_{j=1}^{2}k_jz_j^2\leqslant 0 \tag{7-39}$$

式(7-39)表明,在式(7-38)的控制律作用下,闭环系统(7-31)是渐近稳定的。

根据以上推导结果,构建该二阶非线性系统的 Simulink 仿真结构框图,如图 7-1 所示。

图 7-1

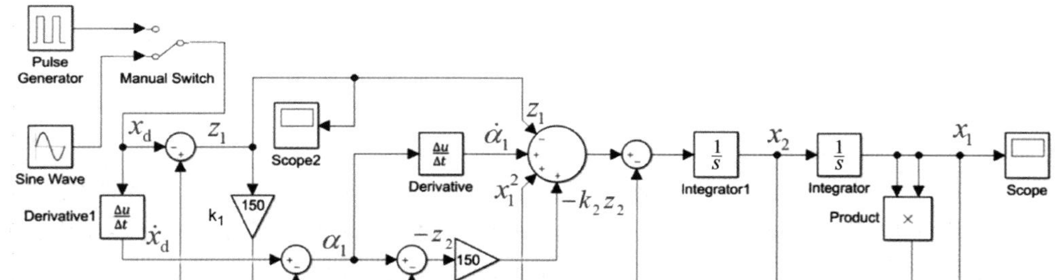

图 7-1　二阶非线性系统反步控制 Simulink 仿真结构框图

图 7-1 中,设计参数 $k_1=150$,$k_2=150$。仿真采用两种输入参考信号:一种是等幅正弦波,幅值 0.1rad,角频率 1rad/s;另一种为方波,幅值也是 0.1rad,周期 6s,占空比 50%。

两种输入参考信号仿真结果的曲线图如图 7-2 所示。其中,图 7-2(a)为正弦波输出,图 7-2(b)为正弦波输入产生的跟踪误差;图 7-2(c)为方波输出,图 7-2(d)为方波输入引起的跟踪误差。

由图 7-2 易见,在方波脉冲输入条件下,由于反步虚拟控制器多次应用微分运算,在上

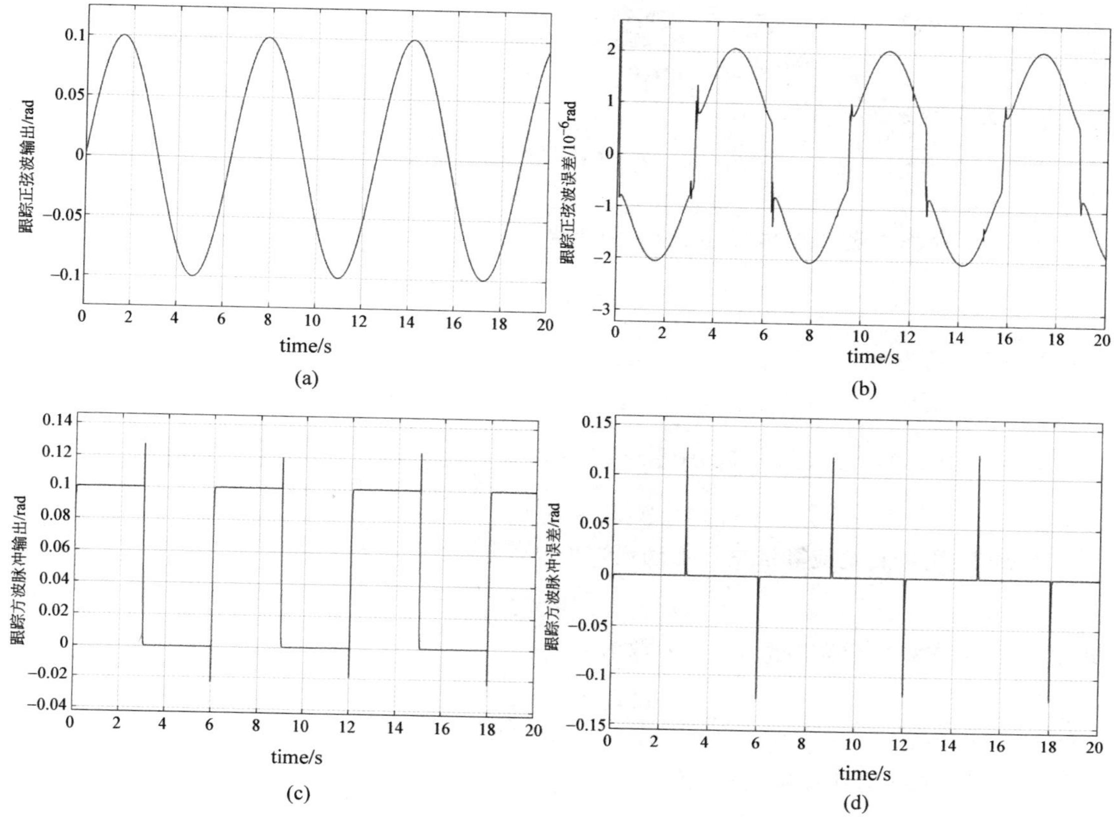

图 7-2　二阶非线性系统反步控制 Simulink 仿真结果曲线图

下边沿引起了约为峰值 25%的脉冲干扰。这就是反步控制的缺陷——所谓“微分爆炸”。但对于正弦波参考输入，反步控制是有效的，跟踪误差只为输入参考信号的 2.1×10^{-5} 倍。

7.4　单输入-单输出系统自适应反步跟踪控制

7.4.1　二阶单输入-单输出系统自适应反步滑模跟踪控制

考虑二阶单输入-单输出(SISO)系统

$$\begin{cases}\dot{x}_1 = x_2\\ \dot{x}_2 = ax_2 + bu + d(t)\\ y = x_1\end{cases} \tag{7-40}$$

自适应反步滑模跟踪控制器设计的具体步骤如下：

步骤 1：设 x_1 的跟踪值为 x_d，定义跟踪误差为

$$z_1 = x_1 - x_\mathrm{d} \tag{7-41}$$

选择一级系统的 Lyapunov 函数为 $V_1 = \dfrac{1}{2}z_1^2$，其导数为

$$\dot{V}_1 = z_1\dot{z}_1 = z_1(\dot{x}_1 - \dot{x}_\mathrm{d}) = z_1(x_2 - \dot{x}_\mathrm{d}) \tag{7-42}$$

令虚拟控制律 $\alpha_1=-k_1z_1+\dot{x}_d$，使得 $z_2=x_2-\alpha_1$，代入上式，消去 x_2，可得

$$\dot{V}_1=z_1(z_2+\alpha_1-\dot{x}_d)=-k_1z_1^2+z_1z_2 \tag{7-43}$$

定义滑模面函数 σ 为

$$\sigma=c_1z_1+z_2 \tag{7-44}$$

其中，c_1 为正常数。

步骤2：选择二级系统的 Lyapunov 函数为

$$V_2=V_1+\frac{1}{2}\sigma^2 \tag{7-45}$$

可得 V_2 的导数为

$$\dot{V}_2=\dot{V}_1+\sigma\dot{\sigma}=-k_1z_1^2+z_1z_2+\sigma\dot{\sigma} \tag{7-46}$$

式中，$\dot{\sigma}=c_1\dot{z}_1+\dot{z}_2=c_1(\dot{x}_1-\dot{x}_d)+\dot{z}_2=c_1(z_2-k_1z_1)+\dot{z}_2$，代入式(7-46)，可得

$$\dot{V}_2=-k_1z_1^2+z_1z_2+\sigma[c_1(z_2-k_1z_1)+\dot{z}_2] \tag{7-47}$$

步骤3：引用自适应算法估计不确定性项 d，即自适应律为

$$\dot{\hat{d}}=\gamma\sigma \tag{7-48}$$

式中，γ 为正常数。选择 Lyapunov 函数为

$$V_3=V_2+\frac{1}{2\gamma}\tilde{d}^2 \tag{7-49}$$

式中，$\tilde{d}=d-\hat{d}$ 为估计误差。V_3 的导数为

$$\begin{aligned}\dot{V}_3&=\dot{V}_2+\frac{1}{\gamma}\tilde{d}\dot{\tilde{d}}\\&=-k_1z_1^2+z_1z_2+\sigma[c_1(z_2-k_1z_1)+\dot{z}_2]-\frac{1}{\gamma}\tilde{d}\dot{\hat{d}}\end{aligned} \tag{7-50}$$

式中，已经利用 $\dot{\tilde{d}}=-\dot{\hat{d}}$。

$z_2=x_2-\alpha_1$ 的一阶导数为 $\dot{z}_2=\dot{x}_2-\dot{\alpha}_1$，利用式(7-40)的第二式，可得

$$\dot{z}_2=\dot{x}_2-\dot{\alpha}_1=ax_2+bu+d(t)-\dot{\alpha}_1 \tag{7-51}$$

将式(7-51)代入式(7-50)，并利用式(7-48)和 $d-\tilde{d}=\hat{d}$，可得

$$\dot{V}_3=-k_1z_1^2+z_1z_2+\sigma[c_1(z_2-k_1z_1)+ax_2+bu+\hat{d}(t)-\dot{\alpha}_1] \tag{7-52}$$

令控制律为

$$u=-b^{-1}\{[c_1(z_2-k_1z_1)+ax_2]+[\hat{d}-\dot{\alpha}_1+h(\sigma+\beta\operatorname{sgn}(\sigma))]\} \tag{7-53}$$

式中，已引用指数趋近律 $\dot{\sigma}=-h(\sigma+\beta\operatorname{sgn}(\sigma))$，$h>0$，$\beta>0$。

将式(7-53)代入式(7-52)，可得

$$\dot{V}_3=-\boldsymbol{z}^{\mathrm{T}}\boldsymbol{Q}\boldsymbol{z}-h\beta|\sigma|\leqslant 0 \tag{7-54}$$

式中，$\boldsymbol{Q}=\begin{bmatrix}k_1+c_1^2h & c_1h-1/2\\ c_1h-1/2 & h\end{bmatrix}$，$\boldsymbol{z}=[z_1,z_2]^{\mathrm{T}}$，其中，$c_1$、$k_1$、$h$ 的值使得 $\boldsymbol{Q}>\boldsymbol{0}$，即 $\boldsymbol{Q}$ 为正定阵。

由 Barbalat 引理可知，在控制律(7-53)和自适应律(7-48)的作用下，闭环系统(7-40)是渐近稳定的，系统输出 $y=x_1$ 能渐近地跟踪输入信号 x_d。

7.4.2　n 阶含齿隙滞环的单输入-单输出系统自适应反步跟踪控制

下面将反步设计法推广应用于 n 阶系统。考虑下列 n 阶 SISO 系统：

$$\begin{cases}\dot{x}_n=f(\boldsymbol{x},t)+g(\boldsymbol{x},t)\varphi(u)+\bar{d}(t)\\ y=x_1\end{cases}\tag{7-55}$$

式中，$x_i(i=1,2,\cdots,n)$为系统状态，$\boldsymbol{x}=[x_1,x_2,\cdots,x_n]^\mathrm{T}$；$f$ 和 g 表示非线性函数；$\bar{d}(t)$表示有界的外部干扰；u 是控制输入，$\varphi(u)$是类似齿隙的滞环非线性，由第 6 章式(6-18)表达，即 $\varphi(u(t))=cu(t)+\rho(u(t))$。

因此，系统模型(7-55)可改写为

$$\begin{cases}\dot{x}_1=x_2\\ \quad\vdots\\ \dot{x}_{n-1}=x_n\\ \dot{x}_n=f(\boldsymbol{x},t)+cg(\boldsymbol{x},t)u+d(\boldsymbol{x},t)\end{cases}\tag{7-56}$$

式中，$x_1=x,x_2=\dot{x},\cdots,x_n=x^{(n-1)}$；$\dot{x}_n=x^{(n)}$；$d(\boldsymbol{x},t)=\bar{d}(t)+g(\boldsymbol{x},t)\rho(u(t))$。$d(t)$被称为类干扰项。

为了推导控制律，特作下列假设：

假设 1：d 是有界的，意味着 $d\leqslant D$，D 是函数 d 的上界。

假设 2：系统状态 $x_i(i=1,2,\cdots,n)$是可测的。

假设 3：期望轨迹 x_d 及其 $1\sim n$ 阶导数是有界连续函数。

假设 4：非线性函数 $g(\boldsymbol{x},t)$为非零，不失一般性，令 $g(\boldsymbol{x},t)>0$。

控制目标是：设计反步自适应控制律，使得回路中的所有信号最终在一致有界的意义上，闭环回路全局稳定；并且达到$\lim\limits_{t\to\infty}(x(t)-x_\mathrm{d}(t))=0$，或者，对于给定的任何有界 δ_1，满足$\lim\limits_{t\to\infty}|x(t)-x_\mathrm{d}(t)|\leqslant\delta_1$。

步骤 1：为了跟踪目标输出，定义跟踪误差为

$$z_1=x_1-x_\mathrm{d}\tag{7-57}$$

选择一级系统的 Lyapunov 函数 $V_1=\dfrac{1}{2}z_1^2$，V_1 的导数为

$$\dot{V}_1=z_1\dot{z}_1=z_1(\dot{x}_1-\dot{x}_\mathrm{d})=z_1(x_2-\dot{x}_\mathrm{d})$$

令虚拟控制律 $\alpha_1=-k_1z_1+\dot{x}_\mathrm{d}$，$k_1>0$，使得 $z_2=x_2-\alpha_1$，代入上式，消去 x_2，可得

$$\dot{V}_1=z_1(z_2+\alpha_1-\dot{x}_\mathrm{d})=-k_1z_1^2+z_1z_2\tag{7-58}$$

步骤 2：设 $\dot{z}_2=\dot{x}_2-\dot{\alpha}_1$，选择二级系统的 Lyapunov 函数为 $V_2=V_1+\dfrac{1}{2}z_2^2$，其导数为

$$\dot{V}_2=-k_1z_1^2+z_1z_2+z_2\dot{z}_2=-k_1z_1^2+z_1z_2+z_2(x_3-\dot{\alpha}_1)\tag{7-59a}$$

令虚拟控制律 $\alpha_2=-k_2z_2-z_1+\dot{\alpha}_1$，$k_2>0$，使得 $z_3=x_3-\alpha_2$，代入上式，可得

$$\dot{V}_2=-k_1z_1^2+z_1z_2+z_2(z_3-k_2z_2-z_1)=-\sum_{j=1}^{2}k_jz_j^2+z_2z_3 \tag{7-59b}$$

步骤 $i(2<i\leqslant n-1)$：设 $\dot{z}_i=\dot{x}_i-\dot{\alpha}_{i-1}$，选择 i 级系统的 Lyapunov 函数为

$$V_i=V_{i-1}+\frac{1}{2}z_i^2 \tag{7-60}$$

V_i 的导数为

$$\begin{aligned}\dot{V}_i&=-\sum_{j=1}^{i-1}k_jz_j^2+z_{i-1}z_i+z_i\dot{z}_i\\&=-\sum_{j=1}^{i-1}k_jz_j^2+z_{i-1}z_i+z_i(x_{i+1}-\dot{\alpha}_{i-1})\end{aligned} \tag{7-61}$$

令虚拟控制律 $\alpha_i=-k_iz_i-z_{i-1}+\dot{\alpha}_{i-1}$，$k_i>0$，使得 $z_{i+1}=x_{i+1}-\alpha_i$，于是有

$$x_{i+1}=z_{i+1}+\alpha_i=z_{i+1}-k_iz_i-z_{i-1}+\dot{\alpha}_{i-1} \tag{7-62}$$

将式(7-62)代入式(7-61)，可得

$$\begin{aligned}\dot{V}_i&=-\sum_{j=1}^{i-1}k_jz_j^2+z_{i-1}z_i+z_i(z_{i+1}-k_iz_i-z_{i-1})\\&=-\sum_{j=1}^{i}k_jz_j^2+z_iz_{i+1}\end{aligned} \tag{7-63}$$

步骤 n：考虑最后的 n 级系统。根据 $i=n-1$，由式(7-62)第一等式，有

$$\dot{z}_n=\dot{x}_n-\dot{\alpha}_{n-1}=f(\boldsymbol{x},t)+cg(\boldsymbol{x},t)u+d(\boldsymbol{x},t)-\dot{\alpha}_{n-1} \tag{7-64}$$

令 $\chi=1/c$ 为未知正常数。设 $\hat{\chi}$ 和 $\hat{D}$ 分别为 χ 和 D 的估计值，则可得下列误差方程：

$$\tilde{\chi}=\chi-\hat{\chi} \tag{7-65}$$

$$\tilde{D}=D-\hat{D} \tag{7-66}$$

设计自适应律如下：

$$\begin{cases}\dot{\hat{D}}=\gamma_2\mid z_n\mid\\\dot{\hat{\chi}}=-\gamma_1z_n(-z_{n-1}-f(\boldsymbol{x},t)+\dot{\alpha}_{n-1}-\hat{D}\operatorname{sgn}(z_n))\end{cases} \tag{7-67}$$

式中，γ_1 和 γ_2 为正的设计参数。

令控制律为

$$u=\hat{\chi}\frac{1}{g(\boldsymbol{x},t)}(-z_{n-1}-f(\boldsymbol{x},t)+\dot{\alpha}_{n-1}-\hat{D}\operatorname{sgn}(z_n)) \tag{7-68}$$

选择 n 级系统的 Lyapunov 函数为

$$V_n=V_{n-1}+\frac{1}{2}z_n^2+\frac{c}{2\gamma_1}\tilde{\chi}^2+\frac{1}{2\gamma_2}\tilde{D}^2 \tag{7-69}$$

V_n 的导数为

$$\begin{aligned}\dot{V}_n&=-\sum_{j=1}^{n-1}k_jz_j^2+z_{n-1}z_n+z_n(f(\boldsymbol{x},t)+cg(\boldsymbol{x},t)u+d(\boldsymbol{x},t)-\dot{\alpha}_{n-1})+\frac{c}{\gamma_1}\tilde{\chi}\dot{\tilde{\chi}}+\frac{1}{\gamma_2}\tilde{D}\dot{\tilde{D}}\\&=-\sum_{j=1}^{n-1}k_jz_j^2+z_n[z_{n-1}+f(\boldsymbol{x},t)+c\hat{\chi}(-z_{n-1}-f(\boldsymbol{x},t)+\dot{\alpha}_{n-1}-\hat{D}\operatorname{sgn}(z_n))+\end{aligned}$$

$$d(\boldsymbol{x},t)-\dot{\alpha}_{n-1}]+c\widetilde{\chi}z_n(-z_{n-1}-f(\boldsymbol{x},t)+\dot{\alpha}_{n-1}-\hat{D}\operatorname{sgn}(z_n))-\widetilde{D}\mid z_n\mid$$

$$=-\sum_{j=1}^{n-1}k_jz_j^2-D\mid z_n\mid+z_nd(\boldsymbol{x},t) \tag{7-70}$$

考虑到 $z_nd(\boldsymbol{x},t)\leqslant D|z_n|$，因此有

$$\dot{V}_n=-\sum_{j=1}^{n-1}k_jz_j^2-D\mid z_n\mid+z_nd(\boldsymbol{x},t)$$

$$\leqslant-\sum_{j=1}^{n-1}k_jz_j^2\leqslant 0 \tag{7-71}$$

根据上述讨论结果，可得如下结论：在自适应律(7-67)和控制律(7-68)的作用下，由Barbalat 引理可知，闭环系统(7-56)是渐近稳定的。

7.5　含齿隙与摩擦的无刷直流电机伺服系统自适应模糊反步控制

7.5.1　动态系统建模

一种典型的机电位置伺服系统结构示意图如图 7-3 所示。

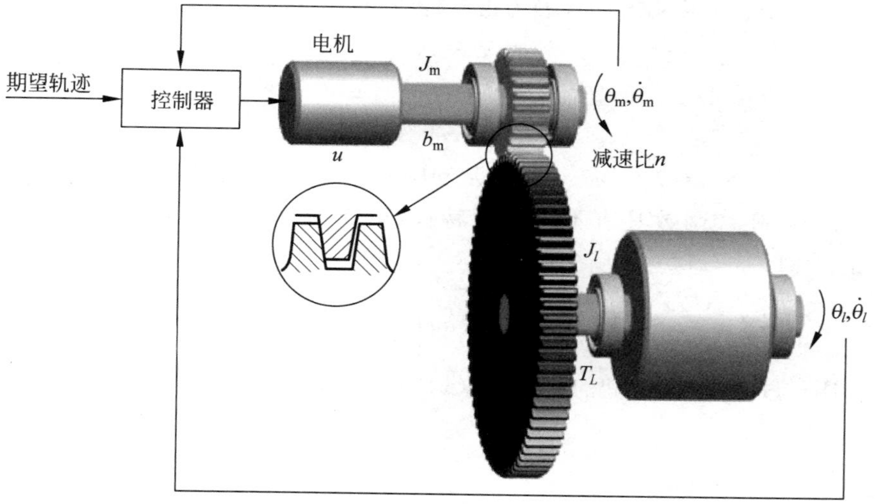

图 7-3　含齿隙与摩擦的机电位置伺服系统结构示意图

不考虑电机电压平衡方程，或者说系统具有良好的电流环控制回路，因而系统的动力学方程可表示如下：

$$\begin{cases}J_{\mathrm{m}}\ddot{\theta}_{\mathrm{m}}+b_{\mathrm{m}}\dot{\theta}_{\mathrm{m}}=u-\tau\\ J_l\ddot{\theta}_l=n\tau-T_f+\bar{d}\end{cases} \tag{7-72}$$

式中，$\ddot{\theta}_{\mathrm{m}}$、$\dot{\theta}_{\mathrm{m}}$、$J_{\mathrm{m}}$ 和 $\ddot{\theta}_l$、$\dot{\theta}_l$、J_l 分别表示主、从动轴的角加速度、角速度、转动惯量；b_{m} 为主动轴的黏性阻尼系数；u 为绕主动轴的控制输入力矩；τ 为经过死区传递的力矩；n 为末级一对齿轮减速比；T_f 和 $\bar{d}$ 分别为摩擦力矩和有界的外部干扰。注意，电机自带行星齿轮

减速器。

对于摩擦力矩，一般采用 LuGre 模型表达，如第 6 章式(6-10)～式(6-12)所示，复写如下：

$$\begin{cases}\dfrac{\mathrm{d}\lambda}{\mathrm{d}t}=\omega-\sigma_0\dfrac{|\omega|}{g(\omega)}\lambda\\ T_f=\sigma_0\lambda+\sigma_1\dfrac{\mathrm{d}\lambda}{\mathrm{d}t}+\sigma_2\omega\\ g(\omega)=T_C+(T_s-T_C)\mathrm{e}^{-\left|\frac{\omega}{\omega_S}\right|^2}\end{cases}\tag{7-73}$$

式中，ω 和 ω_S 分别为旋转角速度(即 $\dot{\theta}_l$)和 Stribeck 角速度，rad/s；T_f 为摩擦力矩，N·m；T_C 为库仑摩擦力矩，N·m；T_s 为最大静摩擦力矩，N·m；σ_0 为刚性系数，N·m/rad；σ_1 为黏性阻尼系数，N·m·s/rad；σ_2 为黏性摩擦系数，N·m·s/rad。

根据采样信号的位置不同，齿隙的特性是不一样的。如果采样信号在电机轴这一边，则齿隙表现为滞环特性；如果采样信号在负载这一边，则齿隙表现为死区非线性。正如第 6 章式(6-13a)和式(6-13b)所示：主动轮与从动轮之间的传递力矩 τ 可表示为

$$\tau=Kf(z)\tag{7-74a}$$

式中，K 为主、从动轮啮合刚度；$f(z)$为齿轮传动间隙死区函数，表示为

$$f(z)=\begin{cases}z+\alpha, & z<-\alpha\\ 0, & |z|\leqslant\alpha\\ z-\alpha, & z>\alpha\end{cases}\tag{7-74b}$$

式中，2α 为齿隙宽度；$z=\theta_m-n\theta_l$，为主、从动轮的相对角位移。其中，n 为齿轮减速比。

而且，考虑到死区函数具有不可微的特性，引入连续性的近似死区模型，如第 6 章式(6-15)所示，即

$$f^*(z)=z-a\alpha\left(\frac{2}{1+\mathrm{e}^{-rz}}-1\right)\tag{7-74c}$$

式(7-74b)与式(7-74c)之间的差值 $\Delta f(z)=f(z)-f^*(z)$，可表示为

$$\Delta f(z)=\begin{cases}a\alpha\left(\dfrac{2}{1+\mathrm{e}^{-rz}}-1\right)+\alpha, & z<-\alpha\\ -z+a\alpha\left(\dfrac{2}{1+\mathrm{e}^{-rz}}-1\right), & |z|\leqslant\alpha\\ a\alpha\left(\dfrac{2}{1+\mathrm{e}^{-rz}}-1\right)-\alpha, & z>\alpha\end{cases}\tag{7-75}$$

可以证明，当参数 $a=1, r=2/\alpha$ 时，近似死区模型具有下列特性：

(1) $\lim\limits_{z\to\infty}\Delta f(z)=0$；

(2) $f^*(z)$为单调递增函数；

(3) $f^*(z)$与 $f(z)$围成的面积最小；

(4) $|\Delta f(z)|\leqslant\dfrac{2\alpha\mathrm{e}^{-r\alpha}}{1+\mathrm{e}^{-r\alpha}}$。

在 $a=1$ 的条件下，主、从动轮之间的传递力矩可以重新表示为

$$\tau = K[f^*(z)+\Delta f(z)]_{a=1} = K\left[z-\alpha\left(\frac{2}{1+e^{-rz}}-1\right)\right]+K\Delta f(z) \tag{7-76}$$

定义系统状态变量：

$$x_1=\theta_l,\quad x_2=\dot{\theta}_l,\quad x_3=z-\alpha\left(\frac{2}{1+e^{-rz}}-1\right),\quad x_4=\dot{x}_3=\dot{z}\left[1-\frac{2r\alpha e^{-rz}}{(1+e^{-rz})^2}\right]$$

因此，传递力矩为 $\tau=K(x_3+\Delta f(z))$；同时，根据式(7-72)，z 的二阶时间导数可表示为

$$\ddot{z}=\ddot{\theta}_m-n\ddot{\theta}_l=\frac{u}{J_m}-\frac{b_m}{J_m}\dot{z}-\frac{b_m}{J_m}nx_2-\left(\frac{1}{J_m}+\frac{n^2}{J_l}\right)K(x_3+\Delta f(z))+\frac{nT_f}{J_l}-\frac{n\bar{d}}{J_l}$$

并且有

$$\begin{aligned}\dot{x}_4&=\ddot{z}\left[1-\frac{2r\alpha e^{-rz}}{(1+e^{-rz})^2}\right]-\frac{2r^2\dot{z}^2\alpha e^{-rz}(1-e^{-rz})}{(1+e^{-rz})^3}\\&=\rho\left[\frac{u}{J_m}-\frac{b_m}{J_m}\dot{z}-\frac{b_m}{J_m}nx_2-\left(\frac{1}{J_m}+\frac{n^2}{J_l}\right)K(x_3+\Delta f(z))+\frac{nT_f}{J_l}-\frac{n\bar{d}}{J_l}\right]-2r^2\dot{z}^2\alpha\beta\end{aligned}$$

式中，已经令 $\rho=1-\dfrac{2r\alpha e^{-rz}}{(1+e^{-rz})^2}$，$\beta=\dfrac{e^{-rz}(1-e^{-rz})}{(1+e^{-rz})^3}$。

于是，系统状态方程可表示为

$$\begin{cases}\dot{x}_1=x_2\\ \dot{x}_2=\dfrac{nK}{J_l}x_3+\dfrac{nK}{J_l}\Delta f(z)-\dfrac{T_f}{J_l}+\dfrac{\bar{d}}{J_l}\\ \dot{x}_3=x_4\\ \dot{x}_4=\dfrac{\rho u}{J_m}-\dfrac{b_m}{J_m}x_4-\left(\dfrac{1}{J_m}+\dfrac{n^2}{J_l}\right)\rho Kx_3-2r^2\alpha\dot{z}^2\beta+\\ \qquad\dfrac{n\rho T_f}{J_l}-\dfrac{b_m}{J_m}n\rho x_2-\left(\dfrac{1}{J_m}+\dfrac{n^2}{J_l}\right)\rho K\Delta f(z)-\dfrac{n\rho\bar{d}}{J_l}\end{cases} \tag{7-77}$$

式中，已应用 $\rho\dot{z}=x_4$。

在实际应用中，J_m、J_l、b_m、T_f、K、$\bar{d}$ 会因温度、润滑度、材料磨损及其他运行状态的改变而变化，所以在控制器设计过程中都被认为是未知参数。

7.5.2　自适应模糊反步控制器设计

控制的目标是，在参数 J_m、J_l、b_m、T_f、K、$\bar{d}$ 未知的情况下，设计控制输入 u，使得机电伺服系统的位置输出 x_1 能跟踪期望轨迹 x_d。为了推导控制律，特作下列符合实际的假设：

假设 1：伺服系统主、从动轴的角位移 θ_m、θ_l 和角速度 $\dot{\theta}_m$、$\dot{\theta}_l$ 可测，期望位置输出 $x_d(t)$ 及其导数 $\dot{x}_d(t)$ 已知且有界。

假设 2：系统参数 J_m、J_l、b_m、T_f、K、$\bar{d}$ 虽然未知，但其中 J_m、J_l、K、$\bar{d}$ 的上下界是已知的。

为了导出自适应模糊控制律，采用自适应反步技术，一步一步地设计每一级反馈系统。

步骤1：考虑一级系统，定义跟踪误差为 $z_1=x_1-x_d$，取一阶导数，可得

$$\dot{z}_1=\dot{x}_1-\dot{x}_d=x_2-\dot{x}_d \tag{7-78}$$

式中，已利用 $\dot{x}_1=x_2$。

令虚拟控制律 $\alpha_1=-k_1z_1+\dot{x}_d$，$k_1>0$ 为正常数，使得下式成立：

$$z_2=x_2-\alpha_1 \tag{7-79}$$

将式(7-79)代入式(7-78)，消去 x_2，可得

$$\dot{z}_1=z_2+\alpha_1-\dot{x}_d=z_2-k_1z_1 \tag{7-80}$$

选择一级系统的 Lyapunov 函数为 $V_1=\frac{1}{2}z_1^2$，利用式(7-80)，可得 V_1 的导数为

$$\dot{V}_1=z_1\dot{z}_1=-k_1z_1^2+z_1z_2 \tag{7-81}$$

步骤2：考虑二级系统，由式(7-79)，有 $\dot{z}_2=\dot{x}_2-\dot{\alpha}_1$；再利用式(7-77)第二式，可得

$$\frac{J_l}{K}\dot{z}_2=-\frac{T_f}{K}+nx_3+n\Delta f(z)+\frac{\bar{d}}{K}-\frac{J_l}{K}\dot{\alpha}_1 \tag{7-82}$$

令 $z_3=nx_3-\alpha_2$，代入式(7-82)，消去 nx_3，可得

$$\frac{J_l}{K}\dot{z}_2=z_3+\alpha_2-\frac{T_f}{K}+n\Delta f(z)+\frac{\bar{d}}{K}-\frac{J_l}{K}\dot{\alpha}_1 \tag{7-83}$$

选择二级系统的 Lyapunov 函数 $V_2=V_1+\frac{1}{2K}J_lz_2^2$，其导数为

$$\begin{aligned}\dot{V}_2&=\dot{V}_1+\frac{J_l}{K}z_2\dot{z}_2\\&=-k_1z_1^2+z_1z_2+z_2\left(z_3+\alpha_2-\frac{T_f}{K}+n\Delta f(z)+\frac{\bar{d}}{K}-\frac{J_l}{K}\dot{\alpha}_1\right)\\&\leqslant-\sum_{i=1}^{2}k_iz_i^2+z_2z_3+z_2(k_2z_2+\alpha_2-G_1+d_1)\end{aligned} \tag{7-84}$$

式中，已经令 $G_1=\frac{T_f}{K}+\frac{J_l}{K}\dot{\alpha}_1-\frac{\bar{d}}{K}-z_1$，其中，$J_l$、$T_f$、$K$、$\bar{d}$ 为未知参数；并利用了不等式 $n\Delta f(z)\leqslant n|\Delta f(z)|\leqslant\frac{2n\alpha e^{-r\alpha}}{1+e^{-r\alpha}}=d_1$，$d_1>0$ 为常数。

非线性函数 G_1 可采用自适应模糊系统逼近如下：

$$G_1=\boldsymbol{w}_1^{*\mathrm{T}}\boldsymbol{\psi}_1+\delta_1 \tag{7-85}$$

式中，$\boldsymbol{w}_1^*$ 为理想权重向量，$\boldsymbol{\psi}_1$ 为模糊系统基函数，δ_1 为最小逼近误差。选择虚拟控制律 α_2 为

$$\alpha_2=\hat{\boldsymbol{w}}_1^{\mathrm{T}}\boldsymbol{\psi}_1-k_2z_2-\frac{d_1^2z_2}{4\varepsilon_{d1}} \tag{7-86}$$

其中，$\hat{\boldsymbol{w}}_1$ 是 $\boldsymbol{w}_1^*$ 的估计值，估计误差定义为 $\tilde{\boldsymbol{w}}_1=\boldsymbol{w}_1^*-\hat{\boldsymbol{w}}_1$；并且下列不等式成立：

$$z_2\left(-\frac{d_1^2z_2}{4\varepsilon_{d1}}+n\Delta f(z)\right)\leqslant-\frac{d_1^2z_2^2}{4\varepsilon_{d1}}+|z_2|d_1\leqslant\varepsilon_{d1} \tag{7-87}$$

将式(7-85)～式(7-87)代入式(7-84)，可得

$$\dot{V}_2 \leqslant -\sum_{i=1}^{2} k_i z_i^2 + z_2 z_3 - z_2 \tilde{\boldsymbol{w}}_1^{\mathrm{T}} \boldsymbol{\psi}_1 - z_2 \delta_1 + \varepsilon_{\mathrm{d1}} \tag{7-88}$$

步骤 3：考虑三级系统，利用 z_3 的导数

$$\dot{z}_3 = n x_4 - \dot{\alpha}_2 \tag{7-89}$$

式中，已利用 $\dot{x}_3 = x_4$。令虚拟控制律为 α_3，使得下式成立：

$$z_4 = n x_4 - \alpha_3 \tag{7-90}$$

将式(7-90)代入式(7-89)，消去 $n x_4$ 后，可得

$$\dot{z}_3 = z_4 + \alpha_3 - \dot{\alpha}_2 \tag{7-91}$$

选择三级系统的 Lyapunov 函数 $V_3 = V_2 + \frac{1}{2} z_3^2$，其一阶时间导数为

$$\begin{aligned} \dot{V}_3 &= \dot{V}_2 + z_3 \dot{z}_3 \\ &\leqslant -\sum_{i=1}^{3} k_i z_i^2 + z_3 z_4 - z_2 \tilde{\boldsymbol{w}}_1^{\mathrm{T}} \boldsymbol{\psi}_1 - z_2 \delta_1 + \varepsilon_{\mathrm{d1}} + z_3 (k_3 z_3 + z_2 + \alpha_3 - \dot{\alpha}_2) \end{aligned} \tag{7-92}$$

令虚拟控制律 $\alpha_3 = -k_3 z_3 - z_2 + \dot{\alpha}_2$，代入上式，可得

$$\dot{V}_3 \leqslant -\sum_{i=1}^{3} k_i z_i^2 + z_3 z_4 - z_2 \tilde{\boldsymbol{w}}_1^{\mathrm{T}} \boldsymbol{\psi}_1 - z_2 \delta_1 + \varepsilon_{\mathrm{d1}} \tag{7-93}$$

步骤 4：考虑最后的四级系统，利用 $\dot{z}_4 = n\dot{x}_4 - \dot{\alpha}_3$ 和式(7-77)的第 4 式，可得

$$\begin{aligned} J_{\mathrm{m}} \dot{z}_4 = {}& n\rho u - J_{\mathrm{m}} \dot{\alpha}_3 + n J_{\mathrm{m}} \left[-\frac{b_{\mathrm{m}}}{J_{\mathrm{m}}} x_4 - \left(\frac{1}{J_{\mathrm{m}}} + \frac{n^2}{J_l} \right) \rho K x_3 - 2 r^2 \alpha \dot{z}^2 \beta + \right. \\ & \left. \frac{n\rho T_f}{J_l} - \frac{b_{\mathrm{m}}}{J_{\mathrm{m}}} n\rho x_2 - \frac{n\rho \bar{d}}{J_l} \right] - \left(1 + \frac{n^2 J_{\mathrm{m}}}{J_l} \right) n\rho K \Delta f(z) \end{aligned} \tag{7-94}$$

选取四级系统的 Lyapunov 函数 $V_4 = V_3 + \frac{1}{2} J_{\mathrm{m}} z_4^2$，其一阶时间导数为

$$\begin{aligned} \dot{V}_4 = \dot{V}_3 + z_4 J_{\mathrm{m}} \dot{z}_4 \leqslant {}& -\sum_{i=1}^{4} k_i z_i^2 - z_2 \tilde{\boldsymbol{w}}_1^{\mathrm{T}} \boldsymbol{\psi}_1 - z_2 \delta_1 + \varepsilon_{\mathrm{d1}} + \\ & z_4 \left[n\rho u + k_4 z_4 - G_2 - \left(1 + \frac{n^2 J_{\mathrm{m}}}{J_l} \right) \rho K n \Delta f(z) \right] \end{aligned} \tag{7-95}$$

式中，

$$G_2 = -z_3 + J_{\mathrm{m}} \dot{\alpha}_3 - n J_{\mathrm{m}} \left[-\frac{b_{\mathrm{m}}}{J_{\mathrm{m}}} x_4 - \left(\frac{1}{J_{\mathrm{m}}} + \frac{n^2}{J_l} \right) \rho K x_3 - 2 r^2 \alpha \dot{z}^2 \beta + \frac{n\rho T_f}{J_l} - \frac{b_{\mathrm{m}}}{J_{\mathrm{m}}} n\rho x_2 - \frac{n\rho \bar{d}}{J_l} \right]$$

上式包含了未知参数 J_{m}、J_l、b_{m}、T_f、K、$\bar{d}$，可采用模糊系统逼近如下：

$$G_2 = \boldsymbol{w}_2^{*\mathrm{T}} \boldsymbol{\psi}_2 + \delta_2 \tag{7-96}$$

式中，$\boldsymbol{w}_2^*$ 为理想权重向量，δ_2 为最小逼近误差，$\boldsymbol{\psi}_2$ 为模糊系统基函数。

最终，设计实际控制律如下：

$$u = \frac{1}{n\rho} \left(\hat{\boldsymbol{w}}_2^{\mathrm{T}} \boldsymbol{\psi}_2 - k_4 z_4 - \frac{d_2^2}{4 \varepsilon_{\mathrm{d2}}} z_4 \right) \tag{7-97}$$

式中，$\hat{\boldsymbol{w}}_2$ 是 $\boldsymbol{w}_2^*$ 的估计值，估计误差 $\tilde{\boldsymbol{w}}_2=\boldsymbol{w}_2^*-\hat{\boldsymbol{w}}_2$；与式(7-87)同理，下列不等式成立：

$$z_4\left[-\frac{d_2^2z_4}{4\varepsilon_{d2}}-n\left(1+\frac{n^2J_m}{J_l}\right)\rho K\Delta f(z)\right]\leqslant\varepsilon_{d2},\quad \varepsilon_{d2}>0 \tag{7-98}$$

将式(7-96)～式(7-98)代入式(7-95)，可得

$$\dot{V}_4\leqslant-\sum_{i=1}^{4}k_iz_i^2-z_2(\tilde{\boldsymbol{w}}_1^{\mathrm{T}}\boldsymbol{\psi}_1+\delta_1)+\varepsilon_{d1}-z_4(\tilde{\boldsymbol{w}}_2^{\mathrm{T}}\boldsymbol{\psi}_2+\delta_2)+\varepsilon_{d2} \tag{7-99}$$

注意，考虑到 ρ 不能等于零，因而参数 r 不能取值 $2/\alpha$。为了保证近似死区函数逼近程度，r 可取为小于 $2/\alpha$ 的值，如 $1.9/\alpha$。

7.5.3　系统稳定性分析

设计实际控制律为式(7-97)，以及权重向量的自适应律为

$$\dot{\hat{\boldsymbol{w}}}_1=-\gamma_1\boldsymbol{\psi}_1z_2-\mu_1\hat{\boldsymbol{w}}_1 \tag{7-100a}$$

$$\dot{\hat{\boldsymbol{w}}}_2=-\gamma_2\boldsymbol{\psi}_2z_4-\mu_2\hat{\boldsymbol{w}}_2 \tag{7-100b}$$

式中，γ_1,γ_2,μ_1 和 μ_2 均大于 0，为可调参数。

选择 Lyapunov 函数为 $V=V_4+\frac{1}{2\gamma_1}\tilde{\boldsymbol{w}}_1^{\mathrm{T}}\tilde{\boldsymbol{w}}_1+\frac{1}{2\gamma_2}\tilde{\boldsymbol{w}}_2^{\mathrm{T}}\tilde{\boldsymbol{w}}_2$，其对时间 t 的一阶导数为

$$\begin{aligned}\dot{V}&=\dot{V}_4+\frac{1}{\gamma_1}\tilde{\boldsymbol{w}}_1^{\mathrm{T}}\dot{\tilde{\boldsymbol{w}}}_1+\frac{1}{\gamma_2}\tilde{\boldsymbol{w}}_2^{\mathrm{T}}\dot{\tilde{\boldsymbol{w}}}_2\leqslant-\sum_{i=1}^{4}k_iz_i^2-z_2\delta_1-z_4\delta_2+\varepsilon_{d1}+\varepsilon_{d2}+\frac{\mu_1}{\gamma_1}\tilde{\boldsymbol{w}}_1^{\mathrm{T}}\hat{\boldsymbol{w}}_1+\frac{\mu_2}{\gamma_2}\tilde{\boldsymbol{w}}_2^{\mathrm{T}}\hat{\boldsymbol{w}}_2\\&\leqslant-\sum_{i=1}^{4}k_iz_i^2-z_2\delta_1-z_4\delta_2+\varepsilon_{d1}+\varepsilon_{d2}+\frac{\mu_1}{\gamma_1}\tilde{\boldsymbol{w}}_1^{\mathrm{T}}(\boldsymbol{w}_1^*-\tilde{\boldsymbol{w}}_1)+\frac{\mu_2}{\gamma_2}\tilde{\boldsymbol{w}}_2^{\mathrm{T}}(\boldsymbol{w}_2^*-\tilde{\boldsymbol{w}}_2)\end{aligned} \tag{7-101}$$

利用不等式：

$$-z_2\delta_1\leqslant\frac{1}{2\lambda_1}z_2^2+2\lambda_1\delta_1^2,\ -z_4\delta_2\leqslant\frac{1}{2\lambda_2}z_4^2+2\lambda_2\delta_2^2$$

$$\frac{\mu_1}{\gamma_1}\tilde{\boldsymbol{w}}_1^{\mathrm{T}}(\boldsymbol{w}_1^*-\tilde{\boldsymbol{w}}_1)\leqslant-\frac{\mu_1}{2\gamma_1}\tilde{\boldsymbol{w}}_1^{\mathrm{T}}\tilde{\boldsymbol{w}}_1+\frac{\mu_1}{2\gamma_1}\boldsymbol{w}_1^{*\mathrm{T}}\boldsymbol{w}_1^*$$

$$\frac{\mu_2}{\gamma_2}\tilde{\boldsymbol{w}}_2^{\mathrm{T}}(\boldsymbol{w}_2^*-\tilde{\boldsymbol{w}}_2)\leqslant-\frac{\mu_2}{2\gamma_2}\tilde{\boldsymbol{w}}_2^{\mathrm{T}}\tilde{\boldsymbol{w}}_1+\frac{\mu_2}{2\gamma_2}\boldsymbol{w}_2^{*\mathrm{T}}\boldsymbol{w}_2^*$$

可将式(7-101)改写为

$$\begin{aligned}\dot{V}\leqslant&-k_1z_1^2-\left(k_2-\frac{1}{2\lambda_1}\right)z_2^2-k_3z_3^2-\left(k_4-\frac{1}{2\lambda_2}\right)z_4^2-\frac{\mu_1}{2\gamma_1}\tilde{\boldsymbol{w}}_1^{\mathrm{T}}\tilde{\boldsymbol{w}}_1-\frac{\mu_2}{2\gamma_2}\tilde{\boldsymbol{w}}_2^{\mathrm{T}}\tilde{\boldsymbol{w}}_2+\\&2\lambda_1\delta_1^2+2\lambda_2\delta_2^2+\varepsilon_{d1}+\varepsilon_{d2}+\frac{\mu_1}{2\gamma_1}\boldsymbol{w}_1^{*\mathrm{T}}\boldsymbol{w}_1^*+\frac{\mu_2}{2\gamma_2}\boldsymbol{w}_2^{*\mathrm{T}}\boldsymbol{w}_2^*\end{aligned} \tag{7-102}$$

考虑到

$$V=\frac{1}{2}z_1^2+\frac{1}{2K}J_lz_2^2+\frac{1}{2}z_3^2+\frac{1}{2}J_mz_4^2+\frac{1}{2\gamma_1}\tilde{\boldsymbol{w}}_1^{\mathrm{T}}\tilde{\boldsymbol{w}}_2+\frac{1}{2\gamma_2}\tilde{\boldsymbol{w}}_2^{\mathrm{T}}\tilde{\boldsymbol{w}}_2$$

并令

$$\alpha_0=\min\left\{2k_1,\frac{2K}{J_l}2\left(k_2-\frac{1}{2\lambda_1}\right),2k_3,\frac{2}{J_m}\left(k_4-\frac{1}{2\lambda_2}\right),\mu_1,\mu_2\right\}$$

以及

$$C=\varepsilon_{d1}+\varepsilon_{d2}+\frac{\lambda_1}{2}\delta_1^2+\frac{\lambda_2}{2}\delta_2^2+\frac{\mu_1}{2\gamma_1}\boldsymbol{w}_1^{*\mathrm{T}}\boldsymbol{w}_1^*+\frac{\mu_2}{2\gamma_2}\boldsymbol{w}_2^{*\mathrm{T}}\boldsymbol{w}_2^*$$

其中，为了保证 $\alpha_0>0$，必须使 $k_2>\dfrac{1}{2\lambda_1}$，$k_4>\dfrac{1}{2\lambda_2}$，且 $\lambda_1>0$，$\lambda_2>0$，λ_1、λ_2 为设计参数。

于是，式(7-102)可简化为

$$\dot{V}\leqslant-\alpha_0V+C \tag{7-103}$$

将式(7-103)乘以 e^{α_0t}，并在$[0,t]$区间积分，可得

$$V(t)\leqslant\left(V(0)-\frac{C}{\alpha_0}\right)\mathrm{e}^{-\alpha t}+\frac{C}{\alpha_0} \tag{7-104}$$

由此可得

$$z_1^2(t)\leqslant 2V(t),\quad \lim_{t\to\infty}z_1^2(t)\leqslant 2C/\alpha_0 \tag{7-105a}$$

$$z_2^2(t)\leqslant \frac{2K}{J_l}V(t),\quad \lim_{t\to\infty}z_2^2(t)\leqslant \frac{2KC}{J_l\alpha_0} \tag{7-105b}$$

$$z_3^2(t)\leqslant 2V(t),\quad \lim_{t\to\infty}z_3^2(t)\leqslant 2C/\alpha_0 \tag{7-105c}$$

$$z_4^2(t)\leqslant \frac{2}{J_{\mathrm{m}}}V(t),\quad \lim_{t\to\infty}z_4^2(t)\leqslant \frac{2C}{J_{\mathrm{m}}\alpha_0} \tag{7-105d}$$

由模糊系统万能逼近定理，可假设 $|\delta_1|\leqslant\varepsilon_1$，$|\delta_2|\leqslant\varepsilon_2$，$\varepsilon_1$、$\varepsilon_2$ 为充分小的正常数。在可调参数 $k_1\sim k_4$、μ_1、μ_2 选定的情况下，可通过选择充分小的 $\varepsilon_{\mathrm{d1}}$、$\varepsilon_{\mathrm{d2}}$、$\lambda_1$、$\lambda_2$、$1/\gamma_1$、$1/\gamma_2$ 来保证 C 充分小，从而保证误差变量 $z_1\sim z_4$ 按指数收敛到原点的一个充分小的邻域以内。

根据上述分析，可得结论如下：

在控制律(7-97)和自适应律(7-100)的作用下，闭环系统(7-77)是渐近稳定的，系统误差变量 $z_1\sim z_4$ 一致最终有界，且按指数收敛到原点的一个充分小的邻域内。

7.5.4　Simulink 仿真验证

根据上述讨论结果，可绘制含齿隙与摩擦的无刷直流电机伺服系统自适应模糊反步控制仿真框图，如图 7-4 所示。

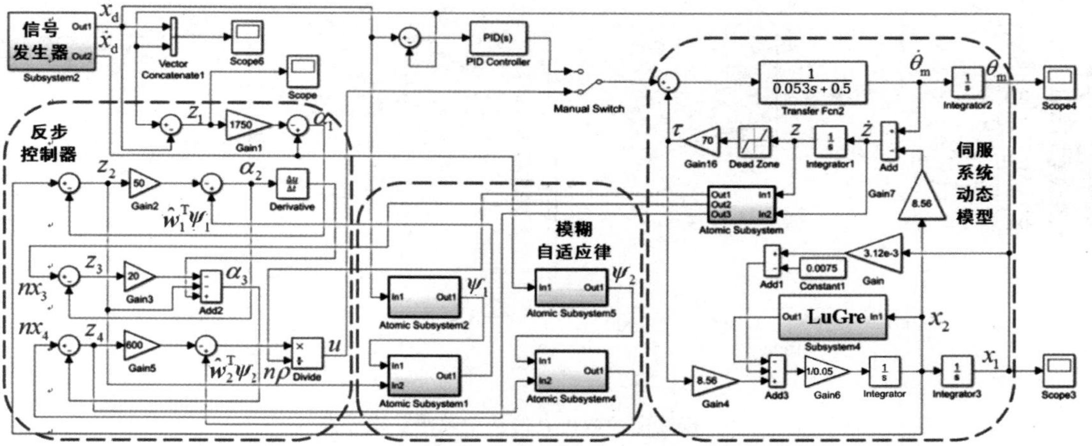

图 7-4

图 7-4　含齿隙与摩擦的无刷直流电机伺服系统自适应模糊反步控制仿真框图

仿真选用的无刷直流电机的性能参数如下：输出功率为 11W，最大转速为 6500r/min，最大加速度为 $2.17\times10^{5}\,\mathrm{rad/s^{2}}$，最大输出力矩为 4.4mN·m，电机自带行星齿轮减速器的速比为 989∶1，转动惯量为 $0.54\times10^{-7}\,\mathrm{kg\cdot m^{2}}$，黏性阻尼系数为 $5.11\times10^{-7}\,\mathrm{kg\cdot m^{2}/s}$。折合到主动轴的电机转动惯量为 $J_{\mathrm{m}}=0.053\,\mathrm{kg\cdot m^{2}}$，黏性阻尼系数为 $b_{\mathrm{m}}=0.5\,\mathrm{kg\cdot m^{2}/s}$。

主动轴到从动轴的齿轮减速比 $n=154:18=8.56$；在主动轴一侧齿隙宽度 $2\alpha=0.1\mathrm{rad}$；从动轴负载的转动惯量 $J_{l}=0.05\,\mathrm{kg\cdot m}$；LuGre 摩擦模型的参数与图 6-3 的参数相同。

仿真调试结果：$k_1=1750$，$k_2'=50$，$k_3=20$，$k_4'=1000$；$\gamma_1=0.2$，$\gamma_2=0.5$；$\mu_1=\mu_2=0.5$；$K=70$；PID 控制器参数为 $P=180$，$I=10$，$D=10$，滤波系数 $N=100$。

仿真时，应用的位置和速度参考信号以及模糊系统的基函数都与图 6-13 所用的相同。

在给定参数条件下，仿真结果表明，不论 PID 控制还是自适应模糊反步控制，输入-输出曲线都是重合在一起的，如图 7-5 所示。

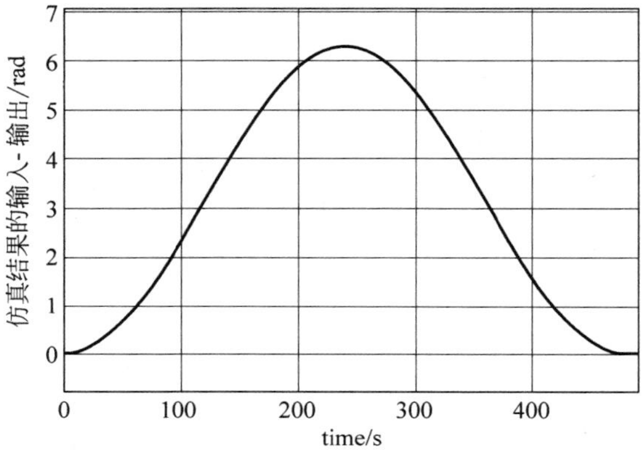

图 7-5 仿真结果的输入-输出曲线

从图 7-5 中不能分辨它们之间的差异。但是，两种控制的从动轴跟踪误差曲线不同，如图 7-6(a)、(b)所示。

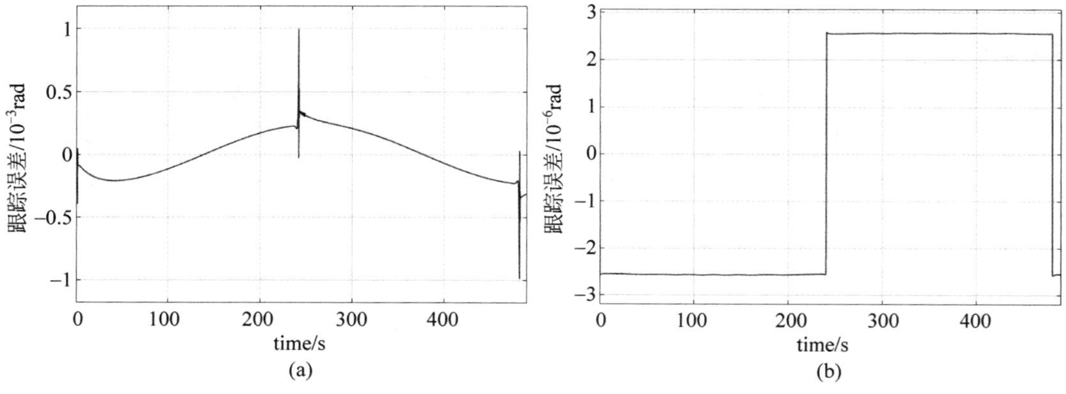

图 7-6 按给定参数仿真的从动轴跟踪误差曲线

(a) PID 控制；(b) 自适应模糊反步控制

由图 7-6 易见，在给定仿真参数条件下，PID 控制的跟踪误差具有幅值为 6×10^{-4}rad 的尖峰脉冲，不计尖峰脉冲的误差幅值约为 3.5×10^{-4}rad；而自适应模糊反步控制的跟踪误差无尖峰脉冲，幅值仅为 2.6×10^{-6}rad。因此，PID 控制的总跟踪误差比自适应模糊反步控制的大两个数量级以上。

下面从三个方面比较这两种控制方法的鲁棒性，即适应系统参数变化的能力。

（1）齿隙宽度 2α 由 0.1rad 增加到 0.15rad。仿真结果如图 7-7 所示。

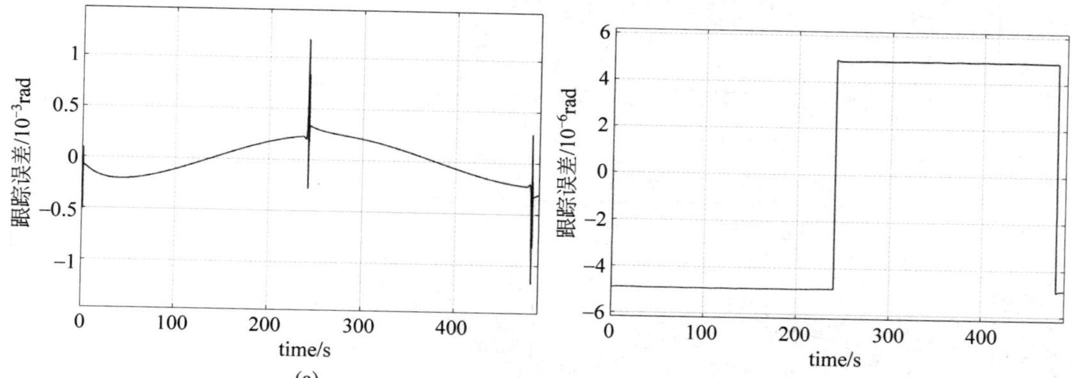

图 7-7　更改 2α 值仿真结果的跟踪误差曲线

（a）PID 控制；（b）自适应模糊反步控制

（2）电机的黏性阻尼系数 b_m 增至 $0.734\text{kg}\cdot\text{m}^2$；LuGre 摩擦模型中的 T_C 增至 $1\text{N}\cdot\text{m}$，T_s 增至 $1.5\text{N}\cdot\text{m}$。仿真结果如图 7-8 所示。

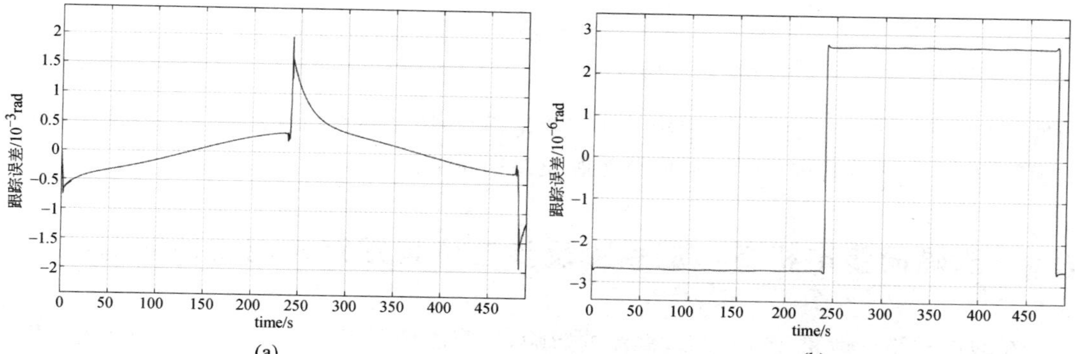

图 7-8　更改 b_m、T_C、T_s 值仿真结果的跟踪误差曲线

（a）PID 控制；（b）自适应模糊反步控制

（3）主、从动轮啮合刚度 K 分别降至 50 和增至 100。仿真结果的跟踪误差曲线如图 7-9 所示。

由图 7-7～图 7-9 易见，对于三类不同参数变化，PID 控制和自适应模糊反步控制都能保持闭环系统稳定运行，但跟踪误差有不同程度的变化。其中，PID 控制对电机的黏性阻尼系数 b_m 及 LuGre 摩擦模型中的 T_C 与 T_s 比较敏感，总跟踪误差增大了一倍多；而自适应模糊反步控制对齿隙增大比较敏感，总跟踪误差也增大约一倍。但二者对齿轮啮合刚度 K

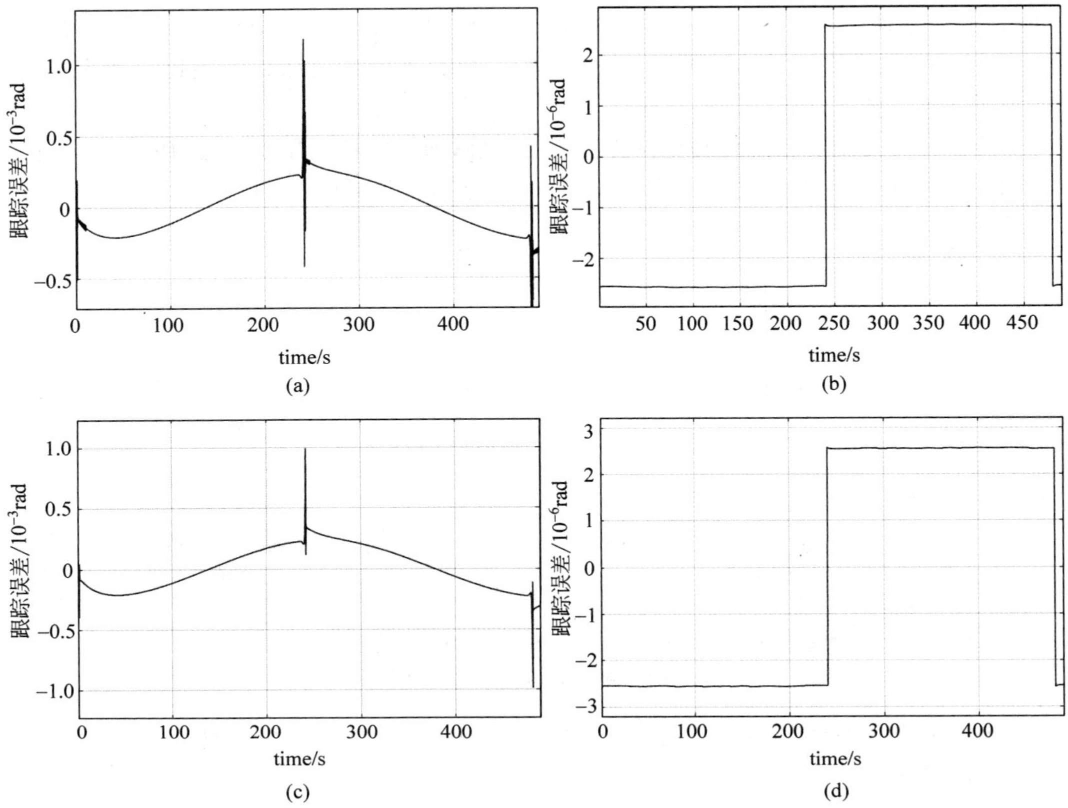

图 7-9 更改 K 值仿真结果的跟踪误差曲线

(a) PID 控制($K=50$)；(b) 自适应模糊反步控制($K=50$)；(c) PID 控制($K=100$)；(d) 自适应模糊反步控制($K=100$)

的增减都基本不敏感。总之，不管参数如何变化，两种控制的总跟踪误差之比仍保持在两个数量级以上，自适应模糊反步控制的总跟踪误差都在 1″以内。

7.6 永磁同步电机自适应模糊反步法位置跟踪控制及仿真验证

在假设磁路不饱和，忽略磁滞、涡流的影响，气隙磁场呈正弦分布，三相定子绕组对称均匀的情况下，PMSM 系统在同步旋转坐标(d-q) 下的动态模型可表示为

$$\begin{cases} \dfrac{\mathrm{d}\theta}{\mathrm{d}t}=\omega \\ J\dfrac{\mathrm{d}\omega}{\mathrm{d}t}=\dfrac{3}{2}n_{\mathrm{p}}[(L_{\mathrm{d}}-L_{\mathrm{q}})i_{\mathrm{d}}i_{\mathrm{q}}+\Phi i_{\mathrm{q}}]-B\omega+T_{\mathrm{L}} \\ L_{\mathrm{q}}\dfrac{\mathrm{d}i_{\mathrm{q}}}{\mathrm{d}t}=-R_{\mathrm{s}}i_{\mathrm{q}}-n_{\mathrm{p}}\omega L_{\mathrm{d}}i_{\mathrm{d}}-n_{\mathrm{p}}\omega\Phi+u_{\mathrm{q}} \\ L_{\mathrm{d}}\dfrac{\mathrm{d}i_{\mathrm{d}}}{\mathrm{d}t}=-R_{\mathrm{s}}i_{\mathrm{d}}+n_{\mathrm{p}}\omega L_{\mathrm{q}}i_{\mathrm{q}}+u_{\mathrm{d}} \end{cases} \tag{7-106}$$

式中，u_d、u_q 分别表示永磁同步电机 d 轴和 q 轴的定子电压，为系统的实际控制输入；i_d、i_q 分别表示 d 轴和 q 轴的电流；ω、θ 分别为电机的转子角速度和转子角度，定义为系统的状态变量；J 为转动惯量；n_p 为极对数；B 为阻尼系数；L_d 和 L_q 为 d-q 坐标系下的定子电感；R_s 为定子电阻；T_L 为外加负载转矩，与电机电磁转矩同方向；Φ 为永磁体产生的磁通。

为了更简便地表示永磁同步电机的数学模型，定义新的变量如下：

$$x_1=\theta,\quad x_2=\omega,\quad x_3=i_q,\quad x_4=i_d$$

$$a_1=\frac{3n_p\Phi}{2},\quad a_2=\frac{3n_p(L_d-L_q)}{2}$$

$$b_1=-\frac{R_s}{L_q},\quad b_2=-\frac{n_pL_d}{L_q},\quad b_3=-\frac{-n_p\Phi}{L_q},\quad b_4=\frac{1}{L_q}$$

$$c_1=-\frac{R_s}{L_d},\quad c_2=\frac{n_pL_q}{L_d},\quad c_3=\frac{1}{L_d}$$

则永磁同步电机的数学模型可改写为

$$\begin{cases}\dot{x}_1=x_2\\ \dot{x}_2=\dfrac{1}{J}(a_1x_3+a_2x_3x_4-Bx_2+T_L)\\ \dot{x}_3=b_1x_3+b_2x_2x_4+b_3x_2+b_4u_q\\ \dot{x}_4=c_1x_4+c_2x_2x_3+c_3u_d\end{cases}\tag{7-107}$$

定义误差变量为

$$\begin{cases}z_1=x_1-x_d\\ z_2=x_2-a_1\\ z_3=x_3-a_2\\ z_4=x_4\end{cases}\tag{7-108}$$

根据反步法原理，永磁同步电机的自适应模糊控制器的设计步骤如下：

步骤 1：对于一级系统，定义跟踪误差为

$$z_1=x_1-x_d\tag{7-109}$$

取其一阶导数为

$$\dot{z}_1=\dot{x}_1-\dot{x}_d=x_2-\dot{x}_d\tag{7-110}$$

令虚拟控制律 $\alpha_1=-k_1z_1+\dot{x}_d$，$k_1>0$ 为正常数，满足下列条件：

$$z_2=x_2-\alpha_1\tag{7-111}$$

选择一级系统的 Lyapunov 函数为 $V_1=\frac{1}{2}z_1^2$，利用式(7-110)和式(7-111)，V_1 的导数可表示为

$$\begin{aligned}\dot{V}_1&=z_1\dot{z}_1=z_1(x_2-\dot{x}_d)\\&=z_1(z_2+\alpha_1-\dot{x}_d)=-k_1z_1^2+z_1z_2\end{aligned}\tag{7-112}$$

步骤 2：取式(7-111)的导数 $\dot{z}_2=\dot{x}_2-\dot{\alpha}_1$，选择二级系统的 Lyapunov 函数为 $V_2=V_1+\frac{1}{2}Jz_2^2$，其一阶导数为

$$\begin{aligned}\dot{V}_2&=\dot{V}_1+z_2J\dot{z}_2=\dot{V}_1+z_2J(\dot{x}_2-\dot{\alpha}_1)\\&=-k_1z_1^2+z_2(a_1x_3+z_1+a_2x_3x_4-Bx_2+T_{\mathrm{L}}-J\dot{\alpha}_1)\end{aligned}\tag{7-113}$$

令 $z_3=x_3-\alpha_2$，有

$$a_1x_3=a_1z_3+a_1\alpha_2\tag{7-114}$$

将式(7-114)代入式(7-113)可得

$$\dot{V}_2=-k_1z_1^2+z_2(a_1z_3+a_1\alpha_2+z_1+a_2x_3x_4-Bx_2+T_{\mathrm{L}}-J\dot{\alpha}_1)\tag{7-115}$$

考虑实际负载有限，即 $0\leqslant T_{\mathrm{L}}\leqslant d$，且 Young's 不等式 $z_2T_{\mathrm{L}}\leqslant\frac{1}{2\varepsilon_2^2}z_2^2+\frac{1}{2}\varepsilon_2^2d^2$ 成立，其中，ε_2 为任意小的正数，进一步，取虚拟控制律为

$$\alpha_2=\frac{1}{a_1}\left(-k_2z_2-z_1+\hat{B}x_2-\frac{1}{2\varepsilon_2^2}z_2+\hat{J}\dot{\alpha}_1\right)\tag{7-116}$$

将 Young's 不等式和式(7-116)代入式(7-115)，可得

$$\begin{aligned}\dot{V}_2\leqslant&-k_1z_1^2-k_2z_2^2+a_1z_2z_3+a_2z_2x_3x_4+\\&z_2[(\hat{B}-B)x_2+(\hat{J}-J)\dot{\alpha}_1]+\frac{1}{2}\varepsilon_2^2d^2\end{aligned}\tag{7-117}$$

步骤 3：考虑三级系统。由式 $z_3=x_3-\alpha_2$，有 $\dot{z}_3=\dot{x}_3-\dot{\alpha}_2$，选择 Lyapunov 函数为 $V_3=V_2+\frac{1}{2}z_3^2$，其导数为

$$\begin{aligned}\dot{V}_3&=\dot{V}_2+z_3\dot{z}_3\\&\leqslant-\sum_{j=1}^{2}k_jz_j^2+a_1z_2z_3+a_2z_2x_3x_4+z_2[(\hat{B}-B)x_2+(\hat{J}-J)\dot{\alpha}_1]+\\&\quad\frac{1}{2}\varepsilon_2^2d^2+z_3(\dot{x}_3-\dot{\alpha}_2)\\&\leqslant-\sum_{j=1}^{2}k_jz_j^2+a_2z_2x_3x_4+\frac{1}{2}\varepsilon_2^2d^2+z_2[(\hat{B}-B)x_2+(\hat{J}-J)\dot{\alpha}_1]+\\&\quad z_3(f_3+b_4u_q-\dot{\alpha}_2)\end{aligned}\tag{7-118}$$

式中，$f_3=b_1x_3+b_2x_2x_4+b_3x_2+a_1z_3$，根据模糊逻辑系统万能逼近定理可知，对于任意小的正数 ε_3，存在模糊逻辑系统 $\boldsymbol{w}_3^{*\mathrm{T}}\boldsymbol{\psi}_3$，使得 $f_3=\boldsymbol{w}_3^{*\mathrm{T}}\boldsymbol{\psi}_3+\delta_3$。其中，$\delta_3$ 表示最小逼近误差，满足不等式 $|\delta_3|\leqslant\varepsilon_3$。从而，有

$$\begin{aligned}z_3f_3&=z_3(\boldsymbol{w}_3^{*\mathrm{T}}\boldsymbol{\psi}_3+\delta_3)\leqslant z_3(\boldsymbol{w}_3^{*\mathrm{T}}\boldsymbol{\psi}_3+\varepsilon_3)\\&\leqslant\frac{1}{2l_3^2}z_3^2\|\boldsymbol{w}_3^*\|^2\boldsymbol{\psi}_3^{\mathrm{T}}\boldsymbol{\psi}_3+\frac{1}{2}l_3^2+\frac{1}{2}z_3^2+\frac{1}{2}\varepsilon_3^2\end{aligned}\tag{7-119}$$

式中，最后一个不等式分别对 $z_3\boldsymbol{w}_3^{*\mathrm{T}}\boldsymbol{\psi}_3$ 和 $z_3\varepsilon_3$ 使用了 Young's 不等式；$\|\boldsymbol{w}_3^*\|$ 为向量 $\boldsymbol{w}_3^*$ 的范数。将式(7-119)代入式(7-118)，可得

$$\dot{V}_3 \leqslant -\sum_{j=1}^{3}k_j z_j^2 + a_2 z_2 x_3 x_4 + \frac{1}{2}\varepsilon_2^2 d^2 + z_2[(\hat{B}-B)x_2 + (\hat{J}-J)\dot{\alpha}_1] + \frac{1}{2l_3^2}z_3^2\|\boldsymbol{w}_3^*\|^2\boldsymbol{\psi}_3^{\mathrm{T}}\boldsymbol{\psi}_3 + \frac{1}{2}l_3^2 + k_3 z_3^2 + \frac{1}{2}z_3^2 + \frac{1}{2}\varepsilon_3^2 + z_3(b_4 u_{\mathrm{q}} - \dot{\alpha}_2) \tag{7-120}$$

现取实际的控制律为

$$u_q = \frac{1}{b_4}\left(-k_3 z_3 - \frac{1}{2}z_3 + \dot{\alpha}_2 - \frac{1}{2l_3^2}z_3\hat{\theta}\boldsymbol{\psi}_3^{\mathrm{T}}\boldsymbol{\psi}_3\right) \tag{7-121}$$

式中，$\hat{\theta}$ 为 θ 的估计值，θ 将在后面定义。将式(7-121)代入式(7-120)，可得

$$\dot{V}_3 \leqslant -\sum_{j=1}^{3}k_j z_j^2 + a_2 z_2 x_3 x_4 + \frac{1}{2}\varepsilon_2^2 d^2 + z_2[(\hat{B}-B)x_2 + (\hat{J}-J)\dot{\alpha}_1] + \frac{1}{2l_3^2}z_3^2(\|\boldsymbol{w}_3^*\|^2 - \hat{\theta})\boldsymbol{\psi}_3^{\mathrm{T}}\boldsymbol{\psi}_3 + \frac{1}{2}l_3^2 + \frac{1}{2}\varepsilon_3^2 \tag{7-122}$$

步骤4：考虑到在矢量控制条件下，i_{d} 的期望跟踪值 $x_{4\mathrm{d}}=0$，因此，误差 $z_4=x_4$，误差变化率 $\dot{z}=\dot{x}_4$。为了设计控制律 u_{d}，选择 Lyapunov 函数为 $V_4=V_3+\frac{1}{2}z_4^2$，其导数为

$$\begin{aligned}\dot{V}_4 &= \dot{V}_3 + z_4\dot{z}_4 \\ &\leqslant -\sum_{j=1}^{3}k_j z_j^2 + \frac{1}{2}\varepsilon_2^2 d^2 + z_2[(\hat{B}-B)x_2 + (\hat{J}-J)\dot{\alpha}_1] + \\ &\quad \frac{1}{2l_3^2}z_3^2(\|\boldsymbol{w}_3^*\|^2 - \hat{\theta})\boldsymbol{\psi}_3^{\mathrm{T}}\boldsymbol{\psi}_3 + \frac{1}{2}l_3^2 + \frac{1}{2}\varepsilon_3^2 + z_4(f_4 + c_3 u_{\mathrm{d}})\end{aligned} \tag{7-123}$$

式中，$f_4=c_1x_4+c_2x_2x_3+a_2z_2x_3$，再次利用模糊逻辑系统逼近非线性函数 f_4，使得 $f_4=\boldsymbol{w}_4^{*\mathrm{T}}\boldsymbol{\psi}_4+\delta_4$，其中，$|\delta_4|\leqslant\varepsilon_4$。从而，与式(7-119)同理，有

$$z_4 f_4 \leqslant \frac{1}{2l_4^2}z_4^2\|\boldsymbol{w}_4^*\|^2\boldsymbol{\psi}_4^{\mathrm{T}}\boldsymbol{\psi}_4 + \frac{1}{2}l_4^2 + \frac{1}{2}z_4^2 + \frac{1}{2}\varepsilon_4^2 \tag{7-124}$$

将式(7-124)代入式(7-123)，可得

$$\begin{aligned}\dot{V}_4 \leqslant& -\sum_{j=1}^{4}k_j z_j^2 + \frac{1}{2}\varepsilon_2^2 d^2 + z_2[(\hat{B}-B)x_2 + (\hat{J}-J)\dot{\alpha}_1] + \\ & \frac{1}{2l_3^2}z_3^2(\|\boldsymbol{w}_3^*\|^2 - \hat{\theta})\boldsymbol{\psi}_3^{\mathrm{T}}\boldsymbol{\psi}_3 + \frac{1}{2}l_3^2 + \frac{1}{2}\varepsilon_3^2 + \\ & \frac{1}{2l_4^2}z_4^2\|\boldsymbol{w}_4^*\|^2\boldsymbol{\psi}_4^{\mathrm{T}}\boldsymbol{\psi}_4 + \frac{1}{2}l_4^2 + k_4 z_4^2 + \frac{1}{2}z_4^2 + \frac{1}{2}\varepsilon_4^2 + z_4 c_3 u_{\mathrm{d}}\end{aligned} \tag{7-125}$$

取实际控制律为

$$u_{\mathrm{d}} = -\frac{1}{c_3}\left(k_4 z_4 + \frac{1}{2}z_4 + \frac{1}{2l_4^2}z_4\hat{\theta}\boldsymbol{\psi}_4^{\mathrm{T}}\boldsymbol{\psi}_4\right) \tag{7-126}$$

并定义 $\theta=\max\{\|\boldsymbol{w}_3\|^2, \|\boldsymbol{w}_4\|^2\}$，由式(7-125)和式(7-126)可得

$$\dot{V}_4 \leqslant -\sum_{j=1}^{4} k_j z_j^2 + \sum_{j=3}^{4} \frac{1}{2}(l_j^2+\varepsilon_j^2) + z_2[(\hat{B}-B)x_2+(\hat{J}-J)\dot{\alpha}_1] + \sum_{j=3}^{4} \frac{1}{2l_j^2} z_j^2(\theta-\hat{\theta})\boldsymbol{\psi}_j^{\mathrm{T}}\boldsymbol{\psi}_j + \frac{1}{2}\varepsilon_2^2 d^2 \tag{7-127}$$

步骤 5：定义 B、J 和 θ 等三个物理量的估计误差分别为 $\tilde{B}=\hat{B}-B$，$\tilde{J}=\hat{J}-J$，$\tilde{\theta}=\hat{\theta}-\theta$。选择系统的 Lyapunov 函数为

$$V=V_4+\frac{1}{2\gamma_1}\tilde{B}^2+\frac{1}{2\gamma_2}\tilde{J}^2+\frac{1}{2\gamma_3}\tilde{\theta}^2 \tag{7-128}$$

其中，$\gamma_i(i=1,2,3)$为正数；$\dot{\tilde{B}}=\dot{\hat{B}}$，$\dot{\tilde{J}}=\dot{\hat{J}}$，$\dot{\tilde{\theta}}=\dot{\hat{\theta}}$。因此，$V$ 的导数为

$$\begin{aligned}\dot{V} &= \dot{V}_4+\frac{1}{\gamma_1}\tilde{B}\dot{\hat{B}}+\frac{1}{\gamma_2}\tilde{J}\dot{\hat{J}}+\frac{1}{\gamma_3}\tilde{\theta}\dot{\hat{\theta}} \\ &\leqslant -\sum_{j=1}^{4} k_j z_j^2+\sum_{j=3}^{4}\frac{1}{2}(l_j^2+\varepsilon_j^2)+\frac{1}{\gamma_1}\tilde{B}(\gamma_1 z_2 x_2+\dot{\hat{B}})+\frac{1}{\gamma_2}\tilde{J}(\gamma_2 z_2\dot{\alpha}_1+\dot{\hat{J}})+ \\ &\quad \frac{1}{\gamma_3}\tilde{\theta}\left(-\sum_{j=3}^{4}\frac{\gamma_3}{2l_j^2}z_j^2\boldsymbol{\psi}_j^{\mathrm{T}}\boldsymbol{\psi}_j+\dot{\hat{\theta}}\right)+\frac{1}{2}\varepsilon_2^2 d^2\end{aligned} \tag{7-129}$$

选择自适应律为

$$\dot{\hat{B}}=-\gamma_1 z_2 x_2-m_1\hat{B} \tag{7-130a}$$

$$\dot{\hat{J}}=-\gamma_2 z_2\dot{\alpha}_1-m_2\hat{J} \tag{7-130b}$$

$$\dot{\hat{\theta}}=\sum_{i=3}^{4}\frac{\gamma_3}{2l_i^2}z_i^2\boldsymbol{\psi}_i^{\mathrm{T}}\boldsymbol{\psi}_i-m_3\hat{\theta} \tag{7-130c}$$

其中，$m_i(i=1,2,3)$和 $l_i(i=3,4)$皆为正数。

将自适应律式(7-130a)～式(7-130c)代入式(7-129)，可得

$$\dot{V}\leqslant -\sum_{j=1}^{4}k_j z_j^2+\sum_{j=3}^{4}\frac{1}{2}(l_j^2+\varepsilon_j^2)-\frac{m_1}{\gamma_1}\tilde{B}\hat{B}-\frac{m_2}{\gamma_2}\tilde{J}\hat{J}-\frac{m_3}{\gamma_3}\tilde{\theta}\hat{\theta}+\frac{1}{2}\varepsilon_2^2 d^2 \tag{7-131}$$

对于 $\tilde{B}\hat{B}$，有 $-\tilde{B}\hat{B}=-\tilde{B}^2-\tilde{B}B\leqslant-\frac{1}{2}\tilde{B}^2+\frac{1}{2}B^2$；同理，下列不等式成立：

$$-\tilde{J}\hat{J}\leqslant-\frac{1}{2}\tilde{J}^2+\frac{1}{2}J^2,\quad -\tilde{\theta}\hat{\theta}\leqslant-\frac{1}{2}\tilde{\theta}^2+\frac{1}{2}\theta^2$$

将这些不等式代入式(7-131)，可得

$$\dot{V}\leqslant-\sum_{j=1}^{4}k_j z_j^2-\frac{m_1}{2\gamma_1}\tilde{B}^2-\frac{m_2}{2\gamma_2}\tilde{J}^2-\frac{m_3}{2\gamma_3}\tilde{\theta}^2+ \sum_{j=3}^{4}\frac{1}{2}(l_j^2+\varepsilon_j^2)+\frac{m_1}{2\gamma_1}B^2+\frac{m_2}{2\gamma_2}J^2+\frac{m_3}{2\gamma_3}\theta^2+\frac{1}{2}\varepsilon_2^2 d^2 \tag{7-132}$$

考虑到 $V=\frac{1}{2}z_1^2+\frac{1}{2}Jz_2^2+\frac{1}{2}z_3^2+\frac{1}{2}z_4^2+\frac{1}{2\gamma_1}\tilde{B}^2+\frac{1}{2\gamma_2}\tilde{J}^2+\frac{1}{2\gamma_3}\tilde{\theta}^2$，并令

$$\alpha_0=\min\{2k_1,2k_2/J,2k_3,2k_4,m_1,m_2,m_3\}$$

$$C=\sum_{j=3}^{4}\frac{1}{2}(l_j^2+\varepsilon_j^2)+\frac{m_1}{2\gamma_1}B^2+\frac{m_2}{2\gamma_2}J^2+\frac{m_3}{2\gamma_3}\theta^2+\frac{1}{2}\varepsilon_2^2 d^2$$

则式(7-132)可简化为

$$\dot{V}\leqslant-\alpha_0 V+C \tag{7-133}$$

将式(7-133)乘以 $e^{\alpha_0 t}$,并在[0,t]区间积分,可得

$$V(t)\leqslant\left(V(0)-\frac{C}{\alpha_0}\right)e^{-\alpha_0 t}+\frac{C}{\alpha_0} \tag{7-134}$$

由此可知

$$\lim_{t\to\infty}z_1^2\leqslant 2C/\alpha_0 \tag{7-135}$$

由上述分析,可得如下结论:

结论:永磁同步电机在控制律 u_q 和 u_d 以及自适应律(7-130a)~(7-130c)的作用下,系统的跟踪误差能够收敛到原点的一个充分小的邻域内,同时其他信号保持有界。

注意,式(7-135)给出了跟踪误差的上限。由 α_0 和 C 的定义可知,在选定合适的控制参数 k_i 和 m_i 后,α_0 保持不变;通过选择充分大的 γ_i,充分小的 ε_2、ε_j 及 l_j,可以保证 $2C/\alpha_0$ 充分小,从而确保跟踪误差充分小。

下面对永磁同步电机位置跟踪伺服系统的自适应模糊反步法控制进行 Simulink 仿真验证,采用的 PMSM 参数如下:

$L_d=2.85\text{mH}$,　$L_q=3.15\text{mH}$,　$\Phi=0.1245\text{H}$,　$n_p=3$,　$R_s=0.68\Omega$

$B=1.158\times10^{-3}\text{N}\cdot\text{m}\cdot\text{s/rad}$,　$J=0.003798\text{kg}\cdot\text{m}^2$,　$T_L=1.5\text{N}\cdot\text{m}$

仿真调试结果,选取设计参数如下:

$k_1=200$,　$k_2=100$,　$k_3=50$,　$k_4=50$;　$\gamma_1=\gamma_2=\gamma_3=0.25$

$m_1=m_2=m_3=0.005$;　$l_3=l_4=0.5$;　$\varepsilon=0.001$

根据上述讨论结果,可绘制 PMSM 位置跟踪伺服系统的自适应模糊反步法控制 Simulink 仿真框图,如图 7-10 所示。其中,模糊基函数由高斯分布隶属度函数构成。根据参考信号 $x_d=\sin t$ 的变化范围为[−1,1],划分为 12 段,设置 13 个高斯隶属度函数。高斯隶属度函数曲线和对应的模糊基函数曲线分别如图 7-11(a)、(b)所示。

仿真采用的输入参考信号 x_d 为正弦波,其导数 $\dot{x}_d$ 为余弦波,幅值均为 1,角频率均为 1rad/s。仿真结果的输入-输出波形如图 7-12(a)所示,二者是重合在一起的;系统跟踪误差曲线如图 7-12(b)所示。由图易见,跟踪误差最大值约为 4.5×10^{-7} rad,误差曲线波形带有比较严重的脉冲干扰(微分形成的高频毛刺)。

仿真结果表明,PMSM 位置跟踪系统采用反步法与自适应模糊控制相结合,能很好地解决系统非线性与未知不确定性模型参数变化及外部干扰问题,使得闭环系统准确地跟踪参考信号变化,主要不足之处是存在复杂计算引起的“微分爆炸”,即误差曲线存在高频脉冲尖峰。

图 7-10

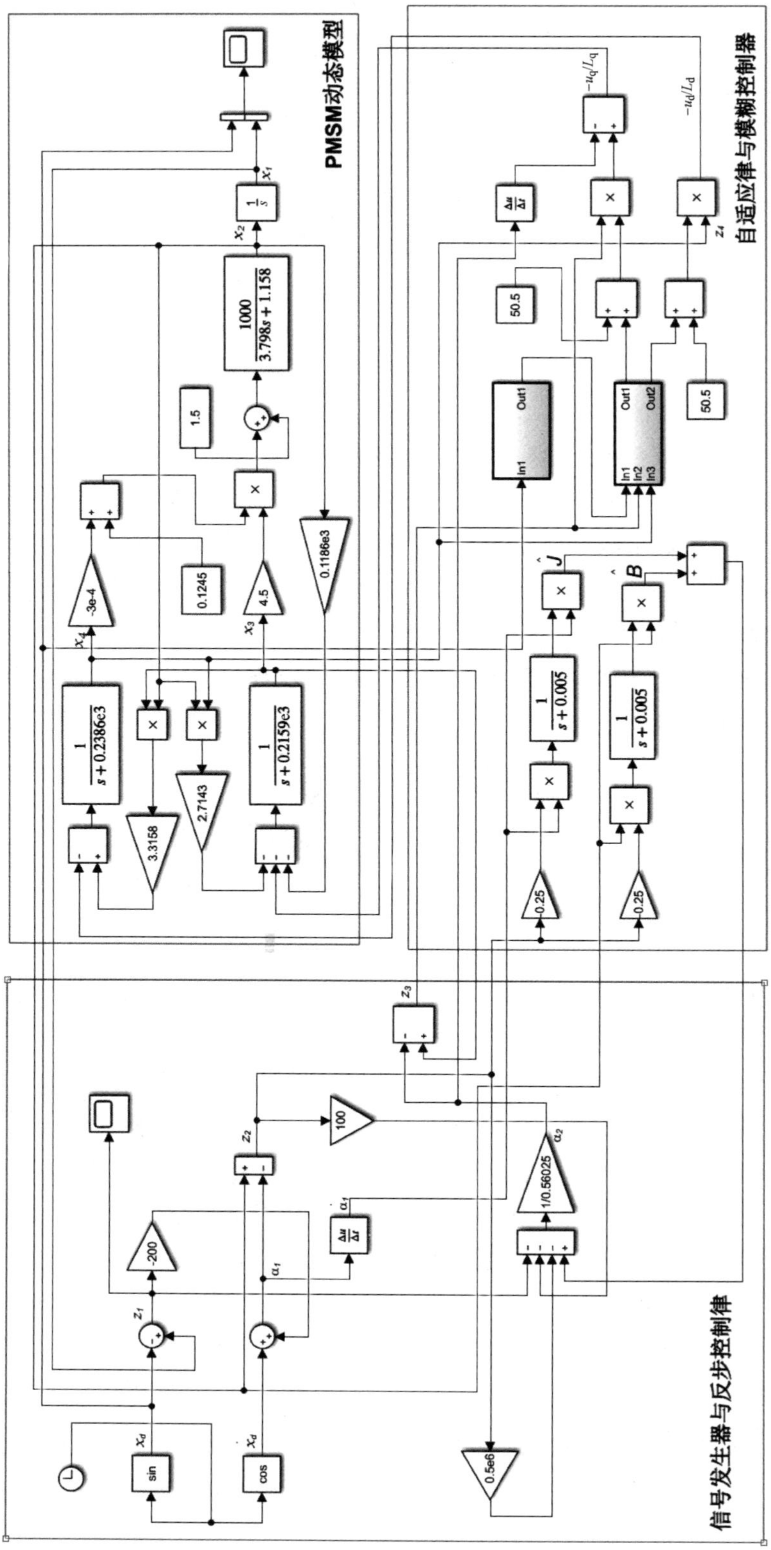

图 7-10　PMSM 位置跟踪伺服系统自适应模糊反步法控制 Simulink 仿真框图

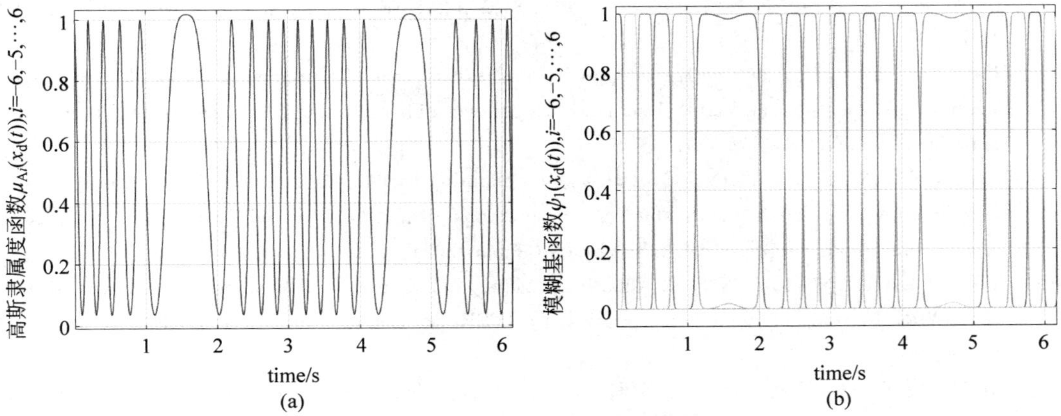

图 7-11　高斯隶属度函数曲线和模糊基函数曲线

（a）高斯隶属度函数曲线；（b）模糊基函数曲线

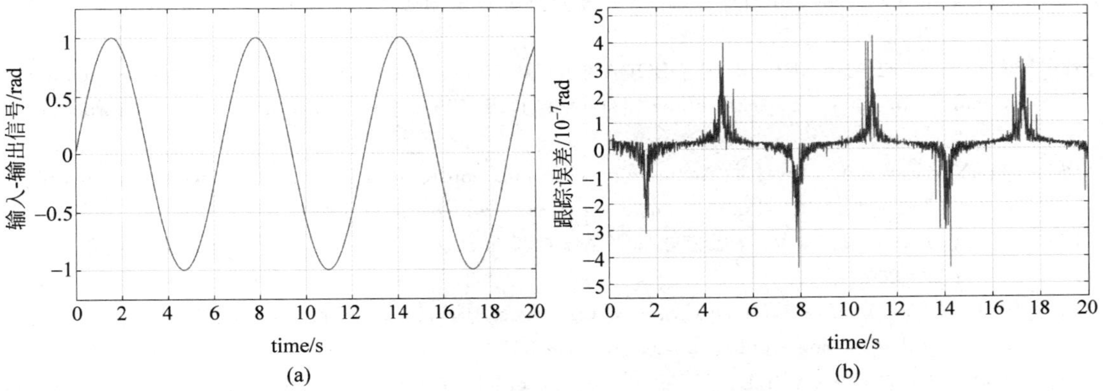

图 7-12　PMSM 位置跟踪系统自适应模糊反步法控制仿真曲线

参考文献

[1]　于金鹏，陈兵，于海生，等. 基于自适应模糊反步法的永磁同步电机位置跟踪控制[J]. 控制与决策，2010，25(10)：1547-1551.

[2]　REN H P，ZHOU R，LI J. Adaptive Backstepping Sliding Mode Tracking Control for DC Moter Servo System：2017 Chinese Automation Congress (CAC) [C]. Jinan，China：IEEE，2017：5090-5095.

[3]　MEHMOOD J，ABID M，KHAN M S，et al. Design of Sliding Mode Control for a Brushless DC Motor：IEEE 23rd International Multi topic Conference (INMIC) [C]. Bahawalpur，Pakistan：IEEE，2020.

[4]　姜红，韩俊峰. PMSM 伺服系统的自适应模糊滑模控制[J]. 微电机，2014，47(5)：46-49.

[5]　王世剑，孙红江，王佳伟，等. 含齿隙转台伺服系统的 RBF 神经网络反步控制[J]. 机器人技术现代制造工程，2021，5：13，39-46.

[6]　付培华，陈振，丛炳龙，等. 基于反步自适应滑模控制的永磁同步电机位置伺服系统[J]. 电工技术学报，2013，28(9)：288-293，301.

[7]　李超. 含齿隙环节伺服系统的反步自适应控制[D]. 西安：西安电子科技大学，2011.

[8] 肖宇强,陈龙淼. 含齿隙伺服系统的反步自适应模糊滑模控制[J]. 机械制造与自动化,2016,45(6):187-191.

[9] ZHU G D,LEI H M. Adaptive Backstepping Control of a Class of Unknown Backlash-like Hysteresis Nonlinear Systems[C]. The Eighth International Conference on Electronic Measurement and Instruments. Xian,China: IEEE,2007: 776-781.

[10] CHEN Y Y,WANG Y,DONG Q,et al. Robust adaptive backstepping control for nonlinear systems with unknown backlash-like hysteresis: Proceedings of 2021 IEEE International Conference on Mechatronics and Automation[C]. Takamatsu,Japan,2021: 554-559.

[11] TAN Y L,CHANG J,TAN H L. Adaptive Backstepping Control and Friction Compensation for AC Servo With Inertia and Load Uncertainties[J]. IEEE Transactions on Industrial Electronics,2003,50(5): 944-952.

[12] ZHOU Q,WU C,JING X, WANG L. Adaptive fuzzy backstepping dynamic surface control for nonlinear Input-delay systems[J]. Neuro computing ,2016,199: 58-65.

[13] 刘慧博,刘尚磊. 基于摩擦和干扰补偿的转台模糊反演滑模控制[J]. 系统仿真学报,2018,30(3):1195-1202,1209.

[14] 闵颖颖,刘允刚. Barbalat引理及其在系统稳定性分析中的应用[J]. 山东大学学报(工学版),2007,37(1): 51-55,114.

[15] SU C Y,STEPANENKO Y,SVOBODA J,et al. Robust adaptive control of a class of nonlinear systems with unknown backlash-like hysteresis[J]. IEEE Transactions on automatic control,2000,45: 2427-2432.

[16] ZHANG Y,WEN C,SOH Y. Adaptive backstepping control design for systems with unknown high-frequency gain[J]. IEEE Transactions on automatic control,2000,45: 2350-2354.

[17] 杜仁慧,吴益飞,陈威,等. 考虑齿隙伺服系统的反步自适应模糊控制[J]. 控制理论与应用,2013,30(2): 254-260.

[18] HOU M Z,DUAN G R,GUO M S. New versions of Barbalat's lemma with applications[J]. Journal of Control Theory and Application,2010,8(4): 545-547.

[19] WANG Z H,DONG Y L,LI Y Y,et al. Robust adaptive control of the DC servo system with friction and backlash: 2017 Chinese Automation Congress(CAC)[C]. Jinan,China:IEEE,2017: 2998-3004.

第8章
自适应模糊/神经网络动态面控制

反步法控制将复杂的非线性系统分解为不超过系统阶数的子系统，通过虚拟控制律的设计，一步一步直到完成实际控制律的设计。反步法控制设计简单明了，并已被推广到自适应控制、鲁棒控制等领域。但在传统的反步法中，对于每一级的子系统都要设计相应的虚拟控制律，然后通过反步求导运算，最后设计出实际的控制律。这一系列步骤不仅需要进行大量计算，而且会导致“微分爆炸”。

为了解决这一问题，许多学者对此进行了一系列探索研究，提出了动态面控制(dynamic surface control，DSC)方法。动态面控制方法的基本思路与反步法相似，只是在反步设计过程产生的每一级子系统设计中引入了一个一阶低通滤波器，从而消除了对虚拟控制律求导问题，避免了复杂计算引起的“微分爆炸”。

近年来，动态面控制与自适应控制相结合的方法受到了许多学者的青睐。利用动态面控制法对非线性系统的控制器进行了设计研究，并取得了许多研究成果。特别地，对于严反馈非线性系统，以及一类带有未知参数和不确定性干扰的严反馈非线性系统，将动态面控制方法与自适应控制和神经网络/模糊逻辑控制相结合，提出了神经网络自适应动态面控制方法，简化了控制算法的设计，避免了“微分爆炸”。

所谓严反馈系统，是指其状态空间模型中的当前子系统仅与当前所有状态及下一级系统的状态有关，且系统控制输入以显式呈现在系统状态方程中。很多实际物理系统是这种严反馈系统形式。例如，自动驾驶仪，海洋航行器，飞行系统，水下航行器，以及空间飞行器，等等。因此，讨论严反馈非线性系统的控制方法可以应用于广泛范围的实际工程系统。

文献[14]在设计过程中将系统中的非线性函数进行分解，然后进行模糊逼近，减少了设计过程中模糊逼近器的个数。在实现 PMSM 伺服系统的位置跟踪控制方面，文献[15]通过引入一阶滤波器，将虚拟控制信号的导数近似为虚拟信号和滤波信号的代数计算，提出了自适应神经网络动态面控制算法；文献[16]通过引入命令滤波器逼近虚拟控制信号的导数，提出了自适应模糊位置跟踪控制算法。在此基础上，文献[17]针对考虑状态约束的参数不确定 PMSM 伺服系统，提出了基于命令滤波器的自适应模糊位置跟踪控制算法。文献[18]针对参数不确定性的永磁同步电机系统，采用自适应神经网络动态面控制方法，利用神经网络逼近电机系统中的复杂非线性函数，实现了电机的位置跟踪控制，闭环系统具有半全局稳定性，位置跟踪误差收敛于原点的小邻域内。

上述文献[15-18]提出的控制算法能够避免对虚拟控制信号反复求导，有效克服了反步递推控制设计中存在的“微分爆炸”问题。然而，为了实现位置/速度高精度跟踪控制，上述基于神经网络/模糊逻辑系统的自适应控制算法通常需要选取较大的自适应增益，即快速自适应。快速自适应会导致控制输入产生高频振荡信号和控制输入漂移，从而降低系统的瞬态控制性能，甚至破坏系统的稳定性。

为此，文献[19]和文献[27-30]分别针对永磁同步电机系统和严反馈非线性系统，提出一种基于预报器的自适应神经网络动态面位置跟踪控制策略。关于采用神经网络补偿不确定性项对系统控制性能的影响，该方法不同于现有的自适应神经网络控制算法中利用跟踪误差学习神经网络的权值向量，而是采用引入神经网络预报器、通过预估误差学习神经网络的权值向量，并强制预估误差初始值为零，以保证在选取较大的自适应增益时，控制输入光滑连续、不产生高频振荡和输入漂移现象，从而实现 PMSM 伺服系统和严反馈非线性系统的位置跟踪快速自适应控制。

8.1　非线性系统动态面控制基本原理

首先考虑下列简单的三阶非线性系统：

$$\begin{cases}\dot{x}_1 = x_2 + f_1(x_1) \\ \dot{x}_2 = x_3 + f_2(x_1, x_2) \\ \dot{x}_3 = u + f_3(x_1, x_2, x_3) \\ y = x_1\end{cases} \tag{8-1}$$

式中，$(x_1, x_2, x_3)^{\mathrm{T}} \in \mathbf{R}^3$ 为系统状态向量，$f_i(\boldsymbol{x}_i)(i=1,2,3)$为其自变量的 C^1 函数；$y \in \mathbf{R}$ 为系统输出；$u \in \mathbf{R}$ 为系统控制输入。

设计目标是得到实际控制律，使得系统稳定、输出 y 期望跟踪参考信号 x_{d}。x_{d} 及其一阶、二阶导数 $\dot{x}_{\mathrm{d}}$、$\ddot{x}_{\mathrm{d}}$ 为已知且有界。即，$x_{\mathrm{d}}^2 + \dot{x}_{\mathrm{d}}^2 + \ddot{x}_{\mathrm{d}}^2 \leqslant B_0, B_0 > 0$。

步骤 1：考虑一级系统——方程(8-1)的第一式。系统状态 x_1 期望跟踪参考输入 x_{d}，定义误差：

$$S_1 = x_1 - x_{\mathrm{d}} \tag{8-2}$$

误差的导数为

$$\dot{S}_1 = \dot{x}_1 - \dot{x}_{\mathrm{d}} = x_2 + f_1(x_1) - \dot{x}_{\mathrm{d}} \tag{8-3}$$

设一阶低通滤波器满足

$$\tau_2 \dot{x}_{2\mathrm{d}} + x_{2\mathrm{d}} = \bar{x}_2 \tag{8-4}$$

其中，τ_2 为设计的正时间常数；$\bar{x}_2$ 表示虚拟控制律；$x_{2\mathrm{d}}$ 为二级系统的期望虚拟跟踪值，而不是实际的物理量。这与常规的反步控制具有本质上的不同。

步骤 2：定义二级系统跟踪误差

$$S_2 = x_2 - x_{2\mathrm{d}} \tag{8-5}$$

以及虚拟滤波误差

$$y_2 = x_{2\mathrm{d}} - \bar{x}_2 \tag{8-6}$$

式中，y_2 为虚拟的期望跟踪值 $x_{2\mathrm{d}}$ 与虚拟控制律 $\bar{x}_2$ 之差。

根据式(8-5)和式(8-6)可得

$$\begin{cases} x_2 = S_2 + x_{2d} \\ x_{2d} = y_2 + \bar{x}_2 \end{cases} \tag{8-7}$$

将式(8-7)代入式(8-3)，可得

$$\begin{aligned} \dot{S}_1 &= \dot{x}_1 - \dot{x}_d = x_2 + f_1(x_1) - \dot{x}_d \\ &= S_2 + y_2 + \bar{x}_2 + f_1(x_1) - \dot{x}_d \end{aligned} \tag{8-8}$$

设计虚拟控制律为

$$\bar{x}_2 = -f_1(x_1) - k_1 S_1 + \dot{x}_d \tag{8-9}$$

将式(8-9)代入式(8-8)，可得

$$\dot{S}_1 = \dot{x}_1 - \dot{x}_d = S_2 + y_2 - k_1 S_1 \tag{8-10}$$

由式(8-4)和式(8-6)，并利用式(8-9)，可得

$$\begin{aligned} \dot{y}_2 &= -\frac{y_2}{\tau_2} - \dot{\bar{x}}_2 = -\frac{y_2}{\tau_2} + \frac{\partial f_1}{\partial x_1}\dot{x}_1 + k_1\dot{S}_1 - \ddot{x}_d \\ &= -\frac{y_2}{\tau_2} + \eta_2(S_1, S_2, y_2, k_1, x_d, \dot{x}_d, \ddot{x}_d) \end{aligned} \tag{8-11}$$

步骤3：对二级系统的误差 $S_2 = x_2 - x_{2d}$ 求一阶导数，可得

$$\dot{S}_2 = \dot{x}_2 - \dot{x}_{2d} = x_3 + f_2(x_1, x_2) - \dot{x}_{2d} \tag{8-12}$$

设一阶低通滤波器为

$$\tau_3 \dot{x}_{3d} + x_{3d} = \bar{x}_3 \tag{8-13}$$

然后，定义三级系统跟踪误差

$$S_3 = x_3 - x_{3d} \tag{8-14}$$

以及虚拟滤波误差

$$y_3 = x_{3d} - \bar{x}_3 \tag{8-15}$$

根据式(8-14)和式(8-15)可得

$$\begin{cases} x_3 = S_3 + x_{3d} \\ x_{3d} = y_3 + \bar{x}_3 \end{cases} \tag{8-16}$$

将式(8-16)代入式(8-12)，可得

$$\begin{aligned} \dot{S}_2 &= \dot{x}_2 - \dot{x}_{2d} = x_3 + f_2(x_1, x_2) - \dot{x}_{2d} \\ &= S_3 + y_3 + \bar{x}_3 + f_2(x_1, x_2) - \dot{x}_{2d} \end{aligned}$$

然后，设第二虚拟控制律为

$$\bar{x}_3 = -f_2(x_1, x_2) - k_2 S_2 - S_1 + \dot{x}_{2d} \tag{8-17}$$

则有

$$\dot{S}_2 = \dot{x}_2 - \dot{x}_{2d} = S_3 + y_3 - k_2 S_2 - S_1 \tag{8-18}$$

由式(8-13)和式(8-15)，并利用式(8-17)，可得

$$\begin{aligned} \dot{y}_3 &= -\frac{y_3}{\tau_3} - \dot{\bar{x}}_3 = -\frac{y_3}{\tau_3} + \sum_{i=1}^{2}\frac{\partial f_2}{\partial x_i}\dot{x}_i + k_2\dot{S}_2 + \dot{S}_1 - \ddot{x}_{2d} \\ &= -\frac{y_3}{\tau_3} + \eta_3(S_1, S_2, y_2, y_3, k_2, x_d, \dot{x}_d, \ddot{x}_d) \end{aligned} \tag{8-19}$$

步骤 4：对三级系统的跟踪误差 $S_3=x_3-x_{3d}$ 求一阶导数，可得

$$\dot{S}_3=\dot{x}_3-\dot{x}_{3d}=f_3(x_1,x_2,x_3)+u+y_3/\tau_3 \tag{8-20}$$

式中，已经利用方程(8-1)的第三式，以及由式(8-13)与式(8-15)有 $\dot{x}_{3d}=-y_3/\tau_3$。

设计实际控制律为

$$u=-f_3(x_1,x_2,x_3)-k_3S_3-S_2-y_3/\tau_3 \tag{8-21}$$

将式(8-21)代入式(8-20)，可得

$$\dot{S}_3=-k_3S_3-S_2 \tag{8-22}$$

最后，选择 Lyapunov 函数 $V=\frac{1}{2}S_1^2+\frac{1}{2}S_2^2+\frac{1}{2}S_3^2+\frac{1}{2}y_2^2+\frac{1}{2}y_3^2$。其一阶导数为

$$\begin{aligned}\dot{V}&=S_1\dot{S}_1+S_2\dot{S}_2+S_3\dot{S}_3+y_2\dot{y}_2+y_3\dot{y}_3\\&=S_1(S_2+y_2-k_1S_1)+S_2(S_3+y_3-k_2S_2-S_1)-k_3S_3^2-S_2S_3+\\&\quad y_2\left(-\frac{y_2}{\tau_2}+\eta_2\right)+y_3\left(-\frac{y_3}{\tau_3}+\eta_3\right)\\&=-\left(k_1S_1^2+k_2S_2^2+k_3S_3^2+\frac{y_2^2}{\tau_2}+\frac{y_3^2}{\tau_3}\right)+[y_2(S_1+\eta_2)+y_3(S_2+\eta_3)]\\&\leqslant-\alpha_0\left(\frac{1}{2}S_1^2+\frac{1}{2}S_2^2+\frac{1}{2}S_3^2+\frac{1}{2}y_2^2+\frac{1}{2}y_3^2\right)+C\end{aligned} \tag{8-23}$$

式中，

$$\alpha_0=\min\{2k_1,2k_2,2k_3,2/\tau_2,2/\tau_3\},\quad C=\max\{y_2(S_1+\eta_2)+y_3(S_2+\eta_3)\}$$

定义：$\bar{\boldsymbol{S}}_2=[S_1\quad S_2]^{\mathrm{T}}$，$\bar{\boldsymbol{y}}_2=[y_2]$；$\bar{\boldsymbol{S}}_3=[S_1\quad S_2\quad S_3]^{\mathrm{T}}$；$\bar{\boldsymbol{y}}_3=[y_2\quad y_3]^{\mathrm{T}}$；$V_j=\frac{1}{2}\bar{\boldsymbol{S}}_{j+1}^{\mathrm{T}}\bar{\boldsymbol{S}}_{j+1}+\frac{1}{2}\bar{\boldsymbol{y}}_{j+1}^{\mathrm{T}}\bar{\boldsymbol{y}}_{j+1}$；对于任意的 $B_0>0$ 和 $p>0$，集合 $\boldsymbol{\Omega}_{\mathrm{d}}=\{(x_{\mathrm{d}},\dot{x}_{\mathrm{d}},\ddot{x}_{\mathrm{d}}):x_{\mathrm{d}}^2+\dot{x}_{\mathrm{d}}^2+\ddot{x}_{\mathrm{d}}^2\leqslant B_0\}$和 $\boldsymbol{\Omega}_i=\left\{[\bar{\boldsymbol{S}}_{i+1}^{\mathrm{T}},\bar{\boldsymbol{y}}_{i+1}^{\mathrm{T}}]:\sum_{j=1}^{i}V_j\leqslant p\right\}(i=1,2)$ 分别是 $\mathbf{R}^3$ 和 $\mathbf{R}^{2i+1}$ 中的紧集——有界的闭集。

因此，$y_{i+1}(S_i+\eta_{i+1})$在 $\boldsymbol{\Omega}_{\mathrm{d}}\times\boldsymbol{\Omega}_i$ 上具有最大值 M_{i+1}，α_0 和 C 都为正的常数。于是，式(8-23)可改写为

$$\dot{V}(t)\leqslant-\alpha_0V(t)+C$$

该式与式(7-133)相同，有解：

$$V(t)\leqslant\frac{C}{\alpha_0}+\left(V(0)-\frac{C}{\alpha_0}\right)\mathrm{e}^{-\alpha_0t} \tag{8-24}$$

由式(8-24)易见，系数 S_i、$\eta_{i+1}(i=1,2)$都是连续的有界变量；比例系数 y_{i+1} 为一阶低通滤波器的跟踪误差，通过增大时间常数 τ_{i+1}，可以把 y_{i+1} 调节为任意的小量。因此，如果初值 $V(0)$有界，闭环系统将是渐近稳定的，最终一致收敛到平衡状态的任意小的邻域以内。

其次，为了便于进行对比，采用与 7.2 节相同的二阶非线性系统进行验证。

考虑二阶非线性系统：

$$\begin{cases}\dot{x}_1=x_2\\\dot{x}_2=-x_1^2+u\end{cases} \tag{8-25}$$

步骤 1：对于一级系统——方程(8-25)的第一式，x_1 期望跟踪参考输入 x_d，定义误差

$$S_1 = x_1 - x_d \tag{8-26}$$

误差的一阶导数为

$$\dot{S}_1 = \dot{x}_1 - \dot{x}_d = x_2 - \dot{x}_d \tag{8-27}$$

设一阶低通滤波器满足

$$\tau_2 \dot{x}_{2d} + x_{2d} = \bar{x}_2 \tag{8-28}$$

式中，τ_2 为设计的正时间常数；$\bar{x}_2$ 为虚拟控制律。

步骤 2：定义二级系统跟踪误差

$$S_2 = x_2 - x_{2d} \tag{8-29}$$

以及虚拟滤波误差

$$y_2 = x_{2d} - \bar{x}_2 \tag{8-30}$$

式中，y_2 为虚拟的期望跟踪值 x_{2d} 与虚拟控制律 $\bar{x}_2$ 之差。

根据式(8-29)和式(8-30)可得

$$\begin{cases} x_2 = S_2 + x_{2d} \\ x_{2d} = y_2 + \bar{x}_2 \end{cases} \tag{8-31}$$

将式(8-31)代入式(8-27)，可得

$$\dot{S}_1 = \dot{x}_1 - \dot{x}_d = S_2 + y_2 + \bar{x}_2 - \dot{x}_d \tag{8-32}$$

设计虚拟控制律为

$$\bar{x}_2 = -k_1 S_1 + \dot{x}_d \tag{8-33}$$

将式(8-33)代入式(8-32)，可得

$$\dot{S}_1 = \dot{x}_1 - \dot{x}_d = S_2 + y_2 - k_1 S_1 \tag{8-34}$$

由式(8-28)和式(8-30)，并利用式(8-33)，可得

$$\dot{y}_2 = -\frac{y_2}{\tau_2} - \dot{\bar{x}}_2 = -\frac{y_2}{\tau_2} + \eta_2(S_1, S_2, y_2, k_1, x_d, \dot{x}_d, \ddot{x}_d) \tag{8-35}$$

步骤 3：考虑到二级系统的跟踪误差 $S_2 = x_2 - x_{2d}$，求一阶导数，可得

$$\dot{S}_2 = \dot{x}_2 - \dot{x}_{2d} = -x_1^2 + u + y_2/\tau_2 \tag{8-36}$$

式中，已经利用方程(8-25)的第二式，以及由式(8-28)与式(8-30)有 $\dot{x}_{2d} = -y_2/\tau_2$。

设计实际控制律为

$$u = x_1^2 - k_2 S_2 - S_1 - y_2/\tau_2 \tag{8-37}$$

将式(8-37)代入式(8-36)，可得

$$\dot{S}_2 = -k_2 S_2 - S_1 \tag{8-38}$$

最后，选择 Lyapunov 函数 $V = \frac{1}{2}S_1^2 + \frac{1}{2}S_2^2 + \frac{1}{2}y_2^2$。其一阶导数为

$$\begin{aligned} \dot{V} &= S_1\dot{S}_1 + S_2\dot{S}_2 + y_2\dot{y}_2 \\ &= -\left(k_1 S_1^2 + k_2 S_2^2 + \frac{y_2^2}{\tau_2}\right) + (S_1 y_2 + y_2 \eta_2) \\ &\leqslant -\alpha_0\left(\frac{1}{2}S_1^2 + \frac{1}{2}S_2^2 + \frac{1}{2}y_2^2\right) + C \end{aligned} \tag{8-39}$$

式中，$\alpha_0=\min\{2k_1,2k_2,2/\tau_2\}$；$C=\{y_2(S_1+\eta_2)\}$。

显然，该结果与式(8-23)类同，具有一样的结论。这里不再赘述。

二阶非线性系统 Simulink 仿真框图如图 8-1 所示。仿真输入参考信号为与 7.2 节中幅度和频率相同的正弦波和方波。输出正弦波曲线和跟踪误差曲线，分别见图 8-2(a)、(b)；输出方波曲线见图 8-2(c)。另外，还将低通滤波器时间常数 τ_2 由 0.001 加大到 0.002，正弦波误差曲线见图 8-2(d)。

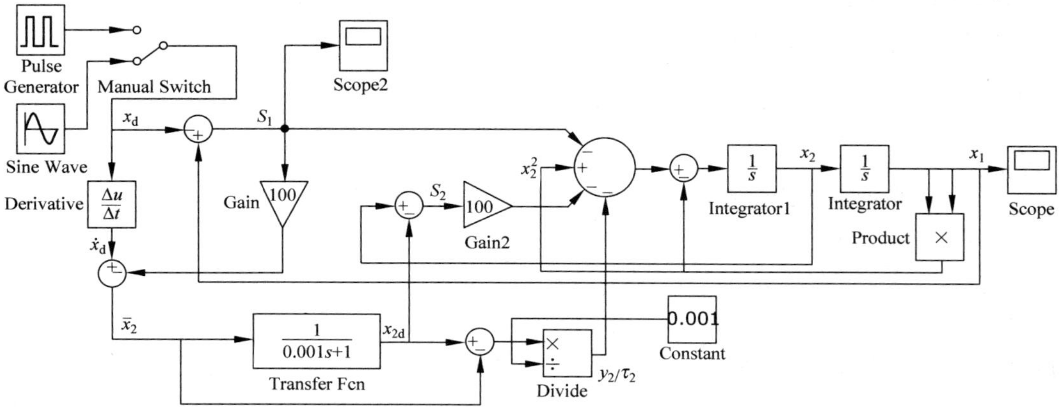

图 8-1　二阶非线性系统 Simulink 仿真框图

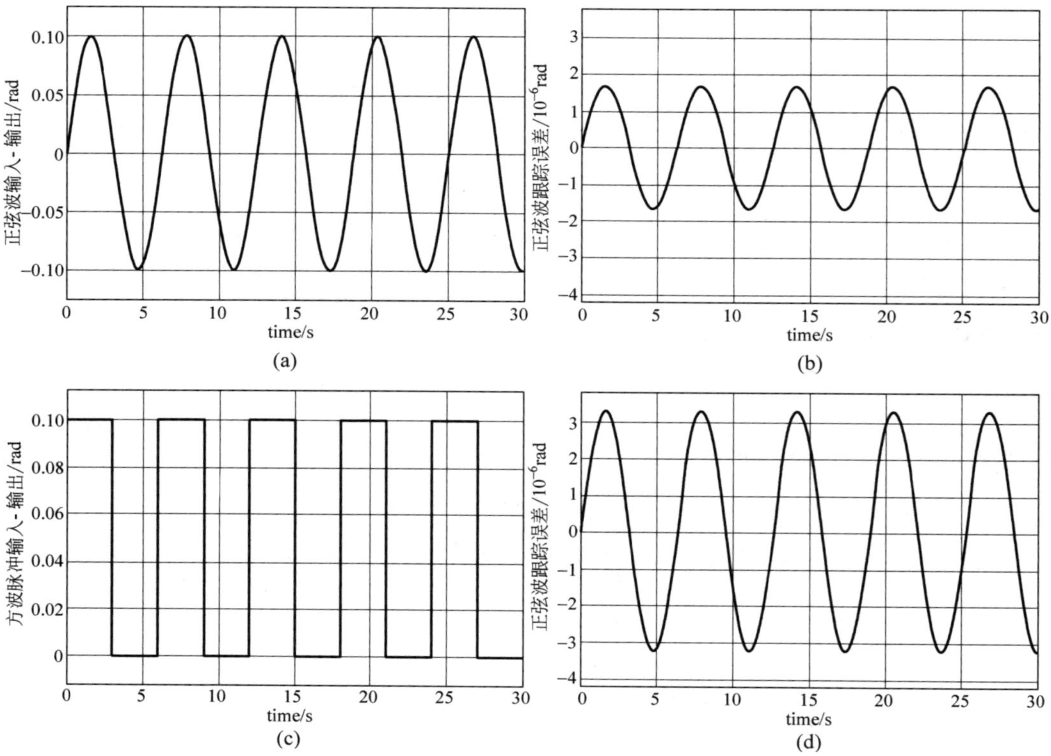

图 8-2　动态面控制的二阶非线性系统仿真曲线

将图 8-2 的仿真结果与图 7-2 对比可知,正弦波输出曲线相同,跟踪误差曲线幅值也差不多。二者主要的差别是图 8-2 中尖峰脉冲干扰被消除了。也就是说,反步法的“微分爆炸”的缺陷被弥补了。另外,将图 8-2(b)与图 8-2(d)相比较发现,同样的参考正弦波输入,τ_2 增大 1 倍,输出误差波形差不多也增加 1 倍。这说明,动态面控制采用了一阶低通滤波器,系统的通频带受限。因此,在选取低通滤波器的时间常数 τ_i 时,须使低通滤波器的通频带高于闭环系统的频带,使得虚拟滤波误差 y_i 足够小,但在有限时间内不可能为零。

8.2 含失配函数的严反馈非 Lipschitz 非线性系统动态面控制

首先,考虑严反馈非 Lipschitz 非线性系统:

$$\begin{cases}\dot{x}_1=x_2+f_1(x_1)+\Delta f_1(x_1)\\ \dot{x}_2=x_3+f_2(x_1,x_2)+\Delta f_2(x_1,x_2)\\ \quad\vdots\\ \dot{x}_{n-1}=x_n+f_{n-1}(x_1,x_2,\cdots,x_{n-1})+\Delta f_{n-1}(x_1,x_2,\cdots,x_{n-1})\\ \dot{x}_n=u\end{cases} \tag{8-40}$$

为了分析方便,特作假设如下:

(1) f_i 是其自变量的平滑函数,且是完全已知的非 Lipschitz 非线性函数,$f_i(0,0,\cdots,0)=0$。

(2) $|\Delta f_i(x_1,x_2,\cdots,x_i)|\leqslant\rho_i(x_1,x_2,\cdots,x_i)$,$\rho_i$ 是其自变量的 C^1 函数,但不要求其全局 Lipschitz,以及不要求 Δf_i 平滑甚至局部 Lipschitz。然而,假设 Δf_i 是 C^0 函数,以保证解的存在性。

控制器的作用就是在出现失配的非 Lipschitz 不确定性时能调节系统,使得 $x_1(t)$ 跟踪参考输入 x_{d}。假设给定轨迹是有界的,即 $x_{\mathrm{d}}^2+\dot{x}_{\mathrm{d}}^2+\ddot{x}_{\mathrm{d}}^2\leqslant B_0$。

下面推导动态面控制器。

步骤 1:为了使一级系统的输出 x_1 期望跟踪轨迹 x_{d},定义误差为

$$S_1=x_1-x_{\mathrm{d}} \tag{8-41}$$

对时间求导一次,可得

$$\dot{S}_1=\dot{x}_1-\dot{x}_{\mathrm{d}}=x_2+f_1(x_1)+\Delta f_1(x_1)-\dot{x}_{\mathrm{d}} \tag{8-42}$$

式中,已经利用方程(8-40)的第一式。

设一阶低通滤波器为

$$\tau_2\dot{x}_{2\mathrm{d}}+x_{2\mathrm{d}}=\bar{x}_2 \tag{8-43}$$

式中,τ_2 为设计的正时间常数;$\bar{x}_2$ 表示虚拟控制律,在后面确定。

步骤 2:定义二级系统跟踪误差

$$S_2=x_2-x_{2\mathrm{d}} \tag{8-44}$$

以及低通滤波器跟踪误差

$$y_2=x_{2\mathrm{d}}-\bar{x}_2 \tag{8-45}$$

式中,y_2 为虚拟的期望跟踪值 $x_{2\mathrm{d}}$ 与虚拟控制律 $\bar{x}_2$ 之差。

根据式(8-44)和式(8-45)可得

$$\begin{cases} x_2 = S_2 + x_{2\mathrm{d}} \\ x_{2\mathrm{d}} = y_2 + \bar{x}_2 \end{cases} \tag{8-46}$$

将式(8-46)代入式(8-42)，可得

$$\begin{aligned}\dot{S}_1 &= \dot{x}_1 - \dot{x}_\mathrm{d} = x_2 + f_1(x_1) + \Delta f_1(x_1) - \dot{x}_\mathrm{d} \\ &= S_2 + y_2 + \bar{x}_2 + f_1(x_1) + \Delta f_1(x_1) - \dot{x}_\mathrm{d}\end{aligned} \tag{8-47}$$

设虚拟控制律为

$$\bar{x}_2 = -f_1(x_1) - \frac{S_1\rho_1^2}{2\varepsilon} - K_1 S_1 + \dot{x}_\mathrm{d} \tag{8-48}$$

式中，K_1 为正的设计参数；ε 为任意小的正常数，对其将在后面选择。ε 用于量度期望的调节(或跟踪)精度。

将式(8-48)代入式(8-47)，可得

$$\dot{S}_1 = S_2 + y_2 - K_1 S_1 + \Delta f_1(x_1) - \frac{S_1\rho_1^2}{2\varepsilon} \tag{8-49}$$

由式(8-43)和式(8-45)，并利用式(8-48)，可得

$$\begin{aligned}\dot{y}_2 &= -\frac{y_2}{\tau_2} - \dot{\bar{x}}_2 = -\frac{y_2}{\tau_2} + \frac{\partial f_1}{\partial x_1}\dot{x}_1 + \frac{\rho_1^2}{2\varepsilon}\dot{S}_1 + \frac{S_1\rho_1}{\varepsilon}\frac{\partial \rho_1}{\partial x_1}\dot{x}_1 + K_1\dot{S}_1 - \ddot{x}_\mathrm{d} \\ &= -\frac{y_2}{\tau_2} + \eta_2(S_1, S_2, y_2, K_1, x_\mathrm{d}, \dot{x}_\mathrm{d}, \ddot{x}_\mathrm{d})\end{aligned} \tag{8-50}$$

式中，$\eta_2 = -\dot{\bar{x}}_2 = \frac{\partial f_1}{\partial x_1}\dot{x}_1 + \frac{\rho_1^2}{2\varepsilon}\dot{S}_1 + \frac{S_1\rho_1}{\varepsilon}\frac{\partial \rho_1}{\partial x_1}\dot{x}_1 + K_1\dot{S}_1 - \ddot{x}_\mathrm{d}$ 为连续函数。

步骤 i ($2 \leqslant i \leqslant n-1$)：继续应用以上方法，对第 i 级系统，定义误差为

$$S_i = x_i - x_{i\mathrm{d}} \tag{8-51}$$

仿照式(8-49)和式(8-50)，有

$$\dot{S}_i = S_{i+1} + y_{i+1} - K_i S_i - S_{i-1} + \left(\Delta f_i(x_1, x_2, \cdots, x_i) - \frac{S_i\rho_i^2}{2\varepsilon}\right) \tag{8-52}$$

$$\dot{y}_{i+1} = -\frac{y_{i+1}}{\tau_{i+1}} - \dot{\bar{x}}_{i+1} = -\frac{y_{i+1}}{\tau_{i+1}} + \eta_{i+1}(S_1, \cdots, S_{i+1}, y_2, \cdots, y_{i+1}, K_1, \cdots, K_i, x_\mathrm{d}, \dot{x}_\mathrm{d}, \ddot{x}_\mathrm{d}) \tag{8-53}$$

式中，$\eta_{i+1} = -\dot{\bar{x}}_{i+1} = \sum_{j=1}^{i}\frac{\partial f_i}{\partial x_j}\dot{x}_j + \frac{\rho_i^2}{2\varepsilon}\dot{S}_i + \frac{S_i\rho_i}{\varepsilon}\sum_{j=1}^{i}\frac{\partial \rho_i}{\partial x_j}\dot{x}_j + K_i\dot{S}_i - \dot{S}_i - \ddot{x}_{i\mathrm{d}}$ 为连续函数。

步骤 n：对于最后的第 n 级系统，有

$$S_n = x_n - x_{n\mathrm{d}} \tag{8-54}$$

$$\dot{S}_n = \dot{x}_n - \dot{x}_{n\mathrm{d}} = -K_n S_n - S_{n-1} \tag{8-55}$$

$$u = -K_n S_n - S_{n-1} + \dot{x}_{n\mathrm{d}} \tag{8-56}$$

现在，定义 Lyapunov 函数 $V_{1S} = \frac{1}{2}S_1^2$ 和 $V_{1y} = \frac{1}{2}y_2^2$，它们的导数分别为

$$\dot{V}_{1S}=S_1\dot{S}_1=S_1\left(S_2+y_2-K_1S_1+\Delta f_1(x_1)-\frac{S_1\rho_1^2}{2\varepsilon}\right)$$
$$\leqslant -K_1S_1^2+S_1S_2+S_1y_2+\frac{\varepsilon}{2} \tag{8-57a}$$

和

$$\dot{V}_{1y}=y_2\dot{y}_2=y_2(-y_2/\tau_2+\eta_2) \tag{8-57b}$$

注意，式(8-57a)中已经利用 Young's 不等式：$S_1\Delta f_1(x_1)\leqslant|S_1|\rho_1\leqslant\frac{S_1^2\rho_1^2}{2\varepsilon}+\frac{\varepsilon}{2}$。

定义 Lyapunov 函数 $V_{iS}=\frac{1}{2}S_i^2$ 和 $V_{iy}=\frac{1}{2}y_{i+1}^2$，$2\leqslant i\leqslant n-1$，它们的导数分别为

$$\dot{V}_{iS}=S_i\dot{S}_i=S_i\left[S_{i+1}+y_{i+1}-K_iS_i-S_{i-1}+\left(\Delta f_i(x_1,x_2,\cdots,x_i)-\frac{S_i\rho_i^2}{2\varepsilon}\right)\right]$$
$$\leqslant -K_iS_i^2+S_iS_{i+1}-S_iS_{i-1}+S_iy_{i+1}+\varepsilon/2 \tag{8-57c}$$

和

$$\dot{V}_{iy}=y_{i+1}\dot{y}_{i+1}=y_{i+1}\left(-\frac{y_{i+1}}{\tau_{i+1}}+\eta_{i+1}(S_1,\cdots,S_{i+1},y_2,\cdots,y_{i+1},K_1,\cdots,K_i,x_{\mathrm{d}},\dot{x}_{\mathrm{d}},\ddot{x}_{\mathrm{d}})\right)$$
$$=-\frac{y_{i+1}^2}{\tau_{i+1}}+y_{i+1}\eta_{i+1} \tag{8-57d}$$

式中，已经利用 Young's 不等式 $S_i\Delta f_i(x_1,x_2,\cdots,x_i)\leqslant|S_i|\rho_i\leqslant\frac{S_i^2\rho_i^2}{2\varepsilon}+\frac{\varepsilon}{2}$。

定义 Lyapunov 函数 $V_{nS}=\frac{1}{2}S_n^2$，其导数为

$$\dot{V}_{nS}=S_n\dot{S}_n=S_n(-K_nS_n-S_{n-1})=-K_nS_n^2-S_nS_{n-1} \tag{8-57e}$$

最后，令 Lyapunov 函数 $V=\sum_{i=1}^{n}V_{iS}+\sum_{i=1}^{n-1}V_{iy}$，则利用式(8-57a)～式(8-57e)可得

$$\dot{V}=\sum_{i=1}^{n}\dot{V}_{iS}+\sum_{i=1}^{n-1}\dot{V}_{iy}\leqslant -K_1S_1^2+S_1S_2+S_1y_2+\frac{\varepsilon}{2}+$$
$$\sum_{i=2}^{n-1}\left(-K_iS_i^2+S_iS_{i+1}-S_iS_{i-1}+S_iy_{i+1}+\frac{\varepsilon}{2}\right)-$$
$$K_nS_n^2-S_nS_{n-1}+\sum_{i=1}^{n-1}\left(-\frac{y_{i+1}^2}{\tau_{i+1}}+y_{i+1}\eta_{i+1}\right)$$
$$=-\sum_{i=1}^{n}K_iS_i^2-\sum_{i=1}^{n-1}\frac{y_{i+1}^2}{\tau_{i+1}}+\left[\frac{(n-1)\varepsilon}{2}+\sum_{i=1}^{n-1}y_{i+1}(S_i+\eta_{i+1})\right] \tag{8-58}$$

对于任意的 $B_0>0$ 和 $p>0$，集合 $\Omega_{\mathrm{d}}=\{(x_{\mathrm{d}},\dot{x}_{\mathrm{d}},\ddot{x}_{\mathrm{d}}):x_{\mathrm{d}}^2+\dot{x}_{\mathrm{d}}^2+\ddot{x}_{\mathrm{d}}^2\leqslant B_0\}$ 和 $\Omega_i=\left\{[\bar{\boldsymbol{S}}_{i+1}^{\mathrm{T}},\bar{\boldsymbol{y}}_{i+1}^{\mathrm{T}}]:\sum_{j=1}^{i}V_j\leqslant p\right\}(i=1,2,\cdots,n)$ 分别是 $\mathbf{R}^3$ 和 $\mathbf{R}^{2i+1}$ 中的紧集——有界的闭集，式中，$\bar{\boldsymbol{S}}_{i+1}^{\mathrm{T}}$、$\bar{\boldsymbol{y}}_{i+1}^{\mathrm{T}}$ 及 V_j 的定义与 8.1 节的类同，见第 228 页，因此，$y_{i+1}(S_{i+1}+\eta_{i+1})$ 在 $\Omega_{\mathrm{d}}\times\Omega_i$ 上具有最大值 M_{i+1}。

令 $\alpha_0=\min\{2k_1,2k_2,\cdots,2k_n,2/\tau_2,2/\tau_3,\cdots,2/\tau_n\}$ 和 $C=\max\left\{(n-1)\varepsilon/2+\sum_{i=1}^{n-1}M_{i+1}\right\}$，二者都为正的常数。于是，式(8-58)可改写为

$$\dot{V}(t)\leqslant -\alpha_0 V(t)+C$$

该式与式(7-133)相同，有解：

$$V(t)\leqslant \frac{C}{\alpha_0}+\left(V(0)-\frac{C}{\alpha_0}\right)\mathrm{e}^{-\alpha_0 t} \tag{8-59}$$

由式(8-59)中的常数 C 的组成易知，ε 为小量，M_{i+1} 与 y_{i+1} 成比例；y_{i+1} 为一阶低通滤波器的跟踪误差，通过设计时间常数 τ_{i+1} 可调节为任意的小量。因此，如果初值 $V(0)$ 有界，闭环系统将是渐近稳定的，最终一致收敛到平衡状态的任意小的邻域以内。

8.3 含齿隙滞环的严反馈非线性系统自适应模糊动态面控制

考虑下列 SISO 严格反馈非线性系统：

$$\begin{cases}\dot{x}_1=f_1(x_1)+g_1x_2+d_1(t)\\ \dot{x}_2=f_2(x_2)+g_2x_3+d_2(t)\\ \quad\vdots\\ \dot{x}_i=f_i(\boldsymbol{x}_i)+g_ix_{i+1}+d_i(t)\\ \quad\vdots\\ \dot{x}_n=f_n(\boldsymbol{x}_n)+g_n\varphi(u)+d_n(t)\\ y=x_1\end{cases} \tag{8-60}$$

式中，$\boldsymbol{x}_i=(x_1,x_2,\cdots,x_i)^{\mathrm{T}}\in\mathbf{R}^i(i=1,2,\cdots,n)$为系统状态；$y$ 为系统输出；g_i 为未知常数；$f_i(\cdot)$为未知的平滑函数；$d(\cdot)$为未知有界时变干扰；$u\in\mathbf{R}$ 为系统实际控制输入；$\varphi(u)$为类似齿隙的滞环非线性，由第 6 章式(6-18)表示：

$$\varphi(u(t))=cu(t)+\rho(u(t)) \tag{8-61}$$

因此，系统模型(8-60)可改写如下：

$$\begin{cases}\dot{x}_1=f_1(x_1)+g_1x_2+d_1(t)\\ \dot{x}_2=f_2(x_2)+g_2x_3+d_2(t)\\ \quad\vdots\\ \dot{x}_i=f_i(\boldsymbol{x}_i)+g_ix_{i+1}+d_i(t)\\ \quad\vdots\\ \dot{x}_n=f_n(\boldsymbol{x}_n)+g_ncu(t)+g_n\rho(u(t))+d_n(t)\\ y=x_1\end{cases} \tag{8-62}$$

控制目标是设计系统(8-62)的控制律 $u(t)$，使得系统输出 $y(t)$ 跟踪给定的期望轨迹 x_{d}。

为了便于进行控制器设计，需要作以下符合实际的假设：

假设 1：g_i 的符号是已知的，并且存在常数 $0<g_{i\min}\leqslant g_{i\max}$，使得 $g_{i\min}\leqslant g_i\leqslant g_{i\max}$。

假设 2：期望轨迹向量是连续可利用的，并且$[x_d, \dot{x}_d, \ddot{x}_d]^T \in \Omega_d$，具有已知的紧集$\Omega_d = \{[x_d, \dot{x}_d, \ddot{x}_d]^T: x_d^2 + \dot{x}_d^2 + \ddot{x}_d^2 \leqslant B_0\} \subseteq \mathbf{R}^3$，它的大小 B_0 是已知的正常数。

假设 3：存在常数 $c_{\min}$ 和 $c_{\max}$，使得式(8-61)中的斜率 c 满足 $c \in [c_{\min}, c_{\max}]$。

假设 4：存在常数 $\rho_{\max}$，使得 $\rho(u) \leqslant \rho_{\max}$。

假设 5：存在常数 $d_{i\max}$，使得 $d_i \leqslant d_{i\max}$，$i = 1, 2, \cdots, n$。

注意，假设 1 意味着 g_i 可正、可负。这里，不失一般性，只考虑 g_i 为正的情况。

控制器设计的具体步骤如下：

步骤 1：定义一级系统的误差 $S_1 = x_1 - x_d$，其导数为

$$\dot{S}_1 = \dot{x}_1 - \dot{x}_d = f_1(x_1) + g_1 x_2 + d_1(t) - \dot{x}_d \tag{8-63}$$

选择 Lyapunov 函数 $V_{1S} = \dfrac{1}{2g_1} S_1^2$，其导数为

$$\dot{V}_{1S} = \frac{1}{g_1} S_1 \dot{S}_1 = S_1 \left(Q_1(\boldsymbol{X}_1) + x_2 + \frac{1}{g_1} d_1(t) \right) \tag{8-64}$$

式中，$\boldsymbol{X}_1 = [x_1, \dot{x}_d]^T \in \Omega_{\boldsymbol{X}_1} \subseteq \mathbf{R}^2$；$Q_1(\boldsymbol{X}_1) = g_1^{-1}(f_1(x_1) - \dot{x}_d)$。为补偿未知的函数 $Q_1(\boldsymbol{X}_1)$，根据模糊逻辑系统万能逼近定理可知，对于任意小的正数 ε_1，存在模糊逻辑系统 $\boldsymbol{w}_1^{*T} \boldsymbol{\psi}_1$，使得在紧集 $\Omega_{\boldsymbol{X}_1}$ 上逼近函数 $Q_1(\boldsymbol{X}_1)$ 如下：

$$Q_1(\boldsymbol{X}_1) = \boldsymbol{w}_1^{*T} \boldsymbol{\psi}_1 + \delta_1 \tag{8-65}$$

其中，$\boldsymbol{w}_1^* - \hat{\boldsymbol{w}}_1 = \tilde{\boldsymbol{w}}_1$；$\delta_1$ 表示最小逼近误差，满足不等式 $|\delta_1| \leqslant \varepsilon_1$。

将式(8-65)代入式(8-64)，并利用假设 1 和假设 5，可得

$$\dot{V}_{1S} \leqslant S_1(\hat{\boldsymbol{w}}_1^T \boldsymbol{\psi}_1 + \tilde{\boldsymbol{w}}_1^T \boldsymbol{\psi}_1 + x_2) + |S_1| D_1$$

式中，$D_1 = \dfrac{d_{1\max}}{g_{1\min}} + \varepsilon_1$。参考式(8-46)，有 $x_2 = S_2 + y_2 + \bar{x}_2$，因此，上式可改写为

$$\dot{V}_{1S} \leqslant S_1(\hat{\boldsymbol{w}}_1^T \boldsymbol{\psi}_1 + \tilde{\boldsymbol{w}}_1^T \boldsymbol{\psi}_1 + S_2 + y_2 + \bar{x}_2) + |S_1| D_1 \tag{8-66}$$

选择虚拟控制律

$$\bar{x}_2 = -k_1 S_1 - \hat{\boldsymbol{w}}_1^T \boldsymbol{\psi}_1 - \tanh\left(\frac{S_1}{\varepsilon}\right) \hat{D}_1 \tag{8-67}$$

和自适应律

$$\dot{\hat{\boldsymbol{w}}}_1 = \mu_1 (S_1 \boldsymbol{\psi}_1 - \sigma_1 \hat{\boldsymbol{w}}_1) \tag{8-68a}$$

$$\dot{\hat{D}}_1 = \gamma_{d_1} \left(S_1 \tanh\left(\frac{S_1}{\varepsilon}\right) - \sigma_{d_1} \hat{D}_1 \right) \tag{8-68b}$$

式中，$k_1 > 0$，$\varepsilon > 0$，$\hat{D}_1$ 是 D_1 的估计值，μ_1、γ_{d_1}、σ_1 及 σ_{d_1} 均为正常数。将式(8-67)代入式(8-66)，可得

$$\begin{aligned}
\dot{V}_{1S} &\leqslant -k_1 S_1^2 + S_1 S_2 + S_1 y_2 + S_1 \tilde{\boldsymbol{w}}_1^T \boldsymbol{\psi}_1 - S_1 \tanh\left(\frac{S_1}{\varepsilon}\right) \hat{D}_1 + |S_1| D_1 \\
&\leqslant -k_1 S_1^2 + S_1 S_2 + S_1 y_2 + S_1 \tilde{\boldsymbol{w}}_1^T \boldsymbol{\psi}_1 - S_1 \tanh\left(\frac{S_1}{\varepsilon}\right) \tilde{D}_1 + \left(|S_1| - S_1 \tanh\left(\frac{S_1}{\varepsilon}\right) \right) D_1 \\
&\leqslant -k_1 S_1^2 + S_1 S_2 + S_1 y_2 + S_1 \tilde{\boldsymbol{w}}_1^T \boldsymbol{\psi}_1 - S_1 \tanh\left(\frac{S_1}{\varepsilon}\right) \tilde{D}_1 + 0.2785 \varepsilon D_1
\end{aligned} \tag{8-69}$$

式中，已利用 $\hat{D}_1=D_1+\tilde{D}_1$ 和下列双曲正切函数 tanh(·)的特性：

$$0\leqslant|S_1|-S_1\tanh\left(\frac{S_1}{\varepsilon}\right)\leqslant 0.2785\varepsilon \tag{8-70}$$

定义低通滤波器如下：

$$\tau_2\dot{x}_{2d}+x_{2d}=\bar{x}_2,\quad x_{2d}(0)=\bar{x}_2(0) \tag{8-71}$$

式中，τ_2 为低通滤波器的正时间常数，将在后面选择。

定义虚拟滤波误差 $y_2=x_{2d}-\bar{x}_2$，并利用式(8-71)，可得 $\dot{x}_{2d}=-y_2/\tau_2$，因此，有

$$\dot{y}_2=\dot{x}_{2d}-\dot{\bar{x}}_2=-\frac{y_2}{\tau_2}+\zeta_2(\bar{\boldsymbol{S}}_2,y_2,\hat{\boldsymbol{w}}_1,\hat{D}_1,x_d,\dot{x}_d,\ddot{x}_d) \tag{8-72}$$

式中，$\bar{\boldsymbol{S}}_2^{\mathrm{T}}=[S_1,S_2]$；$\zeta_2(\cdot)=-\dot{\bar{x}}_2=k_1\dot{S}_1+\dot{\hat{\boldsymbol{w}}}_1^{\mathrm{T}}\boldsymbol{\psi}_1+\hat{\boldsymbol{w}}_1^{\mathrm{T}}\dot{\boldsymbol{\psi}}_1+\tanh\left(\frac{S_1}{\varepsilon}\right)\dot{\hat{D}}_1+\left(1-\tanh^2\left(\frac{S_1}{\varepsilon}\right)\right)\frac{\dot{S}_1}{\varepsilon}\hat{D}_1$ 是连续函数。

考虑下列 Lyapunov 函数：

$$V_1=V_{1S}+\frac{1}{2\mu_1}\tilde{\boldsymbol{w}}_1^{\mathrm{T}}\tilde{\boldsymbol{w}}_1+\frac{1}{2\gamma_{d_1}}\tilde{D}_1^2+\frac{1}{2}y_2^2 \tag{8-73}$$

根据式(8-69)和式(8-72)，可得 V_1 对时间 t 的一阶导数为

$$\begin{aligned}\dot{V}_1&=\dot{V}_{1S}+\frac{1}{\mu_1}\tilde{\boldsymbol{w}}_1^{\mathrm{T}}\dot{\tilde{\boldsymbol{w}}}_1+\frac{1}{\gamma_{d_1}}\tilde{D}_1\dot{\tilde{D}}_1+y_2\dot{y}_2\\&\leqslant-k_1S_1^2-\frac{y_2^2}{\tau_2}+S_1S_2+S_1\tilde{\boldsymbol{w}}_1^{\mathrm{T}}\boldsymbol{\psi}_1-S_1\tanh\left(\frac{S_1}{\varepsilon}\right)\tilde{D}_1+0.2785\varepsilon D_1-\\&\quad\frac{1}{\mu_1}\tilde{\boldsymbol{w}}_1^{\mathrm{T}}\dot{\hat{\boldsymbol{w}}}_1+\frac{1}{\gamma_{d_1}}\tilde{D}_1\dot{\hat{D}}_1+y_2(S_1+\zeta_2)\end{aligned} \tag{8-74}$$

将自适应律(8-68a)和(8-68b)代入式(8-74)，可得

$$\dot{V}_1\leqslant-k_1S_1^2-\frac{y_2^2}{\tau_2}+S_1S_2+0.2785\varepsilon D_1+\sigma_1\tilde{\boldsymbol{w}}_1^{\mathrm{T}}\hat{\boldsymbol{w}}_1-\sigma_{d_1}\tilde{D}_1\hat{D}_1+y_2(S_1+\zeta_2) \tag{8-75}$$

步骤 i(2≤i≤n−1)：定义 $S_i=x_i-x_{id}$(注意，x_{id} 为低通滤波器的输出，不是实际的物理量)，求这个函数对时间 t 的一阶导数，可得

$$\dot{S}_i=f_i(x_1,x_2,\cdots,x_i)+g_ix_{i+1}+d_i(t)-\dot{x}_{id} \tag{8-76}$$

选择 Lyapunov 函数 $V_{iS}=\frac{1}{2g_i}S_i^2$，其导数为

$$\dot{V}_{iS}=\frac{1}{g_i}S_i\dot{S}_i=S_i\left(Q_i(\boldsymbol{X}_i)+x_{i+1}+\frac{1}{g_i}d_i(t)\right) \tag{8-77}$$

式中，$\boldsymbol{X}_i=[x_1,x_2,\cdots,x_i,\dot{x}_{id}]\in\Omega_{\boldsymbol{X}_i}$，$Q_i(\boldsymbol{X}_i)=g_i^{-1}(f_i(x_1,x_2,\cdots,x_i)-\dot{x}_{id})$。为了补偿未知函数 $Q_i(\boldsymbol{X}_i)$，我们再次利用模糊逻辑系统万能逼近定理，对于任意小的正数 ε_i，存在模糊逻辑系统 $\boldsymbol{w}_i^{*\mathrm{T}}\boldsymbol{\psi}_i$，使得在紧集 $\Omega_{\boldsymbol{X}_i}$ 上逼近函数 $Q_i(\boldsymbol{X}_i)$ 如下：

$$Q_i(\boldsymbol{X}_i)=\boldsymbol{w}_i^{*\mathrm{T}}\boldsymbol{\psi}_i+\delta_i \tag{8-78}$$

其中，$\boldsymbol{w}_i^* - \hat{\boldsymbol{w}}_i = \tilde{\boldsymbol{w}}_i$；$\delta_i$ 表示最小逼近误差，满足$|\delta_i| \leqslant \varepsilon_i$。将式(8-78)代入式(8-77)，可得

$$\dot{V}_{iS} \leqslant S_i(\hat{\boldsymbol{w}}_i^{\mathrm{T}}\boldsymbol{\psi}_i + \tilde{\boldsymbol{w}}_i^{\mathrm{T}}\boldsymbol{\psi}_i + x_{i+1}) + |S_i| D_i$$

式中，$D_i = \dfrac{d_{i\max}}{g_{i\min}} + \delta_i$。由于 $x_{i+1} = S_{i+1} + y_{i+1} + \bar{x}_{i+1}$(参考式(8.46))，因此上式可改写为

$$\dot{V}_{iS} \leqslant S_i(\hat{\boldsymbol{w}}_i^{\mathrm{T}}\boldsymbol{\psi}_i + \tilde{\boldsymbol{w}}_i^{\mathrm{T}}\boldsymbol{\psi}_i + S_{i+1} + y_{i+1} + \bar{x}_{i+1}) + |S_i| D_i \tag{8-79}$$

选择虚拟控制律和自适应律如下：

$$\bar{x}_{i+1} = -k_i S_i - S_{i-1} - \hat{\boldsymbol{w}}_i^{\mathrm{T}}\boldsymbol{\psi}_i - \tanh\left(\frac{S_i}{\varepsilon}\right)\hat{D}_i \tag{8-80a}$$

$$\dot{\hat{\boldsymbol{w}}}_i = \mu_i(S_i\boldsymbol{\psi}_i - \sigma_i\hat{\boldsymbol{w}}_i) \tag{8-80b}$$

$$\dot{\hat{D}}_i = \frac{1}{\gamma_{d_i}}\left(S_i\tanh\left(\frac{S_i}{\varepsilon}\right) - \sigma_{d_i}\hat{D}_i\right) \tag{8-80c}$$

式中，$k_i > 0$，$\varepsilon > 0$，$\hat{D}_i$ 是 D_i 的估计值，μ_i、γ_{d_i}、σ_i 及 σ_{d_i} 均为正常数。

将式(8-80a)代入式(8-79)，并利用与式(8-70)相同的双曲正切函数特性，可得

$$\dot{V}_{iS} \leqslant -k_i S_i^2 + S_i S_{i+1} - S_i S_{i-1} + S_i y_{i+1} + S_i \tilde{\boldsymbol{w}}_i^{\mathrm{T}}\boldsymbol{\psi}_i - S_i\tanh\left(\frac{S_i}{\varepsilon}\right)\tilde{D}_i + 0.2785\varepsilon D_i \tag{8-81}$$

定义低通滤波器为

$$\tau_{i+1}\dot{x}_{i+1\mathrm{d}} + x_{i+1\mathrm{d}} = \bar{x}_{i+1}, \quad x_{i+1\mathrm{d}}(0) = \bar{x}_{i+1}(0) \tag{8-82}$$

式中，τ_{i+1} 为滤波器的正时间常数，我们将在后面予以选择。

定义 $y_{i+1} = x_{i+1\mathrm{d}} - \bar{x}_{i+1}$，利用式(8-82)，有 $\dot{x}_{i+1\mathrm{d}} = -\dfrac{y_{i+1}}{\tau_{i+1}}$；再利用式(8-80a)，可得

$$\dot{y}_{i+1} = \dot{x}_{i+1\mathrm{d}} - \dot{\bar{x}}_{i+1} = -\frac{y_{i+1}}{\tau_{i+1}} + \zeta_{i+1}(\bar{\boldsymbol{S}}_{i+1}, \bar{\boldsymbol{y}}_{i+1}, \bar{\hat{\boldsymbol{w}}}_i, \bar{\hat{\boldsymbol{D}}}_i, x_{\mathrm{d}}, \dot{x}_{\mathrm{d}}, \ddot{x}_{\mathrm{d}}) \tag{8-83}$$

式中，

$$\zeta_{i+1}(\cdot) = -\dot{\bar{x}}_{i+1} = k_i\dot{S}_i + \dot{S}_{i-1} + \dot{\hat{\boldsymbol{w}}}_i^{\mathrm{T}}\boldsymbol{\psi}_i + \hat{\boldsymbol{w}}_i^{\mathrm{T}}\dot{\boldsymbol{\psi}}_i + \tanh\left(\frac{S_i}{\varepsilon}\right)\dot{\hat{D}}_i + \left(1 - \tanh^2\left(\frac{S_i}{\varepsilon}\right)\right)\frac{\dot{S}_i}{\varepsilon}\hat{D}_i$$

是连续函数。

$$\bar{\boldsymbol{S}}_{i+1}^{\mathrm{T}} = [S_1, S_2, \cdots, S_{i+1}], \quad \bar{\boldsymbol{y}}_{i+1}^{\mathrm{T}} = [y_2, \cdots, y_{i+1}], \quad i = 1, 2, \cdots, n-1,$$

$$\bar{\hat{\boldsymbol{w}}}_i = [\hat{w}_1^{\mathrm{T}}, \cdots, \hat{w}_i^{\mathrm{T}}], \quad \bar{\hat{\boldsymbol{D}}}_i = [\hat{D}_1^{\mathrm{T}}, \cdots, \hat{D}_i^{\mathrm{T}}], \quad i = 1, 2, \cdots, n。$$

考虑下列 Lyapunov 函数：

$$V_i = V_{iS} + \frac{1}{2\mu_i}\tilde{\boldsymbol{w}}_i^{\mathrm{T}}\tilde{\boldsymbol{w}}_i + \frac{1}{2\gamma_{d_i}}\tilde{D}_i^2 + \frac{1}{2}y_{i+1}^2 \tag{8-84}$$

求 V_i 对时间 t 的一阶导数，并利用式(8-81)和式(8-83)，可得

$$\begin{aligned}
\dot{V}_i &= \dot{V}_{iS} + \frac{1}{\mu_i}\tilde{\boldsymbol{w}}_i^{\mathrm{T}}\dot{\tilde{\boldsymbol{w}}}_i + \frac{1}{\gamma_{d_1}}\tilde{D}_i\dot{\tilde{D}}_i + y_{i+1}\dot{y}_{i+1} \\
&\leqslant -k_i S_i^2 - \frac{y_{i+1}^2}{\tau_{i+1}} + S_{i+1}S_i - S_i S_{i-1} + S_i\tilde{\boldsymbol{w}}_i^{\mathrm{T}}\boldsymbol{\psi}_i - S_i\tanh\left(\frac{S_i}{\varepsilon}\right)\tilde{D}_i + 0.2785\varepsilon D_i - \\
&\quad \frac{1}{\mu_i}\tilde{\boldsymbol{w}}_i^{\mathrm{T}}\dot{\hat{\boldsymbol{w}}}_i + \frac{1}{\gamma_{d_i}}\tilde{D}_i\dot{\hat{D}}_i + y_{i+1}(S_i + \zeta_{i+1})
\end{aligned} \tag{8-85}$$

再将式(8-80b)和式(8-80c)代入式(8-85)，可得

$$\dot{V}_i \leqslant -k_i S_i^2 - \frac{y_{i+1}^2}{\tau_{i+1}} + S_{i+1}S_i - S_i S_{i-1} + 0.2785\varepsilon D_i + \\ \sigma_i \tilde{\boldsymbol{w}}_i^{\mathrm{T}} \hat{\boldsymbol{w}}_i - \sigma_{d_i} \tilde{D}_i \hat{D}_i + y_{i+1}(S_i + \zeta_{i+1}) \tag{8-86}$$

步骤 n：定义 $S_n = x_n - x_{nd}$，其对时间 t 的一阶导数为

$$\dot{S}_n = f_n(x_1, x_2, \cdots, x_n) + g_n cu + g_n \rho(u) + d_n(t) - \dot{x}_{nd} \tag{8-87}$$

选择 Lyapunov 函数 $V_{nS} = \frac{1}{2g_n c} S_n^2$，其一阶导数为

$$\dot{V}_{nS} = \frac{1}{g_n c} S_n \dot{S}_n = S_n \left(Q_n(\boldsymbol{X}_n) + u(t) + \frac{\rho(u)}{c} + \frac{1}{g_n c} d_n(t) \right) \tag{8-88}$$

式中，$\boldsymbol{X}_n = [x_1, x_2, \cdots, x_n, \dot{x}_{nd}] \in \Omega_{\boldsymbol{X}_n}$，$Q_n(\boldsymbol{X}_i) = c^{-1} g_n^{-1} f_i(x_1, x_2, \cdots, x_n) - c^{-1} g_n^{-1} \dot{x}_{nd}$。为了补偿未知函数 $Q_n(\boldsymbol{X}_n)$，我们再次利用模糊逻辑系统万能逼近定理，对于任意小的正数 ε_n，存在模糊逻辑系统 $\boldsymbol{w}_n^{*\mathrm{T}} \boldsymbol{\psi}_n$，使得在紧集 $\Omega_{\boldsymbol{X}_n}$ 上逼近函数 $Q_n(\boldsymbol{X}_n)$ 如下：

$$Q_n(\boldsymbol{X}_n) = \boldsymbol{w}_n^{*\mathrm{T}} \boldsymbol{\psi}_n + \delta_n \tag{8-89}$$

其中，$\boldsymbol{w}_n^* - \hat{\boldsymbol{w}}_n = \tilde{\boldsymbol{w}}_n$；$\delta_n$ 表示最小逼近误差，满足不等式 $|\delta_n| \leqslant \varepsilon_n$。

将式(8-89)代入式(8-88)，根据假设 1 及假设 3～5 可得

$$\dot{V}_{nS} \leqslant S_n (\hat{\boldsymbol{w}}_n^{\mathrm{T}} \boldsymbol{\psi}_n + \tilde{\boldsymbol{w}}_n^{\mathrm{T}} \boldsymbol{\psi}_n + u(t)) + |S_n| D_n \tag{8-90}$$

式中，$D_n = \frac{\rho_{\max}}{c_{\min}} + \frac{d_{n\max}}{g_{n\min} c_{\min}} + \varepsilon_n$。选择控制律为

$$u(t) = -k_n S_n - S_{n-1} - \hat{\boldsymbol{w}}_n^{\mathrm{T}} \boldsymbol{\psi}_n - \tanh\left(\frac{S_1}{\varepsilon}\right) \hat{D}_n \tag{8-91}$$

式中，$k_n > 0$，$\varepsilon > 0$，$\hat{D}_n$ 为 D_n 的估计值。将式(8-91)代入式(8-90)，并利用与式(8-70)相同的双曲正切函数特性，可得

$$\dot{V}_{nS} = -k_n S_n^2 - S_n S_{n-1} + S_n \tilde{\boldsymbol{w}}_n^{\mathrm{T}} \boldsymbol{\psi}_n - S_n \tanh\left(\frac{S_n}{\varepsilon}\right) \tilde{D}_n + 0.2785\varepsilon D_n \tag{8-92}$$

选择 Lyapunov 函数：

$$V_n = V_{nS} + \frac{1}{2\mu_n} \tilde{\boldsymbol{w}}_n^{\mathrm{T}} \tilde{\boldsymbol{w}}_n + \frac{1}{2\gamma_{d_n}} \tilde{D}_n^2 \tag{8-93}$$

式中，$\mu_n > 0$，$\gamma_{d_i} > 0$。V_n 对时间 t 的一阶导数为

$$\begin{aligned} \dot{V}_n &= \dot{V}_{nS} + \frac{1}{\mu_n} \tilde{\boldsymbol{w}}_n^{\mathrm{T}} \dot{\tilde{\boldsymbol{w}}}_n + \frac{1}{\gamma_{d_n}} \tilde{D}_n \dot{\tilde{D}}_n \\ &= -k_n S_n^2 - S_n S_{n-1} + S_n \tilde{\boldsymbol{w}}_n^{\mathrm{T}} \boldsymbol{\psi}_n - S_n \tanh\left(\frac{S_n}{\varepsilon}\right) \tilde{D}_n + 0.2785\varepsilon D_n + \\ &\quad \frac{1}{\mu_n} \tilde{\boldsymbol{w}}_n^{\mathrm{T}} \dot{\tilde{\boldsymbol{w}}}_n + \frac{1}{\gamma_{d_n}} \tilde{D}_n \dot{\tilde{D}}_n \end{aligned} \tag{8-94}$$

选择下列自适应律：

$$\dot{\hat{\boldsymbol{w}}}_n = \mu_n (S_n \boldsymbol{\psi}_n - \sigma_n \hat{\boldsymbol{w}}_n) \tag{8-95a}$$

$$\dot{\hat{D}}=\gamma_{d_n}\left(S_n\tanh\left(\frac{S_n}{\varepsilon}\right)-\sigma_{d_n}\hat{D}_n\right) \tag{8-95b}$$

式中,$\sigma_n>0$,$\sigma_{d_n}>0$。将式(8-95a)和式(8-95b)代入式(8-94),可得

$$\dot{V}_n=-k_nS_n^2-S_nS_{n-1}+\sigma_n\tilde{\boldsymbol{w}}_n^{\mathrm{T}}\hat{\boldsymbol{w}}_n-\sigma_{d_n}\tilde{D}_n\hat{D}_n+0.2785\varepsilon D_n \tag{8-96}$$

最后,选择 Lyapunov 函数 $V=\sum_{i=1}^{n}V_i$,它对时间 t 的一阶导数为

$$\begin{aligned}\dot{V}=\sum_{i=1}^{n}\dot{V}_i\leqslant&-k_1S_1^2-\frac{y_2^2}{\tau_2}+S_1S_2+0.2785\varepsilon D_1+\sigma_1\tilde{\boldsymbol{w}}_1^{\mathrm{T}}\hat{\boldsymbol{w}}_1-\sigma_{d_1}\tilde{D}_1\hat{D}_1+y_2(S_1+\zeta_2)+\\&\sum_{i=2}^{n-1}\left(-k_iS_i^2-\frac{y_{i+1}^2}{\tau_{i+1}}+S_{i+1}S_i-S_iS_{i-1}+0.2785\varepsilon D_i+\sigma_i\tilde{\boldsymbol{w}}_i^{\mathrm{T}}\hat{\boldsymbol{w}}_i-\sigma_{d_i}\tilde{D}_i\hat{D}_i+\right.\\&\left.y_{i+1}(S_i+\zeta_{i+1})\right)-k_nS_n^2-S_nS_{n-1}+\sigma_n\tilde{\boldsymbol{w}}_n^{\mathrm{T}}\hat{\boldsymbol{w}}_n-\sigma_{d_n}\tilde{D}_n\hat{D}_n+0.2785\varepsilon D_n\\\leqslant&-\sum_{i=1}^{n}k_iS_i^2-\sum_{i=1}^{n-1}\frac{y_{i+1}^2}{\tau_{i+1}}-\sum_{i=1}^{n}\left(\frac{\sigma_i}{2}\tilde{\boldsymbol{w}}_i^{\mathrm{T}}\tilde{\boldsymbol{w}}_i+\frac{\sigma_{d_i}}{2}\tilde{D}_i^2\right)+\sum_{i=1}^{n}\left(\frac{\sigma_i}{2}\boldsymbol{w}_i^{*\mathrm{T}}\boldsymbol{w}_i^*+\frac{\sigma_{d_i}}{2}D_i^2\right)+\\&0.2785\varepsilon\sum_{i=1}^{n}D_i+\sum_{i=1}^{n-1}y_{i+1}(S_i+\zeta_{i+1})\end{aligned} \tag{8-97}$$

式中,已利用 $\sigma_i\tilde{\boldsymbol{w}}_i^{\mathrm{T}}\hat{\boldsymbol{w}}_i=\sigma_i\tilde{\boldsymbol{w}}_i^{\mathrm{T}}(\boldsymbol{w}_i^*-\tilde{\boldsymbol{w}}_i)$ 和 $\tilde{\boldsymbol{w}}_i^{\mathrm{T}}\boldsymbol{w}_i^*\leqslant(\tilde{\boldsymbol{w}}_i^{\mathrm{T}}\tilde{\boldsymbol{w}}_i+\boldsymbol{w}_i^{*\mathrm{T}}\boldsymbol{w}_i^*)/2$,因此有不等式 $\sigma_i\tilde{\boldsymbol{w}}_i^{\mathrm{T}}\hat{\boldsymbol{w}}_i\leqslant-\frac{\sigma_i}{2}\tilde{\boldsymbol{w}}_i^{\mathrm{T}}\tilde{\boldsymbol{w}}_i+\frac{\sigma_i}{2}\boldsymbol{w}_i^{*\mathrm{T}}\boldsymbol{w}_i^*$;同理,已利用 $-\sigma_{d_i}\tilde{D}_i\hat{D}_i=-\sigma_{d_i}\tilde{D}_i(D_1+\tilde{D}_1)$ 和 $-\tilde{D}_iD_1\leqslant\frac{(-\tilde{D}_i)^2}{2}+\frac{D_i^2}{2}$,因此,有不等式 $-\sigma_{d_i}\tilde{D}_i\hat{D}_i\leqslant-\frac{\sigma_{d_i}}{2}\tilde{D}_i^2+\frac{\sigma_{d_i}}{2}D_i^2$。

对于任意的 $B_0>0$ 和 $p>0$,集合 $\Omega_{\mathrm{d}}=\{(x_{\mathrm{d}},\dot{x}_{\mathrm{d}},\ddot{x}_{\mathrm{d}}):x_{\mathrm{d}}^2+\dot{x}_{\mathrm{d}}^2+\ddot{x}_{\mathrm{d}}^2\leqslant B_0\}$ 和集合 $\Omega_i=\left\{[\bar{\boldsymbol{S}}_i^{\mathrm{T}},\bar{\boldsymbol{y}}_i^{\mathrm{T}},\bar{\hat{\boldsymbol{w}}}_i^{\mathrm{T}}]:\sum_{j=1}^{i}V_j\leqslant p\right\}(i=1,2,\cdots,n)$ 分别是 $\mathbf{R}^3$ 和 $\mathbf{R}^{2i-1+\sum_{j=1}^{i}l_j}$ 中的紧集(注意,$\bar{\boldsymbol{S}}_{n+1}^{\mathrm{T}}=\bar{\boldsymbol{y}}_{n+1}^{\mathrm{T}}=0$),因此,$y_{i+1}(S_i+\zeta_{i+1})$ 在 $\Omega_{\mathrm{d}}\times\Omega_i$ 上具有最大值 M_{i+1}。

令

$$\alpha_0=\min\{2g_ik_i,2c_{mn}g_{n\min}k_n,2/\tau_{i+1},\mu_i\sigma_i,\mu_n\sigma_n,\gamma_{d_i}\sigma_{d_i},\gamma_{d_n}\sigma_{d_n}\},i=1,2,\cdots,n-1$$

$$C=\max\left\{\sum_{i=1}^{n}\left(\frac{\sigma_i}{2}\boldsymbol{w}_i^{*\mathrm{T}}\boldsymbol{w}_i^*+\frac{\sigma_{d_i}}{2}D_i^2\right)+0.2785\varepsilon\sum_{i=1}^{n}D_i+\sum_{i=1}^{n-1}M_{i+1}\right\}$$

则有

$$\dot{V}\leqslant-\alpha_0V+C \tag{8-98}$$

式(8-98)与式(7-133)相同,有解

$$V(t)\leqslant\left(V(0)-\frac{C}{\alpha_0}\right)\mathrm{e}^{-\alpha_0t}+\frac{C}{\alpha_0} \tag{8-99}$$

如果 $V=p$ 和 $\alpha_0\geqslant C/p$,那么 $\dot{V}\leqslant0$。这意味着,若 $V(0)\leqslant p$,则 $V(t)\leqslant p$,$\forall t\geqslant0$。

根据以上讨论结果,可得结论如下:

结论：考虑闭环系统(8-62)，在假设 1～5、实际控制律(8-91)和虚拟控制律(8-67)、(8-80a)，以及自适应律(8-68a)、(8-68b)、(8-80b)、(8-80c)、(8-95a)、(8-95b)的条件下，对于有界初始条件，存在常数 $p>0, k_i>0, \tau_i>0, \sigma_i>0$ 及 $\sigma_{d_i}>0$，满足 $V=\sum_{i=1}^{n} V_i \leqslant p$，使得整个闭环控制系统在所有信号都有界的意义上是半全局稳定的，并且通过相关参数设计，可将跟踪误差限定在原点的极小邻域以内。

8.4 永磁同步电机位置跟踪系统自适应神经网络动态面控制

永磁同步电机位置跟踪的自适应神经网络动态面控制方法，利用神经网络逼近系统中的非线性函数，采用自适应技术对系统中的未知参数进行估计，结合动态面技术和反步法设计自适应神经网络动态面控制器，从而实现永磁同步电机的位置跟踪控制。该方法所获得的控制器结构简单，易于工程实现，对电机参数变化和负载波动具有很强的鲁棒性。

8.4.1 PMSM 系统的数学模型

7.6 节中已给出 PMSM 系统在同步旋转坐标(d-q)下的数学模型，现重写如下：

$$\begin{cases} \dfrac{\mathrm{d}\theta}{\mathrm{d}t}=\omega \\ J\dfrac{\mathrm{d}\omega}{\mathrm{d}t}=\dfrac{3}{2}n_{\mathrm{p}}\left[(L_{\mathrm{d}}-L_{\mathrm{q}})i_{\mathrm{d}}i_{\mathrm{q}}+\Phi i_{\mathrm{q}}\right]-B\omega+T_{\mathrm{L}} \\ L_{\mathrm{q}}\dfrac{\mathrm{d}i_{\mathrm{q}}}{\mathrm{d}t}=-R_{\mathrm{s}}i_{\mathrm{q}}-n_{\mathrm{p}}\omega L_{\mathrm{d}}i_{\mathrm{d}}-n_{\mathrm{p}}\omega\Phi+u_{\mathrm{q}} \\ L_{\mathrm{d}}\dfrac{\mathrm{d}i_{\mathrm{d}}}{\mathrm{d}t}=-R_{\mathrm{s}}i_{\mathrm{d}}+n_{\mathrm{p}}\omega L_{\mathrm{q}}i_{\mathrm{q}}+u_{\mathrm{d}} \end{cases} \tag{8-100a}$$

有关变量的定义见 7.6 节，这里不再赘述。现引入新状态变量：$x_1=\theta, x_2=\omega, x_3=i_{\mathrm{q}}, x_4=i_{\mathrm{d}}$，则由式(8-100a)可得

$$\begin{cases} \dot{x}_1=x_2 \\ \dot{x}_2=\dfrac{1}{J}(a_1x_3+a_2x_3x_4-Bx_2+T_{\mathrm{L}}) \\ \dot{x}_3=b_1x_3+b_2x_2x_4+b_3x_2+b_4u_{\mathrm{q}} \\ \dot{x}_4=c_1x_4+c_2x_2x_3+c_3u_{\mathrm{d}} \end{cases} \tag{8-100b}$$

式中，新的变量定义如下：

$$a_1=\frac{3n_{\mathrm{p}}\Phi}{2},\quad a_2=\frac{3n_{\mathrm{p}}(L_{\mathrm{d}}-L_{\mathrm{q}})}{2}$$

$$b_1=-\frac{R_{\mathrm{s}}}{L_{\mathrm{q}}},\quad b_2=-\frac{n_{\mathrm{p}}L_{\mathrm{d}}}{L_{\mathrm{q}}},\quad b_3=-\frac{-n_{\mathrm{p}}\Phi}{L_{\mathrm{q}}},\quad b_4=\frac{1}{L_{\mathrm{q}}}$$

$$c_1=-\frac{R_{\mathrm{s}}}{L_{\mathrm{d}}},\quad c_2=\frac{n_{\mathrm{p}}L_{\mathrm{q}}}{L_{\mathrm{d}}},\quad c_3=\frac{1}{L_{\mathrm{d}}}$$

由式(8-100)易知，永磁同步电机是一个多变量、强耦合的非线性系统。在永磁电机运

转过程中，温度和环境的变化都会使电机的参数发生改变，从而加剧了系统的非线性。为了解决该难题，下面将选用神经网络逼近系统中的复杂非线性函数，以降低系统的复杂程度。并且采用自适应技术估计系统中的未知参数，利用基于动态面的反步法设计位置跟踪控制器。

8.4.2　径向基函数神经网络

径向基函数(radial basis function，RBF)是取值只依赖于与原点距离的实值函数：$\psi(\boldsymbol{x},\boldsymbol{c})=\psi(\|\boldsymbol{x}-\boldsymbol{c}\|)$。最常用的径向基函数有高斯函数 $\mu_{A_i^l}(x_i)=\exp\left[\frac{1}{2}((x_i-\bar{x}_i^l)/\sigma_i^l)^2\right]$、反曲函数 $1/[1+\exp(x_i^2/\sigma_i^2)]$ 及由高斯隶属度函数激励的模糊基函数 $\psi_l(\boldsymbol{x})=\dfrac{\prod_{i=1}^{n}\mu_{A_i^l}(x_i)}{\sum_{l=1}^{M}\left(\prod_{i=1}^{n}\mu_{A_i^l}(x_i)\right)}$，$l=1,2,\cdots,M$。

径向基函数神经网络(radial basis function neural networks，RBFNN)是一种单隐藏层的神经网络，由于其结构简单、易于实现，已被广泛应用于逼近未知的非线性函数。其结构如图 8-3 所示。该图与图 6-11 所示的模糊基函数神经网络(FBFNN)结构相同。

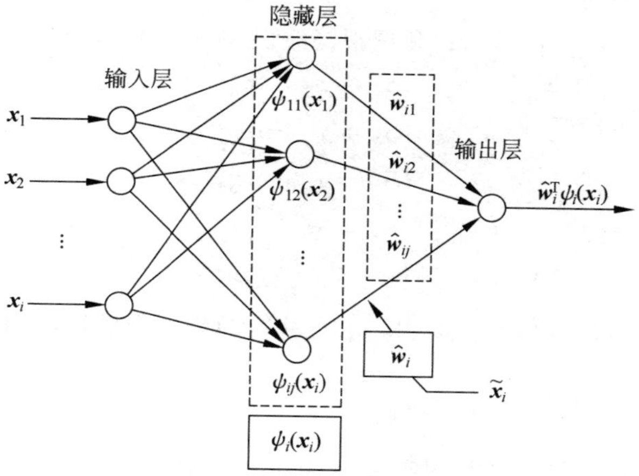

图 8-3　RBFNN 结构

图 8-3 所示的 RBFNN 结构由输入层、隐藏层及输出层组成。系统状态 $\boldsymbol{x}_i$ 为输入层的输入信号。在输出层内，输出为$\hat{\boldsymbol{w}}_i^{\mathrm{T}}\boldsymbol{\psi}_i(\boldsymbol{x}_i)$，其中，$\hat{\boldsymbol{w}}_i$ 为隐藏层和输出层之间的学习参数，选择下列高斯型函数为隐藏层激活函数：

$$\xi_i(\boldsymbol{x})=\frac{1}{\sqrt{2\pi}\,\omega_i}\exp\left[-\frac{(\boldsymbol{x}-\iota_i)^{\mathrm{T}}(\boldsymbol{x}-\iota_i)}{2\omega_i^2}\right]$$

其中，$i=1,2,\cdots,l$，$\iota_i=[\iota_{i1},\iota_{i2},\cdots,\iota_{in}]$和 ω_i 分别为激活函数的中心和宽度。神经网络基函数通常与高斯型激活函数相同；如果与由高斯隶属度函数激励的模糊基函数类同，则图 8-3 所示的径向基函数神经网络(RBFNN)与图 6-11 所示的模糊基函数神经网络(FBFNN)完全相同。根据 Stone Weiertrass 逼近定理(见文献[21,23-25])，对于平滑的非

线性函数 $f(\boldsymbol{x}):\mathbf{R}^n\to\mathbf{R}$，采用 RBFNNs 逼近，有下列逼近公式：

$$f(\boldsymbol{x})=\boldsymbol{w}^{*\mathrm{T}}\boldsymbol{\psi}(\boldsymbol{x})+\delta \tag{8-101}$$

其中，$\boldsymbol{x}\in\Omega_x\subset\mathbf{R}^n$，$\boldsymbol{x}$ 是由函数 $f(\boldsymbol{x})$ 的输入变量组成的向量，Ω_x 为紧集；$\boldsymbol{w}^*=[w_1^*,w_2^*,\cdots,w_l^*]^{\mathrm{T}}\in\mathbf{R}^l$ 是理想的常数权向量，l 为隐藏层的节点数；$\boldsymbol{\psi}(\boldsymbol{x})=[\psi_1(\boldsymbol{x}),\psi_2(\boldsymbol{x}),\cdots,\psi_l(\boldsymbol{x})]^{\mathrm{T}}\in\mathbf{R}^l$ 是神经网络基函数向量；δ 为最小近似误差，满足 $|\delta|\leqslant\varepsilon$，$\varepsilon$ 为正常数。理想权向量 $\boldsymbol{w}^*$ 定义为使得逼近误差 $|\delta|$ 极小化的权重估计 $\hat{\boldsymbol{w}}$，对于一切 $\boldsymbol{x}\in\Omega_x\subset\mathbf{R}^n$，$\Omega_x$ 为紧集。即

$$\boldsymbol{w}^*=\underset{\boldsymbol{x}\in\mathbf{R}^n}{\operatorname{argmin}}\{\sup_{\boldsymbol{x}\in\Omega_x}[f(\boldsymbol{x})-\hat{\boldsymbol{w}}^{\mathrm{T}}\boldsymbol{\psi}(\boldsymbol{x})]\}\text{，对于一切 }\boldsymbol{x}\in\Omega_x \tag{8-102}$$

式中，估计值 $\hat{\boldsymbol{w}}$ 将在后面给出。

注意，径向基函数神经网络及 Stone Weiertrass 逼近定理与 6.5 节介绍的模糊基函数与模糊万能逼近定理是相互等价的。

8.4.3 自适应神经网络动态面控制器设计

控制目标：针对 PMSM 伺服系统，设计自适应神经网络动态面控制器，使得电机的转角 x_1 能够跟踪给定参考信号 x_{d}。参考信号连续、二阶可导，且 x_{d}、$\dot{x}_{\mathrm{d}}$、$\ddot{x}_{\mathrm{d}}$ 有界。

在设计控制器的动态面反步法中，设计的每一步骤都将引入一个一阶低通滤波器，以避免虚拟控制律的反复求导。

首先，定义误差 $S_i(i=1,2,3,4)$ 和虚拟滤波误差 $y_i(i=2,3)$ 为

$$\begin{cases}S_1=x_1-x_{\mathrm{d}}\\S_2=x_2-x_{2\mathrm{d}}\\S_3=x_3-x_{3\mathrm{d}}\\S_4=x_4\\y_i=x_{i\mathrm{d}}-\bar{x}_i\end{cases} \tag{8-103}$$

式中，x_{d} 为给定的参考位置信号；$\bar{x}_i$ 和 $x_{i\mathrm{d}}(i=2,3)$ 分别为虚拟控制律及其经过低通滤波器的输出。

其次，具体设计控制器。设计步骤如下：

步骤 1：对于一级系统，由式(8-103)的第一式，有 $\dot{S}_1=\dot{x}_1-\dot{x}_{\mathrm{d}}$，取 Lyapunov 函数 $V_1=\dfrac{1}{2}S_1^2$，其一阶导数为

$$\dot{V}_1=S_1\dot{S}_1=S_1(x_2-\dot{x}_{\mathrm{d}}) \tag{8-104}$$

式中，已经利用式(8-100b)的第一式。令一阶低通滤波器为

$$\tau_2\dot{x}_{2\mathrm{d}}+x_{2\mathrm{d}}=\bar{x}_2,\quad x_{2\mathrm{d}}(0)=\bar{x}_2(0) \tag{8-105}$$

式中，$\tau_2>0$ 为设计时间常数；$\bar{x}_2$ 为虚拟控制律。

定义虚拟滤波误差 $y_2=x_{2\mathrm{d}}-\bar{x}_2=-\tau_2\dot{x}_{2\mathrm{d}}$；反之，则可写为 $\dot{x}_{2\mathrm{d}}=-y_2/\tau_2$。

设计虚拟控制律如下：

$$\bar{x}_2=-k_1S_1+\dot{x}_{\mathrm{d}},\quad k_1>0 \tag{8-106}$$

将式(8-106)代入式(8-104)，消去 $\dot{x}_{\mathrm{d}}$，可得

$$\dot{V}_1 = S_1(x_2 - \bar{x}_2 - k_1 S_1) = -k_1 S_1^2 + S_1(S_2 + y_2) \tag{8-107}$$

式中，已经利用 $x_2 - \bar{x}_2 = (x_2 - x_{2d}) + (x_{2d} - \bar{x}_2) = S_2 + y_2$。

步骤 2：对于二级系统——式(8-100b)的第二式，取 $S_2 = x_2 - x_{2d}$ 的一阶导数，可得

$$\dot{S}_2 = \dot{x}_2 - \dot{x}_{2d} = \frac{1}{J}(a_1 x_3 + a_2 x_3 x_4 - B x_2 + T_L) - \dot{x}_{2d} \tag{8-108}$$

令 Lyapunov 函数为 $V_2 = V_1 + \frac{J}{2}S_2^2 + \frac{1}{2\gamma_2}\tilde{B}^2 + \frac{1}{2\gamma_2}\tilde{J}^2$。$V_2$ 对时间 t 的一阶导数为

$$\begin{aligned}\dot{V}_2 &= \dot{V}_1 + J S_2 \dot{S}_2 + \frac{1}{\gamma_1}\tilde{B}\dot{\tilde{B}} + \frac{1}{\gamma_2}\tilde{J}\dot{\tilde{J}} \\ &= -k_1 S_1^2 + S_1 S_2 + S_1 y_2 + S_2(a_1 x_3 + a_2 x_3 x_4 - B x_2 + T_L - J\dot{x}_{2d}) - \frac{1}{\gamma_1}\tilde{B}\dot{\hat{B}} - \frac{1}{\gamma_2}\tilde{J}\dot{\hat{J}}\end{aligned} \tag{8-109}$$

式中，$\tilde{B} = B - \hat{B}$，$\tilde{J} = J - \hat{J}$，$\hat{B}$ 和 $\hat{J}$ 分别为 B 和 J 的估计值。$\gamma_1 > 0$，$\gamma_2 > 0$ 为设计的参数。

令第二个一阶低通滤波器为

$$\tau_3 \dot{x}_{3d} + x_{3d} = \bar{x}_3, \quad x_{3d}(0) = \bar{x}_3(0) \tag{8-110}$$

式中，$\tau_3 > 0$ 为设计的时间常数；$\bar{x}_3$ 为虚拟控制律。

定义虚拟滤波误差 $y_3 = x_{3d} - \bar{x}_3 = -\tau_3 \dot{x}_{3d}$；反之，则可写为 $\dot{x}_{3d} = -y_3/\tau_3$。

设计虚拟控制律 $\bar{x}_3$ 和参数自适应律如下：

$$\bar{x}_3 = \frac{1}{a_1}\left(-k_2 S_2 - \frac{1}{2\zeta_2}S_2 + \hat{B}x_2 + \hat{J}\dot{x}_{2d}\right) \tag{8-111a}$$

$$\dot{\hat{B}} = -\gamma_1(S_2 x_2 + \sigma_1 \hat{B}) \tag{8-111b}$$

$$\dot{\hat{J}} = -\gamma_2(S_2 \dot{x}_{2d} + \sigma_2 \hat{J}) \tag{8-111c}$$

式中，k_2，ζ_2，σ_1，σ_2 为设计参数，均大于 0。

将式(8-111a)～式(8-111c)代入式(8-109)，可得

$$\begin{aligned}\dot{V}_2 = &-k_1 S_1^2 + S_1 S_2 + S_1 y_2 + \\ &S_2\left[a_1(x_3 - \bar{x}_3) + a_2 x_3 x_4 - k_2 S_2 - \frac{1}{2\zeta_2}S_2 + T_L\right] + \sigma_1 \tilde{B}\hat{B} + \sigma_2 \tilde{J}\hat{J}\end{aligned}$$

实际系统中 T_L 是有界的，假设 $0 \leqslant T_L \leqslant T_m$，利用 Young's 不等式 $S_2 T_m \leqslant \frac{1}{2\zeta_2}S_2^2 + \frac{\zeta_2}{2}T_m^2$，同时，考虑到 $x_3 - \bar{x}_3 = (x_3 - x_{3d}) + (x_{3d} - \bar{x}_3) = S_3 + y_3$，于是，上式的 $\dot{V}_2$ 可改写为

$$\begin{aligned}\dot{V}_2 \leqslant &-k_1 S_1^2 - k_2 S_2^2 + S_1(S_2 + y_2) + a_1 S_2(S_3 + y_3) + a_2 S_2 x_3 x_4 + \\ &\sigma_1 \tilde{B}\hat{B} + \sigma_2 \tilde{J}\hat{J} + \frac{\zeta_2}{2}T_m^2\end{aligned} \tag{8-112}$$

步骤 3：对于三级系统——式(8-100b)的第三式，误差 $S_3 = x_3 - x_{3d}$ 的一阶导数为

$$\begin{aligned}\dot{S}_3 &= \dot{x}_3 - \dot{x}_{3d} = b_1 x_3 + b_2 x_2 x_4 + b_3 x_2 + b_4 u_q - \dot{x}_{3d} \\ &= f_1 + b_4 u_q - \dot{x}_{3d}\end{aligned} \tag{8-113}$$

式中，$f_1 = b_1 x_3 + b_2 x_2 x_4 + b_3 x_2$。

根据 Stone Weierstrass 逼近定理，给定任意的正常数 ε_1，非线性函数 f_1 可表示为

$$f_1 = \boldsymbol{w}_1^{*\mathrm{T}} \boldsymbol{\psi}_1 + \delta_1 \tag{8-114}$$

式中，$\boldsymbol{w}_1^*$ 为最优参数向量；$\boldsymbol{\psi}_1$ 为神经网络基函数；δ_1 为最小逼近误差，$|\delta_1| \leqslant \varepsilon_1$。

取 Lyapunov 函数：

$$V_3 = V_2 + \frac{1}{2}S_3^2 + \frac{1}{2\gamma_3}\tilde{\boldsymbol{w}}_1^{\mathrm{T}}\tilde{\boldsymbol{w}}_1 \tag{8-115}$$

式中，$\gamma_3>0$ 为设计常数；$\tilde{\boldsymbol{w}}_1 = \boldsymbol{w}_1^* - \hat{\boldsymbol{w}}_1$，$\hat{\boldsymbol{w}}_1$ 是 $\boldsymbol{w}_1^*$ 的估计值。

利用式(8-113)和式(8-114)，由式(8-115)可得 V_3 对时间 t 的一阶导数

$$\begin{aligned}
\dot{V}_3 &= \dot{V}_2 + S_3(f_1 + b_4 u_{\mathrm{q}} - \dot{x}_{3\mathrm{d}}) + \frac{1}{\gamma_3}\tilde{\boldsymbol{w}}_1^{\mathrm{T}}\dot{\tilde{\boldsymbol{w}}}_1 \\
&\leqslant \dot{V}_2 + S_3(\boldsymbol{w}_1^{*\mathrm{T}}\boldsymbol{\psi}_1 + \varepsilon_1 + b_4 u_{\mathrm{q}} - \dot{x}_{3\mathrm{d}}) - \frac{1}{\gamma_3}\tilde{\boldsymbol{w}}_1^{\mathrm{T}}\dot{\hat{\boldsymbol{w}}}_1 \\
&\leqslant \dot{V}_2 + S_3\left[(\hat{\boldsymbol{w}}_1^{\mathrm{T}} + \tilde{\boldsymbol{w}}_1^{\mathrm{T}})\boldsymbol{\psi}_1 + \frac{1}{2}S_3 + b_4 u_{\mathrm{q}} - \dot{x}_{3\mathrm{d}}\right] - \frac{1}{\gamma_3}\tilde{\boldsymbol{w}}_1^{\mathrm{T}}\dot{\hat{\boldsymbol{w}}}_1 + \frac{1}{2}\varepsilon_1^2
\end{aligned} \tag{8-116}$$

式中，已经利用 $S_3\varepsilon_1 \leqslant \frac{1}{2}S_3^2 + \frac{1}{2}\varepsilon_1^2$。

设计控制器 u_{q} 和参数自适应律如下：

$$u_{\mathrm{q}} = \frac{1}{b_4}\left(-k_3 S_3 - \frac{1}{2}S_3 - \hat{\boldsymbol{w}}_1^{\mathrm{T}}\boldsymbol{\psi}_1 + \dot{x}_{3\mathrm{d}}\right) \tag{8-117}$$

$$\dot{\hat{\boldsymbol{w}}}_1 = \gamma_3(S_3\boldsymbol{\psi}_1 - \sigma_3\hat{\boldsymbol{w}}_1) \tag{8-118}$$

式中，$k_3>0$，$\sigma_3>0$ 为设计参数。

将式(8-112)、式(8-117)及式(8-118)代入式(8-116)，可得

$$\begin{aligned}
\dot{V}_3 \leqslant& -\sum_{i=1}^{3}k_i S_i^2 + S_1(S_2 + y_2) + a_1 S_2(S_3 + y_3) + a_2 S_2 x_3 x_4 + \\
&\sigma_1 \tilde{B}\hat{B} + \sigma_2 \tilde{J}\hat{J} + \sigma_3 \tilde{\boldsymbol{w}}_1^{\mathrm{T}}\hat{\boldsymbol{w}}_1 + \frac{\zeta_2}{2}T_{\mathrm{m}}^2 + \frac{1}{2}\varepsilon_1^2
\end{aligned} \tag{8-119}$$

步骤 4：对于四级系统，有 $S_4 = x_4$ 和 $\dot{S}_4 = \dot{x}_4 = c_1 x_4 + c_2 x_2 x_3 + c_3 u_{\mathrm{d}}$。取 Lyapunov 函数为

$$V_4 = V_3 + \frac{1}{2}S_4^2 + \frac{1}{2\gamma_4}\tilde{\boldsymbol{w}}_2^{\mathrm{T}}\tilde{\boldsymbol{w}}_2 \tag{8-120}$$

式中，$\tilde{\boldsymbol{w}}_2 = \boldsymbol{w}_2^* - \hat{\boldsymbol{w}}_2$，$\hat{\boldsymbol{w}}_2$ 是 $\boldsymbol{w}_2^*$ 的估计值；$\gamma_4>0$ 为设计参数。

V_4 对时间 t 的一阶导数为

$$\begin{aligned}
\dot{V}_4 &= \dot{V}_3 + S_4\dot{S}_4 - \frac{1}{\gamma_4}\tilde{\boldsymbol{w}}_2^{\mathrm{T}}\dot{\hat{\boldsymbol{w}}}_2 \\
&\leqslant -\sum_{i=1}^{3}k_i S_i^2 + S_1(S_2 + y_2) + a_1 S_2(S_3 + y_3) + \sigma_1\tilde{B}\hat{B} + \sigma_2\tilde{J}\hat{J} + \sigma_3\tilde{\boldsymbol{w}}_1^{\mathrm{T}}\hat{\boldsymbol{w}}_1 + \\
&\quad \frac{\zeta_2}{2}T_{\mathrm{m}}^2 + \frac{1}{2}\varepsilon_1^2 + S_4(f_2 + c_3 u_{\mathrm{d}}) - \frac{1}{\gamma_4}\tilde{\boldsymbol{w}}_2^{\mathrm{T}}\dot{\hat{\boldsymbol{w}}}_2
\end{aligned} \tag{8-121}$$

式中，$f_2 = c_1 x_4 + c_2 x_2 x_3 + a_2 S_2 x_3$。利用神经网络逼近非线性函数 f_2，则有

$$f_2=\boldsymbol{w}_2^{*\mathrm{T}}\boldsymbol{\psi}_2+\delta_2 \tag{8-122}$$

式中，$\boldsymbol{\psi}_2$ 为神经网络基函数；δ_2 为神经网络的最小逼近误差，$|\delta_2|\leqslant\varepsilon_2,\varepsilon_2>0$。于是，式(8-121)可改写为

$$\begin{aligned}\dot{V}_4\leqslant&-\sum_{i=1}^{3}k_iS_i^2+S_1(S_2+y_2)+a_1S_2(S_3+y_3)+\sigma_1\widetilde{B}\hat{B}+\sigma_2\widetilde{J}\hat{J}+\sigma_3\tilde{\boldsymbol{w}}_1^{\mathrm{T}}\hat{\boldsymbol{w}}_1+\\&\frac{\zeta_2}{2}T_{\mathrm{m}}^2+\frac{1}{2}\varepsilon_1^2+\frac{1}{2}\varepsilon_2^2+S_4\left[(\tilde{\boldsymbol{w}}_2^{\mathrm{T}}+\hat{\boldsymbol{w}}_2^{\mathrm{T}})\boldsymbol{\psi}_2+\frac{1}{2}S_4+c_3u_{\mathrm{d}}\right]-\frac{1}{\gamma_4}\tilde{\boldsymbol{w}}_2^{\mathrm{T}}\dot{\hat{\boldsymbol{w}}}_2\end{aligned} \tag{8-123}$$

式中，已经利用不等式 $S_4\varepsilon_2\leqslant\frac{1}{2}S_4+\frac{1}{2}\varepsilon_2^2$。

设计控制器 u_{d} 和参数自适应律如下：

$$u_{\mathrm{d}}=\frac{1}{c_3}\left(-k_4S_4-\frac{1}{2}S_4-\hat{\boldsymbol{w}}_2^{\mathrm{T}}\boldsymbol{\psi}_2\right) \tag{8-124}$$

$$\dot{\hat{\boldsymbol{w}}}_2=\gamma_4(S_4\boldsymbol{\psi}_2-\sigma_4\hat{\boldsymbol{w}}_2) \tag{8-125}$$

式中，$k_4>0,\sigma_4>0$ 为设计参数。

将式(8-124)和式(8-125)代入式(8-123)，可得

$$\begin{aligned}\dot{V}_4\leqslant&-\sum_{i=1}^{4}k_iS_i^2+S_1(S_2+y_2)+a_1S_2(S_3+y_3)+\sigma_1\widetilde{B}\hat{B}+\sigma_2\widetilde{J}\hat{J}+\\&\sigma_3\tilde{\boldsymbol{w}}_1^{\mathrm{T}}\hat{\boldsymbol{w}}_1+\sigma_4\tilde{\boldsymbol{w}}_2^{\mathrm{T}}\hat{\boldsymbol{w}}_2+\frac{\zeta_2}{2}T_{\mathrm{m}}^2+\frac{1}{2}\varepsilon_1^2+\frac{1}{2}\varepsilon_2^2\end{aligned} \tag{8-126}$$

8.4.4　系统稳定性分析

选取 Lyapunov 函数为

$$V=V_4+\frac{1}{2}y_2^2+\frac{1}{2}y_3^2 \tag{8-127}$$

由一阶低通滤波器(8-105)和虚拟滤波误差 $y_2=x_{2\mathrm{d}}-\bar{x}_2$，以及式(8-106)，可得

$$\dot{y}_2=-y_2/\tau_2-\dot{\bar{x}}_2=-y_2/\tau_2+\eta_2(S_1,S_2,y_2,x_{\mathrm{d}},\dot{x}_{\mathrm{d}},\ddot{x}_{\mathrm{d}}) \tag{8-128}$$

同理，由低通滤波器(8-110)和虚拟滤波误差 $y_3=x_{3\mathrm{d}}-\bar{x}_3$，以及式(8-111a)，可得

$$\dot{y}_3=-y_3/\tau_3-\dot{\bar{x}}_3=y_3/\tau_3+\eta_3(S_1,S_2,S_3,y_2,y_3,\widetilde{B},\widetilde{J},x_{\mathrm{d}},\dot{x}_{\mathrm{d}},\ddot{x}_{\mathrm{d}}) \tag{8-129}$$

定义紧集：$\Omega_1=\{x_{\mathrm{d}}^2+\dot{x}_{\mathrm{d}}^2+\ddot{x}_{\mathrm{d}}^2\leqslant B_0\}$ 和 $\Omega_2=\{S_1^2+S_2^2+S_3^2+y_2^2+y_3^2+\widetilde{B}^2+\widetilde{J}^2\leqslant 2p\}$；式中，$B_0>0,p>0$。因此，$\eta_2(\cdot)$、$\eta_3(\cdot)$ 在紧集 $\Omega_1\times\Omega_2$ 上是有界的，上界记为 $D_{2\mathrm{M}}$、$D_{3\mathrm{M}}$。根据式(8-126)、式(8-128)及式(8-129)，并利用下列不等式：

$$S_1S_2\leqslant\frac{1}{2}S_1^2+\frac{1}{2}S_2^2;\quad a_1S_2S_3\leqslant\frac{a_1}{2}S_2^2+\frac{a_1}{2}S_3^2;\quad S_1y_2\leqslant\frac{1}{2}S_1^2+\frac{1}{2}y_2^2$$

$$a_1S_2y_3\leqslant\frac{a_1}{2}S_2^2+\frac{a_1}{2}y_3^2;\quad y_i\eta_i(\cdot)\leqslant|y_i|D_{i\mathrm{M}}\leqslant\frac{y_i^2D_{i\mathrm{M}}^2}{2\mu_i}+\frac{\mu_i}{2},i=2,3$$

可得 V 对时间 t 的一阶导数

$$\begin{aligned}\dot{V}\leqslant&-(k_1-1)S_1^2-\left(k_2-\frac{1}{2}-a_1\right)S_2^2-\left(k_3-\frac{a_1}{2}\right)S_3^2-k_4S_4^2-\\&\left(\frac{1}{\tau_2}-\frac{1}{2}-\frac{D_{2\mathrm{M}}^2}{2\mu_2}\right)y_2^2-\left(\frac{1}{\tau_3}-\frac{a_1}{2}-\frac{D_{3\mathrm{M}}^2}{2\mu_3}\right)y_2^2+\end{aligned}$$

$$\sigma_1\tilde{B}\hat{B}+\sigma_2\tilde{J}\hat{J}+\sigma_3\tilde{\boldsymbol{w}}_1^{\mathrm{T}}\hat{\boldsymbol{w}}_1+\sigma_4\tilde{\boldsymbol{w}}_2^{\mathrm{T}}\hat{\boldsymbol{w}}_2+\frac{\zeta_2}{2}T_{\mathrm{m}}^2+\frac{1}{2}\varepsilon_1^2+\frac{1}{2}\varepsilon_2^2+\frac{\mu_2}{2}+\frac{\mu_3}{2} \tag{8-130}$$

考虑到 $\tilde{B}\hat{B}=\tilde{B}(B-\tilde{B})\leqslant-\frac{1}{2}\tilde{B}^2+\frac{1}{2}B^2$，$\tilde{J}\hat{J}\leqslant-\frac{1}{2}\tilde{J}^2+\frac{1}{2}J^2$，$\tilde{\boldsymbol{w}}_1^{\mathrm{T}}\hat{\boldsymbol{w}}_1\leqslant-\frac{1}{2}\tilde{\boldsymbol{w}}_i^{\mathrm{T}}\tilde{\boldsymbol{w}}_i+\frac{1}{2}\boldsymbol{w}_i^{*\mathrm{T}}\boldsymbol{w}_i^*$，$i=1,2$，式(8-130)可进一步改写为

$$\begin{aligned}\dot{V}\leqslant&-(k_1-1)S_1^2-\left(k_2-\frac{1}{2}-a_1\right)S_2^2-\left(k_3-\frac{a_1}{2}\right)S_3^2-k_4S_4^2-\\&\left(\frac{1}{\tau_2}-\frac{1}{2}-\frac{D_{2\mathrm{M}}^2}{2\mu_2}\right)y_2^2-\left(\frac{1}{\tau_3}-\frac{a_1}{2}-\frac{D_{3\mathrm{M}}^2}{2\mu_3}\right)y_2^2-\\&\frac{\sigma_1}{2}\tilde{B}^2-\frac{\sigma_2}{2}\tilde{J}^2-\frac{\sigma_3}{2}\tilde{\boldsymbol{w}}_1^{\mathrm{T}}\tilde{\boldsymbol{w}}_1-\frac{\sigma_4}{2}\tilde{\boldsymbol{w}}_2^{\mathrm{T}}\tilde{\boldsymbol{w}}_2+C\end{aligned} \tag{8-131}$$

式中，

$$C=\frac{\sigma_1}{2}B^2+\frac{\sigma_2}{2}J^2+\frac{\sigma_3}{2}\boldsymbol{w}_1^{*\mathrm{T}}\boldsymbol{w}_1^*+\frac{\sigma_4}{2}\boldsymbol{w}_2^{*\mathrm{T}}\boldsymbol{w}_2^*+\frac{\zeta_2}{2}T_{\mathrm{m}}^2+\frac{1}{2}\varepsilon_1^2+\frac{1}{2}\varepsilon_2^2+\frac{\mu_2}{2}+\frac{\mu_3}{2}$$

选择设计参数，使得下列条件成立：

$$k_1-1=k_1^*,\quad k_2-\frac{1}{2}-a_1=k_2^*,\quad k_3-\frac{a_1}{2}=k_3^*$$

$$\frac{1}{\tau_2}-\frac{1}{2}-\frac{D_{2\mathrm{M}}^2}{2\mu_2}=\tau_2^*,\quad \frac{1}{\tau_3}-\frac{a_1}{2}-\frac{D_{3\mathrm{M}}^2}{2\mu_3}=\tau_3^*$$

定义 $\alpha_0=\min\left\{2k_1^*,\frac{2k_2^*}{J},2k_3^*,2k_4,2\tau_2^*,2\tau_3^*,2\sigma_i\gamma_i\right\}$，$i=1,2,3,4$，则式(8-131)可简写为

$$\dot{V}\leqslant\alpha_0V+C \tag{8-132}$$

式(8-132)与式(7-133)相同，有解：

$$V(t)\leqslant\left(V(0)-\frac{C}{\alpha_0}\right)\mathrm{e}^{-\alpha_0t}+\frac{C}{\alpha_0} \tag{8-133}$$

由式(8-133)易见，永磁同步电机位置跟踪系统(8-100)在控制器(8-117)、(8-124)及参数自适应律(8-111b)、(8-111c)、(8-118)、(8-125)的作用下，闭环系统的所有信号一致最终有界，电机的位置跟踪误差收敛到原点的极小邻域内。通过调节设计参数，可以使位置跟踪误差尽可能地缩小。

8.4.5 Simulink 仿真验证

根据上述讨论结果，绘制 PMSM 位置跟踪系统自适应神经网络动态面控制仿真框图，如图 8-4 所示。

图中，采用的神经网络基函数 $\boldsymbol{\varphi}_i$ $(i=1,2)$ 与图 7-11(b)中的模糊基函数相同，为便于比较，PMSM 参数也采用 7.6 节仿真中所用的参数。即永磁同步电机的相关参数如下：

$B=1.158\times10^{-3}\mathrm{N\cdot m\cdot s/rad}$，$n_{\mathrm{p}}=3$，$J=3.798\times10^{-3}\mathrm{kg\cdot m^2}$，$R_{\mathrm{s}}=0.68\Omega$

$L_{\mathrm{d}}=2.85\mathrm{mH}$，$L_{\mathrm{q}}=3.15\mathrm{mH}$，$\Phi=12.45\mathrm{mH}$，$T_{\mathrm{L}}=1.5\mathrm{N\cdot m}$

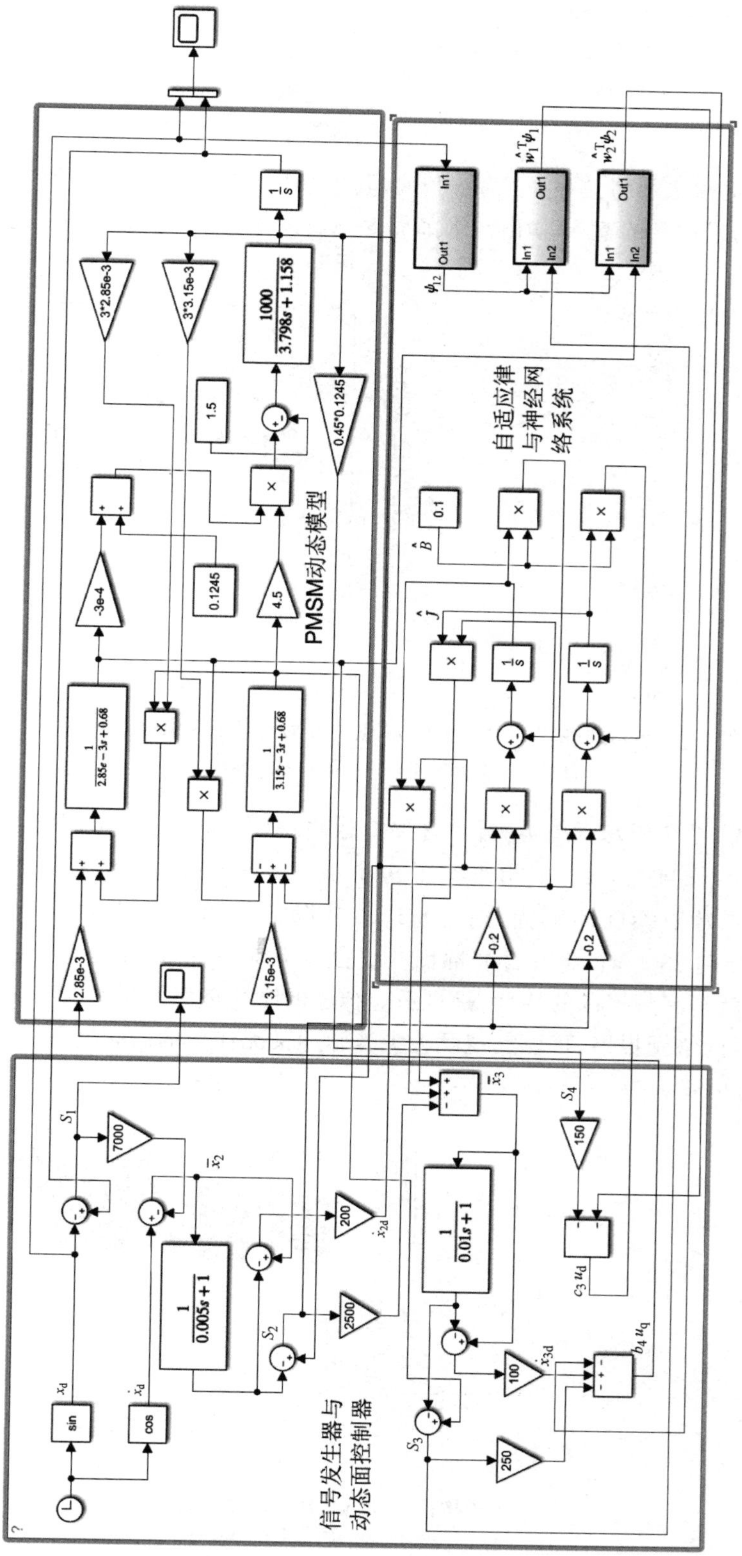

图 8-4　PMSM 位置跟踪系统自适应神经网络动态面控制仿真框图

图 8-4

通过仿真调试,选取设计参数为

$k_1=7000$, $k_2+1/2\zeta=2500$, $k_3+1/2=250$, $k_4+1/2=150$; $\gamma_1=0.2$

$\gamma_2=0.2$, $\gamma_3=\gamma_4=62.5\times10^5$; $\sigma_1=\sigma_2=0.5$, $\sigma_3=\sigma_4=8\times10^{-5}$

$\tau_2=0.005$, $\tau_3=0.01$

仿真时,采用的输入参考信号 x_d 为正弦波,其导数 $\dot{x}_d$ 为余弦波,幅值均为 1,角频率均为 1rad/s。仿真结果得到的输入-输出波形如图 8-5(a)所示,二者是重合在一起的;系统跟踪误差曲线如图 8-5(b)所示。

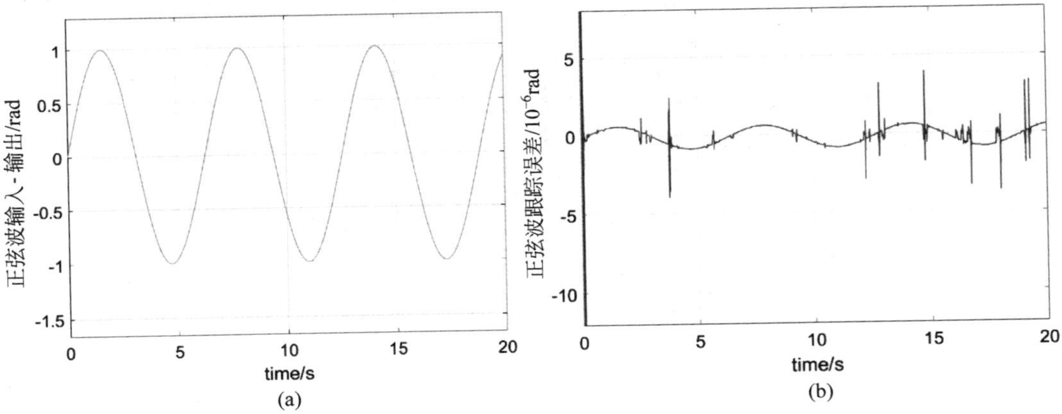

图 8-5 Simulink 仿真结果的输入-输出波形及系统跟踪误差曲线

(a) 仿真输入-输出波形;(b) 系统跟踪误差曲线

由图 8-5 易见,系统跟踪误差最大值(含尖峰脉冲)约为 4×10^{-6}rad,而正弦波分量幅值约为 0.8×10^{-6}rad。与图 7-12(b)相比较,误差曲线的尖峰脉冲占比有所降低。

欲通过调整参数消除脉冲干扰,则容易产生伴随的小幅度高频振荡。例如,将 $k_2+1/2\zeta$ 由 2500 增加到 2800 时,将经过局部而变成全局高频振荡,如图 8-6(a)、(b)所示。这种不是尖峰脉冲就是高频振荡的特性,是自适应神经网络动态面控制的缺陷,在下面两节中将说明,引入神经网络预报器,可以实现既无尖峰脉冲又无伴随的高频振荡。

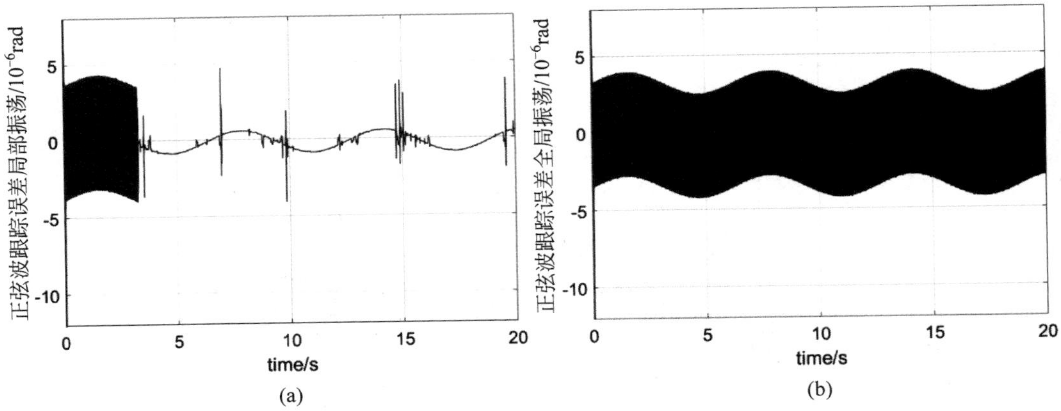

图 8-6 提高增益条件下出现的误差曲线

(a) $k_2+1/2\zeta=2500$;(b) $k_2+1/2\zeta=2800$

8.5 基于预报器的严反馈非线性系统神经网络动态面控制

8.5.1 问题的提出

考虑一类不确定性严反馈形式非线性系统，表达如下：

$$\begin{cases}\dot{x}_i = f_i(\boldsymbol{x}_i) + x_{i+1}, \quad i=1,2,\cdots,n-1 \\ \dot{x}_n = f_n(\boldsymbol{x}_n) + u \\ y = x_1\end{cases} \tag{8-134}$$

式中，$x_i \in \mathbf{R}$ 为系统状态，$\boldsymbol{x}_i = [x_1, x_2, \cdots, x_i]^{\mathrm{T}} \in \mathbf{R}^i$ 为状态向量，$u \in \mathbf{R}$ 为控制输入，$y \in \mathbf{R}$ 为系统输出，$f_i(\boldsymbol{x}_i)$是 $\boldsymbol{x}_i$ 的未知连续可导函数。

控制目标是，跟踪时变外部参考信号 x_{d}，使得跟踪误差收敛到原点的微小邻域。假设参考信号 x_{d}、$\dot{x}_{\mathrm{d}}$、$\ddot{x}_{\mathrm{d}}$ 有界，即存在正常数 B_0，使得 $x_{\mathrm{d}}^2 + \dot{x}_{\mathrm{d}}^2 + \ddot{x}_{\mathrm{d}}^2 \leqslant B_0$。

8.5.2 控制器设计

基于预报器的神经网络动态面控制器设计的具体步骤如下：

步骤 1：定义一级系统跟踪误差 $S_1 = x_1 - x_{\mathrm{d}}$，其一阶导数为

$$\dot{S}_1 = \dot{x}_1 - \dot{x}_{\mathrm{d}} = f_1(x_1) + x_2 - \dot{x}_{\mathrm{d}} \tag{8-135}$$

根据 Stone Weierstrass 逼近定理，非线性函数 f_1 可表示为

$$f_1 = \boldsymbol{w}_1^{*\mathrm{T}} \boldsymbol{\psi}_1(x_1) + \delta_1 \tag{8-136}$$

式中，$\boldsymbol{w}_1^*$ 为最优参数向量，$\boldsymbol{\psi}_1$ 为神经网络基函数，δ_1 为最小逼近误差。

为了使 S_1 稳定，建议虚拟控制律 $\bar{x}_2$ 如下：

$$\bar{x}_2 = -k_1 S_1 + \dot{x}_{\mathrm{d}} - \hat{\boldsymbol{w}}_1^{\mathrm{T}} \boldsymbol{\psi}_1(x_1) \tag{8-137}$$

式中，$k_1 \in \mathbf{R}$ 为正常数。

为了实现对不确定性的快速学习，引入下列神经网络预报器：

$$\dot{\hat{x}}_1 = x_2 + \hat{\boldsymbol{w}}_1^{\mathrm{T}} \boldsymbol{\psi}_1 + (k_1 + \mu_1)\tilde{x}_1 \tag{8-138}$$

式中，$\mu_1 > 0$ 为设计参数，$\tilde{x}_1 = x_1 - \hat{x}_1$ 为估计误差。

给定$\hat{\boldsymbol{w}}_1$ 的自适应律如下：

$$\dot{\hat{\boldsymbol{w}}}_1 = \lambda_1(\tilde{x}_1 \boldsymbol{\psi}_1 - \sigma_1 \hat{\boldsymbol{w}}_1) \tag{8-139}$$

式中，$\lambda_1 \in \mathbf{R}$，$\sigma_1 \in \mathbf{R}$，皆为正常数。

令虚拟控制律 $\bar{x}_2$ 通过一阶低通滤波器，以获得 $\bar{x}_2$ 的估计 $x_{2\mathrm{d}}$ 如下：

$$\tau_2 \dot{x}_{2\mathrm{d}} + x_{2\mathrm{d}} = \bar{x}_2, \quad x_{2\mathrm{d}}(0) = \bar{x}_2(0) \tag{8-140}$$

式中，$\tau_2 \in \mathbf{R}$ 为正时间常数。

步骤 i($2 \leqslant i \leqslant n-1$)：令 i 级系统的误差为 $S_i = x_i - x_{i\mathrm{d}}$，其对时间 t 的一阶导数为

$$\dot{S}_i = \dot{x}_i - \dot{x}_{i\mathrm{d}} = f_i(\boldsymbol{x}_i) + x_{i+1} - \dot{x}_{i\mathrm{d}} \tag{8-141}$$

根据 Stone Weierstrass 逼近定理，非线性函数 f_i 可表示为

$$f_i(\boldsymbol{x}_i) = \boldsymbol{w}_i^{*\mathrm{T}} \boldsymbol{\psi}_i(\boldsymbol{x}_i) + \delta_i \tag{8-142}$$

式中，$\boldsymbol{w}_i^*$ 为最优参数向量，$\boldsymbol{\psi}_i$ 为神经网络基函数，δ_i 为最小逼近误差。

为了使 S_i 稳定，建议虚拟控制律 $\bar{x}_{i+1}$ 如下：

$$\bar{x}_{i+1}=-k_iS_i+\dot{x}_{i\mathrm{d}}-\hat{\boldsymbol{w}}_i^{\mathrm{T}}\boldsymbol{\psi}_i(\boldsymbol{x}_i) \tag{8-143}$$

式中，$k_i\in\mathbf{R}$ 为正常数。

为了实现对不确定性的快速学习，引入下列神经网络预报器：

$$\dot{\hat{x}}_i=x_{i+1}+\hat{\boldsymbol{w}}_i^{\mathrm{T}}\boldsymbol{\psi}_i(\boldsymbol{x}_i)+(k_i+\mu_i)\tilde{x}_i \tag{8-144}$$

式中，$\mu_i>0$ 为设计参数，$\tilde{x}_i=x_i-\hat{\boldsymbol{x}}_i$ 为估计误差。

给定$\hat{\boldsymbol{w}}_i$ 的自适应律如下：

$$\dot{\hat{\boldsymbol{w}}}_i=\lambda_i(\tilde{x}_i\boldsymbol{\psi}_i-\sigma_i\hat{\boldsymbol{w}}_i) \tag{8-145}$$

式中，$\lambda_i\in\mathbf{R}$，$\sigma_i\in\mathbf{R}$，皆为正常数。

令虚拟控制律 $\bar{x}_{i+1}$ 通过一阶低通滤波器，以获得 $\bar{x}_{i+1}$ 的估计 $x_{i+1\mathrm{d}}$ 如下：

$$\tau_{i+1}\dot{x}_{i+1\mathrm{d}}+x_{i+1\mathrm{d}}=\bar{x}_{i+1},\quad x_{i+1\mathrm{d}}(0)=\bar{x}_{i+1}(0) \tag{8-146}$$

式中，$\tau_{i+12}\in\mathbf{R}$ 为正时间常数。

步骤 $\boldsymbol{n}$：令 n 级系统误差为 $S_n=x_n-x_{n\mathrm{d}}$，其一阶时间导数为

$$\dot{S}_n=\dot{x}_n-\dot{x}_{n\mathrm{d}}=f_n(\boldsymbol{x}_n)+u-\dot{x}_{n\mathrm{d}} \tag{8-147}$$

根据 Stone Weierstrass 逼近定理，非线性函数 f_n 可表示为

$$f_n(\boldsymbol{x})=\boldsymbol{w}_n^{*\mathrm{T}}\boldsymbol{\psi}_n(\boldsymbol{x}_n)+\delta_n \tag{8-148}$$

式中，$\boldsymbol{w}_n^*$ 为最优参数向量，$\boldsymbol{\psi}_n$ 为神经网络基函数，δ_n 为最小逼近误差。

建议控制律 u 如下：

$$u=-k_nS_n+\dot{x}_{n\mathrm{d}}-\hat{\boldsymbol{w}}_n^{\mathrm{T}}\boldsymbol{\psi}_n(\boldsymbol{x}_n) \tag{8-149}$$

式中，$k_i\in\mathbf{R}$，为正常数。

为了设计$\hat{\boldsymbol{w}}_n$ 的自适应律，引入下列神经网络预报器：

$$\dot{\hat{x}}_n=u+\hat{\boldsymbol{w}}_n^{\mathrm{T}}\boldsymbol{\psi}_n(\boldsymbol{x}_n)+(k_n+\mu_n)\tilde{x}_n \tag{8-150}$$

式中，$\mu_n>0$，为设计参数，$\tilde{x}_n=x_n-\hat{x}_n$ 为估计误差。

给定$\hat{\boldsymbol{w}}_n$ 的自适应律如下：

$$\dot{\hat{\boldsymbol{w}}}_n=\lambda_nn(\tilde{x}_n\boldsymbol{\psi}_n-\sigma_n\hat{\boldsymbol{w}}_n) \tag{8-151}$$

式中，$\lambda_i\in\mathbf{R}$，$\sigma_i\in\mathbf{R}$，皆为正常数。

根据上述推导结果，可绘制基于预报器的神经网络动态面控制（NNDSC）系统结构框图，如图 8-7 所示。

它由三部分组成：动态面控制器、预报器及神经网络。预报器与神经网络组合，用于辨识系统的不确定性，与控制器设计无关。因此，不确定性辨识过程能做到尽可能快，而不会牺牲鲁棒性。结果是，在系统出现大的不确定性时，能改善系统性能。

基于预报器的 NNDSC 设计方法与一般常规的神经网络动态面控制方法不同，其关键点就是将预报器融合到神经网络动态面控制方法之中，采用预估误差 $\tilde{x}_i$ 取代子系统跟踪误差 S_i 来修正神经网络。因此，具有平滑和快速学习的能力，而不会发生高频振荡。改善瞬态响应主要利用下面两种方法。

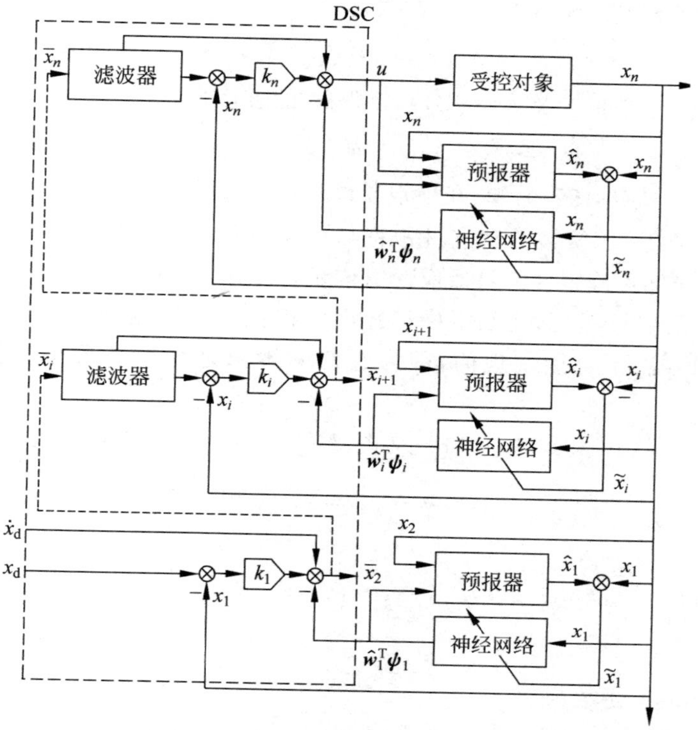

图 8-7　基于预报器的 NNDSC 系统结构框图

第一，通过选择正常数 μ_i，预估动态误差 $\tilde{x}_i$ 比子系统跟踪误差 S_i 收敛速度更快，因而 $\hat{w}_i$ 将具有平滑的学习瞬变过程。并且，改善的神经网络瞬变特性进一步过渡到直接控制信号。

第二，依靠初始化 $x_i(0)=\hat{x}_i(0)$，可以完全避免因采用大的自适应增益而引起不希望的瞬变学习误差。

8.5.3　系统稳定性分析

令

$$\begin{cases}\hat{S}_i=\hat{x}_i-x_{id}, \quad x_{1d}=x_d \\ y_{i+1}=x_{i+1,d}-\bar{x}_{i+1} \\ \tilde{w}_i=w_i^*-\hat{w}_i\end{cases}, \quad i=1,2,\cdots,n \tag{8-152}$$

于是，由式(8-137)、式(8-138)和式(8-143)、式(8-144)以及式(8-149)、式(8-150)，可分别获得 $\dot{\hat{S}}_1$、$\dot{\hat{S}}_i$ 及 $\dot{\hat{S}}_n$ 的表达式如下：

$$\begin{cases}\dot{\hat{S}}_1=-k_1\hat{S}_1+\mu_1\tilde{x}_1+\tilde{x}_2+\hat{S}_2+y_2 \\ \dot{\hat{S}}_i=-k_i\hat{S}_i+\mu_i\tilde{x}_i+\tilde{x}_{i+1}+\hat{S}_{i+1}+y_{i+1}, \quad i=2,3,\cdots,n-1 \\ \dot{\hat{S}}_n=-k_n\hat{S}_n+\mu_n\tilde{x}_n\end{cases} \tag{8-153}$$

由式(8-134)的第一式、式(8-136)、式(8-138)、式(8-142)、式(8-144)，以及式(8-134)的

第二式、式(8-148)、式(8-150)，可得 $\dot{\tilde{x}}_i$ 的表达式为

$$\dot{\tilde{x}}_i = -(k_i + \mu_i)\tilde{x}_i + \tilde{\boldsymbol{w}}_i^{\mathrm{T}}\boldsymbol{\psi}_i + \delta_i, \quad i = 1, 2, \cdots, n \tag{8-154}$$

由式(8-139)、式(8-145)及式(8-151)，可得 $\dot{\hat{\boldsymbol{w}}}_i$ 的表达式为

$$\dot{\hat{\boldsymbol{w}}}_i = \lambda_i(\tilde{x}_i\boldsymbol{\psi}_i - \sigma_i\hat{\boldsymbol{w}}_i), \quad i = 1, 2, \cdots, n \tag{8-155}$$

由式(8-153)～式(8-155)易知，在预报器设计中引入反馈增益常数 μ_i，将使整个控制系统产生两个时间尺度：①缓慢的动态过程将与跟踪误差 S_i 一起收敛；②快速的动态过程提升动态系统对未知不确定性的自适应性。依靠容许这两个被分开的时间尺度，可以控制自适应系统中的瞬变过程，而无须折中神经网络权值的学习速率。这是现有的常规神经网络动态面控制方法不可能实现的，因为它们的辨识过程是与跟踪误差相互耦合在一起的。

由式(8-137)、式(8-140)、式(8-143)及式(8-146)，可得 $\dot{y}_i$ 的表达式为

$$\begin{aligned}\dot{y}_i &= -\frac{y_i}{\tau_i} + k_{i-1}\dot{S}_{i-1} - \ddot{x}_{i-1,\mathrm{d}} + \dot{\hat{\boldsymbol{w}}}_{i-1}^{\mathrm{T}}\boldsymbol{\psi}_{i-1}(\boldsymbol{x}_{i-1}) + \hat{\boldsymbol{w}}_{i-1}^{\mathrm{T}}\frac{\partial\boldsymbol{\psi}_{i-1}(\boldsymbol{x}_{i-1})}{\partial\boldsymbol{x}_{i-1}}\dot{\boldsymbol{x}}_{i-1} \\ &= -\frac{y_i}{\tau_i} + \eta_i(\tilde{x}_1, \cdots, \tilde{x}_i, \hat{S}_1, \cdots, \hat{S}_i, y_2, \cdots, y_i, \hat{\boldsymbol{w}}_1, \cdots, \hat{\boldsymbol{w}}_{i-1}, x_{\mathrm{d}}, \dot{x}_{\mathrm{d}}, \ddot{x}_{\mathrm{d}}), \quad i = 2, 3, \cdots, n\end{aligned} \tag{8-156}$$

现在，选择 Lyapunov 函数为

$$V = \frac{1}{2}\sum_{i=1}^{n}\hat{S}_i^2 + \frac{1}{2}\sum_{i=1}^{n}\tilde{x}_i^2 + \frac{1}{2}\sum_{i=2}^{n}y_i^2 + \sum_{i=1}^{n}\frac{1}{2\lambda_i}\tilde{\boldsymbol{w}}_i^{\mathrm{T}}\tilde{\boldsymbol{w}}_i \tag{8-157}$$

利用式(8-153)～式(8-156)，可得 Lyapunov 函数的一阶导数为

$$\begin{aligned}\dot{V} &= \sum_{i=1}^{n}\hat{S}_i\dot{\hat{S}}_i + \sum_{i=1}^{n}\tilde{x}_i\dot{\tilde{x}}_i + \sum_{i=2}^{n}y_i\dot{y}_i - \sum_{i=1}^{n}\frac{1}{\lambda_i}\tilde{\boldsymbol{w}}_i^{\mathrm{T}}\dot{\hat{\boldsymbol{w}}}_i \\ &= \sum_{i=1}^{n}(-k_i\hat{S}_i^2 + \mu_i\hat{S}_i\tilde{x}_i) + \sum_{i=1}^{n-1}(\hat{S}_i\tilde{x}_{i+1} + \hat{S}_i\hat{S}_{i+1} + \hat{S}_iy_{i+1}) + \\ &\quad \sum_{i=1}^{n}[-(k_i + \mu_i)\tilde{x}_i^2 + \tilde{x}_i\delta_i] + \sum_{i=2}^{n}\left(-\frac{y_i^2}{\tau_i} + y_i\eta_i(\cdot)\right) + \sum_{i=1}^{n}(\sigma_i\tilde{\boldsymbol{w}}_i^{\mathrm{T}}\hat{\boldsymbol{w}}_i)\end{aligned} \tag{8-158}$$

对于 $B_0 > 0, p > 0$，定义紧集 $\Omega_1 = \{x_{\mathrm{d}}^2 + \dot{x}_{\mathrm{d}}^2 + \ddot{x}_{\mathrm{d}}^2 \leqslant B_0\}$ 和 $\Omega_2 = \sum_{i=1}^{n}\{\hat{S}_i^2 + \tilde{x}_i^2 + y_{i+1}^2 + \tilde{\boldsymbol{w}}_i^{\mathrm{T}}\tilde{\boldsymbol{w}}_i \leqslant 2p\}$，其中 $y_{n+1} = 0$。因此，$\eta_i(\cdot)$ 在紧集 $\Omega_1 \times \Omega_2$ 上是有界的，上界记为 $D_{i\mathrm{M}}, i = 1, 2, \cdots, n$。

利用 Young's 不等式，下列不等式成立：

$$\hat{S}_i\tilde{x}_i \leqslant \frac{1}{2\upsilon_i}\hat{S}_i^2 + \frac{\upsilon_i}{2}\tilde{x}_i^2, \quad \hat{S}_i\tilde{x}_{i+1} \leqslant \frac{1}{2}\hat{S}_i^2 + \frac{1}{2}\tilde{x}_{i+1}^2, \quad \hat{S}_i\hat{S}_{i+1} \leqslant \frac{1}{2}\hat{S}_i^2 + \frac{1}{2}\hat{S}_{i+1}^2$$

$$\hat{S}_iy_{i+1} \leqslant \frac{1}{2}\hat{S}_i^2 + \frac{1}{2}y_{i+1}^2, \quad \tilde{x}_i\delta_i \leqslant \frac{1}{2}\tilde{x}_i^2 + \frac{1}{2}\delta_i^2$$

$$y_i\eta_i(\cdot) \leqslant \frac{1}{2\zeta_i}D_{i\mathrm{M}}^2y_i^2 + \frac{\zeta_i}{2}, \quad \tilde{\boldsymbol{w}}_i^{\mathrm{T}}\hat{\boldsymbol{w}}_i \leqslant -\frac{1}{2}\tilde{\boldsymbol{w}}_i^{\mathrm{T}}\tilde{\boldsymbol{w}}_i + \frac{1}{2}\boldsymbol{w}_i^{*\mathrm{T}}\boldsymbol{w}_i^*$$

其中，$\upsilon_i \in \mathbf{R}, \zeta_i \in \mathbf{R}$，为正常数。将以上不等式代入式(8-158)，可得

$$\dot{V} \leqslant \sum_{i=1}^{n}\left(-k_i+\frac{\mu_i}{2\upsilon_i}\right)\hat{S}_i^2+\sum_{i=1}^{n-1}\frac{3}{2}\hat{S}_i^2+\sum_{i=2}^{n}\left(\frac{1}{2}\tilde{x}_i^2+\frac{1}{2}\hat{S}_i^2\right)+$$
$$\sum_{i=1}^{n}\left[-\left(k_i+\mu_i-\frac{\mu_i\upsilon_i}{2}-\frac{1}{2}\right)\tilde{x}_i^2+\frac{1}{2}\delta_i^2\right]+$$
$$\sum_{i=2}^{n}\left[-\left(\frac{1}{\tau_i}-\frac{D_{iM}^2}{2\zeta_i}-\frac{1}{2}\right)y_i^2+\frac{\zeta_i}{2}\right]+\sum_{i=1}^{n}\left(-\frac{\sigma_i}{2}\tilde{\boldsymbol{w}}_i^{\mathrm{T}}\tilde{\boldsymbol{w}}_i+\frac{\sigma_i}{2}\boldsymbol{w}_i^{*\mathrm{T}}\boldsymbol{w}_i^*\right) \tag{8-159}$$

令 $\rho_1=k_1,\rho_i=k_i-1/2,i=2,3,\cdots,n-1,\rho_n=k_n+1$；$\varphi_1=k_1,\varphi_i=k_i-1/2,i=2,3,\cdots,n$，则式(8-159)可改写为

$$\dot{V} \leqslant -\sum_{i=1}^{n}\left(\rho_i-\frac{\mu_i}{2\upsilon_i}-\frac{3}{2}\right)\hat{S}_i^2-\sum_{i=1}^{n}\left[\left(\varphi_i+\mu_i-\frac{\mu_i\upsilon_i}{2}-\frac{1}{2}\right)\tilde{x}_i^2\right]-$$
$$\sum_{i=2}^{n}\left(\frac{1}{\tau_i}-\frac{D_{iM}^2}{2\zeta_i}-\frac{1}{2}\right)y_i^2-\sum_{i=1}^{n}\left(\frac{\sigma_i}{2}\tilde{\boldsymbol{w}}_i^{\mathrm{T}}\tilde{\boldsymbol{w}}_i\right)+$$
$$\sum_{i=1}^{n}\left(\frac{\delta_i^2}{2}\right)+\sum_{i=2}^{n}\left(\frac{\zeta_i}{2}\right)+\sum_{i=1}^{n}\left(\frac{\sigma_i}{2}\boldsymbol{w}_i^{*\mathrm{T}}\boldsymbol{w}_i^*\right) \tag{8-160}$$

进一步，令

$$\begin{cases}\alpha_0=\min\left\{2\left(\rho_i-\dfrac{\mu_i}{2\upsilon_i}-\dfrac{3}{2}\right),2\left(\varphi_i-\mu_i-\dfrac{\mu_i\upsilon_i}{2}-\dfrac{1}{2}\right),2\left(\dfrac{1}{\tau_i}-\dfrac{D_{iM}^2}{2\zeta_i}-\dfrac{1}{2}\right),\lambda_i\sigma_i\right\}>0\\ C=\displaystyle\sum_{i=1}^{n}\left(\frac{\delta_i^2}{2}\right)+\sum_{i=2}^{n}\left(\frac{\zeta_i}{2}\right)+\sum_{i=1}^{n}\left(\frac{\sigma_i}{2}\boldsymbol{w}_i^{*\mathrm{T}}\boldsymbol{w}_i^*\right)\end{cases} \tag{8-161}$$

则式(8-160)可简化为

$$\dot{V}(t) \leqslant -\alpha_0 V(t)+C \tag{8-162}$$

式(8-162)与式(7-133)相同，因此有解：

$$V(t) \leqslant \left(V(0)-\frac{C}{\alpha_0}\right)\mathrm{e}^{-\alpha_0 t}+\frac{C}{\alpha_0} \tag{8-163}$$

显然，当 $\alpha_0>C/p$ 时，根据 $V=p$，有 $\dot{V}<0$。因此，$V\leqslant p$ 是一个不变集，即如果 $V(0)\leqslant p$，那么 $V(t)\leqslant p,\forall t\geqslant 0$。即闭环系统中所有误差信号一致最终有界。

式(8-163)表明，一类不确定性严反馈非线性系统(8-134)，在基于预报器的神经网络实际控制律(8-149)和参数自适应律(8-154)、(8-155)的作用下，闭环系统的所有误差信号$(\hat{S}_i,\tilde{x}_i,y_i,\tilde{\boldsymbol{w}}_i)$一致最终有界，跟踪误差将收敛到原点的极小邻域内。误差信号可以通过增加 α_0 予以缩小。瞬变性能的界限也可以通过增加 α_0 和初始化 $\hat{x}_i(0)=x_i(0)$予以降低。

注意，α_0 主要取决于控制增益 k_i 和滤波器时间常数 τ_i，以及自适应增益 λ_i。因此，增加参数 α_0 可以通过加大 k_i 和 λ_i 及减小 τ_i 来实现。参数 μ_i 决定神经网络的阻尼，合适地选择 $\mu_i\geqslant 2\sqrt{\lambda_i}-k_i$ 可以阻尼掉振荡。参数 σ_1 尽可能选择得足够小，以缩小 C 的界限。其他参数可以根据式(8-161)选择，以使得它们有解；k_i 的增加应保证 υ_i 存在。

最后，必须指出，基于预报器的神经网络动态面控制同时解决了三个问题：①消除了反步法设计中的"微分爆炸"问题；②同时处理了动态系统中的非线性参数不确定性；③最重要的是，改善了神经网络动态面控制系统的瞬变性能，抑制了系统的振荡。这些性质将在下

一节中得到 Simulink 仿真验证。

8.6 基于预报器的 PMSM 伺服系统神经网络动态面控制及仿真验证

8.6.1 PMSM 系统的数学模型

7.6 节中已给出 PMSM 系统在同步旋转坐标(d-q)下的数学模型。现重写如下：

$$\begin{cases}\dfrac{\mathrm{d}\theta}{\mathrm{d}t}=\omega \\ J\dfrac{\mathrm{d}\omega}{\mathrm{d}t}=\dfrac{3}{2}n_p[(L_d-L_q)i_d i_q+\Phi i_q]-B\omega+T_L \\ L_q\dfrac{\mathrm{d}i_q}{\mathrm{d}t}=-R_s i_q-n_p\omega L_d i_d-n_p\omega\Phi+u_q \\ L_d\dfrac{\mathrm{d}i_d}{\mathrm{d}t}=-R_s i_d+n_p\omega L_q i_q+u_d\end{cases} \tag{8-164}$$

有关变量的定义见 7.6 节，这里不再赘述。引入新状态变量：$x_1=\theta, x_2=\omega, x_3=i_q, x_4=i_d$，以及三个未知的不确定性非线性函数：

$$\begin{cases}f_1=\dfrac{3n_p}{2J}[(L_d-L_q)x_3x_4+\Phi x_3]-Bx_2+T_L-x_3 \\ f_2=-\dfrac{R_s}{L_q}x_3-\dfrac{n_pL_d}{L_q}x_2x_4-\dfrac{n_p\Phi}{L_q}x_2 \\ f_3=-\dfrac{R_s}{L_d}x_4+\dfrac{n_pL_q}{L_d}x_2x_3\end{cases} \tag{8-165}$$

则式(8-164)可改写为

$$\begin{cases}\dot{x}_1=x_2 \\ \dot{x}_2=x_3+f_1 \\ \dot{x}_3=\dfrac{1}{L_q}u_q+f_2 \\ \dot{x}_4=\dfrac{1}{L_d}u_d+f_3\end{cases} \tag{8-166}$$

由式(8-164)易知，永磁同步电机是多变量、强耦合的非线性系统。其在运行过程中，随着温度、环境的变化，电机的转动惯量 J、摩擦系数 B、负载转矩 T_L 及定子电阻 R_s 等参数都会发生改变，且不可测量，因此，模型(8-166)中的 f_1、f_2、f_3 皆为不确定非线性函数，需选用模糊逻辑系统或神经网络进行逼近。

控制目标：针对 PMSM 伺服系统，设计基于预报器的自适应神经网络动态面控制器，使得电机转角 x_1 能够跟踪给定参考信号 x_d。参考信号二阶可导，且 x_d、$\dot{x}_d$、$\ddot{x}_d$ 有界。

8.6.2 控制器设计

首先，定义误差 $S_i(i=1,2,3,4)$ 和虚拟滤波误差 $y_i(i=2,3)$ 为

$$\begin{cases} S_1 = x_1 - x_{1d}, & x_{1d} = x_d \\ S_2 = x_2 - x_{2d} \\ S_3 = x_3 - x_{3d} \\ S_4 = x_4 \\ y_i = x_{id} - \bar{x}_i \end{cases} \tag{8-167}$$

式中，x_d 为给定的位置信号，$\bar{x}_i(i=2,3)$为虚拟控制律，x_{id} 为虚拟控制律经过低通滤波器的输出。

其次，设计控制器，步骤如下：

步骤 1：考虑一级系统，定义误差 $S_1=x_1-x_d$，其对时间 t 的一阶导数为

$$\dot{S}_1 = \dot{x}_1 - \dot{x}_d = x_2 - \dot{x}_d \tag{8-168}$$

设计虚拟控制律为

$$\bar{x}_2 = -k_1 S_1 + \dot{x}_d, \quad k_1 > 0 \tag{8-169}$$

将式(8-169)代入式(8-168)，消去 $\dot{x}_d$，可得

$$\dot{S}_1 = x_2 - \bar{x}_2 - k_1 S_1 \tag{8-170}$$

引入一阶低通滤波器为

$$\tau_2 \dot{x}_{2d} + x_{2d} = \bar{x}_2, \quad x_{2d}(0) = \bar{x}_2(0) \tag{8-171}$$

式中，$\tau_2>0$，为滤波时间常数。

步骤 2：考虑二级系统，定义误差 $S_2=x_2-x_{2d}$，其对时间 t 的一阶导数为

$$\dot{S}_2 = \dot{x}_2 - \dot{x}_{2d} = x_3 + f_1 - \dot{x}_{2d} \tag{8-172}$$

根据 Stone Weierstrass 逼近定理，非线性函数 f_1 可表示为

$$f_1 = \boldsymbol{w}_1^{*\mathrm{T}} \boldsymbol{\psi}_1 + \delta_1 \tag{8-173}$$

式中，$\boldsymbol{w}_1^*$ 为最优参数向量，$\boldsymbol{\psi}_1$ 为神经网络基函数，δ_1 为最小逼近误差。

将式(8-173)代入式(8-172)，可得

$$\dot{S}_2 = x_3 + \boldsymbol{w}_1^{*\mathrm{T}} \boldsymbol{\psi}_1 - \dot{x}_{2d} + \delta_1 \tag{8-174}$$

设计虚拟控制律为

$$\bar{x}_3 = -k_2 S_2 - \hat{\boldsymbol{w}}_1^{\mathrm{T}} \boldsymbol{\psi}_1 + \dot{x}_{2d} \tag{8-175}$$

式中，$k_2>0$，为设计参数，$\hat{\boldsymbol{w}}_1$ 是 $\boldsymbol{w}_1^*$ 的估计值。将式(8-175)代入式(8-174)得

$$\dot{S}_2 = x_3 - \bar{x}_3 - k_2 S_2 + \tilde{\boldsymbol{w}}_1^{\mathrm{T}} \boldsymbol{\psi}_1 + \delta_1 \tag{8-176}$$

式中，$\tilde{\boldsymbol{w}}_1 = \boldsymbol{w}_1^* - \hat{\boldsymbol{w}}_1$。

为了实现对不确定性的快速学习，引入下列神经网络预报器：

$$\dot{\hat{x}}_2 = x_3 + \hat{\boldsymbol{w}}_1^{\mathrm{T}} \boldsymbol{\psi}_1 + (k_2 + \mu_1)\tilde{x}_2 \tag{8-177}$$

式中，$\mu_1>0$，为设计参数，$\tilde{x}_2 = x_2 - \hat{x}_2$。

引入一阶低通滤波器

$$\tau_3 \dot{x}_{3d} + x_{3d} = \bar{x}_3, \quad x_{3d}(0) = \bar{x}_3(0) \tag{8-178}$$

式中，$\tau_3>0$，为低通滤波器的正时间常数。

步骤 3：考虑三级系统，定义误差变量 $S_3=x_3-x_{3d}$，其对时间 t 的一阶导数为

$$\dot{S}_3=\dot{x}_3-\dot{x}_{3d}=f_2+\frac{u_q}{L_q}-\dot{x}_{3d} \tag{8-179}$$

根据 Stone Weierstrass 逼近定理，非线性函数 f_2 可表示为

$$f_2=\boldsymbol{w}_2^{*\mathrm{T}}\boldsymbol{\psi}_2+\delta_2 \tag{8-180}$$

式中，$\boldsymbol{w}_2^*$ 为最优参数向量；$\boldsymbol{\psi}_2$ 为神经网络基函数；δ_2 为最小逼近误差，$|\delta_2|\leqslant\varepsilon_2$，$\varepsilon_2>0$。

将式(8-180)代入式(8-179)，可得

$$\dot{S}_3=\boldsymbol{w}_2^{*\mathrm{T}}\boldsymbol{\psi}_2+\frac{u_q}{L_q}-\dot{x}_{3d}+\delta_2 \tag{8-181}$$

选择实际控制律为

$$u_q=L_q(-k_3S_3-\hat{\boldsymbol{w}}_2^{\mathrm{T}}\boldsymbol{\psi}_2+\dot{x}_{3d}) \tag{8-182}$$

式中，$k_3>0$，为设计参数；$\hat{\boldsymbol{w}}_2$ 是 $\boldsymbol{w}_2^*$ 的估计值。将式(8-182)代入式(8-181)，可得

$$\dot{S}_3=-k_3S_3+\tilde{\boldsymbol{w}}_2^{\mathrm{T}}\boldsymbol{\psi}_2+\delta_2 \tag{8-183}$$

式中，$\tilde{\boldsymbol{w}}_2=\boldsymbol{w}_2^*-\hat{\boldsymbol{w}}_2$。

引入下列神经网络预报器：

$$\dot{\hat{x}}_3=\hat{\boldsymbol{w}}_2^{\mathrm{T}}\boldsymbol{\psi}_2+\frac{u_q}{L_q}+(k_3+\mu_2)\tilde{x}_3 \tag{8-184}$$

式中，$\mu_2>0$，为设计参数；$\tilde{x}_3=x_3-\hat{x}_3$。

步骤 4：考虑四级系统，定义误差变量 $S_4=x_4$，其对时间 t 的一阶导数为

$$\dot{S}_4=\boldsymbol{w}_3^{*\mathrm{T}}\boldsymbol{\psi}_3+\frac{u_d}{L_d}+\delta_3 \tag{8-185}$$

式中，已经利用 $f_3=\boldsymbol{w}_3^*\boldsymbol{\psi}_3+\delta_3$，$|\delta_3|\leqslant\varepsilon_3$，$\varepsilon_3>0$。选择实际控制律为

$$u_d=L_d(-k_4S_4-\hat{\boldsymbol{w}}_3^{\mathrm{T}}\boldsymbol{\psi}_3) \tag{8-186}$$

式中，$k_4>0$，为设计参数；$\hat{\boldsymbol{w}}_3$ 是 $\boldsymbol{w}_3^*$ 的估计值。将式(8-186)代入式(8-185)，则有

$$\dot{S}_4=-k_4S_4+\tilde{\boldsymbol{w}}_3^{\mathrm{T}}\boldsymbol{\psi}_3+\delta_3 \tag{8-187}$$

式中，$\tilde{\boldsymbol{w}}_3=\boldsymbol{w}_3^*-\hat{\boldsymbol{w}}_3$。引入下列神经网络预报器：

$$\dot{\hat{x}}_4=\hat{\boldsymbol{w}}_3^{\mathrm{T}}\boldsymbol{\psi}_3+\frac{u_d}{L_d}+(k_4+\mu_3)\tilde{x}_4 \tag{8-188}$$

式中，$\mu_3>0$，为设计参数；$\tilde{x}_4=x_4-\hat{x}_4$。

8.6.3 系统稳定性分析

第一，为了进行稳定性分析，定义新的误差变量：$\hat{S}_2=\hat{x}_2-x_{2d}$；$\hat{S}_3=\hat{x}_3-x_{3d}$；$\hat{S}_4=\hat{x}_4$。

第二，根据式(8-170)和 $y_2=x_{2d}-\bar{x}_2$，$\tilde{x}_2=x_2-\hat{x}_2$，以及 $\hat{S}_2=\hat{x}_2-x_{2d}$，得

$$\dot{S}_1=-k_1S_1+\hat{S}_2+\tilde{x}_2+y_2 \tag{8-189a}$$

第三，根据式(8-175)、式(8-177)和式(8-182)、式(8-184)，以及式(8-186)、式(8-188)，分别得

$$\begin{cases}\dot{\hat{S}}_2=-k_2\hat{S}_2+\mu_1\tilde{x}_2+\tilde{x}_3+\hat{S}_3+y_3\\ \dot{\hat{S}}_3=-k_3\hat{S}_3+\mu_2\tilde{x}_3\\ \dot{\hat{S}}_4=-k_4\hat{S}_4+\mu_3\tilde{x}_4\end{cases}\tag{8-189b}$$

第四，根据 $y_2=x_{2\mathrm{d}}-\bar{x}_2$ 和 $y_3=x_{3\mathrm{d}}-\bar{x}_3$，分别由式(8-171)和式(8-178)可得

$$\begin{aligned}\dot{y}_2&=-\frac{y_2}{\tau_2}+k_1\dot{S}_1-\ddot{x}_{1\mathrm{d}}\\&=-\frac{y_2}{\tau_2}+\eta_2(\tilde{x}_2,S_1,\hat{S}_2,y_2,\hat{\boldsymbol{w}}_1,x_\mathrm{d},\dot{x}_\mathrm{d},\ddot{x}_\mathrm{d})\end{aligned}\tag{8-189c}$$

$$\begin{aligned}\dot{y}_3&=-\frac{y_3}{\tau_3}+k_2\dot{S}_2+\dot{\hat{\boldsymbol{w}}}_1^\mathrm{T}\boldsymbol{\psi}_1-\dot{x}_{3\mathrm{d}}\\&=-\frac{y_3}{\tau_3}+\eta_3(\tilde{x}_2,\tilde{x}_3,S_1,\hat{S}_2,\hat{S}_3,y_2,y_3,\hat{\boldsymbol{w}}_1,\hat{\boldsymbol{w}}_2,x_\mathrm{d},\dot{x}_\mathrm{d},\ddot{x}_\mathrm{d})\end{aligned}\tag{8-189d}$$

第五，由式(8-174)和式(8-177)，式(8-181)和式(8-184)及式(8-185)和式(8-188)，可得

$$\begin{cases}\dot{\tilde{x}}_2=\tilde{\boldsymbol{w}}_1^\mathrm{T}\boldsymbol{\psi}_1-(k_2+\mu_1)\tilde{x}_2+\delta_1\\ \dot{\tilde{x}}_3=\tilde{\boldsymbol{w}}_2^\mathrm{T}\boldsymbol{\psi}_2-(k_3+\mu_2)\tilde{x}_3+\delta_2\\ \dot{\tilde{x}}_4=\tilde{\boldsymbol{w}}_3^\mathrm{T}\boldsymbol{\psi}_3-(k_4+\mu_3)\tilde{x}_4+\delta_3\end{cases}\tag{8-190}$$

现在，选择 Lyapunov 函数为

$$V=\frac{1}{2}S_1^2+\frac{1}{2}\sum_{i=2}^{4}\hat{S}_i^2+\frac{1}{2}\sum_{i=2}^{4}\tilde{x}_i^2+\frac{1}{2}y_2^2+\frac{1}{2}y_3^2+\sum_{i=1}^{3}\frac{1}{2\lambda_i}\tilde{\boldsymbol{w}}_i^\mathrm{T}\tilde{\boldsymbol{w}}_i\tag{8-191}$$

将上式对时间 t 求导，并利用式(8-189a)～式(8-189d)及式(8-190)，可得

$$\begin{aligned}\dot{V}&=S_1\dot{S}_1+\hat{S}_2\dot{\hat{S}}_2+\hat{S}_3\dot{\hat{S}}_3+\hat{S}_4\dot{\hat{S}}_4+\tilde{x}_2\dot{\tilde{x}}_2+\tilde{x}_3\dot{\tilde{x}}_3+\tilde{x}_4\dot{\tilde{x}}_4+y_2\dot{y}_2+y_3\dot{y}_3-\sum_{i=1}^{3}\frac{1}{\lambda_i}\tilde{\boldsymbol{w}}_i^\mathrm{T}\dot{\hat{\boldsymbol{w}}}_i\\&=S_1(-k_1S_1+\hat{S}_2+\tilde{x}_2+y_2)+\hat{S}_2(-k_2\hat{S}_2+\mu_1\tilde{x}_2+\tilde{x}_3+\hat{S}_3+y_3)+\hat{S}_3(-k_3\hat{S}_3+\mu_2\tilde{x}_3)+\\&\quad\hat{S}_4(-k_4\hat{S}_4+\mu_3\tilde{x}_4)+\tilde{x}_2(\tilde{\boldsymbol{w}}_1^\mathrm{T}\boldsymbol{\psi}_1-(k_2+\mu_1)\tilde{x}_2+\delta_1)+\\&\quad\tilde{x}_3(\tilde{\boldsymbol{w}}_2^\mathrm{T}\boldsymbol{\psi}_2-(k_3+\mu_2)\tilde{x}_3+\delta_2)+\tilde{x}_4(\tilde{\boldsymbol{w}}_3^\mathrm{T}\boldsymbol{\psi}_3-(k_4+\mu_3)\tilde{x}_4+\delta_3)+\\&\quad y_2\left(-\frac{y_2}{\tau_2}+\eta_2(\cdot)\right)+y_3\left(-\frac{y_3}{\tau_3}+\eta_3(\cdot)\right)-\sum_{i=1}^{3}\frac{1}{\lambda_i}\tilde{\boldsymbol{w}}_i^\mathrm{T}\dot{\hat{\boldsymbol{w}}}_i\end{aligned}\tag{8-192}$$

利用 Young's 不等式，可得

$$S_1\hat{S}_2\leqslant\frac{1}{2}S_1^2+\frac{1}{2}\hat{S}_2^2,\quad S_1\tilde{x}_2\leqslant\frac{1}{2}S_1^2+\frac{1}{2}\tilde{x}_2^2,\quad S_1y_2\leqslant\frac{1}{2}S_1^2+\frac{1}{2}y_2^2$$

$$\hat{S}_2\tilde{x}_2\leqslant\frac{1}{2}\hat{S}_2^2+\frac{1}{2}\tilde{x}_2^2,\quad \hat{S}_2\tilde{x}_3\leqslant\frac{1}{2}\hat{S}_2^2+\frac{1}{2}\tilde{x}_3^2,\quad \hat{S}_2\hat{S}_3\leqslant\frac{1}{2}\hat{S}_2^2+\frac{1}{2}\hat{S}_3^2$$

$$\hat{S}_2y_3\leqslant\frac{1}{2}\hat{S}_2^2+\frac{1}{2}y_3^2,\quad \hat{S}_3\tilde{x}_3\leqslant\frac{1}{2}\hat{S}_3^2+\frac{1}{2}\tilde{x}_3^2,\quad \hat{S}_4\tilde{x}_4\leqslant\frac{1}{2}\hat{S}_4^2+\frac{1}{2}\tilde{x}_4^2$$

$$\tilde{x}_2\delta_1\leqslant\frac{1}{2}\tilde{x}_2^2+\frac{1}{2}\delta_1^2,\quad \tilde{x}_3\delta_2\leqslant\frac{1}{2}\tilde{x}_3^2+\frac{1}{2}\delta_2^2,\quad \tilde{x}_4\delta_3\leqslant\frac{1}{2}\tilde{x}_4^2+\frac{1}{2}\delta_3^2$$

将上述 Young's 不等式代入式(8-192)，可得

$$\dot{V} \leqslant -\left(k_1 - \frac{3}{2}\right)S_1^2 - \left(k_2 - \frac{\mu_1}{2} - 2\right)\hat{S}_2^2 - \left(k_3 - \frac{\mu_2}{2} - \frac{1}{2}\right)\hat{S}_3^2 - \left(k_4 - \frac{\mu_3}{2}\right)\hat{S}_4^2 - \left(k_2 + \frac{\mu_1}{2} - 1\right)\tilde{x}_2^2 - \left(k_3 + \frac{\mu_2}{2} - 1\right)\tilde{x}_3^2 - \left(k_4 + \frac{\mu_3}{2} - 1\right)\tilde{x}_4^2 + \tilde{x}_2\tilde{\boldsymbol{w}}_1^{\mathrm{T}}\boldsymbol{\psi}_1 + \tilde{x}_3\tilde{\boldsymbol{w}}_2^{\mathrm{T}}\boldsymbol{\psi}_2 + \tilde{x}_4\tilde{\boldsymbol{w}}_3^{\mathrm{T}}\boldsymbol{\psi}_3 - \sum_{i=1}^{3}\frac{1}{\lambda_i}\tilde{\boldsymbol{w}}_i^{\mathrm{T}}\dot{\hat{\boldsymbol{w}}}_i + \left(-\frac{y_2^2}{\tau_2} + \frac{y_2^2}{2} + y_2\eta_2\right) + \left(-\frac{y_3^2}{\tau_3} + \frac{y_3^2}{2} + y_3\eta_3\right) + \frac{1}{2}\delta_1^2 + \frac{1}{2}\delta_2^2 + \frac{1}{2}\delta_3^2 \tag{8-193}$$

设计神经网络参数自适应律如下：

$$\begin{cases} \dot{\hat{\boldsymbol{w}}}_1 = \lambda_1(\tilde{x}_2\boldsymbol{\psi}_1 - \sigma_1\hat{\boldsymbol{w}}_1) \\ \dot{\hat{\boldsymbol{w}}}_2 = \lambda_2(\tilde{x}_3\boldsymbol{\psi}_2 - \sigma_2\hat{\boldsymbol{w}}_2) \\ \dot{\hat{\boldsymbol{w}}}_3 = \lambda_3(\tilde{x}_4\boldsymbol{\psi}_3 - \sigma_3\hat{\boldsymbol{w}}_3) \end{cases} \tag{8-194}$$

式中，$\lambda_i > 0$，$\sigma_i > 0$，$i = 1, 2, 3$。

将神经网络参数自适应律(8-194)代入式(8-193)，可得

$$\dot{V} \leqslant -\left(k_1 - \frac{3}{2}\right)S_1^2 - \left(k_2 - \frac{\mu_1}{2} - 2\right)\hat{S}_2^2 - \left(k_3 - \frac{\mu_2}{2} - \frac{1}{2}\right)\hat{S}_3^2 - \left(k_4 - \frac{\mu_3}{2}\right)\hat{S}_4^2 - \left(k_2 + \frac{\mu_1}{2} - 1\right)\tilde{x}_2^2 - \left(k_3 + \frac{\mu_2}{2} - 1\right)\tilde{x}_3^2 - \left(k_4 + \frac{\mu_3}{2} - 1\right)\tilde{x}_4^2 + \sum_{i=1}^{3}\sigma_i\tilde{\boldsymbol{w}}_i^{\mathrm{T}}\hat{\boldsymbol{w}}_i + \left(-\frac{y_2^2}{\tau_2} + \frac{y_2^2}{2} + y_2\eta_2\right) + \left(-\frac{y_3^2}{\tau_3} + \frac{y_3^2}{2} + y_3\eta_3\right) + \frac{1}{2}\delta_1^2 + \frac{1}{2}\delta_2^2 + \frac{1}{2}\delta_3^2 \tag{8-195}$$

定义紧集：$\Omega_1 = \{x_{\mathrm{d}}^2 + \dot{x}_{\mathrm{d}}^2 + \ddot{x}_{\mathrm{d}}^2 \leqslant B_0\}$ 和 $\Omega_2 = \left\{S_1^2 + \sum_{i=2}^{4}\hat{S}_i^2 + \sum_{i=2}^{4}\tilde{x}_i^2 + y_2^2 + y_3^2 + \sum_{i=1}^{3}\frac{1}{\lambda_i}\tilde{\boldsymbol{w}}_i^{\mathrm{T}}\tilde{\boldsymbol{w}}_i \leqslant 2p\right\}$；式中，$B_0 > 0$，$p > 0$。因此，$\eta_2(\cdot)$、$\eta_3(\cdot)$在紧集 $\Omega_1 \times \Omega_2$ 上是有界的，其上界记为 $D_{2\mathrm{M}}$ 和 $D_{3\mathrm{M}}$，则式(8-195)可进一步表示为

$$\dot{V} \leqslant -\left(k_1 - \frac{3}{2}\right)S_1^2 - \left(k_2 - \frac{\mu_1}{2} - 2\right)\hat{S}_2^2 - \left(k_3 - \frac{\mu_2}{2} - \frac{1}{2}\right)\hat{S}_3^2 - \left(k_4 - \frac{\mu_3}{2}\right)\hat{S}_4^2 - \left(k_2 + \frac{\mu_1}{2} - 1\right)\tilde{x}_2^2 - \left(k_3 + \frac{\mu_2}{2} - 1\right)\tilde{x}_3^2 - \left(k_4 + \frac{\mu_3}{2} - 1\right)\tilde{x}_4^2 - \sum_{i=1}^{3}\frac{\sigma_i}{2}\tilde{\boldsymbol{w}}_i^{\mathrm{T}}\tilde{\boldsymbol{w}}_i + \left(-\frac{1}{\tau_2} + \frac{1}{2} + \frac{D_{2\mathrm{M}}^2}{2\zeta_2}\right)y_2^2 + \left(-\frac{1}{\tau_3} + \frac{1}{2} + \frac{D_{3\mathrm{M}}^2}{2\zeta_3}\right)y_3^2 + \frac{1}{2}\sum_{i=1}^{3}(\delta_i^2 + \sigma_i\|\boldsymbol{w}_i^*\|^2) + \frac{\zeta_2}{2} + \frac{\zeta_3}{2} \tag{8-196}$$

式中，已经利用不等式 $y_i\eta_i(\cdot) \leqslant |y_i|D_{i\mathrm{M}} \leqslant \dfrac{y_i^2D_{i\mathrm{M}}^2}{2\zeta_i} + \dfrac{\zeta_i}{2}$ 及 $\sigma_i\tilde{\boldsymbol{w}}_i^{\mathrm{T}}\hat{\boldsymbol{w}}_i \leqslant -\dfrac{\sigma_i}{2}\tilde{\boldsymbol{w}}_i^{\mathrm{T}}\tilde{\boldsymbol{w}}_i + \dfrac{\sigma_i}{2}\boldsymbol{w}_i^{*\mathrm{T}}\boldsymbol{w}_i^*$；$\zeta_2 > 0$，$\zeta_3 > 0$，为设计参数。

选择设计参数，满足以下等式：

$$k_1 - \frac{3}{2} = k_1^*,\quad k_2 - \frac{\mu_1}{2} - 2 = k_2^*,\quad k_3 - \frac{\mu_2}{2} - \frac{1}{2} = k_3^*,\quad k_4 - \frac{\mu_3}{2} = k_4^*$$

$$k_2+\frac{\mu_1}{2}-1=\mu_1^*,\quad k_3+\frac{\mu_2}{2}-1=\mu_2^*,\quad k_4+\frac{\mu_3}{2}-1=\mu_3^*,\quad \frac{1}{\tau_2}-\frac{1}{2}-\frac{D_{2M}^2}{2\zeta_2}=\frac{1}{\tau_2^*}$$

$$\frac{1}{\tau_3}-\frac{1}{2}-\frac{D_{3M}^2}{2\zeta_3}=\frac{1}{\tau_3^*}$$

式中，$k_i^*>0,i=1,2,\cdots,4$；$\mu_i^*>0,i=1,2,3$；$\tau_i^*>0,i=2,3$。于是，有

$$\dot{V}=-k_1^*S_1^2-\sum_{i=2}^{4}k_i^*\hat{S}_i^2-\sum_{i=2}^{4}\mu_i^*\tilde{x}_i^2-\frac{1}{\tau_2^*}y_2^2-\frac{1}{\tau_3^*}y_3^2-\sum_{i=1}^{3}\frac{\sigma_i}{2}\tilde{\boldsymbol{w}}_i^{\mathrm{T}}\tilde{\boldsymbol{w}}_i+C \tag{8-197}$$

式中，$C=\frac{1}{2}\sum_{i=2}^{4}(\delta_{i-1}^2+\sigma_i\parallel\boldsymbol{w}_i^*\parallel^2)+\frac{\zeta_2}{2}+\frac{\zeta_3}{2}$。

定义 $\alpha_0=\min\{2k_1^*,2k_2^*,2k_3^*,2k_4^*,2\mu_1^*,2\mu_2,2\mu_3,2/\tau_2,2/\tau_3,\lambda_i\sigma_i\}$，式(8-197)可进一步表示为

$$\dot{V}\leqslant-\alpha_0V+C \tag{8-198}$$

式(8-198)与式(7-133)相同，有解

$$V(t)\leqslant\left(V(0)-\frac{C}{\alpha_0}\right)\mathrm{e}^{-\alpha_0t}+\frac{C}{\alpha_0} \tag{8-199}$$

通过以上分析，可得结论如下。

结论：对于含有不确定性的 PMSM 伺服系统(8-166)，在虚拟控制律(8-169)、(8-175)，实际控制律(8-182)、(8-186)，一阶低通滤波器(8-171)、(8-178)，神经网络预报器(8-177)、(8-184)、(8-188)，以及神经网络参数自适应律(8-194)的作用下，可以保证闭环系统所有误差信号一致最终有界；PMSM 的转角能够跟踪给定参考信号，且通过选取适当的设计参数，转角跟踪误差能够收敛到平衡点的极小邻域以内。

8.6.4　Simulink 仿真验证

根据上述讨论结果，可绘制 PMSM 位置跟踪伺服系统 Simulink 仿真框图，如图 8-8 所示。其中，采用的高斯激励函数$\boldsymbol{\psi}_i(\boldsymbol{x}_i)$与图 7-11(b)中的模糊基函数相同，PMSM 参数与 7.6 节仿真中所应用的一致。即 $L_{\mathrm{d}}=2.85\mathrm{mH}$，$L_{\mathrm{q}}=3.15\mathrm{mH}$，$\varphi=0.1245\mathrm{H}$，$n_{\mathrm{p}}=3$，以及 $R_{\mathrm{s}}=0.68\Omega$，$B=1.158\times10^{-3}\mathrm{N\cdot m\cdot s/rad}$，$J=0.003798\mathrm{kg\cdot m^2}$，$T_{\mathrm{L}}=1.5\mathrm{N\cdot m}$。

选取的设计参数如下：

$$k_1=5000,\quad k_2=4000,\quad k_3=200,\quad k_4=200$$
$$\mu_1=\mu_2=\mu_3=3000;\quad \lambda_1=\lambda_2=\lambda_3=2\times10^{-6}$$
$$\sigma_1=\sigma_2=\sigma_3=1\times10^{-3}$$
$$\tau_2=0.01,\quad \tau_3=0.05$$

仿真时采用的输入参考信号 x_{d} 为正弦波，其导数 $\dot{x}_{\mathrm{d}}$ 为余弦波，幅值均为 1，角频率均为 1rad/s。仿真结果的输入-输出波形如图 8-9(a)所示，二者是重合在一起的；系统跟踪误差曲线如图 8-9(b)所示。由图易见，稳态跟踪误差最大值约为 2.1×10^{-6}rad；波形光滑无毛刺。

图 8-8

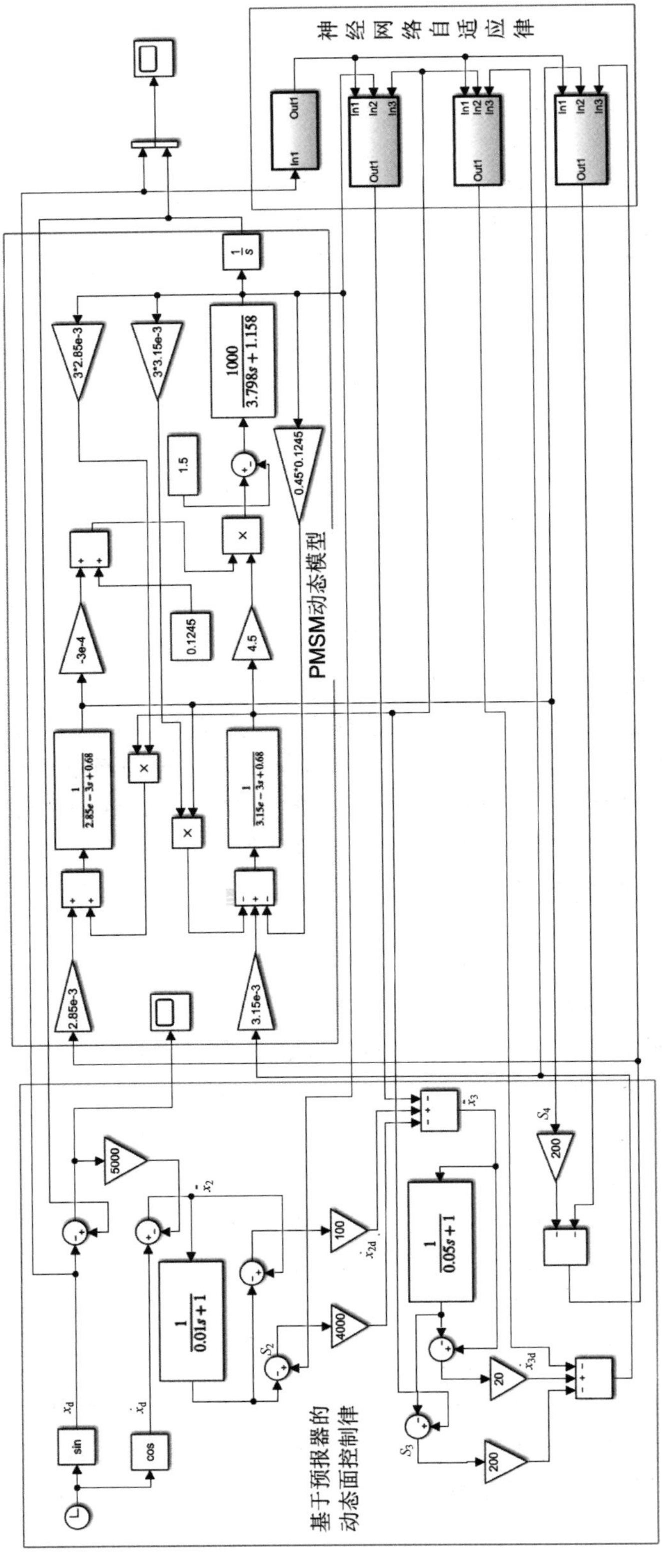

图 8-8　基于预报器的 PMSM 伺服系统自适应神经网络动态面控制 Simulink 仿真框图

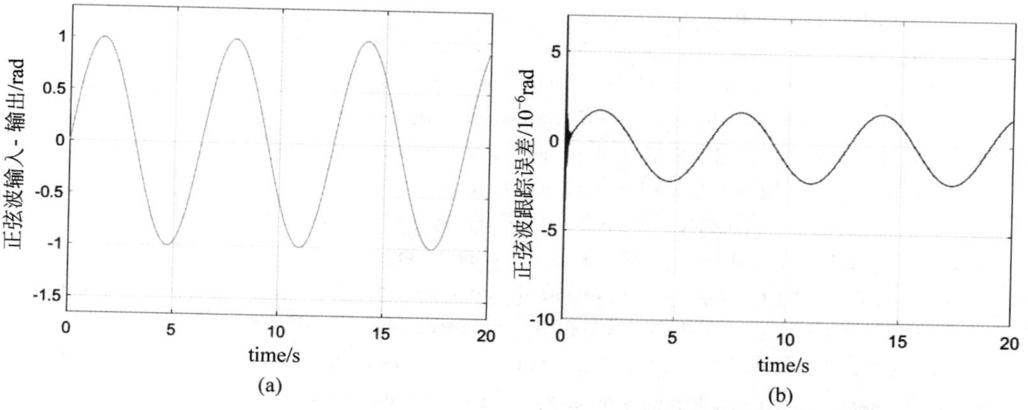

图 8-9　Simulink 仿真结果的输入-输出及跟踪误差曲线

显然，仿真结果表明，永磁同步电机位置跟踪伺服系统在基于预报器的神经网络动态面控制下能够快速、准确地跟踪给定的参考信号，对于系统的不确定性和负载扰动具有良好的鲁棒性；与反步法和一般的传统自适应神经网络动态面跟踪控制相比较，稳态误差波形平滑，既无尖峰脉冲又无伴随的高频振荡。

参考文献

[1] SWAROOP D, GERDES J C, YIP P P, et al. Dynamic Surface Control of Nonlinear Systems: Proceedings of the American Control Conference[C]. Albuquerque, New Mexico, June 1997.

[2] SWAROOP D, HEDRICK J K, YIP P P, et al. Dynamic surface control for a class of nonlinear systems[J]. IEEE transactions on automatic control, 2000, 45(10): 1893-1899.

[3] HOU M Z, DUAN G D. Robust adaptive dynamic surface control of uncertain nonlinear systems[J]. International Journal of Control, 2011, 9(1): 161-168.

[4] WANG R, LIU Y J, TONG S C, et al. Output feedback stabilization based on dynamic surface control for a class of uncertain stochastic nonlinear systems[J]. Nonlinear Dynamics, 2012, 67(1): 683-694.

[5] YOO S J, PARK J B, CHOI Y H. Adaptive dynamic surface control for stabilization of parametric strict-feedback nonlinear systems with unknown time delays[J]. IEEE Transactions on Automatic Control, 2007, 52(12): 2360-2365.

[6] 张天平，文慧. 基于 ISS 的非线性纯反馈系统的自适应动态面控制[J]. 控制与决策，2009，24(11)：1707-1712.

[7] 杜红彬，李绍军. 一类纯反馈非仿射非线性系统的自适应神经网络变结构控制[J]. 系统工程与电子技术，2008，30(4)：723-726.

[8] ZHANG X, LIN Y. Adaptive output feedback tracking for a class of nonlinear systems [J]. Automatica, 2012, 48(9): 2372-2376.

[9] CHEN W S, LI J M. Adaptive control for a class of output feedback nonlinear time-delay systems[J]. Control Theory and Applications, 2004, 21(5): 844-847.

[10] WANG D, HUANG J. Neural network-based adaptive dynamic surface control for a class of uncertain nonlinear systems in strict-feedback form[J]. IEEE Transaction on Neural Networks, 2005, 16(1): 195-202.

[11] YOO S J, PARK J B, CHOI Y H. Robust stabilization of parametric strict-feedback nonlinear

systems with unknown time delays: dynamic surface design approach: IEEE Conference on decision and control[C]. San Diego, CA, USA, 2006: 3777-3782.

[12] YOO S J, PARK J B, CHOI Y H. Adaptive neural control for a class of strict-feedback nonlinear systems with state time delays[J]. IEEE Transactions on Neural Networks, 2009, 20(7): 1209-1215.

[13] ZHU Y H, JIANG C S, FEI S M. Robust adaptive dynamic surface control for nonlinear uncertain systems[J]. Journal of Southeast University, 2003, 19(2): 126-131.

[14] LUO X Y, ZHU Z H, GUAN X P. Adaptive fuzzy dynamic surface control for uncertain nonlinear systems[J]. International Journal of Automation and Computing, 2009, 6(4): 385-390.

[15] LUO H J, YU J P, LIN C, et al. Finite-time dynamic surface control for induction motor with input saturation in electric vehicle drive systems[J]. Neurocomputing, 2019, 369(9): 166-175.

[16] YANG X T, YU J P, WANG Q G, et al. Adaptive fuzzy finite-time command filtered tracking control for permanent magnet synchronous motors[J]. Neurocomputing, 2019, 337(4): 110-119.

[17] ZOU M J, YU J P, MA Y M, et al. Command filtering-based adaptive fuzzy control for permanent magnet synchronous motors with full-state constraints[J]. Information Sciences, 2020, 518(5): 1-12.

[18] 于洋，王巍. 永磁同步电动机的自适应神经网络动态面控制[J]. 计算机仿真，2014，31(10)：401-404，444.

[19] 吴峰，于洋. PMSM伺服系统的神经网络动态面控制[J]. 系统科学与数学，2021，41(5)：1203-1214.

[20] REN B, SAN P P, GE S S, et al. Adaptive Dynamic Surface Control for a Class of Strict-Feedback Nonlinear Systems with Unknown Backlash-Like Hysteresis: 2009 American Control Conference [C]. St. Louis, MO, USA: Hyatt Regency Riverfront, June 10-12, 2009: 4483-4487.

[21] STONE M H. The generalized Weierstrass approximation theorem[J]. Mathematics Magazine, 1948, 21(5): 237-254.

[22] ZHU Y H, JIANG C S, FEI S M. Robust adaptive dynamic control for nonlinear uncertain systems [J]. Journal of Southeast University, 2003, 19(2): 126-131.

[23] Timofte Vlad. Stone-Weierstrass theorems revisited[J]. Journal of Approximation Theory, 2005, 136: 45-59.

[24] 李静，胡云安. 时变RBF神经网络的逼近定理证明及其应用分析[C]. Proceedings of the 30th Chinese Control Conference. Yantai, China, July 22-24. 2022, 2693-2697.

[25] 李明国，郁文贤. 神经网络的函数逼近理论[J]. 国防科技大学学报，1998，20(4)：70-76.

[26] LI T S, WANG D, FENG G, et al. A DSC Approach to Robust Adaptive NN Tracking Control for Strict-Feedback Nonlinear Systems[J]. IEEE transactions on systems, man, and cybernetics—part b: cybernetics, 2010, 40(3): 915-927.

[27] YANG Y, CHEN D D, LIU Q D, et al. Predictor-Based Neural Dynamic Surface Control of a Nontriangular System With Unknown Disturbances[J]. IEEE transactions on circuits and systems, 2022, 69(8): 3353-3365.

[28] ZHANG T F, JIA Y M. State-Predictor-Based Adaptive Neural Dynamic Surface Control of Uncertain Strict-Feedback Systems with Unknown Control Direction: 2019 Chinese Automation Congress (CAC)[C]. Hangzhou, China: IEEE, 2019.

[29] PENG Z H, WANG D, WANG J. Predictor-Based Neural Dynamic Surpface Control for Uncertain Nonlinear System in Strict-Feedback Form[J]. IEEE transactions on neural networks and learning systems, 2017, 28(9): 2156-2167.

[30] YANG Y, LIU Q D, YUE D. Predictor-Based Neural Dynamic Surface Control for Strict-Feedback Nonlinear System With Unknown Control Gains[J]. IEEE transactions on cybernetics, 2023, 53(7): 4677-4690.

[31] CHWA D. Global tracking control of underactuated ships with input and velocity constraints using

dynamic surface control method[J]. IEEE Transactions on control system technology, 2011, 19(6): 1357-1370.

[32] PENG Z, WANG D, CHEN Z, et al. Adaptive Dynamic surface control for formations of autonomous surface vehicles with uncertain dynamics[J]. IEEE Transactions on control system technology, 2013, 21(2): 513-520.

[33] XU B, HUANG X, WANG D, SUN F. Dynamic surface control of constrainted hypersonic flight models with parameter estimation and actuator compensation[J]. Asian Journal of Control, 2014, 16(1): 162-174.

[34] PENG Z, WANG D, SHI Y, et al. Containment control of networked autonomous underwater vehicles with model uncertainty and ocean disturbances guided by multiple leaders[J]. Information Sciences, 2015, 316(20): 163-179.

[35] CHEN M, WU Q, JIANG C, et al. Guaranteed transient performance based control with input saturation for near space vehicles[J]. Science China Information Sciences, 2014, 57(5): 1-12.

[36] YU J P, SHI P, CHEN B, et al. Neural Network-Based Adaptive Dynamic Surface Control for Permanent Magnet Synchronous Motors[J]. IEEE transactions on neural networks and learning systems, 2015, 26(3): 640-645.